国防科技图书出版基金

"十二五"国家重点出版规划项目
雷达与探测前沿技术丛书

极化雷达信号处理与抗干扰技术

Signal Processing and Anti – interference Techniques for Polarimetric Radar

施龙飞　马佳智　庞　晨　李永祯　著

国防工業出版社
·北京·

图书在版编目(CIP)数据

极化雷达信号处理与抗干扰技术 / 施龙飞等著.
—北京：国防工业出版社，2019.10
（雷达与探测前沿技术丛书）
ISBN 978 - 7 - 118 - 11936 - 7

Ⅰ. ①极… Ⅱ. ①施… Ⅲ. ①极化(电子学) - 雷达信号处理 - 研究②极化(电子学) - 雷达抗干扰 - 研究 Ⅳ. ①TN957.51②TN974

中国版本图书馆 CIP 数据核字(2019)第 214749 号

※

国防工業出版社 出版发行
（北京市海淀区紫竹院南路 23 号 邮政编码 100048）
北京龙世杰印刷有限公司印刷
新华书店经售

*

开本 710 × 1000 1/16 **印张** 16¾ **字数** 301 千字
2019 年 10 月第 1 版第 1 次印刷 **印数** 1—2000 册 **定价** 99.00 元

国防书店：(010)88540777 发行邮购：(010)88540776
发行传真：(010)88540755 发行业务：(010)88540717

致　读　者

本书由中央军委装备发展部**国防科技图书出版基金**资助出版。

为了促进国防科技和武器装备发展，加强社会主义物质文明和精神文明建设，培养优秀科技人才，确保国防科技优秀图书的出版，原国防科工委于1988年初决定每年拨出专款，设立国防科技图书出版基金，成立评审委员会，扶持、审定出版国防科技优秀图书。这是一项具有深远意义的创举。

国防科技图书出版基金资助的对象是：

1. 在国防科学技术领域中，学术水平高，内容有创见，在学科上居领先地位的基础科学理论图书；在工程技术理论方面有突破的应用科学专著。

2. 学术思想新颖，内容具体、实用，对国防科技和武器装备发展具有较大推动作用的专著；密切结合国防现代化和武器装备现代化需要的高新技术内容的专著。

3. 有重要发展前景和有重大开拓使用价值，密切结合国防现代化和武器装备现代化需要的新工艺、新材料内容的专著。

4. 填补目前我国科技领域空白并具有军事应用前景的薄弱学科和边缘学科的科技图书。

国防科技图书出版基金评审委员会在中央军委装备发展部的领导下开展工作，负责掌握出版基金的使用方向，评审受理的图书选题，决定资助的图书选题和资助金额，以及决定中断或取消资助等。经评审给予资助的图书，由中央军委装备发展部国防工业出版社出版发行。

国防科技和武器装备发展已经取得了举世瞩目的成就，国防科技图书承担着记载和弘扬这些成就，积累和传播科技知识的使命。开展好评审工作，使有限的基金发挥出巨大的效能，需要不断摸索、认真总结和及时改进，更需要国防科技和武器装备建设战线广大科技工作者、专家、教授，以及社会各界朋友的热情支持。

让我们携起手来，为祖国昌盛、科技腾飞、出版繁荣而共同奋斗！

国防科技图书出版基金
评审委员会

前　言

随着电磁用频活动的增长、电子对抗的升级以及雷达探测场景的拓展,先进电子干扰、工业电磁干扰以及自然环境杂波干扰大量涌入雷达接收机,严重影响雷达的正常探测,甚至使其丧失工作能力。

极化用以描述电磁波的矢量特征,是除幅度、频率、相位以外的基本参量。极化与雷达探测过程密切相关,包括天线辐射、大气传播、目标散射、有源干扰辐射/无源干扰散射、杂波散射、天线接收以及信号处理等在内的诸多环节,深入分析这些环节中与极化有关的特性、机理,进而对雷达体制、波形、信号处理进行优化设计,将会有效地提高雷达的检测能力、识别能力以及抗干扰能力。随着近年来雷达面临干扰威胁的不断增大,研究者们已经愈加重视挖掘雷达目标与雷达干扰在极化域的差异,抑制干扰并提升雷达在干扰环境下对目标的发现能力、测量能力以及识别能力。

本书作者在2009年出版了《雷达极化抗干扰技术》,该书是国内第一本专门讲述雷达极化域抗干扰技术的专著。近年来,围绕这一方向,作者在该领域持续研究,已经大大丰富了极化域抗干扰的技术体系,从干扰极化特性、干扰抑制方法、干扰识别方法、干扰背景下目标检测与参数测量方法等,从理论模型、效应机理、应用技术以及性能分析等方面全面地拓展了极化抗干扰技术,并且在关键技术试验验证、现役雷达极化抗干扰改造、新体制极化雷达系统论证等方面取得了大量实质性进展。

本书较为系统地介绍了极化雷达抗干扰方法及其信号处理问题,可供相关领域的科技工作者阅读参考。全书共分6章:第1章,介绍雷达面临的干扰威胁以及雷达抗干扰、极化抗干扰技术研究现状和存在的问题;第2章介绍典型的极化雷达体制、极化信息测量方法和校准方法;第3章按照从简单到复杂的顺序,介绍典型压制干扰的极化域及联合域抑制方法;第4章研究极化雷达目标检测问题,特别针对主瓣多点源干扰等复杂干扰场景,研究基于联合谱特征的目标检测方法;第5章研究极化雷达目标测角问题,主要围绕角度诱偏干扰、角闪烁干扰对象,研究干扰背景下的目标测角方法;第6章系统研究有源假目标干扰的极化鉴别问题,干扰对象包括单极化、双极化、全极化干扰以及组合干扰。

本书由施龙飞研究员、马佳智讲师、庞晨副研究员、李永祯研究员执笔。在撰写过程中，宗志伟、任博、毛楚乔、胥文泉、张梦琪、王福来、崔刚、全源、陆雅薇、范金涛等研究生提供了大量帮助。

书中不当之处在所难免，敬请读者批评指正。

著者

2019.1

目　录

Content

第1章 绪论

1.1 引 言

随着电子对抗的升级、电磁用频活动的增长以及雷达探测场景的拓展，先进电子干扰、工业电磁干扰以及自然环境杂波干扰大量涌入雷达接收机，以压制、欺骗等方式破坏雷达对目标信号的检测、测量、跟踪和识别。无论是民用气象雷达、航管雷达、遥感雷达，还是军用情报雷达、火控雷达，无不深受干扰的影响。

雷达干扰技术自第二次世界大战首次运用以来，经历多个历史时期的发展，已经成为现代信息战场的主角。全数字、分布式、智能化的先进干扰平台，灵巧、精确化的干扰样式，以及新型突防干扰战术的出现，都使得雷达探测面临着极大的威胁，有限的抗干扰手段在复杂的干扰环境威胁下"捉襟见肘"。

雷达抗干扰本质上是利用干扰信号与目标信号的特性和特征差异，抑制干扰而保留或增强目标信号。干扰信号与目标信号的差异可能在时域、频域、空域和极化域的任一域中出现，相应地也存在着不同域的抗干扰方法。

极化用以描述电磁波的矢量特征，是除幅度、频率、相位以外的基本参量，且与雷达探测过程中诸多环节密切相关，充分获取并有效利用这些极化信息，对于提高雷达抗干扰能力具有重要作用。近年来，目标与干扰在极化域的差异已为人们所逐步重视，极化域抗干扰技术获得了重要进展，在主瓣干扰抑制等方面获得了有力的应用，证明了极化抗干扰的重要潜力。随着雷达抗干扰朝综合化（综合利用时域、频域、空域、极化域的多种信息、多种技术手段，综合利用多个平台）的方向发展[1-3]，极化信息作为电磁波的一种重要基本信息，与传统的时域、频域、空域信息的联合使用，对于解决雷达面临的诸多抗干扰难题，具有十分重要的推动作用。

本书作者十多年来一直从事雷达极化信号处理与抗干扰技术方面的研究，较为系统地研究发展了雷达极化抗干扰技术，若干关键技术在现役雷达、雷达导引头改造中获得了成功验证，已将一些新的方法运用到新型号雷达中。本书内容对于雷达系统论证、雷达抗干扰方法改进都具有指导意义。

下面简要介绍雷达干扰、抗干扰以及极化抗干扰技术的发展现状及面临的问题。

1.2 雷达面临的干扰威胁

电子干扰技术的发展可追溯到20世纪初，首次应用是1904—1905年日俄战争中对舰载无线电通信设备的干扰，而1914年的第一次世界大战中，德国军舰向英国军舰无线电台发射的强噪声干扰是电子干扰首次在实战中的专门运用。第二次世界大战时期，电子干扰技术得到迅速发展，干扰领域从通信发展到雷达，干扰范围从海战场扩展到空战场和陆战场。越南战争、中东战争时期，电子干扰技术得到全面的应用与发展，逐步从一种作战保障技术上升为一种战斗手段。自海湾战争以来，包括雷达干扰在内的电子干扰技术的运用已成为美国等西方国家实施大规模军事行动的核心作战手段，E/A－6B电子战飞机、EC－130H通信干扰飞机成为战争期间掩护美军突防打击力量的必备选择，贯穿战争全过程。

1.2.1 雷达干扰技术的发展历程

雷达干扰技术的发展与雷达工作体制以及雷达抗干扰技术的发展息息相关，它的发展过程大致分为以下三个阶段[4]：

(1) 20世纪40—50年代，雷达波形比较简单，工作频段相对固定，几乎没有抗干扰能力，这一时期的雷达干扰样式也比较简单，主要是瞄准式和阻塞式噪声干扰，干扰对象主要是警戒雷达或目标指示雷达。

(2) 20世纪60—70年代，雷达系统运用了许多反干扰技术，如频率捷变、脉宽捷变、重复周期捷变等，有效地减轻或消除了噪声干扰和简单欺骗干扰的影响，此阶段干扰技术研究也相应出现了一个高潮，具体表现：一方面研究了更大功率的噪声干扰技术和频率覆盖范围更宽的噪声干扰技术，以改善噪声干扰的压制效果；另一方面开发了具有多种欺骗干扰样式的应答式和转发式干扰机，干扰样式包括距离欺骗、角度欺骗、速度欺骗、倒圆锥扫描、距离波门拖引以及噪声/欺骗双模干扰等，并先后成功应用于干扰机系统。

(3) 20世纪70年代以后，随着计算机、大规模集成电路、固态功率放大器、微波单片集成电路、高效固态功率模块、固态相控阵天线以及低噪声固态功率放大器等技术或器件的成熟与应用，一些新体制雷达（如脉冲多普勒雷达、脉冲压缩雷达、相控阵雷达、合成孔径雷达等）开始得到了广泛应用，这些新体制雷达采用了许多新技术，如波形调制、相参积累、超低旁瓣天线技术、旁瓣对消等，大大提高了雷达系统的抗干扰能力，这也就促进了新型雷达干扰技术的发展，射频存储转发、间歇采样等干扰技术，机载拖曳式诱饵、舷外有源诱饵等角度欺骗干扰,以及航迹欺骗干扰、狼群干扰、蜂群干扰、空射诱饵等新型干扰方式不断涌现,雷达面临的干扰环境威胁愈加严重。

1.2.2 雷达干扰技术的发展趋势

现代战场雷达对抗的不断升级、器件水平的不断提升,给雷达干扰技术的发展带来了新的动力和契机,呈现出新的发展趋势,如平台一体化、分布式协同、智能化等。

例如,对于机载雷达对抗而言,在综合电子战(IEWS)一体化的设计理念下,雷达对抗的各项功能已经融入 IEWS 系统中,改变了各功能设备相互独立的传统体制。借助于宽带高速全数字处理平台、综合射频孔径、宽带相控阵等先进技术的不断突破和成熟,基于一体化的总体设计,新型雷达对抗设备已经打破了电子情报(ELINT)、电子支援(ESM)、雷达告警(RWR)、测向(DOA)以及干扰功能之间的界限,甚至在雷达、雷达侦察、雷达干扰、通信、通信干扰之间实现射频和数字器件的整合,平台一体化程度不断提高。

此外,分布式协同干扰成为一种重要的发展趋势,其利用多个干扰平台之间的协同工作提高系统综合对抗能力,能够合理分配干扰资源以实现电磁频谱对空域、时域的合理覆盖与控制,也能够实现基于平台间信号协同的各种新型干扰样式。近年来,随着低成本无人机平台技术的发展,以分布式、无人化为主要特点的蜂群干扰得到了飞速发展。蜂群干扰一般由携载小型干扰机的大规模集群无人机平台组成,利用蜂群控制与管理、自主编队飞行、蜂群通信和集群感知与态势共享等技术进行协同作战,相比于传统干扰,小型无人机反射面积更小、成本更低,可以快速补充,且系统具有稳定性,损失一定数量的无人机并不会对战斗力造成致命的损失。其主要优点包括[5]:尺寸较小,隐蔽性好;成本低廉,战损比高;数量优势,饱和攻击;单个平台对于整个集群的影响不大;不同无人机搭载不同载荷,整体执行任务。

蜂群干扰主要有以下两种作战形式[6,7]:

(1) 雷达诱饵。运用低成本蜂群,诱导敌方防空系统开机,可以获取敌方雷达各种参数进而引导反辐射导弹攻击。

(2) 饱和式电子攻击。利用蜂群无人机的数量优势、隐蔽性实施抵近干扰(图 1.1),使敌方防空系统能力饱和或瘫痪。

此外,蜂群无人机还可以进行自杀式袭击,在装载战斗部后,利用数量优势和隐蔽性,越过敌方防御系统并通过碰撞实施目标摧毁。

随着现代战场智能化作战的不断发展,干扰样式也逐渐朝着精确化、智能化的方向发展,认知电子战也逐渐进入人们视野。

精确干扰技术是通过在对威胁雷达信号"认知"的基础上,精确控制干扰时

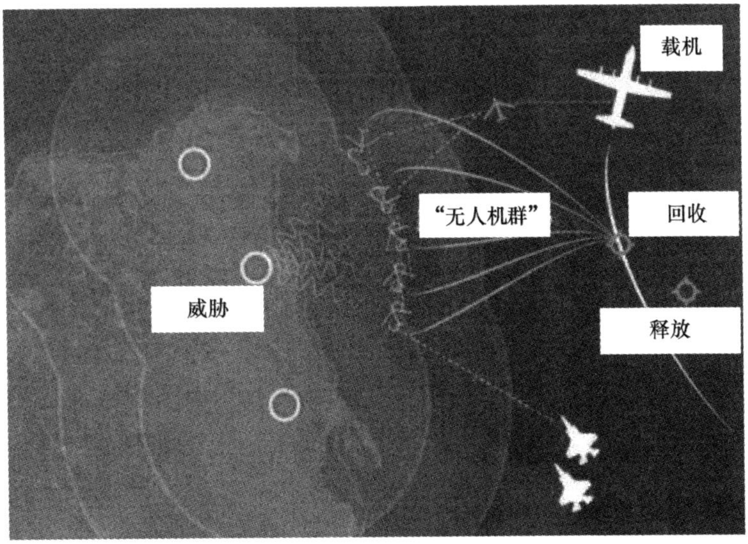

图 1.1 蜂群干扰实施抵近干扰示意图

机、方式、参数等，以形成复杂、精确的干扰效果，如高逼真度虚假目标航迹、虚假图像等。进一步地，针对雷达组网，在对网内雷达探测状态、雷达组网模式等信息进行动态感知的基础上，精确控制干扰信号的时延、多普勒、角度，从时域、频谱、波形、运动参数、空间位置等方面与雷达目标回波高度逼近，实现高逼真度干扰，可对抗雷达网的信息融合与综合探测。随着战场电磁环境愈加复杂，雷达干扰的"认知"能力越来越重要。

认知思想最早体现在认知无线电领域，其核心思想是能够对周边环境进行感知，并根据环境来调节优化自身工作参数。随后美国科学家 Simon Haykin 将认知思想融入雷达设计领域，提出认知雷达的概念，然后从 2009 年开始，美军为提高现役装备的认知能力及作战效能，逐步将认知的概念引入到电子战设备中，这标志着认知电子战概念的形成[8]。认知电子战系统是在传统电子战系统基础上，通过增加目标认知、智能决策、自主学习等系统认知能力，形成的智能化电子战系统。机器学习、智能决策等技术的引入，使认知电子战能够满足在恶劣防御环境下，能够自主预测、发现、识别、对抗并评估威胁的需求。认知电子战系统具有战场环境的实时感知与学习、最佳干扰措施的智能选取、干扰措施有效性实时评估的能力，是一个智能的、动态的闭环、自适应系统[8-10]，其系统简化框图如图 1.2 所示[8]。

美军已经开展了一系列认知电子战项目，包括：自适应电子战行为学习（BLADE）项目、自适应雷达对抗（ARC）项目、"城市军刀"项目、认知干扰机（CJ）项目、极端射频频谱条件下的通信（COMMEX）项目、"破坏者"SRX 系统

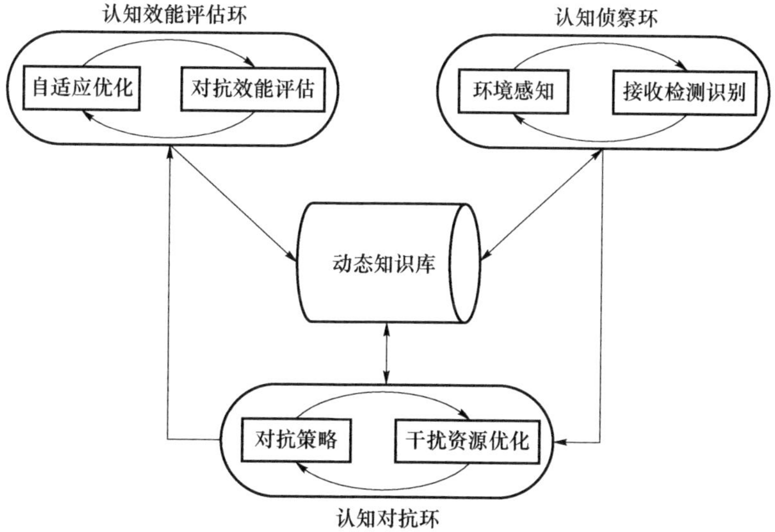

图 1.2 认知电子战系统简化框图

等。2016 年 6 月 20 日,洛克希德·马丁公司宣布,其先进技术实验室(ATL)和美国国防高级研究计划局(DARPA)成功地在政府试验靶场进行了一系列的飞行试验,演示了 BLADE 系统面对频谱挑战更智能地进行频谱作战的能力。另据位于美国达拉斯的市场研究公司预测,认知电子战系统有望于 2017 年年底开始装备美国军队。

国内在该方面的研究也已逐步见诸公开文献,包括雷达天线扫描体制与扫描参数的分析识别、雷达工作状态分析识别、雷达组网模式分析识别等。文献[11]研究了雷达天线扫描方式识别方法,提出了利用脉冲序列特征参数识别机械扫描、一维电扫、二维电扫方式的自动识别方法,并能给出扫描参数。文献[12]研究了雷达组网模式识别方法,基于多源信息的融合,利用 D-S 证据理论实现雷达组网模式的序贯识别,分析验证了对单基集中式、单基分布式、双(多)基地组网和引导交接班等常见雷达组网方式的识别能力。

1.3 雷达抗干扰技术发展现状

下面简要介绍雷达抗干扰技术的发展现状[4]。

1.3.1 空域雷达抗干扰

雷达在空域采用的抗干扰措施主要包括超低旁瓣天线、旁瓣对消、旁瓣匿隐、单脉冲测角等。

1）超低旁瓣天线、旁瓣对消、旁瓣匿隐

超低旁瓣天线应用幅度加权、相位加权和精密的天线设计、制造技术，使其旁瓣电平比传统雷达低 15 ~ 20dB，大大降低了从雷达天线旁瓣进入的有源干扰、箔条干扰和地（海）杂波干扰强度。同时，也使从旁瓣辐射的雷达信号强度降低 30 倍以上，使侦察方对雷达旁瓣信号的侦察、测向、定位更加困难。旁瓣对消是通过在主接收通道以外增加辅天线和辅接收通道，可以在干扰信号的方向形成接收波束的凹点，减少接收干扰信号的强度。旁瓣匿隐可以去除来自旁瓣的强脉冲干扰和强点杂波干扰。

以上三种空域抗干扰措施可有效地对抗从天线旁瓣进入雷达接收机的支援式干扰，但对于机载自卫式和机载随队式等从天线主瓣进入雷达接收机的主瓣干扰是无效的。

2）单脉冲测角

单脉冲测角是现代雷达普遍采用的测角方式，通过幅度调制破坏雷达角度测量的干扰方式对于单脉冲测角是无效的。因此，采用单脉冲测角的雷达（或雷达导引头），对携带有源干扰机的作战平台形成了很大的威胁，因为雷达（或雷达导引头）可以无源方式测量和跟踪干扰源。

对单脉冲测角的干扰措施分为无源和有源方式。无源方式是指投掷或抛洒箔条等反射体到被保护目标之外，以吸引单脉冲雷达导引头跟踪干扰源。有源方式是通过在与被保护目标不同方向上施放有源诱饵，使雷达产生错误的角度测量值，典型的方式如拖曳式有源诱饵等。目前，拖曳式诱饵已经发展到较高的水平，美国海军和空军都已发展了光纤拖曳 FOTD 式诱饵，其通过光纤传输信号以达到相干源角闪烁干扰的目的，干扰效果与非相干角干扰效果相比有较大提高，可用于摆脱敌方雷达跟踪，装备在 F – 16 改型、F/A – 18、U – 2、B – 1B、A – 10 等多个作战平台上，成为作战飞机自卫式干扰的标准配置。

1.3.2 频域雷达抗干扰

雷达在频域内的抗干扰措施主要有频率捷变、窄带滤波（含脉冲多普勒处理、动目标检测、动目标显示等）、宽限窄电路、频谱扩展等。

1）频率捷变

从雷达用于实战开始起，雷达干扰便和雷达在频域上进行着持续的斗争。雷达为了躲避高功率密度的频率瞄准式干扰，最开始时用人工选频，后来用机械跳频，发展到现在用电子跳频，变频时间从十几秒、几秒到微秒量级。频率捷变是一种非常有效的抗干扰措施，它可以使侦察机难以准确分辨、识别雷达辐射源，并使干扰机无法使用瞄频干扰。

为了对抗雷达的捷变频措施，干扰方必须大力提高瞄频速度，缩短瞄频时间。现代干扰机采用瞬时测频等手段可以在零点几微秒的时间内,在几千兆赫带宽上,将瞄频精度提高到 1 ~2MHz 的水平,而在几微秒的时间内,瞄频精度可以达到零点几兆赫。但这种测频速度及精度是相对于单个威胁雷达信号情况而言的。在实际应用中,尤其是在复杂恶劣的电磁环境下,往往在同一个区域内有多部雷达以及其他辐射源同时工作,而大占空比的大时宽信号以及同频段辐射源干扰更增加了同时到达多个信号的概率,此时要对信号进行分离然后才能够进行测频。

2）窄带滤波及其对抗措施

窄带滤波是利用目标与干扰、杂波在频谱上的差别,提取目标而滤除干扰、杂波的。如在脉冲多普勒(PD)、动目标检测(MTD)、动目标显示(MTI)处理中,利用目标与地(海)杂波的多普勒速度差别,在频域可将目标提取出来,将窄带滤波与多普勒频率跟踪回路结合起来,可以在干扰环境下对目标进行跟踪。

3）频谱扩展

雷达通过应用扩谱技术,使雷达信号的带宽越来越宽,一方面可以提高雷达的距离分辨率,另一方面降低了发射信号在单位频带内的功率密度,从而也就降低了被电子侦察设备检测的概率,是低截获概率(LPI)的一个重要实现途径,而复杂多变的调制方式也大大增加了电子侦察设备对其参数进行测量、识别的难度。

而为了侦察、识别频谱扩展信号,各国正在大力发展数字化接收机并应用现代数字信号处理技术,提取淹没在噪声中的低信噪比雷达信号。此外,为了提高对这类信号的干扰效率,数字射频存储器(DRFM)技术得到了广泛应用,它直接对雷达信号进行高精度复制,经适当调制后转发,因而保真度很高,可以形成雷达难以分辨的假目标干扰。

1.3.3　时域雷达抗干扰

雷达在时域的抗干扰措施主要有距离选通、前沿跟踪、重频捷变等。

1）距离选通

跟踪制导雷达在跟踪目标时,为了减少关联错误,需要应用距离选通措施(跟踪波门),搜索雷达为了防异步干扰和降低虚警概率,也要应用距离选通或视频积累抗干扰措施来确认目标,距离选通利用的是目标回波短时间内连续在同一距离上出现,而干扰、杂波或噪声在距离轴上出现的位置较随机这一差别。

同步干扰信号与雷达发射脉冲同步,雷达会把这种干扰信号误认为是目标回波信号,因此,同步干扰是对抗距离选通的有效措施,一般来说只要侦察能够得到较为准确的雷达脉冲重复周期(PRF)参数,就可以实现同步干扰。

2）前沿跟踪

前沿跟踪是跟踪制导雷达常用的一种抗干扰措施,它利用距离波门拖引干扰总是滞后于目标回波信号的特点，控制距离波门跟踪最前面的信号或跟踪回波脉冲的前沿。

对于线性调频信号等，可以利用距离－多普勒耦合效应，将假目标置于真目标前端并逐渐拖离真目标，而对于常规脉冲或相位编码等其他信号形式，将主要通过其他灵巧型假目标样式进行对抗（如幅度递减型假目标、密集假目标角度欺骗干扰等），或通过干扰机前置实现前置假目标。

3）重频捷变

重频捷变是一种简单而有效的反侦察、抗干扰措施，重频捷变使侦察方的信号分选、识别困难，使干扰机无法施放同步干扰。特别是重频捷变与频率捷变相结合，可使干扰方在收到雷达脉冲前不能在时域和频域上实施瞄准干扰，大大降低有效干扰的区域。

重频捷变、频率捷变虽然可以一定程度上对抗同步假目标干扰，但对于直接转发干扰、前置假目标干扰，仍然难以发挥有效作用。

1.3.4 “功率域”雷达抗干扰

雷达在“功率域”内的抗干扰措施主要有恒虚警处理、自动增益控制、大信号限幅等。主要的对抗措施是杂乱脉冲干扰和目标幅度起伏特性模拟干扰。

1）恒虚警处理

恒虚警处理是设置雷达的检测阈值，使雷达的虚警率控制在一定的范围内。恒虚警处理并不能提高信噪比，却能保障雷达信号处理设备不因过多的信号而过载。恒虚警处理对密集脉冲干扰是敏感的，因为这些干扰可以产生许多虚假信号，提高恒虚警的阈值，抑制小的目标回波。

2）自动增益控制

自动增益控制是雷达根据设定的准则，自动控制接收机的增益，使雷达满足预定的工作条件。自动增益控制主要是为了防止近距离的大功率杂波或目标回波使接收机过载，也可以用于抗干扰。

3）大信号限幅

大信号限幅是一种接收机抗过载措施，用于防止大信号对接收机的干扰和冲击。“宽－限－窄”电路是一种功率域和频域综合抗干扰措施，其在对信号进行宽带滤波放大后进行限幅，可抑制冲击脉冲对接收机的冲击，用于抗大功率脉冲干扰和噪声调频干扰。

1.3.5 “调制域”雷达抗干扰

雷达在“调制域”内的抗干扰措施主要有相位编码、信号参数捷变等，这实际上是现代雷达通过精心设计发射波形来达到抗干扰的目的，是雷达体制本身所具有的一种抗干扰能力。

1）相位编码

相位编码信号能够起到反侦察、反欺骗的作用。这是因为其脉冲宽度通常较大、峰值功率较小，截获相对更为困难，同时，由于脉内调制复杂，较难分选识别也较难模拟。

2）参数捷变

雷达在"调制域"内通常使用两种抗干扰手段：一是使用复杂的调制信号；二是使调制参数捷变或多变。前述的频率捷变、重频捷变、天线扫描方式捷变等都属于后者。

为了对抗上述两种抗干扰方式，干扰机可用数字射频存储器快速、精确地复制雷达发射信号，经过适当的频率调制或相位调制后重新转发出去。经过调制的干扰信号进入雷达接收机脉冲压缩网络后，会在目标的前后出现高逼真度的假目标干扰信号，对雷达的信号处理或数据处理进行欺骗。

1.3.6　极化域雷达抗干扰

雷达干扰和抗干扰在极化域内的斗争是一个正在蓬勃发展的领域，主要措施有极化滤波、极化鉴别等，将在 1.4 节进行详细介绍。

1.3.7　相控阵雷达抗干扰

相控阵雷达除了能够具备以上抗干扰措施外，最主要的特点是相控阵天线的电子扫描特性，即其天线波束跃变，它使得雷达对被探测的目标进行"随机"访问，从而照射目标的时间呈现很大的随机性，使电子侦察对雷达的侦察、识别、定位非常困难，即相控阵雷达，尤其是方位、俯仰二维电扫描的相控阵雷达具有"反侦察"的重要特性。

对抗相控阵天线扫描捷变或其他参数捷变的措施是使干扰机具有极快的响应速度，以便及时、准确地把干扰信号瞄准、发射出去，现代的干扰设备能在极短时间内实现准确的频率瞄准和角度瞄准，并施放有效的干扰。

1.3.8　雷达组网抗干扰

雷达组网是将位于同一个区域内的多部、多种类型的雷达进行组网，从而实现在空域、时域、频域、调制域上的多重覆盖。组网是一种有力的抗干扰措施，也是当前雷达的发展趋势，其在抗干扰方面的优势主要表现在：一方面，雷达组网系统内部可以实现情报资源共享，可以互相提供先验信息和辅助信息；另一方面，雷达组网可以实现频率分集、能量分集和空间分集，而干扰机很难兼顾多个方向、多个频带以及多种信号样式。

美国是最早开展雷达组网研究的国家，早在 1976 年，美国就部署了"圣堂"

防空雷达网系统，其他西方国家以防空、反导为目的，也相继建立了雷达组网系统。法国汤姆逊公司研制的 CETAC 防空指挥中心用于对近程防空系统和超近程防空系统的战术控制，将“虎”－G 远程警戒雷达与霍克、罗兰特和“响尾蛇”导弹连的制导雷达以及高炮连的火控雷达联网，在信息联合的基础上进行统一指挥和火力分配。俄罗斯部署在莫斯科周围的“橡皮套鞋”反弹道导弹雷达组网系统由三部分组成，包括 7 部“鸡笼”远程警戒雷达、6 部“狗窝”远程目标精密跟踪/识别雷达和 13 部导弹阵地雷达，这些不同作用距离、不同职能的雷达能够在反导中心实现信息的汇总处理与统一指挥控制。而美国的弹道导弹防御系统（MD）将前沿部署的 TPY－2 型雷达以及中末段的 GBR 雷达、SPY－1 雷达、“爱国者”雷达等进行联网，并借助于天基预警信息，构建了强大的反导雷达网。

雷达组网使对抗装备面临更为复杂的信号环境，但更大的威胁则是其协同能力，即多部雷达之间不仅可以实现探测行为的协同（包括时间、频率、空间视角、体制等），使对抗装备在“物理容限”上难以同时应对多个雷达威胁，而且多部雷达还可以实现信息的高度融合，从更高维度上辨别干扰进而抑制干扰的影响。例如，假设雷达对抗装备能够对网内每部雷达实施假目标欺骗或距离/速度波门拖引干扰，并使雷达无法分辨真、假目标，但在雷达网信息融合中心，通过对分布在空间不同位置的多部雷达传输的粗航迹信息或原始数据信息的综合分析和判断，能够有效鉴别假目标进而稳定跟踪真实目标。

综上，雷达通过挖掘目标与干扰在时、频、空、极化等域的差异，通过先进体制以及组网，可以有效提升抗干扰能力。

1.4 雷达极化抗干扰技术发展现状

雷达极化抗干扰是利用干扰与目标在极化特性方面的差异，抑制或消除干扰对雷达探测的影响。

雷达极化抗干扰是雷达抗干扰领域的一个重要分支，其发展历史始于 20 世纪 70 年代，早期主要用于抑制雨杂波干扰，以提高雷达在降雨中的探测能力，经过 40 多年的发展，已经逐渐拓展到气象雷达地杂波干扰抑制、地基警戒雷达射频干扰抑制、跟踪制导雷达欺骗假目标干扰极化鉴别等多个应用方面。近年来，随着极化雷达技术本身的突破，以及雷达抗干扰需求的迫切提升，极化抗干扰受到雷达界的高度关注。该领域具有代表性的研究团队包括美国的佐治亚理工学院、伊利诺伊大学、乔治·华盛顿大学、国家大气研究中心，意大利的佛罗伦萨大学、罗马大学、费德里克二世大学，荷兰的代尔夫特理工大学，日本的新泻大学以及国内的哈尔滨工业大学、北京理工大学、空军预警学院、西安电子科技大学、电子科技大学、国防科技大学等。

20 世纪 70 年代是雷达极化抗干扰兴起的阶段,重点在杂波的极化对消方面。美国佐治亚理工学院的 Nathanson 提出了著名的自适应极化对消器(APC),用于抑制雨杂波[13],以提高航管雷达在降雨条件下的目标探测能力。荷兰学者 Poelman、乔治·华盛顿大学的 Stapor 团队以及意大利佛罗伦萨大学的 Giuli、Gherardelli 团队拓展了极化对消方法的应用,提出了多凹口极化滤波器(MLP)、次最优极化对消器、虚拟极化变换非线性极化变换等重要概念[18-22]。这些工作是雷达极化抗干扰最早的应用,具有重要的意义。

20 世纪 90 年代以来,气象雷达成为极化抗干扰重要的实践平台,利用极化信息抑制地杂波干扰的相关技术为航空飞行安全、气象预报做出了重要贡献。荷兰代尔夫特理工大学 Moisseev 等人发现气象雷达回波中含地杂波区域具有不同的交叉极化相关系数,进而提出了消除地杂波信号的极化滤波方法[14-15],国内哈尔滨工业大学张国毅等人利用极化滤波抑制无线电干扰。[16-17]

进入 21 世纪,随着电子对抗的加剧,雷达抗干扰面临很大的压力,极化信息作为雷达信息获取与利用的重要方面受到了更大的关注,在预警监视、防空反导、精确打击方面的需求变得十分迫切。20 多年来,雷达极化抗干扰得到了很大发展,涉及干扰的极化抑制、干扰背景下目标的极化增强、检测、参数测量、欺骗干扰的极化鉴别等诸多方面,而其技术手段则经历了从单一改变接收极化到收发极化联合优化,从单一极化域处理到极化、空、时等联合域处理,从压制式干扰抑制到欺骗假目标干扰鉴别的不断拓展的过程。

下面具体介绍雷达极化抗干扰的研究现状与发展趋势。

1.4.1 干扰极化抑制方面

早期的研究主要集中在干扰功率抑制方面,即通过抑制干扰实现信号干扰噪声功率比(SINR)的优化,一般只对雷达接收极化进行设计,称为干扰抑制极化滤波器(ISPF)。极化对消器是最早的干扰抑制极化滤波器,1975 年 Nathanson 提出了自适应极化对消器(APC)的电路实现结构[13],既可用于对消雨杂波,也可用于抑制宽带阻塞压制式干扰。Poelman 于 1984 年提出了多凹口逻辑乘积极化滤波器(MLP),用于抑制部分极化的杂波和干扰[18]。1985 年、1988 年意大利学者 Giuli 和 Gherardelli 等人将 APC 和 MLP 滤波器结合,分别提出了 MLP - APC 和 MLP - SAPC[19][20],借助于 APC 以提高 MLP 滤波器的自适应能力。2006 年、2013 年,国防科学技术大学施龙飞、任博等人提出了 APC 权系数的迭代方法、直接计算方法,厘清了影响对消性能的主要因素,给出了决定对消性能的解析表达式,并取得了成功的应用。

1.4.2 干扰背景下目标极化增强方面

提高 SINR 的另一个途径是增强目标,即通过极化优化使目标接收功率最大化。因为一般要求在干扰(或杂波)背景下进行滤波,因此这种极化滤波器要求在抑制干扰的同时增强目标,故称为 SINR 滤波器。1995 年,Maio、Stapor 等研究了单一信号源、干扰源和完全极化情况下的以 SINR 最大为准则的最优化问题[23-24]。国防科学技术大学王雪松、徐振海等研究了极化轨道约束下 SINR 的局部最优化问题,将 SINR 全极化域滤波这个双自由度最优化问题转化为两个单自由度最优化问题,并研究了信号干扰功率差(PDSI)准则下的全极化域和极化轨道约束下的最优化问题,随后将 SINR 和 PDSI 的极化优化问题推广到了多散射源情况[25-27]。以上极化滤波器通常限制发射极化与接收极化相同或具有某种固定的关系,实质上并没有对发射极化和接收极化共同进行优化。2005 年,施龙飞研究了雷达收发极化的联合优化问题[28],提出了依据干扰极化得到最佳接收极化后,进一步估计最佳发射极化的方法,即有限约束条件下最佳发射(激励)极化的估计方法,可以实现干扰背景下 SINR 的有效提升。

1.4.3 极化与时-频-空域联合干扰抑制方面

由于仅通过极化滤波或极化优化对干扰的抑制能力有限,极化抗干扰技术逐渐从单一极化域处理向多域联合处理发展。2002 年起,美国 MITRE 公司的 Fante、美国佐治亚理工研究院的 Showman 等人提出在空-时自适应处理(STAP)之后串联一个极化匹配滤波器或极化白化滤波器[29-31],用来改善杂波/干扰背景下的目标检测,称为极化-空-时自适应处理(PSTAP)。国内方面,哈尔滨工业大学、电子科技大学、国防科学技术大学等均研究了极化与空、时域联合处理的问题,哈尔滨工业大学、北京理工大学在极化域-频域联合滤波方面[32-35],国防科学技术大学吴迪军等人在机载相控阵极化雷达空-时-极化域自适应处理方面开展了研究工作[36]。2013 年,国防科学技术大学施龙飞等人进一步提出了主旁瓣同时干扰的极化域-空域联合对消方法,进一步完善了极化滤波技术体系。这些研究表明,相比于极化域处理,极化与空、时、频域的联合处理能够更好地区分干扰与目标,提高干扰抑制能力。

1.4.4 有源假目标干扰的极化鉴别方面

极化除了在射频干扰和压制式干扰的抑制方面有较多应用之外,近年来,在对有源/无源欺骗式干扰的极化鉴别和对抗方面,也有一些新的探索和突破。国防科学技术大学先后针对恒定极化假目标、随机捷变极化假目标、脉内调制极化假目标、全极化假目标的鉴别问题展开了研究,实现了在雷达信号处理阶段对假目标的有效鉴别[37-39]。电子科技大学罗双才、唐斌等人研究了空域、极化域联合的有源欺骗干扰抑制算法[40]。

1.4.5　无源诱饵的极化识别方面

在对抗无源欺骗干扰方面，干扰与目标之间极化散射特性的差异也可发挥重要的作用。针对雷达导引头应用背景，哈尔滨工程大学的沈允春、刘庆普提出用共极化分量与交叉极化分量的比值作为舰船目标和箔条干扰的鉴别特征量[41,42]，哈尔滨工业大学威海分校邵仙鹤等人则进一步研究了雨、雪杂波背景下对舰船和箔条的极化鉴别性能[43,44]，国防科学技术大学李金梁提出了以极化角为特征量的鉴别方法[45]，汤广富分析了角反射器干扰的极化特性，研究了对角反射器干扰的极化鉴别方法[46]。崔刚、王雪松等人研究了箔条干扰的分层极化特性，利用舰船所处单元的极化状态“突变”特性，提出了质心式箔条干扰中的舰船目标检测方法[47]。这些研究和探索丰富了极化抗干扰的技术手段，也体现了极化在对抗各种欺骗干扰方面的潜力。

随着极化雷达技术的发展，近年来国内在具有极化抗干扰能力的雷达研制和改造方面取得了较大进展。国防科学技术大学、中国电子科技集团公司、中国航天科工集团公司等多家单位在“十二五”、“十三五”预研中，开展了雷达极化基础理论与关键技术的研究，开展了全极化数字阵列雷达等极化雷达、极化雷达导引头的研制工作，着力于突破极化抗干扰、极化目标识别等关键技术。在现有雷达极化抗干扰改造方面，空军装备研究院联合中国电子科技集团公司在大功率变极化器研制方面取得了显著进展，国防科学技术大学联合中国兵器装备集团、中国航天科工集团公司、中国航空工业集团公司等单位对目标指示雷达、制导雷达、雷达导引头开展了极化抗干扰改造，取得了显著的实验效果。

总的来看，极化雷达、极化雷达导引头发展步伐逐步加快，极化抗干扰、极化目标识别等相关基础理论、关键技术正处于蓬勃发展时期，已经取得了一些令人鼓舞的应用，极具潜力。

参考文献

[1] 侯印鸣. 综合电子战:现代战争的杀手锏[M]. 北京:国防工业出版社, 2000.
[2] 张锡熊. 21 世纪雷达的“四抗”[J]. 雷达科学与技术, 2003, 1(1):1-6.
[3] 吕连元. 现代雷达干扰和抗干扰的斗争[J]. 中国电子科学研究院学报, 2004(4):1-6.
[4] 李永祯,等. 雷达极化抗干扰技术[M]. 北京:国防工业出版社, 2010.
[5] 燕清锋,肖宇波,杨建明. 美军无人机蜂群作战探析[J]. 飞航导弹,2017(10):49-53.
[6] 钮伟,黄佳沁,缪礼锋. 无人机蜂群对海作战概念与关键技术研究[J]. 指挥控制与仿真,2018,40(1):20-27.
[7] 牛轶峰,肖湘江,柯冠岩. 无人机集群作战概念及关键技术分析[J]. 国防科技,2013,34(5):37-43.

[8] 周华吉，张春磊．认知电子战系统组成及实现途径探究[J]．中国电子科学研究院学报，2017，12(5):448－451.

[9] 张春磊，杨小牛．认知电子战与认知电子战系统研究[J]．中国电子科学研究院学报，2014，9(6):551－555.

[10] 贾鑫，朱卫纲，曲卫,等．认知电子战概念及关键技术[J]．装备学院学报，2015(4)：96－100.

[11] 李程，王伟，施龙飞，等．雷达天线扫描方式的自动识别方法[J]．国防科技大学学报，2014，36(3)：156－163.

[12] 李程，王伟，施龙飞，等．基于多源信息融合的有源雷达组网方式序贯识别方法[J]．电子与信息学报，2014，36：10.

[13] Nathanson F E. Adaptive circular polarization[C]. IEEE International Radar Conference, Arlington, VA, USA, 1975：221－225.

[14] Moisseev D N, Unal C M H, Russchenberg H W J, et al. Doppler polarimetric ground clutter identification and suppression for atmospheric radars based on co－polar correlation [C]. Proceedings of International Conference on Microwaves, Radar and Wireless Communications, 2000, 1：94－97.

[15] Unal C M H, Moisseev D N. Combined Doppler and polarimetric radar measurements：correction for spectrum aliasing and non simultaneous polarimetric measurements [J]. Journal of Atmospheric and Oceanic Technology, 2004, 21(3)：443－456.

[16] 张国毅．高频地波雷达极化抗干扰技术研究[D]．哈尔滨：哈尔滨工业大学，2002.

[17] 张国毅，刘永坦．高频地波雷达多干扰的极化抑制[J]．电子学报，2001，29(9)：1206－1209.

[18] Poelman A J, Guy J R F. Multinotch logic－product polarization suppression filters：A typical design example and its performance in a rain clutter environment [J]. IEE Proceedings－F, 1984, 131(7)：383－396.

[19] Giuli D, Fossi M, Gherardelli M. A technique for adaptive polarization filtering in radars [C]. Proceedings of IEEE Int. Radar Conf., 1985：213－219.

[20] Gherardelli M,Giuli D, Fossi M. Suboptimum polarization cancellers for dual polarization radars [J]. IEE Proceedings－F, 1988, 135：60－72.

[21] Poelman A J. Virtual polarization adaptation：A method of increasing the detection capabilities of a radar system through polarization－vector processing [J]. IEE Proceedings－F, 1981, 128(5)：261－270.

[22] Poelman A J, Guy J R F. Nolinear polarization－vector translation in radar systems：A promising concept for real－time polarization－vector signal processing via a single－notch polarization suppression filter [J]. IEE Proceedings－F, 1984, 131(5)：451－464.

[23] Maio A D, Ricci G. A polarimetric adaptive matched filter [J]. Signal Process, 2001, 81：2583－2589.

[24] Stapor D P. Optimal receive antenna polarization in the presence of interference and noise [J]. IEEE Trans on Antennas and Propagation, 1995, 43(5): 473 – 477.

[25] 王雪松, 代大海, 徐振海, 等. 极化滤波器的性能评估与选择[J]. 自然科学进展, 2004, 14(4): 442 – 448.

[26] Wang X S, Chang Y L, Dai D H, et al. Band characteristics of SINR polarization filter [J]. IEEE Trans on Antennas and Propagation , 2007, 55(4): 1148 – 1154.

[27] 王雪松, 徐振海, 代大海, 等. 干扰环境中部分极化信号的最佳滤波[J]. 电子与信息学报, 2004, 26(4): 593 – 597.

[28] 施龙飞, 王雪松, 肖顺平, 等. 干扰背景下雷达最佳极化的分步估计方法[J]. 自然科学进展, 2005, 15(11): 1324 – 1329.

[29] Showman G A, Melvin W L, Belenkii M. Performance evaluation of two polarimetric STAP architectures [C]. IEEE Radar Conference, 2003: 59 – 65.

[30] Fante R L, Vaccaro J J. Evaluation of adaptive space – time – polarization cancellation of broadband interference [C]. IEEE Position Location and Navigation Symposium, 2002: 1 – 3.

[31] Fante R L, Vaccaro J J. Wideband cancellation of interference in a GPS receive array [J]. IEEE Transactions on Aerospace and Electronic Systems, 2000, 36(2): 549 – 564.

[32] 乔晓林, 薛敬宏, 邵仙鹤. 极化自适应滤波算法的新实现[J]. 现代雷达, 2006, 28(1): 58 – 60.

[33] 宋立众, 乔晓林. 一种极化 MIMO 雷达导引头关键技术研究[J]. 北京理工大学学报, 2013, 33(6): 644 – 649.

[34] 毛兴鹏, 刘永坦, 邓维波. 频域零相移多凹口极化滤波器[J]. 电子学报, 2008, 36(3): 537 – 542.

[35] 毛兴鹏, 刘爱军, 邓维波, 等. 斜投影极化滤波器[J]. 电子学报, 2010, 38(9): 2003 – 2008.

[36] 吴迪军, 肖顺平, 等. 机载雷达极化空时自适应处理技术研究[D]. 长沙: 国防科学技术大学, 2012.

[37] 施龙飞, 王雪松, 肖顺平. 转发式假目标干扰的极化鉴别[J]. 中国科学(F 辑:信息科学), 2004, 4(39): 468 – 475.

[38] 施龙飞, 帅鹏, 王雪松, 等. 极化调制假目标干扰的鉴别[J]. 信号处理, 2008, 24(6): 894 – 900.

[39] 王涛, 王雪松, 肖顺平. 随机调制单极化有源假目标的极化鉴别研究[J]. 自然科学进展, 2006, 26(5): 611 – 617.

[40] 罗双才, 唐斌. 一种空域—极化域联合的雷达欺骗干扰抑制算法 [J]. 信号处理, 2012, 28(3): 443 – 448.

[41] 沈允春, 谢俊好, 刘庆普. 识别箔条云新方案[J]. 系统工程与电子技术, 1995,17(4):60 – 63.

[42] 刘庆普, 沈允春. 箔条云极化识别方案性能分析[J]. 系统工程与电子技术, 1996, 18(11):1 -7
[43] Shao X H, Du H, Xue J H. Theoretical analysis of polarization recognition between chaff cloud and ship[C]. IEEE International Workshop on Anti - Counterfeiting, Security and Identification, 2007: 125 -129
[44] Shao X H, Du H, Xue J H. A new method of ship and chaff polarization recognition under rain and snow cluster [C]. IEEE International Workshop on Anti - Counterfeiting, Security and Identification, 2007: 142 -147.
[45] 李金梁. 箔条干扰的特性与雷达抗箔条技术研究[D]. 长沙:国防科学技术大学, 2010.
[46] 汤广富. 末制导反舰雷达导引头抗无源干扰信号处理技术研究[D]. 长沙:国防科学技术大学, 2010.
[47] Cui G, Liu J, Shi L F, et al. Identification of chaff interference based on polarization parameter measurement[C]. 2017 IEEE 13th International Conference on Electronic Measurement & Instruments, 2017,2(10): 392 -396.

第2章 雷达极化测量体制与方法

极化雷达的极化信息获取能力、极化测量精度与其采用的极化雷达体制、极化测量方法相关,进而决定了其在抗干扰、目标识别方面的能力。

2.1 节首先对极化雷达体制做全面的概述,厘清基本概念和定义;2.2 节介绍典型极化测量方法并建立相应的数学模型;2.3 节介绍极化雷达校准的概念和相关方法。

2.1 极化雷达体制概述

概括来讲,雷达极化测量体制经历了由单极化到双极化再到全极化测量体制的发展历程。单极化测量体制主要包括两种类型:一种是收发共极化,例如发射水平极化、接收水平极化,以及发射左旋圆极化、接收左旋圆极化等;另一种是收发正交极化,例如发射左旋圆极化、接收右旋圆极化(多见于早期空间目标探测雷达)。双极化测量体制一般是发射单极化,同时接收共极化和交叉极化。单极化和双极化测量体制都只能获取目标的部分极化散射信息,而全极化测量体制可以获取目标全部的极化散射信息,主要包括两种类型:一种是分时全极化,即交替发射两正交极化,并同时接收两正交极化;另一种是采用正交波形同时发射两正交极化,并同时接收两正交极化。

事实上,极化测量体制不仅仅只有上面所述的几种,例如发射45°斜极化,接收水平和垂直极化,这种极化测量体制称为紧凑极化测量体制。另外,极化测量与具体的应用相结合,能够形成更复杂的极化雷达体制,例如极化单脉冲雷达体制,可以包括4通道、8通道接收,发射可能采用水平极化或垂直极化,也可能采用圆极化等方式。雷达极化抗干扰的前提是必须能够通过极化测量获得满足精度要求的极化信息。下面对极化雷达发展过程中先后出现的极化测量方式进行介绍。

2.1.1 极化雷达体制发展历程

雷达极化的研究与极化测量雷达的发展是相互促进的:一方面,雷达极化研究需要极化测量雷达提供实验数据进行验证和分析；另一方面，雷达极化的研究成果引导着极化测量雷达的发展方向。

下面简要介绍极化雷达体制的发展历程。

1）单极化发射，双极化接收

早期极化测量雷达多采用单极化发射、双极化接收的方式。早期的空间目标探测雷达，如美国于1958年研制成功用于观测、跟踪卫星的Millstone Hill雷达[1]，20世纪60年代研制成功用于弹道导弹防御研究的AMRAD雷达等[2,3]，都属于这种方式。这种方式中，极化信息的作用主要是改善对目标的检测性能，通过对两接收极化通道信号的融合，平均可将信噪比提高几分贝，从而获得更稳定的检测性能。此外，采用这种极化方式还可以通过调整两接收极化通道的相对幅度和延迟而对消阻塞式干扰和雨杂波，如Nathanson于1975年提出的用于空中交通管制雷达抑制雨杂波的自适应极化对消器实现方案[4]。

然而，随着技术的发展，无论是空间目标探测雷达、SAR还是气象雷达等，都需要获取更多的“目标”（包括目标、地物、水成物粒子等）散射特性信息，上述极化方式只能部分地获取“目标”极化散射信息，已不能满足要求。因此，全极化测量体制得到了发展。在这种方式中，目前主要有分时全极化体制和同时全极化体制两种基本类型。

2）分时全极化体制

分时全极化体制在脉冲间进行发射极化切换的主要方式是交替发射（一对）正交极化和同时接收正交极化。

早期的极化气象雷达均采用了交替发射、同时接收的分时体制，其发射极化样式包括正交圆极化、正交椭圆极化以及正交线极化，可用于测量差分反射率、去极化比（圆去极化比、线去极化比等）、差分相位等参数，这些参数直接反映了雨滴形变程度、冰雹尺寸以及云中气流传输和扩散等气象状况[5,6]。极化合成孔径雷达方面，美国麻省理工学院林肯实验室在20世纪80年代末研制的Ka波段机载合成孔径雷达ADTS[7]，喷气推进实验室（JPL）的SIR－C系统[8]，加拿大的CCRS/ DREO系统，丹麦的EMISAR合成孔径雷达[9,10]都采用了分时极化体制，实际上现役先进的SAR系统基本上都采用了分时极化体制。在空间目标探测雷达方面，据报道，美国弹道导弹防御系统中承担中段目标识别的GBR/XBR雷达也很可能采用了分时极化体制。

分时极化体制虽然能够获得更多的“目标”散射信息，但还存在着一些固有缺陷[11]：

（1）对于由运动姿态变化引起的散射特性随时间变化较快的非平稳目标，分时极化体制会在脉冲回波之间产生对测量相当不利的去相关效应。

（2）目标的多普勒效应会导致脉冲回波测量值之间相差一个相位，影响测量精度。

（3）距离模糊会影响脉冲回波的正常接收，影响极化测量的正确性。

（4）分时极化体制需要在脉冲之间进行极化切换，由于极化切换器件的隔离度是有限的，存在交叉极化的干扰，对测量产生了不利影响。

3）同时全极化体制

针对分时极化体制的缺陷，人们分别提出了正交极化同时发射和同时全极化体制的概念。

在气象雷达方面，采用功分器和相移器实现正交极化同时发射、同时接收的新型气象雷达近年来成为发展热点，这种同时发射方式首先由 Doviak 和 Zrnić于1985 年提出[12]，在当时的主要目的是提高扫描速度，而实际上这种方式相对于以往极化气象雷达所采用的分时体制还具有其他优点，如省去了价格较高的铁氧体大功率开关，减少了测量脉冲之间的去相关性，消除了多普勒频率对相位测量的影响等。目前，美国科罗拉多州立大学 CSU - CHILL 气象雷达[13]、3cm New Mexico Tech（NMT）气象雷达均已修改或设计成这种水平、垂直极化同时发射方式。

这种正交极化同时发射的方式并不能实现目标对两入射正交极化去极化响应的分离，因而不能用于目标极化散射矩阵的精确测量。为此，Giuli 等人于1990 年提出了同时全极化体制的概念[14,15]，同时极化体制只发射一个脉冲，该脉冲由两个（或多个）编码波形相干叠加得到，每个波形对应一种发射极化。这些编码波形之间相互正交，因此在接收处理中，利用“码分多址”的方法可以分离出不同发射极化对应的回波，经进一步处理后就可以获取完整的目标极化信息。

Giuli 提出的这种同时极化体制主要用于目标散射矩阵的测量，采用了两组 m 序列分别对应两正交发射极化，由于两发射极化的回波受到的多普勒调制完全相同，因而列元素之间不存在相位差，也由于在一个脉冲时间内即完成了测量，因此减少了目标去相关效应的影响。然而，随着极化信号处理理论的发展，特别是极化抗干扰技术的需要，发射极化捷变的数目要求更大，且要求极化测量能够解决多目标相互影响等问题，面对这些新情况，传统的同时极化体制已不能够满足要求，表现在以下三个方面：

（1）编码序列之间不能完全正交，各编码通道之间存在着一定的耦合，各发射极化回波的测量之间也就存在一定的耦合。

（2）由于大多数编码序列的自相关特性和互相关特性是相互制约的，无法同时达到较为理想的水平，只能取折中，特别地，当发射极化数目（编码序列数目）较多时，无法找到足够数量的满足最基本要求的编码序列。

（3）正、负线性调频信号由于具有一定的正交隔离性，且波形生成较为简单、改动较小，因此也较多地采用，但只能提供两种发射极化，限制了其应用。与此同时,正交频分复用(Orthogonal Frequency Division Multiplexing, OFDM)技术也用于在频域实现发射多极化调制。

施龙飞等[16]于 2007 年针对 Giuli 所提同时极化体制存在的上述问题,提出了一种将编码序列自相关性要求和互相关性要求解耦的复合编码同时极化体制(2.2.3 节),可以实现自相关特性和互相关特性同时达到最优,适应了多极化发射和相邻多目标的情况。

4) 准同时极化体制

同时极化体制存在系统复杂的缺点,实际上,对于目标/干扰检测、鉴别、识别等应用,一种准同时极化体制在很多种情况下也能够满足要求。这种体制本质上是分时变极化发射,但其不同极化的切换间隔从脉冲重复周期(PRT)缩短为微秒甚至是纳秒级,实现形式是不同极化脉冲“紧邻”发射(类似于相位编码)。

这种体制已经开始应用于气象雷达中,2015 年,施龙飞等人提出并将相位分集准同时极化体制应用于有源假目标鉴别中[17],在试验中获得了验证(2.2.4 节、4.2.5 节将分别对这种体制及其在干扰鉴别中的应用进行阐述)。

2.1.2 极化雷达系统发展

极化测量雷达主要在空间目标监视与特征测量、机载/星载 SAR 和气象观测三个方面首先得到了发展和应用,近年来,在目标指示雷达、制导雷达、雷达导引头方面呈现出蓬勃发展的势头。

1) 空间目标监视与特征测量雷达

对弹道导弹、卫星等空间目标的探测与跟踪是事关国家安全的重要防御技术,而目标极化信息、高分辨信息是空间目标监视雷达识别目标类型、辨别假目标诱饵的重要依据,因而受到了广泛重视。鉴于该方面研究的军事敏感性,相关报道非常有限,目前已知的包括:美国于 1958 年研制的用于卫星、弹道导弹目标跟踪、监视的 Millstone Hill 雷达[1],宽带 X 波段空中雷达目标成像雷达系统(MERIC)[18],弹道导弹靶场测量雷达 AN/MPS-36 系统以及 MIT 林肯实验室发展的用于弹道导弹防御的 AMRAD 雷达[2],美国陆军导弹司令部的 Ku 波段极化测量雷达,美国罗姆空军发展中心(RADC)的 S 波段极化跟踪雷达,美国密歇根州环境研究所(ERIM)的 GAIR 地对空 X 波段 ISAR 雷达等。此外,美国战略导弹防御系统中的关键组成部分,X 波段地基防御雷达(GBR)系统是一种宽带高分辨成像雷达,也具有全极化测量能力,能够利用极化信息和高分辨信息完成对弹头、无源诱饵、碎片以及有源假目标的识别等任务。我国新一代空间目标监视与特征测量雷达也具有大带宽、全极化测量能力,可以获得目标宽带极化散射特征,提高雷达对弹头、诱饵等空间目标的辨识能力。

2）极化合成孔径雷达

将极化信息应用到 SAR 图像信息处理中，有利于提高其地物分类、识别能力，提高对目标的检测性能，并可用于抑制相干斑干扰。

1985 年，美国 JPL 研制出第一部真正意义上的机载全极化合成孔径雷达（Polarimetric Synthetic Aperture Radar，POLSAR）JPL/CV－900，此后，关于极化成像雷达及其处理、应用的研究都进入了一个快速发展的阶段。

目前，国外较有代表性的极化 SAR 系统主要有[7,8,19－28]：

（1）机载极化 SAR 方面：美国国家航空航天局（NASA）的 JPL/CV－990 多波段（L、C、X）极化合成孔径雷达，美国林肯实验室的 Ka 波段（33GHz）机载毫米波极化 SAR 系统，法国国家空间教育与研究局（ONERA）的 REMSES 多波段（L、C、X、Ku、W）极化 SAR 雷达，法国地球与行星环境物理研究中心（CRPE）与 THOMSON/CSF 公司的 RENE 机载双波段（S、X）极化 SAR 雷达，荷兰空间计划局（NIVR）的 PHARUS 机载 C 波段相控阵极化 SAR 雷达，德国应用科学研究会/无线电和数学研究会（FGAN/FFM）的 AER 机载 X 波段极化 SAR 雷达，欧洲航天局的地球遥感计划卫星 Envisat－1 SAR 系统；俄罗斯的多频多极化机载 SAR 系统，美国密歇根大学环境研究所（ERIM）和美国海军航空武器发展中心（NAWC）联合开发的 X、L、C 波段 P－3 SAR 雷达成像系统等。

（2）星载极化 SAR 系统方面：除美、德、意联合研制的 SIR－C/X－SAR 系统外，还有欧洲航天局 ENVISAT 卫星上搭载的 ASAR 系统、加拿大的 RadarSat－2 系统、美国的 LightSAR 系统以及日本的 PALSAR 系统等。

近年来，我国也积极开展了极化 SAR 的研制工作，中国科学院电子学研究所、中国电子科技集团公司第三十八研究所已先后研制出多极化机载 SAR 系统，我国新一代星载 SAR 雷达也将具有多频段、多极化同时成像的能力，并具有多种工作模式，能够满足军事应用和民用遥感的需求。

3）极化气象雷达

极化信息在气象观测方面的应用研究开始于 20 世纪 50 年代。由于云内许多水成物粒子不是理想球体（理想球体不产生去极化效应），并且粒子的轴在空间分布上存在优势取向，因此可以利用回波极化信息反演出云内水成物粒子的主要形态，进行气象预测。第一部真正的高精度双通道极化雷达于 60 年代末在加拿大研制成功[12]，70 年代中期，美国科学家 Seliga 等提出了双线极化雷达的理论[13]，并在外场试验中取得成功，此后极化气象雷达在世界各国迅速发展起来。80 年代法国、德国、英国、澳大利亚、日本等国都相继发展了自己的极化气象雷达。原中国科学院兰州高原大气物理研究所也成功地研制了我国第一部 3cm 圆极化和 5cm 双线极化雷达，并开展了双线极化雷达在云和降水物理、遥测区域降雨量和人工影响天气方面的应用研究。

此外,在反舰导弹毫米波雷达导引头中,极化信息也有应用,在某些角度和散射类型下,海平面后向散射的水平极化分量与垂直极化分量相差很大,利用这种特性对天线极化进行设置可有效地滤除海杂波的干扰。

2.2 雷达极化测量方法

如前所述,对于能够获取电磁波或目标回波极化矢量信息的测量体制,可以分为两大类:一是分时极化测量体制,简称分时极化体制;二是同时极化测量体制,简称同时极化体制。

分时极化体制按时间先后发射多个不同极化的脉冲,接收时两正交极化通道(图 2.1 中为水平极化(H)和垂直极化(V))同时接收信号。

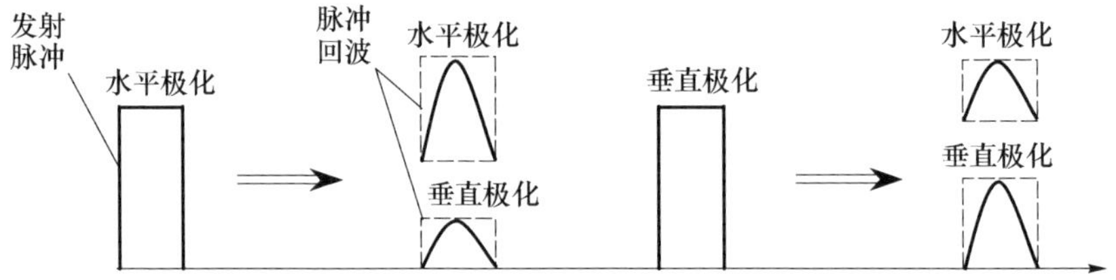

图 2.1　分时极化测量

针对分时极化体制的固有缺陷,Giuli 等提出了同时极化体制的概念。同时极化测量体制只需发射一个脉冲,该脉冲由多个编码序列相干叠加得到,每个编码序列对应一种发射极化。在接收时,利用编码序列之间的正交性分离出不同发射极化对应的矢量回波,经进一步处理后可以获取目标的完整极化信息。同时极化测量如图 2.2 所示。

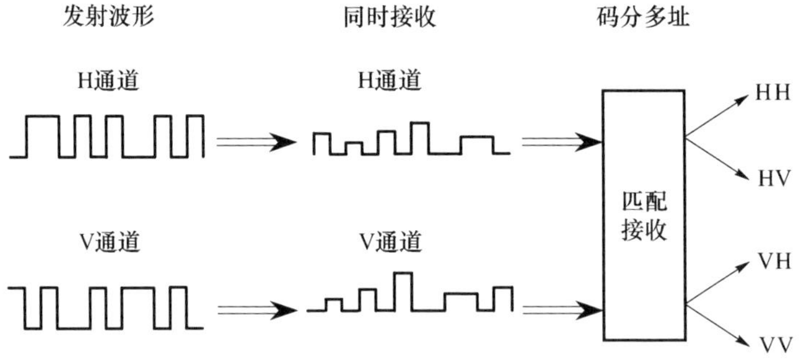

图 2.2　同时极化测量

相比于分时极化体制,同时极化体制具有以下优点:

(1) 由于同时极化体制只需一个脉冲,历时较短,因而更适用于非平稳目标的情况。

（2）对于目标回波的多普勒调制,同时极化体制与分时极化体制受其影响的机理不同,后者是测量数据间存在着不可忽略的相位差,而前者主要取决于编码波形的自相关特性和互相关特性对多普勒的敏感程度,只要多普勒估计精度达到一定要求,经多普勒补偿后,这种影响不会妨碍同时极化体制的正常使用。

（3）同时极化体制只发射一个脉冲,因此不存在距离模糊的问题。

（4）由于同时极化体制同时利用了两个正交极化通道,不需要进行极化切换,因此也不存在交叉极化干扰的问题。

下面分别介绍分时极化体制、同时极化体制的基本原理和数学模型,进而重点介绍复合编码同时极化测量体制以及准同时极化体制。

2.2.1　分时极化体制测量方法

对于全极化相参雷达,其发射矢量信号（2×1 矢量）形式可表示为（为表述方便,这里暂不考虑信号的幅度）：

$$\boldsymbol{X}(t) = \mathrm{e}^{\mathrm{j}2\pi f_0 t} \cdot \sum_{n=1}^{N} s(t-(n-1)T)\boldsymbol{h}_{\mathrm{t}n} \tag{2.1}$$

式中：$s(t)$为脉冲调制信号,一般采用矩形脉冲、线性调频脉冲或相位编码脉冲信号,脉冲宽度为τ_p；$\boldsymbol{h}_{\mathrm{t}n}$为第 n 个脉冲发射极化的琼斯（Jones）矢量表示形式（2×1 矢量）；N 为发射极化数目；f_0 为载频；T 为脉冲重复周期。（式（2.1）以第一个脉冲起始时刻为 $t=0$,所有脉冲信号、脉冲回波信号均以此为时间基准。）

上述波形产生的物理过程：由 N 个间距均为 T 的脉冲调制信号 $s(t)$,调制一个频率为f_0 的连续波信号 $\mathrm{e}^{\mathrm{j}2\pi f_0 t}$,得到一个相参的射频脉冲串,将其加注到两正交极化通道中（水平、垂直或左旋、右旋极化等,本书中统一采用水平－垂直极化基）,通过相应极化的天线发射出去。

设目标散射矩阵在相干时间内（NT）、信号带宽内是恒定的,记为

$$\boldsymbol{S} = \begin{bmatrix} s_{\mathrm{HH}} & s_{\mathrm{HV}} \\ s_{\mathrm{VH}} & s_{\mathrm{VV}} \end{bmatrix}$$

径向速度在相干时间内也可看作恒定的,记为 V_r,则多普勒频率为

$$f_\mathrm{d} = \frac{-2V_\mathrm{r} f_0}{c}$$

式中：c 为光速。

则经目标散射后,回波矢量信号为

$$\boldsymbol{Y}(t) = \boldsymbol{S}\cdot\boldsymbol{X}(t) = \mathrm{e}^{\mathrm{j}2\pi(f_0+f_\mathrm{d})(t-\tau_1)} \cdot \sum_{n=1}^{N} s(t-(n-1)T-\tau_n)\boldsymbol{S}\boldsymbol{h}_{\mathrm{t}n} \tag{2.2}$$

式中：

$$\tau_n = \tau_1 + \frac{2V_\mathrm{r}(n-1)T}{c}$$

τ_n 为第 n 个脉冲回波的时延。

式(2.2)没有考虑由于多普勒效应引起的脉冲宽度展宽或者压缩,实际上只要满足

$$\frac{2V_{\mathrm{r}}\tau_{\mathrm{p}}}{C} << \frac{1}{\Delta f} \tag{2.3}$$

就可以忽略这种影响,一般情况下该条件很容易满足,Δf 为 $s(t)$ 的带宽。

分时极化体制的水平、垂直极化通道对来波矢量信号同时进行接收,数学过程表示为

$$\text{H 通道}\quad z_{\mathrm{H}}(t)=\boldsymbol{h}_{\mathrm{r-H}}{}^{\mathrm{T}}\boldsymbol{Y}(t)$$
$$\text{V 通道}\quad z_{\mathrm{V}}(t)=\boldsymbol{h}_{\mathrm{r-V}}{}^{\mathrm{T}}\boldsymbol{Y}(t)$$

式中:$\boldsymbol{h}_{\mathrm{r-H}}=[1,0]^{\mathrm{T}}$、$\boldsymbol{h}_{\mathrm{r-V}}=[0,1]^{\mathrm{T}}$ 分别为水平和垂直接收极化矢量。

将两接收极化通道的信号记为一个矢量信号,即

$$\boldsymbol{Z}(t)=\begin{bmatrix} z_{\mathrm{H}}(t) \\ z_{\mathrm{V}}(t) \end{bmatrix}=\begin{bmatrix} 1 & 0 \\ 0 & 1 \end{bmatrix}\boldsymbol{Y}(t)=\boldsymbol{Y}(t) \tag{2.4}$$

相比于单极化接收,全极化接收方式对回波矢量进行了完全的接收。

接收到的信号首先要进行混频(若干次下变频),将射频信号变为中频信号或零中频信号,混频信号可表示为频率为 f_0 的连续波信号,即

$$q(t)=\mathrm{e}^{\mathrm{j}2\pi f_0 t+\mathrm{j}\varphi} \tag{2.5}$$

式中:φ 为初相。

混频后的矢量信号可表示为

$$\boldsymbol{W}(t)=\boldsymbol{Z}(t)\cdot(q(t))^{*}=\mathrm{e}^{-\mathrm{j}2\pi f_0\tau_1-\mathrm{j}\varphi}\cdot\mathrm{e}^{\mathrm{j}2\pi f_{\mathrm{d}}(t-\tau_1)}\cdot\sum_{n=1}^{N}s(t-(n-1)T-\tau_n)\boldsymbol{Sh}_{\mathrm{t}n} \tag{2.6}$$

式中:上标“*”表示复数取共轭;用 $\Delta\varphi=-2\pi f_0\tau_1-\varphi$ 表示右边第一项的相位,该相位不影响测量的相参性。

由式(2.6)可以看出,混频后脉冲串被正弦波 $\mathrm{e}^{\mathrm{j}2\pi f_{\mathrm{d}}t}$ 调制(多普勒调制),对各脉冲信号进行匹配接收后,其输出幅度值(复幅度)将相差一个多普勒相位。设匹配接收冲激响应为 $h(t)=s^{*}(\tau_{\mathrm{p}}-t)$,其数学过程表示为

$$\boldsymbol{R}(t)=\int_{-\infty}^{\infty}h(t-\lambda)\boldsymbol{W}(\lambda)\cdot\mathrm{d}\lambda=\int_{-\infty}^{\infty}s^{*}(\tau_{\mathrm{p}}-t+\lambda)\boldsymbol{W}(\lambda)\cdot\mathrm{d}\lambda \tag{2.7}$$

将式(2.6)代入式(2.7)中,易得,对于矩形脉冲信号等,在 $t=\tau_{\mathrm{p}}+(n-1)T+\tau_n$ $(n=1,2,\cdots,N)$ 处,会出现 N 个峰值点,对应的幅度(二维矢量)分别记为

$$\begin{aligned}\boldsymbol{R}_{\mathrm{n}}&=A\exp\{\mathrm{j}\Delta\varphi+\mathrm{j}2\pi f_{\mathrm{d}}[(n-1)T+\tau_n-\tau_1]\}\cdot\boldsymbol{Sh}_{\mathrm{t}n}\\&=A\exp\{\mathrm{j}\Delta\varphi\}\exp\left\{\mathrm{j}2\pi f_{\mathrm{d}}(n-1)T\left(1+\frac{2V_{\mathrm{r}}}{c}\right)\right\}\cdot\boldsymbol{Sh}_{\mathrm{t}n}\end{aligned}$$

$$\approx A\exp\{j\Delta\varphi\}\cdot\exp\{j2\pi f_d(n-1)T\}\cdot \boldsymbol{Sh}_{tn} \tag{2.8}$$

式中：$A=\int_{-\infty}^{\infty}|s(t)|^2\exp\{j2\pi f_d t\}\cdot dt$；$A\exp\{j\Delta\varphi\}$ 为常数项。式(2.8)中用到了 $\frac{2V_r}{c}\approx 0$。

显然，根据式(2.8)，由于目标运动的影响，相对于回波极化矢量 $\{\boldsymbol{Sh}_{tn}\}$，$\{\boldsymbol{R}_n\}$ 中每个矢量值都附加了一个相位项 $2\pi f_d(n-1)T$，经多普勒补偿后，该相位差为

$$\Delta\varphi_n=2\pi\tilde{f}_d(n-1)T \tag{2.9}$$

式中：$\tilde{f}_d$ 为多普勒估计误差，$\tilde{f}_d=f_d-\hat{f}_d$，当 $\tilde{f}_d$ 较大时，将严重影响分时极化体制的测量性能。利用分时极化体制测量目标散射矩阵，则散射矩阵测量值的两列元素之间将存在相位差 $2\pi\tilde{f}_d T$。

2.2.2　同时极化体制测量方法

如前所述，分时极化体制存在着一些固有缺陷。对此，Giuli 等提出了同时极化体制的概念，类似于通信中码分多址(Code Division Multiple Access，CDMA)的思想，同时极化体制只需发射一个脉冲，该脉冲由多个编码波形叠加得到，每个编码波形对应一种发射极化(相当于 CDMA 中的一个"用户")，接收时利用编码波形之间的正交性分离出不同发射极化对应的回波，将其极化信息提取后可用于极化信息处理。

Giuli 提出的这种同时极化测量可以有效地解决分时极化测量中存在的一些问题：对于非平稳目标，同时极化体制只发射一个脉冲，历时很短，可减小其去相关效应；极化体制只发射一个脉冲，不存在距离模糊的问题；极化体制的几种波形(相互正交)是同时发射的，它们所受到的多普勒调制是完全一样的，不存在多普勒相位差的问题；两正交极化通道同时发射信号，不需要采用铁氧体等器件进行发射极化的切换，也不存在极化隔离度较差带来的交叉极化干扰问题。

下面介绍同时极化测量体制的工作原理，其发射与接收信号处理流程如图 2.3和图 2.4 所示。

1）同时极化体制测量数学模型

同时极化体制雷达发射波形表示为(为描述方便，不考虑幅度)：

$$\boldsymbol{X}(t)=e^{j2\pi f_0 t}\sum_{m=1}^{M}\boldsymbol{h}_{tm}s_m(t) \tag{2.10}$$

式中：$\boldsymbol{h}_{tm}$ 为第 m 个发射极化的琼斯矢量表示形式(2×1 矢量)，且 $\|\boldsymbol{h}_{tm}\|=1$；$f_0$

为载频；$\{s_m(t)\}(m=1,2,\cdots,M)$ 是一组编码波形，脉冲宽度为 τ_p，多采用伪随机序列组，如 m - sequences（m 序列），理论上要求它们之间相互正交，利用这种正交隔离性可分离出不同发射极化对应的散射回波。同时极化体制的发射波形是调制波形 $\sum_{m=1}^{M} \boldsymbol{h}_{tm} s_m(t)$ 分别在 H、V 极化通道调制载波 $e^{j2\pi f_0 t}$ 得到的。

设目标散射矩阵为

$$\boldsymbol{S} = \begin{bmatrix} s_{HH} & s_{HV} \\ s_{VH} & s_{VV} \end{bmatrix}$$

径向速度记为 V_r，则多普勒频率为

$$f_d = \frac{-2V_r f_0}{c}$$

式中：c 为光速。

经目标散射，并经雷达 H、V 极化通道同时接收后，回波矢量信号可表示为

$$\boldsymbol{Z}(t) = \boldsymbol{S} \cdot \boldsymbol{X}(t) = e^{j2\pi(f_0+f_d)(t-\tau)} \cdot \sum_{m=1}^{M} s_m(t-\tau) \boldsymbol{S}\boldsymbol{h}_{tm} \tag{2.11}$$

式中：τ 为目标回波时延。

混频信号记为 $q(t) = e^{j2\pi f_0 t + j\varphi}$，其中 φ 为初相，那么混频后的矢量信号表示为

$$W(t) = Z(t) \cdot (q(t))^* = e^{-j2\pi f_0 \tau - j\varphi} \cdot e^{j2\pi f_d (t-\tau)} \cdot \sum_{m=1}^{M} s_m(t-\tau) \boldsymbol{S}\boldsymbol{h}_{tm} \tag{2.12}$$

$\Delta\varphi = -2\pi f_0 \tau - \varphi$ 为右边第一项的相位，该相位不影响测量的相参性。

对混频后的信号进行多通道匹配处理，每个通道的匹配响应函数分别为

$$h_n(t) = s_n^*(\tau_p - t)\ (n=1,2,\cdots,M)$$

其数学过程表示为

$$\boldsymbol{R}_n(t) = \int_{-\infty}^{\infty} h_n(t-\lambda) \boldsymbol{W}(\lambda) \cdot d\lambda = \int_{-\infty}^{\infty} s_n^*(\tau_p - t + \lambda) \boldsymbol{W}(\lambda) \cdot d\lambda \tag{2.13}$$

将式(2.12)代入式(2.13)中，由于 $s_m(t)(m=1,2,\cdots,M)$ 之间相互正交，即

$$\int_{-\infty}^{\infty} s_m^*(t) s_n(t) \cdot dt = \begin{cases} 0 & (m \neq n) \\ A & (m = n) \end{cases}$$

因此，在 $t=\tau_p+\tau$ 处，每个通道都会出现峰值（二维矢量），分别记为

$$\begin{aligned}\boldsymbol{R}_n &= \int_{-\infty}^{\infty}\exp(-j2\pi f_d t)s_m^*(t)s_n(t)\,dt\cdot\exp\{j\Delta\varphi+j2\pi f_d\tau_p\}\cdot\boldsymbol{Sh}_{tn}\\ &\approx A\exp\{j\Delta\varphi+j2\pi f_d\tau_p\}\cdot\boldsymbol{Sh}_{tn}\end{aligned}\tag{2.14}$$

式中："≈"是由于多普勒频率 f_d 的调制导致回波与编码波形不能完全匹配造成的，但主要是对幅度的影响（且在经多普勒补偿后影响很小），因此 $\{\boldsymbol{R}_n\}$ 之间可认为不存在相位差，可作为回波极化矢量 $\{\boldsymbol{Sh}_{tn}\}$ 的测量值。

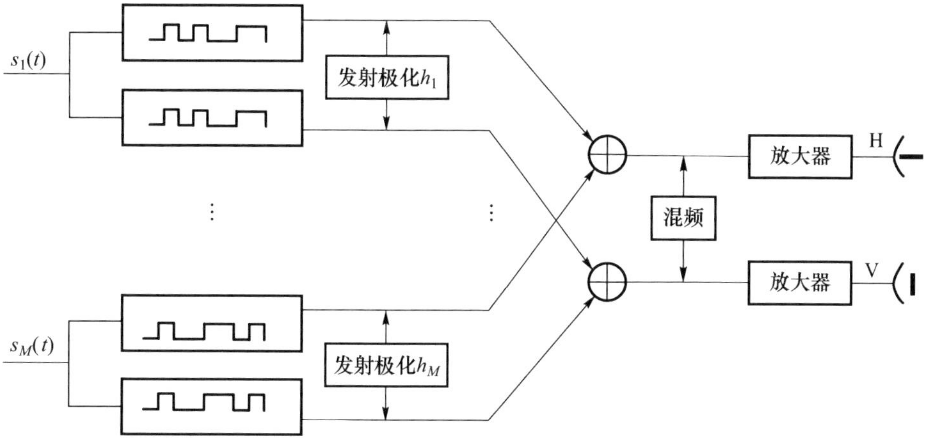

图 2.3　同时极化体制发射信号处理流程

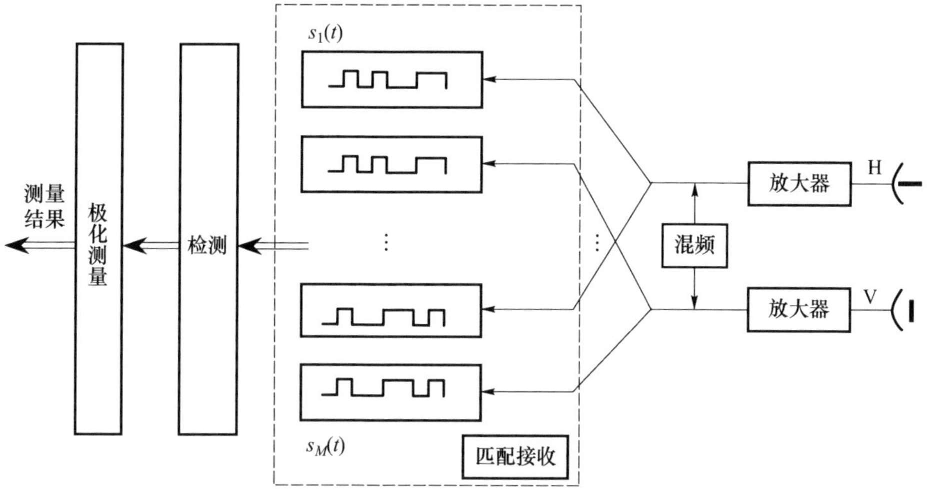

图 2.4　同时极化体制接收信号处理流程

2）同时极化体制测量存在的问题

同时极化体制测量主要有以下四个方面的问题：

(1) 上面设目标散射矩阵为 $\boldsymbol{S}=\begin{bmatrix} s_{\mathrm{HH}} & s_{\mathrm{HV}} \\ s_{\mathrm{VH}} & s_{\mathrm{VV}} \end{bmatrix}$,而实际上,目标散射矩阵是频率 f 的函数,只有在窄带情况下,目标散射矩阵才可看作恒定的。

一般来说,简单目标的散射矩阵随频率变化较为缓慢(如飞航导弹、弹道导弹等目标),而复杂目标的散射矩阵随频率变化则相对剧烈(如一些飞机目标)。为了保证满足“窄带假设”,编码信号的带宽不能太宽,由于编码信号带宽相当于码元宽度的倒数,因此,编码码元宽度应足够宽才行。

(2) 当同一方向存在多个目标时,不同目标回波匹配输出的自相关旁瓣将相互影响(称为目标间的“互扰”),导致目标极化测量互相影响。

Giuli 定义了峰值旁瓣比(Peak Sidelobe Level,PSL)来衡量编码波形的自相关旁瓣对测量的影响[15](需指出的是,本书中所提到的自相关和互相关都是指非周期自相关和非周期互相关,下面不再一一说明)。设第 m 个编码波形的自相关函数为 $R_{mm}(t)$,则峰值旁瓣比为

$$\mathrm{PSL}_m=\min_{\tau\notin\Omega_m}20\log\frac{|R_{mm}(0)|}{|R_{mm}(\tau)|} \tag{2.15}$$

式中:Ω_m 为 $R_{mm}(t)$ 主瓣区域。$\{\mathrm{PSL}_m\}$ 越大,目标间的互扰越小。增大码元数目有利于获得更高的 $\{\mathrm{PSL}_m\}$,但基于脉冲宽度的限制(回波到达时间不能早于发射脉冲结束时间),要求码元宽度应足够窄。

(3) 编码波形 $s_m(t)$ $(m=1,2,\cdots,M)$ 之间并不能完全正交,因此各编码通道之间存在着一定的耦合。

Giuli 定义了隔离度(Isolation,I)来分别衡量编码波形之间的互相关[15]。设第 m 个编码波形与第 n 个编码波形的互相关函数为 $R_{mn}(t)$,则编码之间独立性的衡量指标为

$$I_m=\min_{\forall\tau,n\neq m}20\log\frac{|R_{mm}(0)|}{|R_{mn}(\tau)|} \tag{2.16}$$

$\{I_m\}$ 越大,编码之间的独立性越好,编码通道之间的耦合越小。增大码元数目有利于获得更高的 $\{I_m\}$ 值,同样是基于脉冲宽度的限制,要求码元宽度应足够窄。

(4) 在编码序列的选择方面,大多数编码序列的自相关特性(PSL)和互相关特性(I)都是相互制约的,即 $\{\mathrm{PSL}_m\}$ 和 $\{I_m\}$ 不能够同时获得比较理想的值。

Giuli[15] 采用两个 m 序列测量点目标的散射矩阵,对于 511 位码长的两个 m 序列,其 PSL 和 I 可达到 28.15dB 和 23.04dB,这对于单个点目标散射矩阵的测量基本可以满足要求。但对于雷达抗干扰中要面对多目标、多发射极化等较为复杂的情况,此时,对 PSL 和 I 的要求都大大地提高了。由上述四点可以看出,

同时极化体制对编码序列、码元宽度的选择是互相矛盾的，不能够同时具有很好的自相关特性和互相关特性，因此，普通同时极化体制难以满足抗干扰算法的需要。

2.2.3　复合编码同时极化测量方法

2.2.2 节已经分析了同时极化体制面对多目标、多发射极化等较为复杂的情况时，在波形及其参数的选择方面存在的矛盾与困难之处。其中，多数问题都归结为编码波形的自相关特性和互相关特性难以同时满足要求，即 $\{\mathrm{PSL}_m\}$ 和 $\{I_m\}$ 难以同时达到理想的水平。事实上，不仅难以找到自相关和互相关特性都很好的伪随机序列组，甚至能满足最基本要求的序列组数目也很少。例如，对于最常用的伪随机序列——m 序列，9 级移位寄存器产生的 m 序列（码元数目为 511）有 48 个，但其中找不到包含 3 个序列的组合，其 $\{I_m\}$ 均大于 23dB。

本书提出一种将自相关特性要求和互相关特性要求解耦的复合编码同时极化体制，可以使自相关特性和互相关特性同时达到理想值，从而能够满足日益复杂的极化抗干扰算法的需要。该体制处理的基本思想：优选一个自相关特性达到要求的调制波形（本书采用伪随机码序列或线性调频脉冲），用以减轻多目标情况下目标之间的互扰；优选一组正交地址码序列（如 walsh 地址码），利用它们之间的完全正交性，实现极化编码通道之间的隔离。

2.2.3.1　基本原理

图 2.5 为复合编码同时极化体制处理流程示意图，图 2.6 是其所采用的复合编码波形，波形采用两层编码：外层是地址码，采用 walsh 正交码；内层是伪随机码或线性调频脉冲（统称为内层码）。

每个 walsh 码元中包含一个完全相同的、完整的内层码，接收时，首先进行内层码的匹配接收，则所有 walsh 码元将在相同位置出现峰值，提取该峰值点的幅度并与 walsh 序列组分别进行地址相关（相关求和），利用 walsh 序列之间的正交性可分别得到各脉冲回波矢量的极化测量值。

由于长度为 N 的 walsh 码可以找到 N 个相互正交的 walsh 码组合，这无疑将大大扩展可承载的“用户数”，即发射变极化的数目可大大增加，满足算法的需要。

下面介绍图 2.5 中一些关键环节的数学过程。

发射波形可表示为（为描述方便，不考虑其幅度）：

$$\boldsymbol{X}(t)=\mathrm{e}^{\mathrm{j}2\pi f_0 t}\sum_{n=1}^{N}\left(\sum_{m=1}^{M}w_{n,m}\cdot s(t-(m-1)\tau_{\mathrm{p}})\right)\boldsymbol{h}_{\mathrm{t}n}\tag{2.17}$$

式中：$\boldsymbol{h}_{\mathrm{t}n}$ 为第 n 个发射极化琼斯矢量（共 N 个发射极化），每个发射极化对应一

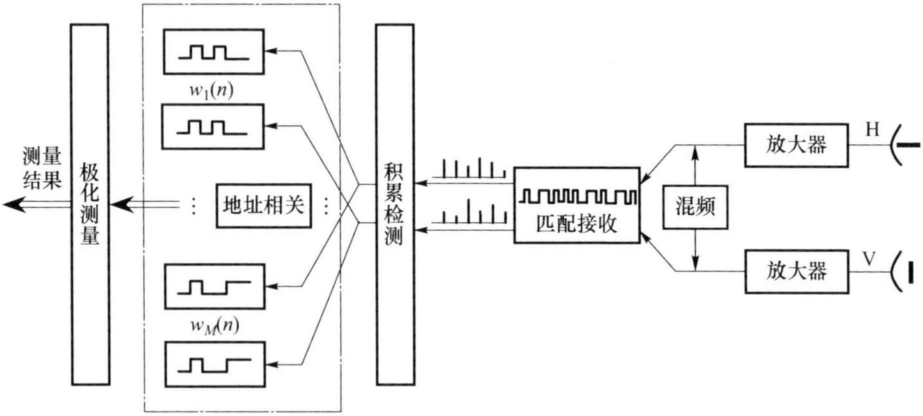

图 2.5　复合编码同时极化体制处理流程

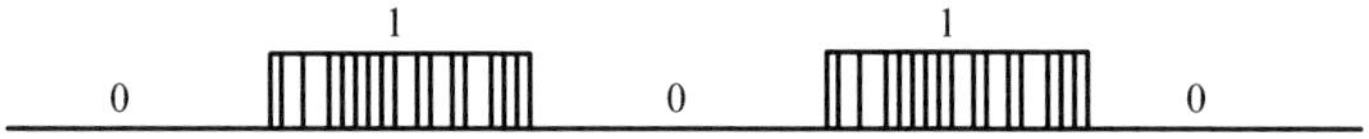

图 2.6　复合编码波形

个 M 位长的 walsh 序列$\{w_{n,m}\}$；$w_{n,m}$为第 n 个 walsh 序列中第 m 个码元的值；$s(t)$为内层码的波形（伪随机序列或线性调频脉冲）；其他参数定义同前。

目标回波矢量接收信号可表示为

$$\boldsymbol{Z}(t) = \boldsymbol{S}\cdot\boldsymbol{X}(t)\mathrm{e}^{\mathrm{j}2\pi(f_0+f_\mathrm{d})(t-\tau)}\cdot\sum_{n=1}^{N}\left(\sum_{m=1}^{M}w_{n,m}\cdot s_m(t-(m-1)\tau_\mathrm{p}-\tau)\right)\boldsymbol{Sh}_{\mathrm{tn}} \tag{2.18}$$

式(2.18)中忽略了目标在码元间的微小移动。

混频信号记为 $q(t)=\mathrm{e}^{\mathrm{j}2\pi f_0 t+\mathrm{j}\varphi}$，$\varphi$ 为初相，混频后的矢量信号表示为

$$\begin{aligned}\boldsymbol{W}(t) &= \boldsymbol{Z}(t)\cdot(q(t))^*\\ &= \mathrm{e}^{-\mathrm{j}2\pi f_0\tau-\mathrm{j}\varphi}\cdot\mathrm{e}^{\mathrm{j}2\pi f_\mathrm{d}(t-\tau)}\cdot\sum_{n=1}^{N}\left(\sum_{m=1}^{M}w_{n,m}\cdot s(t-(m-1)\tau_\mathrm{p}-\tau)\right)\boldsymbol{Sh}_{\mathrm{tn}}\end{aligned} \tag{2.19}$$

$\Delta\varphi=-2\pi f_0\tau-\varphi$ 表示右边第一项的相位。

对混频后的信号首先进行内层码的匹配接收，冲激响应函数为

$$h(t)=s^*(\tau_\mathrm{p}-t)$$

其数学过程表示为

$$\boldsymbol{R}(t) = \int_{-\infty}^{\infty}h(t-\lambda)\boldsymbol{W}(\lambda)\cdot\mathrm{d}\lambda = \int_{-\infty}^{\infty}s^*(\tau_\mathrm{p}-t+\lambda)\boldsymbol{W}(\lambda)\cdot\mathrm{d}\lambda \tag{2.20}$$

将式(2.19)代入式(2.20)，由于 $\boldsymbol{W}(t)$ 由 M 个内层码 $s(t)$ 按不同幅度串接

而成，因此，在 $t=m\tau_p+\tau(m=1,2,\cdots,M)$ 处（如果内层码是线性调频脉冲，则由于距离—多普勒耦合效应，还会有一个偏移），会分别出现峰值，记为

$$\boldsymbol{R}_{\mathrm{m}}=A\exp\{\mathrm{j}\Delta\varphi+\mathrm{j}2\pi f_{\mathrm{d}}m\tau_{\mathrm{p}}\}\cdot\sum_{n=1}^{N}w_{n,m}\boldsymbol{Sh}_{\mathrm{t}n}\tag{2.21}$$

式中

$$A=\int_{-\infty}^{\infty}s^{*}(t)s(t)\exp(\mathrm{j}2\pi f_{\mathrm{d}}t)\cdot\mathrm{d}t\tag{2.22}$$

由上两式可以看出，多普勒频率 f_{d} 有两个方面的不利影响：一是影响匹配接收，即 A 的幅度要减小；二是使各码元上的幅度 $\left\{\sum_{n=1}^{N}w_{n,m}\boldsymbol{Sh}_{\mathrm{t}n}\right\}$ 被多普勒调制，存在相位差 $2\pi f_{\mathrm{d}}m\tau_{\mathrm{p}}$，该相位差将影响 walsh 码地址相关时的正交性。

为分析方便，这里先忽略式（2.21）中的相位项 $2\pi f_{\mathrm{d}}m\tau_{\mathrm{p}}$，将测量值序列 $\{\boldsymbol{R}_m\}(m=1,2,\cdots,M)$ 分别与 N 个 walsh 序列进行地址相关，有

$$\begin{aligned}\boldsymbol{P}_n&=\sum_{m=1}^{M}w_{n,m}\boldsymbol{R}_{\mathrm{m}}=A\exp\{\mathrm{j}\Delta\varphi\}\cdot\sum_{m=1}^{M}\left(w_{n,m}\sum_{k=1}^{N}w_{k,m}\boldsymbol{Sh}_{\mathrm{t}k}\right)\\&=A\exp\{\mathrm{j}\Delta\varphi\}\cdot\sum_{k=1}^{N}\left(\sum_{m=1}^{M}w_{n,m}w_{k,m}\right)\boldsymbol{Sh}_{\mathrm{t}k}\\&=A\exp\{\mathrm{j}\Delta\varphi\}\cdot M\boldsymbol{Sh}_{\mathrm{t}n}\end{aligned}\tag{2.23}$$

上式利用了 walsh 地址码序列组的正交性：

$$\sum_{m=1}^{M}w_{n,m}w_{k,m}=\begin{cases}M & (n=k)\\0 & (n\neq k)\end{cases}\tag{2.24}$$

显然，由式（2.23）可知，$\{\boldsymbol{P}_n\}$ 可作为回波极化 $\{\boldsymbol{Sh}_{\mathrm{t}n}\}$ 的有效测量。

下面简要分析复合编码同时极化体制处理方式的主要优点与存在的问题。

与传统的同时极化体制相比，该种处理方式有以下改进之处：

（1）由于该体制将编码序列的自相关和互相关要求解耦，因此，在编码的选择上大大放宽了要求：互相关特性由完全正交的地址码组来实现，在单目标情况下，可以保证极化通道之间完全隔离；对于内层码，如果采用伪随机码序列，则可以不考虑其互相关特性而只选择自相关特性最好的一个伪随机码序列，如果采用线性调频脉冲，则在匹配接收处理时，可以选择合适的加窗函数使其输出旁瓣达到理想的水平。

（2）由于使用同一个内层码，不存在由频谱结构不同（传统的同时极化体制采用多个伪随机码序列，频谱相互不同）而导致的目标散射矩阵不一致的问题，这又放宽了对内层码选择的限制：若采用伪随机序列，则可以采用码元更窄而码元数更长的伪随机序列，而这也将有利于提高伪随机码的自相关特性；若采

用线性调频脉冲，则可以采用更大带宽的调频脉冲，从而获得更佳的距离分辨力。

然而，如上所述，目标多普勒效应的影响必须在匹配接收之前进行补偿，否则将影响匹配输出的峰值幅度 A，并使得测量值序列 $\{\boldsymbol{R}_m\}$ 间存在相位差 $2\pi f_d m\tau_p$，从而影响地址码的相关接收，使得极化通道之间不能实现完全正交。因此，在使用复合编码同时极化体制进行测量的同时，必须要进行精确的目标多普勒估计。

2.2.3.2 内层码的选择及目标多普勒估计

如前所述，内层码可采用伪随机码和线性调频脉冲两种，它们各有优、缺点。

采用伪随机码的优点：首先，其低可截获性，即具有一定的反侦察能力；其次，对于转发式假目标干扰，如果将伪随机码与重频捷变、频率捷变配合使用，则只会在真目标回波后方出现假目标，大大减小了干扰区域，降低了干扰效能。伪随机码的缺点：其非周期自相关旁瓣不能做到很低，因此，当“目标”（包括真目标或假目标）数目较大时，“目标”间的互扰非常大，对检测、测量和假目标鉴别都带来严重影响。

采用线性调频脉冲的优点：在匹配接收时，可通过加窗的方法降低匹配输出的旁瓣电平，如采用凯瑟窗（Kaiser window）或切比雪夫窗（Chebyshev window），可方便地控制匹配输出的峰值旁瓣比，使其轻易地达到 30～40dB 的水平，对于多“目标”的情况非常有利。然而，线性调频存在距离—多普勒耦合效应，转发式假目标干扰可对截获到的线性调频信号进行多普勒调制后再转发，可在真目标前后均产生假目标，增大了干扰区域。

综上，在“目标”数目不大的情况下，内层码采用伪随机码更有优势，而在“目标”数目较大，互扰问题严重的情况下，则应采用线性调频脉冲。

另一个必须关注的问题是目标多普勒频率的估计，其估计精度直接影响复合编码同时极化体制的测量精度。

多普勒频率估计精度主要由测量信号的信噪比、脉冲宽度决定。例如，若发射正弦矩形脉冲信号，则多普勒估计的理论精度（估计误差的标准差）为

$$\sigma_f = \frac{\sqrt{3}}{\pi t_p \sqrt{\dfrac{2E}{N_0}}} \tag{2.25}$$

式中：t_p 为信号长度；E 为信号能量；N_0 为噪声功率谱幅度；$2E/N_0$ 为匹配滤波后的输出信噪比。

例如，对于脉宽 $t_p = 500\mu s$，输出信噪比为 $2E/N_0 = 33dB$ 的情况，由式（2.25）可求得多普勒估计标准差约为 24Hz。

假设雷达采用矩形脉冲信号测量目标多普勒频率，则雷达发射信号包括用于极化测量的复合编码信号和用于目标多普勒估计的矩形脉冲信号。这两种信号在接收时必须能够进行分离，有时分和频分两种途径可以实现分离：时分的方法是在发射编码信号之前或之后发射相同载频的正弦脉冲信号，然而，对于转发式假目标干扰的情况，不宜采用时分的方法，因为矩形正弦脉冲回波信号会被干扰调制，从而无法准确测量目标多普勒频率；为此，可以采用频分的方法，令矩形脉冲信号载频与复合编码信号载频相差足够大，由于 DRFM 的带宽是有限的，因此正弦脉冲回波信号将不会受到干扰的调制，可以正确地估计目标多普勒频率，经简单的换算后可用于编码信号的多普勒补偿。

2.2.3.3　测量性能分析

以上阐述了复合编码同时极化测量的基本原理，下面分析噪声和目标多普勒估计误差对测量性能的影响。

由前面可知，在多目标、多发射极化的情况下，衡量复合编码同时极化体制的测量性能，应包括两个方面：一方面是自相关旁瓣的大小，它决定了“目标”间互扰的程度；另一方面是互相关性，它决定了极化编码通道之间的隔离性（每个发射极化对应一个极化编码通道）。

前一方面性能由内层码的自相关特性决定，即由伪随机码序列本身的自相关特性，或线性调频脉冲的自相关特性及其匹配接收时的窗函数决定，这方面性能对于多假目标鉴别尤为重要，但其性能水平主要由雷达信号理论当前的发展水平决定的，因此没有对此进行研究，在这里不予讨论。本小节只讨论测量方法在互相关性方面的性能，即极化编码通道之间的隔离性。

假设雷达发射 $M=8$ 组不同极化，则相应地有 8 个极化编码通道，采用 8 组 8 位 walsh 码，分别为

$$
\begin{array}{l}
\{1 \quad 1 \quad 1 \quad 1 \quad 1 \quad 1 \quad 1 \quad 1\} \\
\{1 \quad -1 \quad 1 \quad -1 \quad 1 \quad -1 \quad 1 \quad -1\} \\
\{1 \quad 1 \quad -1 \quad -1 \quad 1 \quad 1 \quad -1 \quad -1\} \\
\{1 \quad -1 \quad -1 \quad 1 \quad 1 \quad -1 \quad -1 \quad 1\} \\
\{1 \quad 1 \quad 1 \quad 1 \quad -1 \quad -1 \quad -1 \quad -1\} \\
\{1 \quad -1 \quad 1 \quad -1 \quad -1 \quad 1 \quad -1 \quad 1\} \\
\{1 \quad 1 \quad -1 \quad -1 \quad -1 \quad -1 \quad 1 \quad 1\} \\
\{1 \quad -1 \quad -1 \quad 1 \quad -1 \quad 1 \quad 1 \quad -1\}
\end{array}
\tag{2.26}
$$

设 M 组回波极化分别为 $\{\boldsymbol{h}_m\}$ $(m=1,2,\cdots,M)$，经复合编码同时极化体制仿真平台的测量，得到 M 个通道的测量结果分别为 $\{\hat{\boldsymbol{h}}_m\}$ $(m=1,2,\cdots,M)$。为

了评价 M 个通道之间的隔离性,可以用测量矢量 $\hat{\boldsymbol{V}}=[\hat{\boldsymbol{h}}_1^{\mathrm{T}},\hat{\boldsymbol{h}}_2^{\mathrm{T}},\cdots,\hat{\boldsymbol{h}}_M^{\mathrm{T}}]$(将测量矢量并为一个长的矢量)与矢量 $\boldsymbol{V}=[\boldsymbol{h}_1^{\mathrm{T}},\boldsymbol{h}_2^{\mathrm{T}},\cdots,\boldsymbol{h}_M^{\mathrm{T}}]$的相似性来衡量,即矢量 $\hat{\boldsymbol{V}}$ 与矢量 $\boldsymbol{V}$ 越相似,则表明通道之间的互耦越小,通道隔离性越好。

矢量间的夹角余弦是反映矢量间相似程度的一个重要指标,类似 2.2.3.2 节,本书以观测矢量 $\hat{\boldsymbol{V}}$ 与矢量 $\boldsymbol{V}$ 的夹角余弦绝对值$|\zeta|$来衡量极化编码通道之间的隔离性,即

$$|\zeta|=\left|\frac{\operatorname{Re}[\boldsymbol{V}^{\mathrm{H}}\hat{\boldsymbol{V}}]}{\|\boldsymbol{V}\|\cdot\|\hat{\boldsymbol{V}}\|}\right| \tag{2.27}$$

$|\zeta|$越大,表示通道隔离性越好。

下面首先构造测量模型。

设目标多普勒频率的估值为$\hat{f}_{\mathrm{d}}$,则多普勒估计误差 $\tilde{f}_{\mathrm{d}}=f_{\mathrm{d}}-\hat{f}_{\mathrm{d}}$,经多普勒补偿后,多普勒调制相位将降为 $\varphi(m)=2\pi\tilde{f}_{\mathrm{d}}m\tau_{\mathrm{p}}$,而匹配输出的峰值幅度变为(式(2.22))

$$A=\int_{-\infty}^{\infty}s^*(t)s(t)\exp(\mathrm{j}2\pi\tilde{f}_{\mathrm{d}}t)\cdot\mathrm{d}t$$

一般情况下,补偿后的幅度 A 已经非常接近于理想值 $\int_{-\infty}^{\infty}s^*(t)s(t)\cdot\mathrm{d}t$,且与码元序号 m 无关,不会影响地址码的相关接收,因此,下面着重考虑多普勒补偿剩余相位 $\varphi(m)=2\pi\tilde{f}_{\mathrm{d}}m\tau_{\mathrm{p}}$ 以及观测噪声对地址码相关接收的影响,即对极化编码通道隔离性的影响。

测量矢量 $\hat{\boldsymbol{V}}=[\hat{\boldsymbol{h}}_1^{\mathrm{T}},\hat{\boldsymbol{h}}_2^{\mathrm{T}},\cdots,\hat{\boldsymbol{h}}_8^{\mathrm{T}}]$中,各极化矢量观测值可写为

$$\hat{\boldsymbol{h}}_n=A\cdot\sum_{m=1}^{M}w_{n,m}\left[\sum_{k=1}^{M}(w_{k,m}\mathrm{e}^{\mathrm{j}\varphi(m)}\boldsymbol{h}_k)\right]+\begin{bmatrix}nH_n\\nV_n\end{bmatrix} \tag{2.28}$$

式中:$\begin{bmatrix}nH_n\\nV_n\end{bmatrix}$$(n=1,2,\cdots,M)$为第 n 个极化矢量对应的观测噪声,下面分析$\begin{bmatrix}nH_n\\nV_n\end{bmatrix}$的分布性质。

设经内层码匹配接收后的观测噪声为$\begin{bmatrix}n_{\mathrm{H}}(t)\\n_{\mathrm{V}}(t)\end{bmatrix}$(两元素分别为 H、V 通道的观测噪声,相互独立),服从二维复高斯分布 $\mathrm{N}\left(0,\sigma^2\begin{bmatrix}1&0\\0&1\end{bmatrix}\right)$,将输出信噪比定义为 $\mathrm{SNR}_{\mathrm{out}}=A^2/\sigma^2$

将观测噪声$\begin{bmatrix} n_{\mathrm{H}}(t) \\ n_{\mathrm{V}}(t) \end{bmatrix}$的采样$\left\{\begin{bmatrix} n_{\mathrm{H}}(m) \\ n_{\mathrm{V}}(m) \end{bmatrix}\right\}$分别送到各 walsh 序列中进行地址相关(按式(2.23)):

$$\begin{bmatrix} nH_n \\ nV_n \end{bmatrix} = \sum_{m=1}^{M}\left(w_{n,m}\begin{bmatrix} n_{\mathrm{H}}(m) \\ n_{\mathrm{V}}(m) \end{bmatrix}\right) \tag{2.29}$$

由于 H、V 通道的观测噪声相互独立,因此,下面只以 H 通道为例,分析$\{nH_n\}$的分布特性和相关性:

$$\begin{aligned} \mathrm{E}[nH_n \cdot nH_m^*] &= \mathrm{E}\left[\sum_{k=1}^{M}(w_{n,k}n_{\mathrm{H}}(k)) \cdot \sum_{l=1}^{M}(w_{m,l}n_{\mathrm{H}}(l))^*\right] \\ &= \sum_{k=1}^{M} w_{n,k}\left(\sum_{l=1}^{M} w_{m,l}\mathrm{E}[n_{\mathrm{H}}(k)(n_{\mathrm{H}}(l))^*]\right) \\ &= \sigma^2 \sum_{k=1}^{M} w_{n,k}w_{m,k} \end{aligned} \tag{2.30}$$

因此,由 walsh 地址码序列组的正交性(式(2.24))看出,各极化矢量对应的观测噪声矢量$\left\{\begin{bmatrix} nH_n \\ nV_n \end{bmatrix}\right\}$相互独立,且均服从 $\mathrm{N}\left(0, M\sigma^2\begin{bmatrix} 1 & 0 \\ 0 & 1 \end{bmatrix}\right)$的二维复高斯分布。

图 2.7 为观测矢量 $\hat{\boldsymbol{V}}$ 与矢量 $\boldsymbol{V}$ 的夹角余弦绝对值的均值和方差,随多普勒估计误差和信噪比 $\mathrm{SNR}_{\mathrm{out}}$的变化曲线(蒙特卡罗仿真 100 次),其中,发射极化数目 $M=8$。

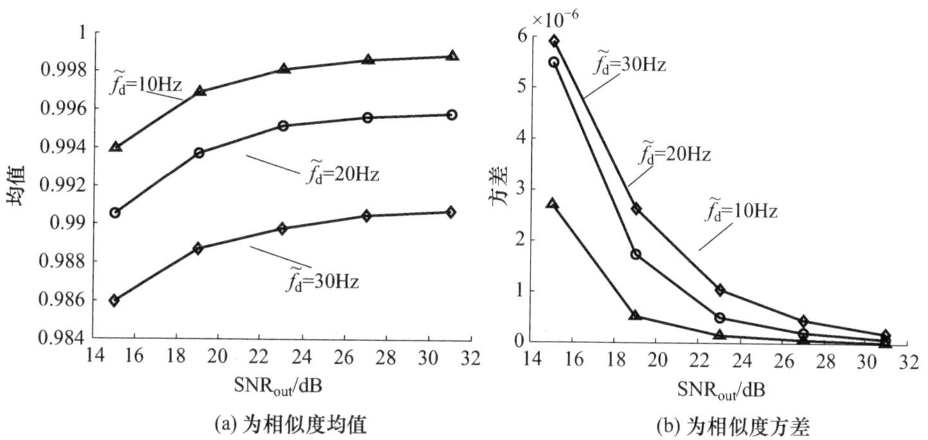

图 2.7　极化编码通道之间的隔离性

由图 2.7 可见，观测矢量 $\hat{\boldsymbol{V}}$ 与矢量 $\boldsymbol{V}$ 之间的相似度整体上是较高的，且信噪比越大、多普勒估计误差越小，相似度的均值越大、方差越小，这说明在图示的范围内（多普勒估计误差为 10Hz、20Hz、30Hz），极化编码通道之间的隔离性是非常好的。

2.2.4 准同时极化体制测量方法

准同时发射变极化体制介于分时极化体制与同时极化体制之间，其在 PRT 内实现极化切换，但并非严格意义上的“同时”，一般是在子脉冲间进行切换。

2.2.4.1 准同时极化测量的实现方式

下面介绍两种准同时极化测量的发射变极化实现方式：

一种是在射频前端进行发射变极化。其优势在于，由于直接在射频端产生所需极化，不存在其他部件的影响，其产生极化精度较高。其不足之处主要是极化捷变方式不够灵活、捷变速度受限。例如，机械控制的变极化器通常极化转换速度只能达到秒级，而电控实现的变极化器一般能达到 10μs 量级。

另一种是在数字部分完成发射变极化。其本质是通过产生两路幅度相位可调的信号，再进行上变频合成为射频信号，由于信号要经过 2、3 级混频、放大和滤波才能搬移到射频频段，经过的有源器件较多，两路信号的相对幅度、相对相位控制及其补偿更为困难。

早期的射频发射变极化是在天线馈源加装变极化器，用以控制两路射频信号的幅度和相位，来得到预设方式的极化波。1996 年，某学院在厘米波雷达上加装铁氧体变极化器，实现圆极化变换；1998 年，某研究所立项进行雷达变极化改造，实现 21 种极化变换，用以抗有源干扰。

根据变极化器极化变换的原理可分为基于移相的变极化器和基于法拉第旋转效应的变极化器等。基于移相的变极化器包括介质片极化器、平行金属片极化器、反射型极化器、栅丝网极化器、螺钉极化器和铁氧体极化器等；基于法拉第旋转效应机理的磁致旋转极化器，主要通过大功率铁氧体变极化器，可以改变极化雷达 $\boldsymbol{h}_p$ 和 $\boldsymbol{h}_q$ 通道的相对幅度和相对相位，如图 2.8 所示（为表述直观，假定 $\boldsymbol{h}_p$ 和 $\boldsymbol{h}_q$ 分别为水平 H 和垂直 V 极化通道）。

另一种更为简单的射频发射变极化方式是开关切换方式，即利用功放与 H、V 天线通路的开关切换，实现发射极化的捷变，目前，这种切换捷变时间可以做到 10μs 量级。然而，这种方式能够实现的发射极化种类仅有两种，在目标检测等方面仍然可以发挥一定的作用，但是在抗干扰方面的潜力有限。

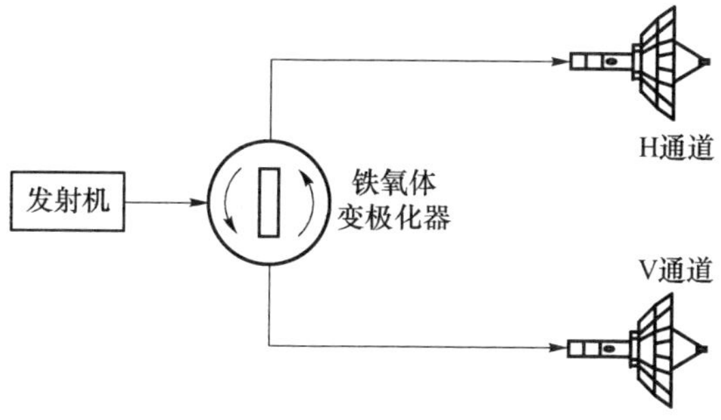

图 2.8　基于铁氧体变极化器的分时变极化发射系统

2.2.4.2　相位分集准同时极化测量方法及信号模型

对于极化阵列雷达来说，每个双极化阵元（或子阵）均可对应一个功放、移相器、通路开关，因此，实现发射变极化的方式非常灵活：可通过通路开关的设置，改变 H、V 发射单元数比例进而实现发射极化极化比幅度的变化；可通过移相器设置实现发射极化极化比相位的变化。

然而，由于雷达目标极化散射特性差异较大且动态起伏变化较快，因此通过改变 H、V 发射单元规模比例的方式实现发射极化极化比幅度的变化，在实际中较难应用，而通过功率衰减方式实现极化比幅度的变化，则对于雷达威力来说更不可取。为此，本部分针对阵列雷达介绍了一种以发射极化极化比相位捷变为目的的“功分器—移相器”极化雷达体制，其主要特点是两个发射极化通道均以饱和功率发射，仅调节极化通道间的初始相位实现雷达发射变极化。

雷达信号通过功分器后，等幅同相的射频信号馈向 H 和 V 极化天线，在 V 极化通道添加移相器，改变 H 和 V 通道信号的相对相位，可以实现有限的变极化发射能力，其发射极化琼斯矢量可以表示为

$$\boldsymbol{h}_{\mathrm{t}} = \frac{[1, \mathrm{e}^{-\mathrm{j}\theta}]^{\mathrm{T}}}{\|[1, \mathrm{e}^{-\mathrm{j}\theta}]^{\mathrm{T}}\|} \tag{2.31}$$

式中：θ 为 H 和 V 通道信号的相对相位差。

相位分集准同时发射变极化实现方式如图 2.9 所示，通过 H 和 V 通道同时接收，能够获得目标的回波极化矢量。

该体制发射信号如图 2.10 所示。图中，H 通道、V 通道分别表示雷达的 H 极化发射通道和 V 极化发射通道，两个通道的发射信号均由 M 个无缝连接的子脉冲构成，子脉冲波形均为 $s(t)$、宽度均为 Δt，H 通道、V 通道发射信号在每个子脉冲上的相对相位差为 $\varphi_m(m=1,2,\cdots,M)$。

（1）雷达采用正交双极化天线，不失一般性，设为 H 极化、V 极化，雷达的 H 极化通道、V 极化通道同时发射、同时接收信号。

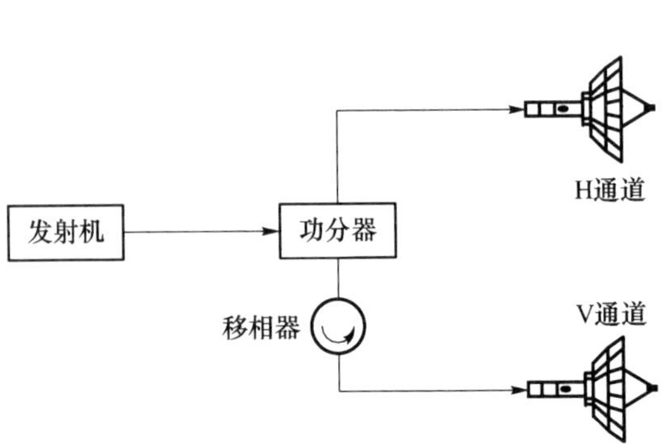

图 2.9　相位分集准同时发射变极化实现方式

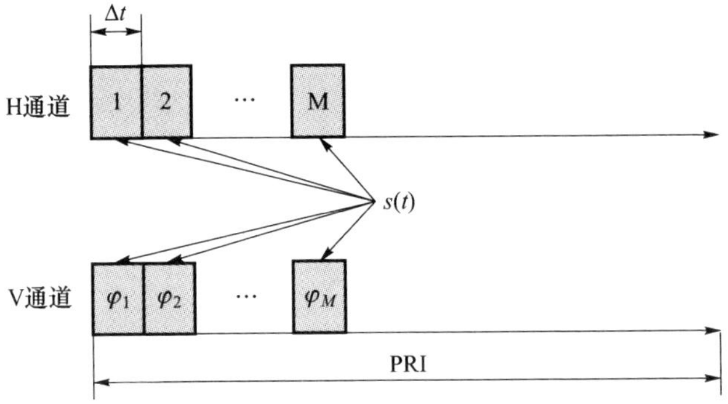

图 2.10　相位分集准同时发射变极化体制发射信号

(2) H 极化通道、V 极化通道发射信号均由 M 个紧密连接的子脉冲构成，子脉冲的波形均为 $s(t)$、宽度均为 Δt,M 为子脉冲个数,一般大于 2。

(3) H 极化通道、V 极化通道发射信号在每个子脉冲上的相对相位差为 φ_m,$\varphi_m=\dfrac{m-1}{M}\cdot 2\pi$,$m$ 为子脉冲序号($m=1,2,\cdots,M$)。

综上,H 极化通道、V 极化通道发射信号的合成矢量的表达式为

$$\boldsymbol{s}_{\mathrm{T}}(t)=\sum_{m=0}^{M-1}s(t-m\cdot\Delta t)\cdot\boldsymbol{H}+\sum_{m=0}^{M-1}s(t-m\cdot\Delta t)\cdot\exp\{\mathrm{j}\varphi_m\}\cdot\boldsymbol{V} \tag{2.32}$$

式中:$\boldsymbol{H}$、$\boldsymbol{V}$ 分别为 H 极化和 V 极化发射矢量,$\boldsymbol{H}=[1\quad 0]^{\mathrm{T}}$,$\boldsymbol{V}=[0\quad 1]^{\mathrm{T}}$。

2.3　雷达极化校准方法

2.3.1　雷达极化校准概念

目标极化散射特性的测量是雷达极化领域研究的基础性课题,其正确获取

能够为后续的目标分类识别、杂波抑制及抗干扰等应用提供有力的保证。极化雷达获取目标的极化散射矩阵需要同时处理多个通道的信号,各极化通道之间存在幅、相不平衡及通道耦合等误差,使得测量值不能准确地描述目标真实的极化散射特性,从而不能有效地抑制杂波和干扰或导致错误的目标分类识别结果。对此,国内外大批雷达专家和学者研究了极化散射矩阵测量过程中雷达系统误差的校准技术并成功应用于实际极化雷达系统的校准。传统的极化校准技术一般针对双极化雷达或分时极化测量体制雷达进行系统误差的校准,然而随着极化雷达系统和极化测量体制的发展,极化校准的内涵不断地扩展和延伸,不仅包括对雷达系统误差的校准,还包括对测量波形、目标运动、测量环境等因素引入误差的消除。另外,传统的极化校准技术在实际应用场景中不断遇到新的难题,如雷达固有机械特性对发射极化方式的改变导致定标体极化散射矩阵不能取特殊值以及大型地基极化雷达的校准等。

极化校准是指利用定标体、定标回路以及相关的信号处理等手段从极化雷达测量数据中最大限度地还原出目标真实极化散射矩阵的过程。因此,广义的极化校准问题包括修正测量波形非正交性引入的误差、校准雷达系统硬件设备的误差、减小定标体由于位置摆放引入的误差、补偿由于目标运动引入的误差以及消除环境因素引入的误差等方面。具体而言,雷达系统硬件设备的误差包括:

(1) 发射机和接收机中频、射频通道幅、相随时间和雷达工作频率的漂移。

(2) 发射机和接收机中频、射频通道幅、相的不平衡和通道之间的耦合。

(3) 收发天线共极化幅、相不平衡和交叉极化耦合。

定标体误差包括:

(1) 由于机械加工不理想导致的误差(通常很小,在校准中忽略不计)。

(2) 多个定标体位置摆放引入的误差。

(3) 单个定标体旋转角度不能精确控制引入的误差。

(4) 定标体最大雷达散射截面(Radar Cross – Section, RCS)方向和雷达波束中心未对准引入的误差。

定标体误差(2) ~ (4)统称为定标体位置摆放误差。环境误差主要包括噪声、杂波和多径效应。另外,目标运动会给极化散射矩阵测量值引入相位误差,对同时极化测量体制雷达而言,测量波形正交性不理想将引入交叉通道误差。

狭义的极化校准技术是指对雷达系统硬件设备误差的校准,具体而言是指通过测量极化散射特性已知的定标体或向雷达系统注入定标信号等手段来标定雷达系统未知的误差参数,并利用相应的极化校准算法加以校正和补偿的技术。狭义的极化校准技术进一步可分为内校准和外校准技术两类。其中,内校准技术是通过向雷达系统中注入定标信号或利用雷达系统内置的定标回路,来标定雷达发射机和接收机中频、射频通道幅、相随时间和雷达工作频率的漂移,以及发射机和接收机中频、射频通道幅、相的不平衡和通道之间的耦合，一般通过矢量网络分析仪或内部定标回路即可完成雷达系统的内部校准。经内校准的雷达系统各中频、射频通道的增益和相位不平衡随频率和工作时间的起伏控制在一定范围内，以美国科罗拉多州立大学的 CSU – CHILL 极化气象雷达为例[29]，经内部校准后水平和垂直极化通道增益和相位的差别随频率和时间（约 10h）的起伏范围分别为 0.1dB 和 1°。实际雷达系统还存在收发天线共极化幅、相不平衡和交叉极化耦合等误差参数，仅采用内校准技术不能修正这些误差。外校准技术通过对极化散射矩阵已知的无源定标体或有源极化校准器进行测量，利用各种极化校准算法求解测量方程中的未知数（包括收发天线共极化幅、相不平衡和交叉极化耦合、发射机与接收机的中频与射频通道幅、相不平衡和耦合等），从而实现对整个雷达系统的校准，因此外校准可实现部分内校准的功能。外校准技术的核心——极化校准算法其实质是根据测量极化散射矩阵的雷达系统误差模型建立待测定标体极化散射矩阵实际测量值与其真实值之间的量化关系，通过各种方法求解出雷达系统误差模型中的未知参数。需指出的是，外校准可对被测目标的 RCS 值进行校准，而内校准无法实现辐射定标。实际校准雷达系统误差的过程中应将外校准和内校准技术相结合。目前人们通常讨论及研究的极化校准技术是指外校准技术。

对于同时极化测量体制雷达的广义极化校准，测量波形非正交性修正必须在雷达系统误差校准前进行，从而保证狭义极化校准获取的雷达系统误差矩阵不存在由于测量波形引入的误差。定标体自身的误差应在狭义极化校准过程前尽量减小，而由于位置摆放引入的误差应在狭义极化校准中减小。狭义极化校准一般采用静止目标作定标体，因此运动误差补偿应在狭义极化校准后进行。环境误差的消除可能需要用到目标和杂波等之间的极化特性差异，应在最后进行。

总之，极化校准是一个兼具很强科学性和工程性的课题，涉及雷达系统硬件、信号处理、内/外场试验技术等多个方面，对提高雷达极化信息获取能力具有十分重要的现实意义。随着极化测量体制和雷达系统的发展，不断展现出新的生机和活力，值得广大学者不断地深入研究和探索。

2.3.2 雷达极化校准主要方法

雷达极化测量的基本方程如下：

$$\begin{bmatrix} V_{11} & V_{12} \\ V_{21} & V_{22} \end{bmatrix} = \begin{bmatrix} R_{11} & R_{12} \\ R_{21} & R_{22} \end{bmatrix}^{\mathrm{T}} \cdot \begin{bmatrix} s_{11} & s_{12} \\ s_{21} & s_{22} \end{bmatrix} \cdot \begin{bmatrix} T_{11} & T_{12} \\ T_{21} & T_{22} \end{bmatrix} \tag{2.33}$$

如果已知$[R_{ij}]$矩阵和$[T_{ij}]$矩阵，则目标真实的极化散射矩阵$[s_{ij}]$可以表示为

$$\begin{bmatrix} s_{11} & s_{12} \\ s_{21} & s_{22} \end{bmatrix} = \left(\begin{bmatrix} R_{11} & R_{12} \\ R_{21} & R_{22} \end{bmatrix}^{\mathrm{T}} \right)^{-1} \begin{bmatrix} V_{11} & V_{12} \\ V_{21} & V_{22} \end{bmatrix} \begin{bmatrix} T_{11} & T_{12} \\ T_{21} & T_{22} \end{bmatrix}^{-1} \tag{2.34}$$

确定$[s_{ij}]$矩阵和$[T_{ij}]$矩阵中未知参数的过程称为极化校准。其基本思想是先用雷达测量已知 $\boldsymbol{S}$ 矩阵的目标,再联立方程组求解未知参数。图 2.11 给出了雷达极化校准,雷达一般位于地面,在满足雷达天线远场条件的地方放置一个极化散射矩阵已知的定标体,利用雷达测量该定标体的极化散射矩阵,从而求解式(2.34)中的未知参数。

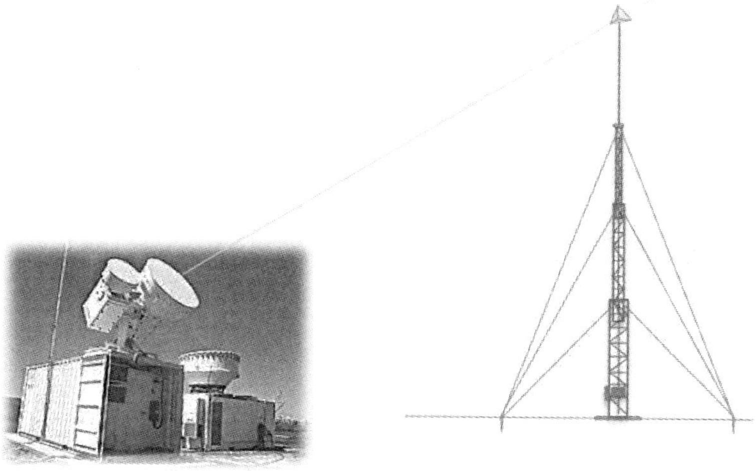

图 2.11　雷达极化校准

2.3.2.1　无源极化校准方法

图 2.11 中散射矩阵已知的定标体可以是无源的(如二面角、三面角等),也可以是有源的(如有源极化校准器)。据此,可将雷达极化校准分为无源极化校准以及有源极化校准两大类。文献[30-38]给出了经典的无源极化校准方法,表 2.1 对经典的无源极化校准方法进行了归纳和总结。从表中可知,经典的无源极化校准方法实现相对简单,但都有一定的适用条件限制。

表 2.1　经典的无源极化校准方法

方法名称	时间	提出者	定标体	优点	缺点
高极化隔离度校准算法	1990 年	K. Sarabandi	金属球、任一交叉极化定标体(如 45°金属线网)	模型简单	极化隔离度要求高,摆放位置会引入误差

（续）

方法名称	时间	提出者	定标体	优点	缺点
单金属球校准技术	1990 年	K. Sarabandi	单个金属球	受摆放位置误差影响小，操作简便	PSM 的交叉分量存在相位模糊
广义校准技术	1991 年	Whitt	三个满足一定条件的定标体	未简化模型	摆放位置会引入误差，对定标体的 PSM 有一定限制
三目标校准技术（TTCT）	1991 年	T. J. Chen	金属圆盘、0°的二面角、22.5°的二面角	未简化模型，提供了一个自相容参数	摆放位置会引入误差
改进的 TTCT	1997 年	T. J. Chen	金属圆盘、二面角	误差模型更加符合实际情况	摆放位置会引入误差
全极化校准技术	2004 年	B. M. Welsh	金属圆盘、二面角	考虑了更为一般的误差模型	摆放位置会引入误差

为了满足雷达距离盲区的要求，无源定标体需要放置在雷达距离盲区外，对于一些发射长脉冲的雷达，无源定标体需要放置在距离雷达几千米的地方，这大大增加了外场校准的难度。另外，常见的无源定标体，如金属球、二面角、三面角等，它们的极化散射矩阵只在有效的观测角度范围内满足经典的理论表达式，在有效的观测角外，极化散射矩阵并不满足经典的理论表达式，这样需要对无源定标体的姿态进行精确控制，增加了极化校准的难度。

2.3.2.2 有源极化校准方法

采用无源定标体存在的缺点[11]：①雷达的 RCS 较小，容易受地面杂波影响；②有效观测角度有限，在有效观测角度以外，定标体的 RCS 可能变化很大；③极化散射矩阵敏感于观测姿态，而其姿态难于精确控制（如二面角）；④在测量模型未做简化的情况下，需要多种无源定标体才能校准极化雷达，位置摆放将引入校准误差。

大口径的地基极化雷达系统一般只能通过外场试验来校准，要求定标体放置足够远的位置以满足远场测试条件：一种方案是将定标体安置在距离雷达十几千米外百米量级的高塔上，为了能探测到定标体要求其 RCS 足够大，由于远距离条件下定标体的姿态不好控制，而且存在杂波、多径的影响，很难保证校准精度；另一种方案是将定标体悬挂于高空漂浮的氢气球的末端，由于氢气球和较大几何尺寸的定标体会因高空气流影响而晃动，定标体的角度转动姿态也很难控制，从而难以很好地校准雷达系统。因此，在实际中通过无源定标体很难实现对大口径地基极化雷达的校准。

由此,有源极化校准技术逐渐成为当前国内外的研究热点,有望解决大口径地基极化雷达的校准难题。有源极化校准技术是利用系统接收雷达信号并经延迟等处理后转发回雷达接收机,由于系统转发信号的幅度、相位和极化信息是已知的,极化雷达获取该转发信号并进行处理后,即可得到极化雷达自身的系统误差矩阵。与无源校准技术相比,有源极化校准技术具有的优点:①通过控制转发时延,能有效抑制地物杂波和气象杂波等环境干扰;②有源极化校准器的收/发天线增益和系统链路增益可使转发信号具有较大功率,从而模拟具有较大 RCS 的目标,并能根据实际需求灵活改变其数值;③设计的有源极化校准器天线一般具有较宽的波束,便于远距离情形下波束对准;④通过旋转有源极化校准器收/发天线,可以获得多种极化散射矩阵形式;⑤若采用数字转发模块,可实现对转发时延和多普勒频移的精确调制,从而模拟距离和速度可变的目标。

2.3.2.3 单程有源极化校准方法

虽然有源极化校准器与无源极化校准器相比有很多优点,但是有源极化校准器中收/发天线有限的极化隔离度和旋转角精度都将造成有源极化校准器系统自身误差,从而导致校准误差。同时,有源极化校准器为了应对距离盲区的问题,一般采用光纤延时线对接收信号进行延时后再转发,信号在延时的过程中不可避免地会受到衰减以及波形畸变的影响,并且各个不同极化通道的幅度相位一致性也对有源极化校准器的设计提出了很高的要求。因此,有源极化校准器与无源极化校准器相比,其设计和研制成本十分高。为了解决这一问题,本书提出了单程有源极化校准方法。

单程有源极化校准方法是指对雷达的发射和接收分别进行校准(图 2.12):首先雷达开机,发射不同极化的信号,通过高精度的双极化天线,利用矢量网络分析仪可以对雷达发射的不同极化信号进行精确测量,从而对雷达的发射极化进行校准;然后,雷达工作于接收模式,利用矢量网络分析仪向雷达发射不同极化的信号,通过对雷达接收到的信号进行分析处理,可以对雷达接收极化进行校准。

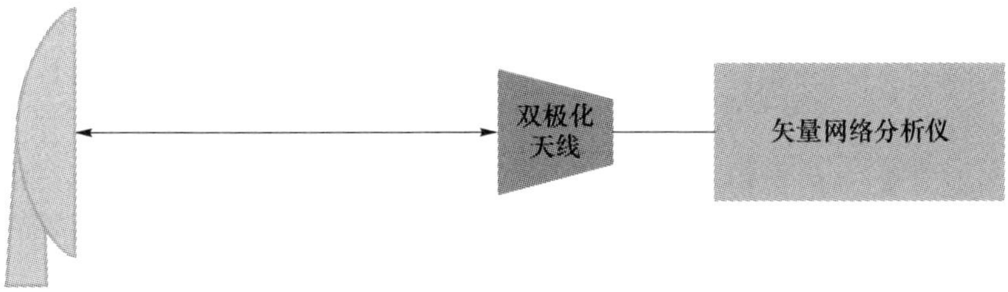

图 2.12 单程有源极化校准方法

单程有源极化校准方法与经典的有源极化校准方法相比有如下几点：

（1）克服了雷达距离盲区的限制。由于将雷达发射和接收进行分开校准，该方法不需要将矢量网络分析仪放置于雷达距离盲区外，只需要满足雷达天线的远场条件即可，这大大降低了外场校准实验的难度，特别适合发射宽脉冲的雷达极化校准。

（2）矢量网络分析仪属于通用设备，性能稳定可靠，精度可信，并且不需要另行研制，大大降低了有源极化校准器的研制成本。

无论是无源极化校准方法还是有源极化校准方法，都会受到校准体摆放位置、姿态的影响，因此，要进行高精度的极化校准，必须要解决校准体位置和姿态控制的问题。如图 2. 13 所示，极化校准实验的难点是如何将相隔几百米甚至上千米的雷达天线和测试天线对准，即使得测试天线的轴线与雷达天线的轴线完全重合。

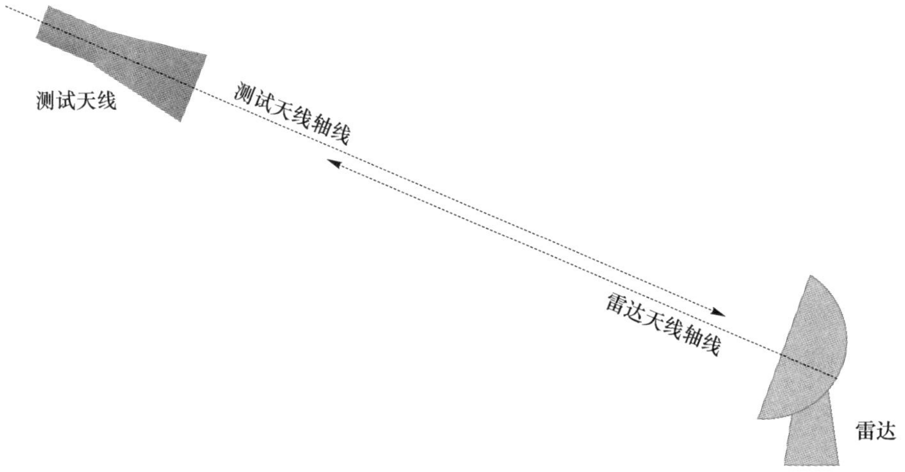

图 2. 13　极化校准测试天线与雷达天线的对准

为了解决这个问题，本书提出利用测绘手段来控制极化校准体的摆放位置和姿态。图 2. 14 为测绘工程中所使用的全站仪及反射片。全站仪是一种集光、机、电为一体的高技术测量仪器，是集水平角、垂直角、距离（斜距、平距）、高差测量功能于一体的测绘仪器系统，其角度测量精度优于 0. 1°，距离测量精度可达毫米量级。

基于全站仪，可以得到如下调整测试天线与雷达天线对准的方法：

（1）雷达调水平，将全站仪放置于雷达处。利用全站仪测量测试天线相对于雷达天线的俯仰角 θ_0 和方位角 φ_0，然后调整雷达伺服系统，将雷达天线调整到俯仰角 θ_0 和方位角 φ_0。

（2）测试天线调水平，将全站仪放置于测试天线处。测量雷达天线相对于

(a) 全站仪

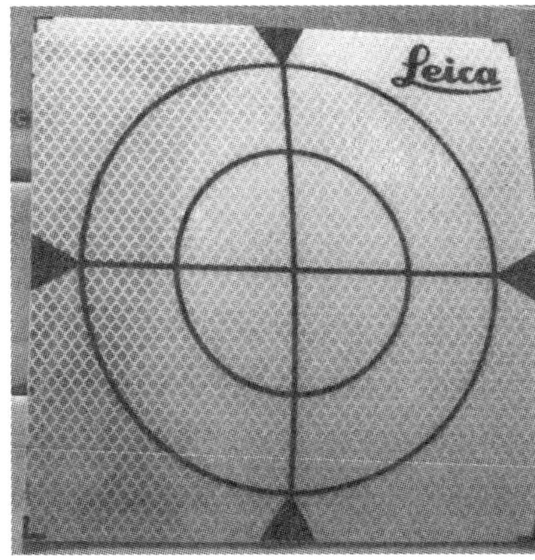

(b) 反射片

图 2.14　全站仪及反射片

测试天线的俯仰角 θ_1 和方位角 φ_1，然后调整测试天线转台，将测试天线调整到俯仰角 θ_1 和方位角 φ_1。

上面的对准方法由于采用了全站仪进行角度对准，比传统的基于人眼视线对准方法精度高，并且角度误差能够量化，为后续极化校准结果的评估奠定了基础。

2.3.3　极化测量与校准小结

影响极化测量和校准的因素众多，机理十分复杂，并且各个因素之间往往互相耦合，共同产生影响。通过前期的大量理论研究与实测数据分析，本节对极化测量和校准的影响因素进行小结：

(1) 雷达各极化通道、天线主极化不平衡对 s_{HH} 和 s_{VV} 的影响占主导，并且极化通道、天线主极化不平衡与 s_{HH} 和 s_{VV} 的测量误差量级相当。

(2) 雷达各极化通道隔离度、天线交叉极化对 s_{HV} 和 s_{VH} 的影响占主导，例如对于较小的极化散射矩阵交叉元素 $|s_{\mathrm{HV}}| = -20\mathrm{dB}$ 进行测量（误差 $\pm 2\mathrm{dB}$），则天线交叉极化优于 $-40\mathrm{dB}$。

(3) 由于飞机、导弹等快速运动目标运动引起的脉冲间去相关以及相位调制对极化散射矩阵元素的相位测量影响显著，因此需要对目标的运动进行精确补偿，对于 X 波段以及更高频率的雷达，理论仿真表明，为了保证相位误差小于 $5°$，目标的速度测量精度应优于 $1\mathrm{m/s}$。

(4) 同时全极化测量体制下，波形的非正交性与通道隔离度、天线交叉极化的影响机理类似，波形隔离度要优于雷达通道隔离度和天线交叉极化，在进行极化正交波形设计时一般认为波形隔离度小于 $-40\mathrm{dB}$。

（5）大型地基雷达的天线远场条件可达几十甚至上百千米，现有的校准方法难以满足校准需求，需要发展新的极化校准方法。

（6）无源校准体，除金属球外，姿态均难以控制；并且对于长脉冲，为避免距离盲区，需要放置在很远的地方，增加了校准难度。

（7）采用光纤延时的有源校准器，由于光纤对信号的衰减和畸变，增加了有源校准器的误差。

参考文献

[1] Gaposchkin E M, Coster A J. Geodesy of millstone hill radar [J]. Advances in Space Research, 1986, 6: 59 – 62.

[2] Ingwersen P A, Lemnios W Z. Radars for ballistic missile defense research [J]. Lincoln Laboratory Journal, 2000, 12: 245 – 266.

[3] Close S, Hunt S M, Minardi M J, et al. Analysis of Perseid meteor head echo data collected using the advanced research projects agency long – range tracking and instrumentation radar (ALTAIR) [J]. Radio Science, 2000, 35: 1233 – 1240.

[4] Nathanson F E. Adaptive circular polarization[C]. IEEE International Radar Conference, Arlington, VA, USA, 1975: 221 – 225.

[5] Zrnić D S, Doviak R J, Zhang G, et al.. Bias in differential reflectivity due to cross – coupling through the radiation patterns of polarimetric weather radars [J]. Journal of Atmospheric and Oceanic Technology, 2010, 27:1624 – 1637.

[6] Zrnić D S, Melnikov V M, Carter J K. Calibrating differential reflectivity on the WSR – 88D [J]. J. Atmos. Oceanic Technol, 2006, 23: 944 – 951.

[7] Daniel P, Alan C, Frank J. Studies of advanced detection technology sensor (ADTS) data [J]. SPIE,1994,2230: 370 – 378.

[8] Jordan R L, Huneycutt B L,Werner M. The SIR – C/X – SAR synthetic aperture radar system [C]. Proc. IEEE, 1991,79: 827 – 838.

[9] Christensen E L, Skou N, Dall J, et al. EMISAR: an absolutely calibrated polarimetric L – and C – band SAR [J]. IEEE Trans. on GRS, 1998, 36:1852 – 1865.

[10] Dall J, Christensen E L. EMISAR: a dual – frequency, polarimetric airborne SAR [C]. International Geoscience and Remote Sensing Symposium, Toronto, Canada, 2002: 1711 – 1713.

[11] 何密. 同时极化测量体制雷达的校准方法研究[D]. 长沙:国防科学技术大学,2012.

[12] Doviak R J, Zrnić D S. Doppler radar and weather observations: second edition[M]. USA: Dover Publications, 2006.

[13] Bringi V N, Chandrasekar V. Polarimetric Doppler weather radar: principles and applications [M]. Cambridge University Press, 2001.

[14] Giuli D. Polarization diversity in radars [J]. Proceedings of the IEEE, 1986, 74 (2):245 - 269.

[15] Giuli D, Fossi M, Facheris L. Radar target scattering matrix measurement through orthogonal signals [J]. Radar and Signal Processing, IEE Proceedings F. , 1993,140 (4): 233 - 242.

[16] 施龙飞, 肖顺平, 王雪松. 复合编码同时极化测量方法研究[J]. 信号处理, 2009, 25 (7): 1028 - 1032.

[17] 宗志伟. 弹道中段目标极化雷达识别方法[D]. 长沙:国防科学技术大学,2016.

[18] Titin - Schnaider C, Attia S. Calibration of the MERIC full - polarimetric radar: theory and implementation[J]. Aerospace Science and Technology, 2003, 7 (2003): 633 - 640.

[19] Chu A, Kim Y, Van Zyl J J, et al. The NASA/JPL AIRSAR integrated processor[C], International Geoscience and Remote Sensing Symposium, Washington, USA, 1998: 1908 - 1910.

[20] Van Zyl J J, Carande R, Lou Y L, et al. The NASA/JPL three - frequency polarimetric AIRSAR system[C]. International Geoscience and Remote Sensing Symposium, Texas, USA, 1992: 649 - 651.

[21] Henry J C. The lincoln laboratory 35 GHz airborne SAR imaging radar system [C]. Proceeding of Telesystems Conference, Atlanta, USA, 1991:353 - 358.

[22] Dubois - Fernandez P, Du Plessis O R, Le Coz D, et al. The ONERA RAMSES SAR system [C]. International Geoscience and Remote Sensing Symposium, Toronto, Canada, 2002: 1723 - 1725.

[23] Dreuillet P, Paillou P, Cantalloube H, et al. P band data collection and investigations utilizing the RAMSES SAR facility [C]. International Geoscience and Remote Sensing Symposium, Toulouse, France, 2003:4262 - 4264.

[24] Horn R. The DLR airborne SAR project E - SAR[C]. International Geoscience and Remote Sensing Symposium, Nebraska, USA, 1996: 1624 - 1628.

[25] Kozma A, Nichols a D, Rawson R F, et al. Multifrequency polarimetric SAR for remote sensing[C]. International Geoscience and Remote Sensing Symposium, Zurich, Switzerland, S 1986: 715 - 720.

[26] Sullivan R, Nichols A, Rawson R, et al. Polarimetric X/L/C - band SAR [C]. IEEE International Radar Conference, Michigan, USA, 1988: 9 - 14.

[27] Hawkins R K, Touzi R, Wolfe J, et al. ASAR AP mode performance and applications potential [C]. Proc. International Geoscience and Remote Sensing Symposium, Toulouse, France, 2003:1115 - 1117.

[28] Thompson A, Luscombe A, et al. New modes and techniques of the RADARSAT - 2 SAR [C]. International Geoscience and Remote Sensing Symposium, 2001: 485 - 487.

[29] Brunkow D, Bringi V N, Kennedy P C, et al. A description of the CSU - CHILL national radar facility [J]. Journal of Atmospheric and Oceanic Technology, 2000, 17 (12): 1596 - 1608.

[30] Wiesbeck W, Riegger S. A complete error model for free space polarimetric measurement [J]. IEEE Transations on Antennas and Propagation, 1991,39(8):1105 - 1111.

[31] Freeman A. A new system model for radar polarimeters [J]. IEEE Transations on Antennas and Propagation, 1991,29(5): 761 - 767.

[32] Michelson D G, Jull E V. Depolarizing trihedral comer reflectors for radar navigation and remote sensing[J]. IEEE Transactions on Antennas and Propagation, 1995,43(5):513 - 518.

[33] Whitt M W, Ulaby F T, Polatin P, et al. A general polarimetric radar calibration technique [J]. IEEE Transactions on Geoscience and Remote Sensing, 1991,39(1): 62 - 67.

[34] Sarabandi K, Ulaby F T, Tassoudji M A. Calibration of polarimetric radar systems with good polarization isolation[J]. IEEE Transactions on Geoscience and Remote Sensing, 1990, 28 (1): 70 - 75.

[35] Sarabandi K, Ulaby F T. A convenient technique for polarimetric calibration of single - antenna radar systems[J]. IEEE Transactions on Geoscience and Remote Sensing, 1990, 28 (6): 1022 - 1033.

[36] Chen T, Chu T, Chen F. A new calibration algorithm of wide - band polarimetric measurement system[J]. IEEE Transactions on Geoscience and Remote Sensing, 1991, 39(8): 1188 - 1192.

[37] Unal C M H, Niemeijer R J, Van Sinttruyen J S, et al. Calibration of a polarimetric radar using a rotatable dihedral corner reflector[J]. IEEE Transactions on Geoscience and Remote Sensing, 1994, 32(4): 837 - 845.

[38] Welsh B M, Kent B M, Buterbaugh A L. Full polarimetric calibration for radar cross - section measurements: performance analysis[J]. IEEE Transaction on Antennas and Propagation, 2004, 52(9): 2357 - 2365.

第3章 极化雷达有源干扰抑制

有源干扰从干扰效果上可以分为压制式和欺骗式两大类。有源压制式干扰是应用最普遍的一种干扰方式，一般通过施放大功率噪声形成强干扰信号，淹没雷达接收机中的目标回波信号，实现对敌方雷达检测环节的扰乱和破坏。随着射频存储、间歇采样等雷达干扰技术的发展，密集转发干扰等新型压制干扰，已经能够以较小的发射功率实现对设定区域的有效电子压制。有源压制干扰仍然是十分重要的雷达干扰方式。

本章研究极化雷达对有源压制干扰的抑制技术，从干扰的电磁波极化特性入手，按照由简单到复杂的顺序，先后针对主瓣干扰、主/旁瓣多点源干扰等对象，研究极化雷达信号处理与抗干扰方法。

3.1 多点源干扰的雷达极化特性

《雷达极化信息处理及其应用》一书[1]中给出了完全极化波和部分极化波的概念，对于完全极化波，其极化状态随时间、频率保持稳定，而部分极化波的极化状态则随时间、频率起伏变化。

对于有源干扰机，当其干扰信号通过一个极化状态固定的单天线进行辐射时，其信号可看作完全极化电磁波，其辐射电磁信号在空间上任一点的极化状态可以通过该天线极化的投影得到，而当干扰机天线由多个不同极化的天线、不同的信号组成时，其合成信号的极化特性是起伏变化的。

本节将对上述情况下合成信号的极化特性进行研究，并以当前十分普遍的多点源干扰作为研究对象。多点源干扰指雷达探测中同时存在多个方向的干扰，以分布式协同干扰、蜂群干扰为代表的多点源干扰是雷达/雷达导引头当前面临的重要干扰威胁，多点源干扰特性复杂，难以表征、难以抑制，是防空反导、低空监视、精确制导等领域的共性难题。

本节以极化比和极化度为对象，从瞬态特性和统计特性两个方面分析多点源干扰极化特性。

3.1.1 多点源干扰的极化比分布特性

极化比是描述极化状态的常用表征量,其计算方法为

$$\rho=\frac{E_y}{E_x}=\frac{b}{a}\exp(\mathrm{j}\varphi)=\tan\gamma\cdot\mathrm{e}^{\mathrm{j}\varphi} \tag{3.1}$$

式中:x 与 y 为两个正交的极化基;E_x 与 E_y 分别为电磁波在 x 与 y 极化基的投影分量;a 与 b 分别为 E_x 与 E_y 的幅值;γ 与 φ 为该极化波的极化相位描述子,分别表征了 E_y 与 E_x 的幅值比和相位差。
极化比 p 可以直观地描述信号当前的极化特性,即在每个时刻或每个频率上的极化状态。

3.1.1.1 极化比时、频域分布特性

对于一个完全极化波,其极化比随时间、频率具有不变的特性,然而当多个干扰信号合成时,其极化比会呈现起伏特性。下面通过仿真计算经典干扰样式组合的极化比,并分析其随时域、频域起伏情况。

仿真考虑三种常见干扰样式的组合,分别为噪声压制干扰、线性调频(Linear Frequency Modulation,LFM)密集转发干扰和高重频密集转发干扰。三种干扰波形和频谱如图 3.1 所示。

将上述三种基本干扰样式组合为六种合成干扰:噪声+噪声合成干扰、噪声+高重频密集转发合成干扰、噪声+LFM 密集转发合成干扰、噪声+两个 LFM 密集转发合成干扰、两个高重频密集转发合成干扰、两个 LFM 密集转发合成干扰。所有合成干扰信号功率均相等,其中高重频信号脉宽 2μs,PRT 为 5μs,共 50 个脉冲,LFM 信号脉宽 160μs,带宽 1MHz,PRT 为 1.6ms。

六种合成干扰其他参数设置如下:

(1) 噪声+噪声合成干扰:干扰 1 波形为随机噪声,极化状态为水平极化;干扰 2 波形同为随机噪声,极化状态为圆极化。

(2) 噪声+高重频密集转发合成干扰:干扰 1 波形为随机噪声,极化状态为圆极化;干扰 2 波形为高重频信号,转发段为 1.2 个 PRT,极化状态为 45°线极化。

(3) 噪声+LFM 密集转发合成干扰:干扰 1 波形为随机噪声,极化状态为圆极化;干扰 2 波形为 LFM 信号,转发段为前 0.8 个脉宽,极化状态为 45°线极化。

(4) 噪声+两个 LFM 密集转发合成干扰:干扰 1 波形为随机噪声,极化状态为圆极化;干扰 2 波形为 LFM 信号,转发段为前 0.8 个脉宽,极化状态为 45°线极化;干扰 2 波形为 LFM 信号,转发段为后 0.8 个脉宽,极化状态为圆极化。

(5) 两个高重频密集转发合成干扰:干扰 1 转发段为前 1.2 个 PRT,极化状态为 45°线极化;干扰 2 转发段为第 2 个 PRT 中到第 3 个 PRT 中,极化状态为圆极化。

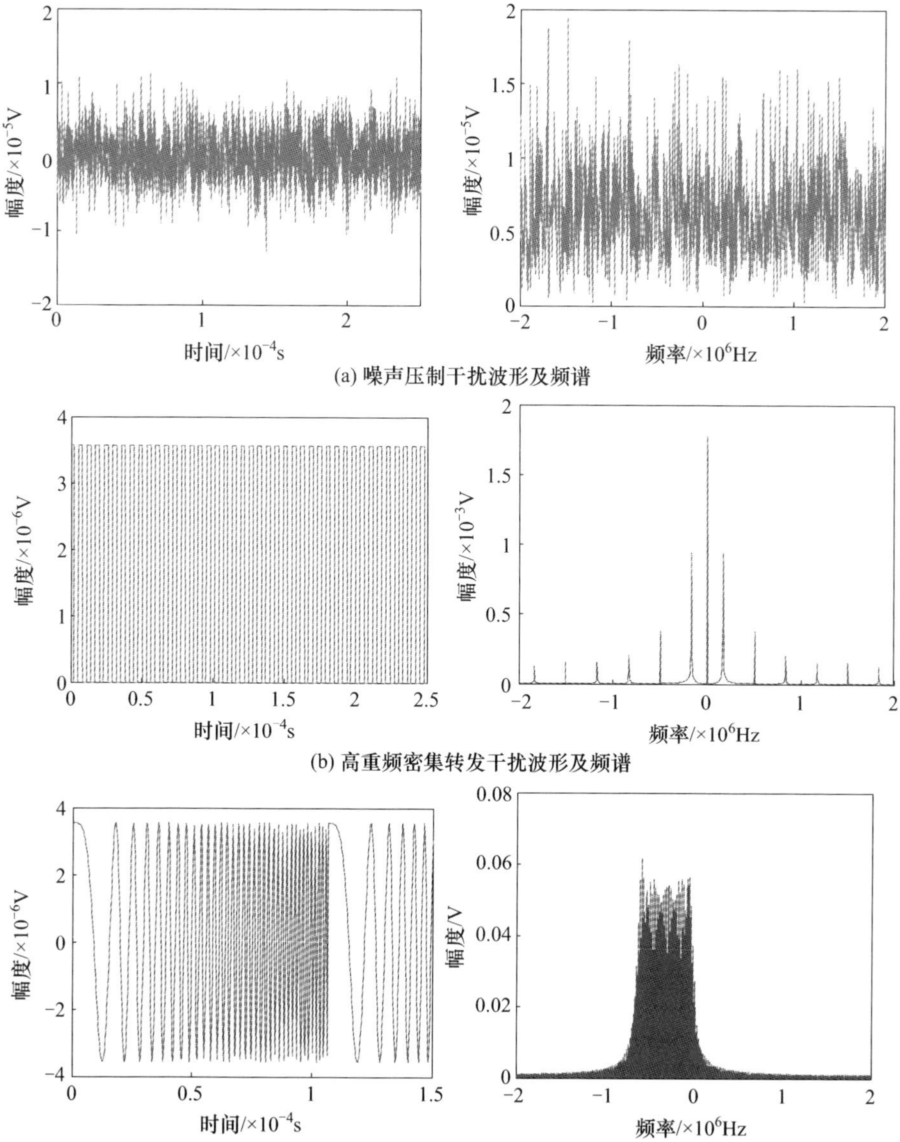

(a) 噪声压制干扰波形及频谱

(b) 高重频密集转发干扰波形及频谱

(c) LFM密集转发干扰波形及频谱

图 3.1　干扰信号样式

（6）两个 LFM 密集转发合成干扰：干扰 1 转发段为前 0.8 个脉宽，极化状态为 45°线极化；干扰 2 转发段为后 0.8 个脉宽，极化状态为圆极化。

图 3.2 ~ 图 3.7 中分别描述了这六种合成干扰信号极化比（以幅度比为例）随时间、频率起伏情况。

根据图 3.2 ~ 图 3.7 可得出以下两点结论：

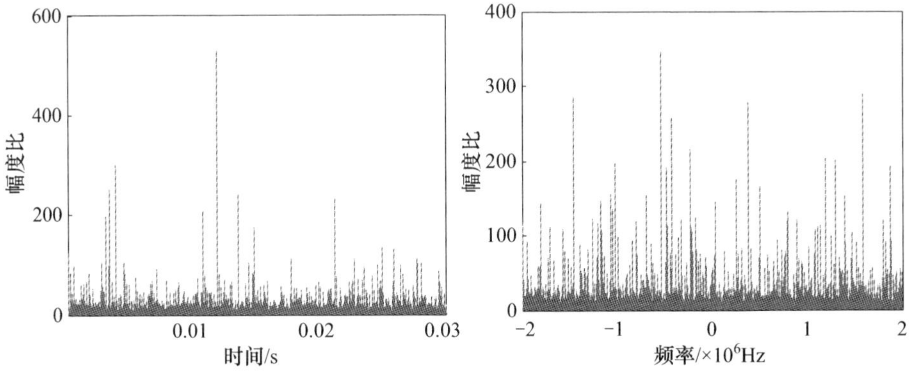

(a) 极化比随时间变化　　(b) 极化比随频率变化

图 3.2　噪声 + 噪声合成干扰

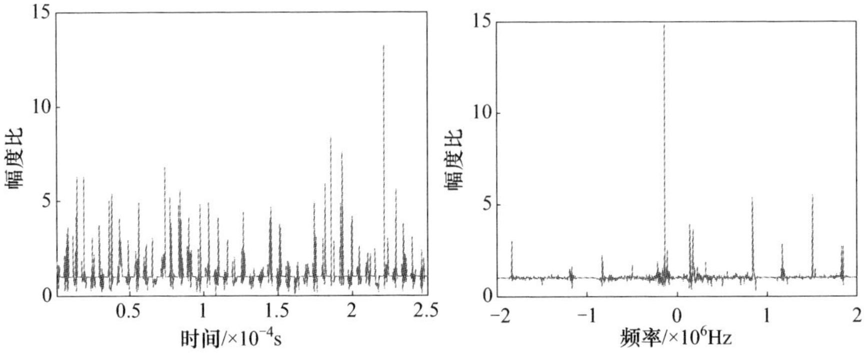

(a) 极化比随时间变化　　(b) 极化比随频率变化

图 3.3　噪声 + 高重频密集转发合成干扰

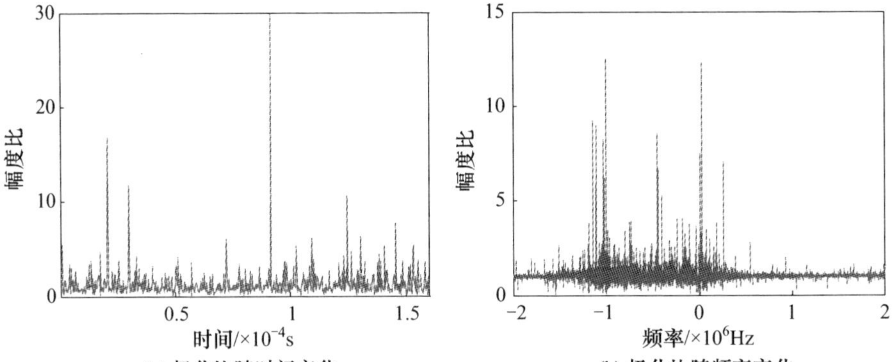

(a) 极化比随时间变化　　(b) 极化比随频率变化

图 3.4　噪声 + LFM 密集转发合成干扰

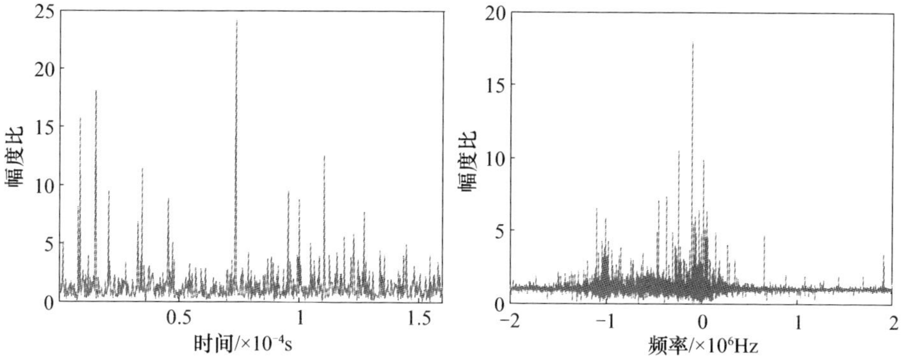

(a) 极化比随时间变化　　(b) 极化比随频率变化

图 3.5　噪声 + 两个 LFM 密集转发合成干扰

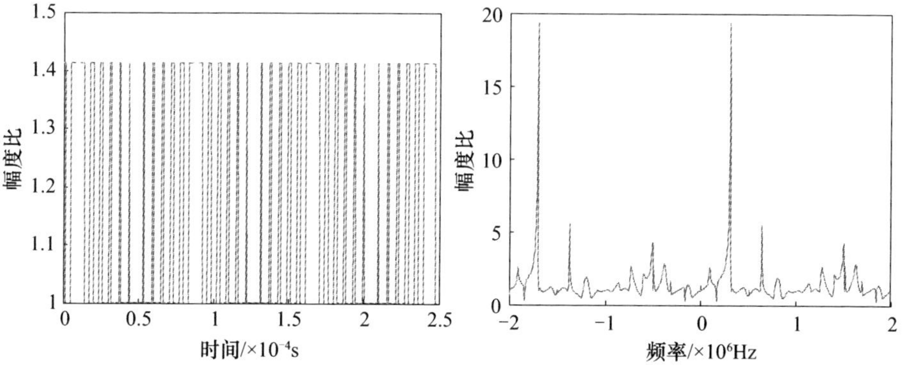

(a) 极化比随时间变化　　(b) 极化比随频率变化

图 3.6　两个高重频密集转发合成干扰

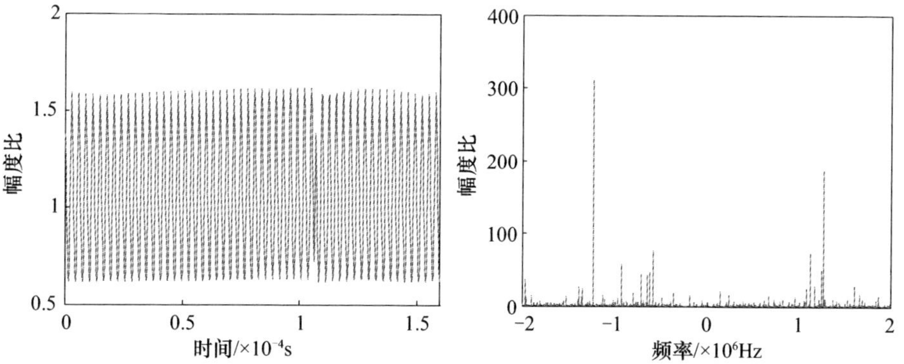

(a) 极化比随时间变化　　(b) 极化比随频率变化

图 3.7　两个 LFM 密集转发合成干扰

（1）存在噪声干扰的情况下，极化比随时间、频率起伏很大，这是因为各信号分量在时频域的相关性很差。

（2）仅有密集转发干扰情况下，合成信号极化比随时间呈现出较强的周期性变化规律，这是由该类干扰循环转发特点造成的，而在时域/频域均呈现出的局部稳定性，表明两个信号在时域/频域局部具有一定的相关性，且与两个信号转发时间、转发周期、所截取雷达信号波形都有密切关系。

3.1.1.2 空间极化分布特性

前面分析了极化比在时域、频域的分布特性，本节将分析极化比的空间分布特性，即合成干扰信号在不同角度的极化状态。

采用极化阵列接收信号，通过两组正交极化通道分别进行角谱估计，进而在每个角度上计算极化比，得到不同角度上的极化比分布。

设极化阵列由水平极化 N 元均匀线阵、垂直极化 N 元均匀线阵组成，对水平极化线阵、垂直极化线阵进行同步采样：

$$\boldsymbol{J}_k(n)=\begin{bmatrix}J_{k\mathrm{H}}(n)\\J_{k\mathrm{V}}(n)\end{bmatrix}(k=1,2,\cdots,K,n=1,2,\cdots,N) \tag{3.2}$$

式中：K 为采样点数。

在每个采样时刻，分别对 N 个水平极化阵元、N 个垂直极化阵元信号进行快速傅里叶变换（FFT）

$$\begin{aligned}X_{k\mathrm{H}}(n)&=\mathrm{FFT}[J_{kH}(n)]\\X_{k\mathrm{V}}(n)&=\mathrm{FFT}[J_{k\mathrm{V}}(n)]\end{aligned}(n=1,2,\cdots,N) \tag{3.3}$$

得到的角谱如图 3.8 所示。图 3.8 中，在同一个角度上水平极化通道、垂直极化通道均出现了峰值，通过提取峰值的幅度、相位，即可计算得到该角度上的极化比。

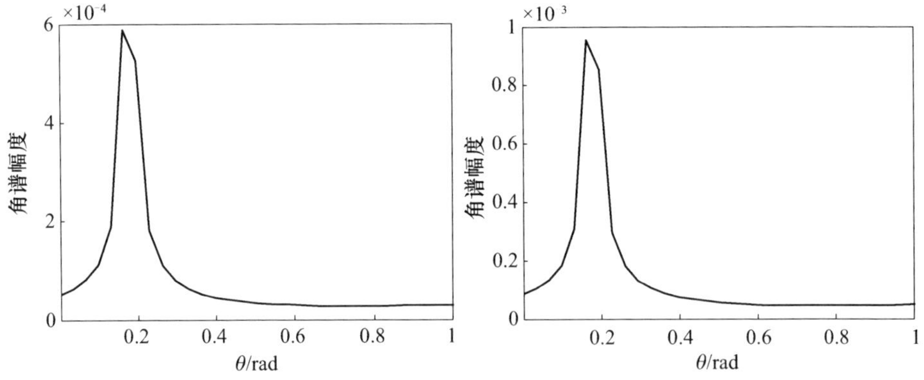

(a) 水平极化通道　　(b) 垂直极化通道

图 3.8　干扰信号空间角谱估计

对图 3.8 沿 θ 轴逐点计算两通道极化比 ρ,并根据 $\rho=\tan\gamma \cdot e^{j\eta}$ 计算极化幅度角 γ。以(θ,γ)为 x 轴、y 轴坐标,以 θ 点水平极化通道和垂直极化通道的功率和为 z 轴值,即可得到某一采样时刻的空间极化分布。将 K 个时刻的空间极化分布归一化后叠加,得到空间极化分布如图 3.9 和图 3.10 所示。

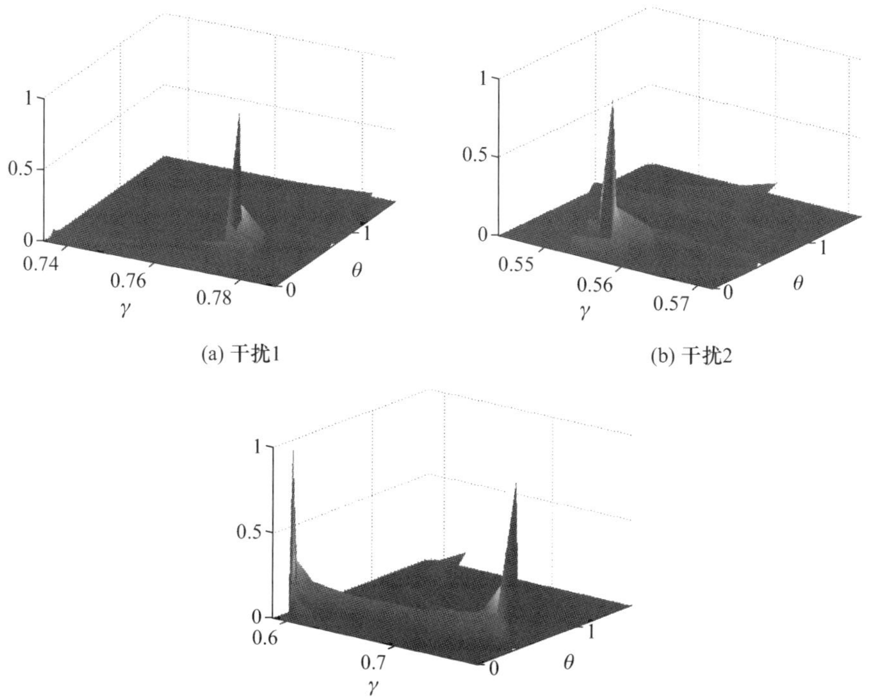

(a) 干扰1　(b) 干扰2

(c) 合成干扰

图 3.9　干扰空间极化分布(两干扰空间角度相差较远情况)

比较图 3.9 和图 3.10 中两种不同空间到达角情况合成信号的极化分布可见:当信号角度相距较远时,信号极化角分布较为集中,且峰值明显;当两干扰源角度接近时,信号的极化角分布分散,即在空域、极化域均无法分辨出两干扰,这揭示了主瓣内同时存在两个或多个干扰源时干扰难以抑制的问题。4.3 节研究了通过极化—空间谱超分辨估计并提取谱特征在主瓣多点源干扰中检测目标的方法。

3.1.1.3　多点源干扰环境极化比特性测量实验与分析

随着电磁活动日益频繁,同频段电磁设备之间电磁辐射相互影响较为严重,例如 UHF 波段雷达和移动通信基站信号时常工作于较为接近的频段,其受到来自同频段移动通信基站信号干扰的事件时有发生[2]。图 3.11 描述了 UHF 波段

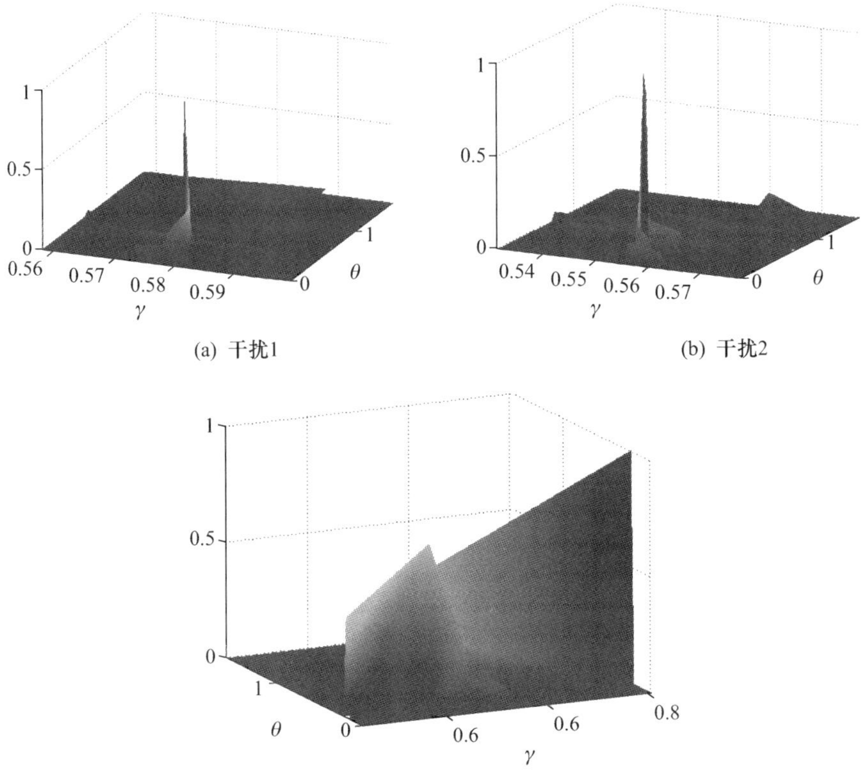

(a) 干扰1

(b) 干扰2

(c) 合成干扰

图 3. 10　干扰空间极化分布(两干扰空间角度相邻的情况)

雷达面临的通信基站干扰场景。

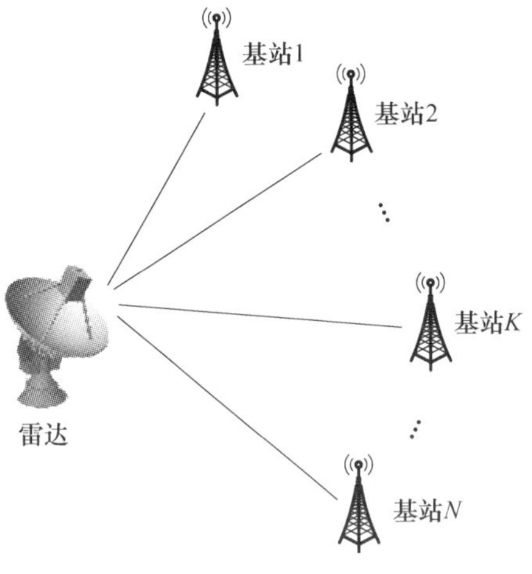

图 3. 11　UHF 波段雷达面临的通信基站干扰场景

这些通信基站对 UHF 波段雷达构成了一种典型的多点源干扰,因此开展 UHF 波段雷达面临通信基站干扰环境的极化特性测量与分析,利用某 UHF 波段极化雷达实验设备接收周围通信基站信号。实验地点设置在湖北省武汉市东湖附近,一部具有水平垂直双极化同时接收能力的 UHF 波段实验雷达系统用于获取干扰环境数据,其采用的接收极化阵列天线如图 3.12 所示,该天线由 2×8 个水平垂直双极化阵元构成。所有水平阵元接收信号直接合成干扰的水平极化分量,所有垂直阵元信号直接合成垂直分量。UHF 波段雷达试验系统参数如表 3.1 所列。

图 3.12 UHF 波段双极化雷达阵列天线

表 3.1 UHF 波段雷达试验系统参数

天线	接收天线增益/dB	10
	天线波束宽度/(°)	5
	极化隔离度/dB	>30
接收机	工作频率/MHz	900~1000
	脉冲重复频率/Hz	500
	接收机带宽/MHz	1.2
	采样率/MHz	12

UHF 波段雷达所处工作频段主要会受到 GSM 基站信号的影响。GSM 通信系统采用蜂窝频分多址(FDMA)+时分多址(TDMA)方式通信,移动台发射信号链路称为上行链路(890~915MHz),基站发射信号链路称为下行链路(935~960MHz)。一个脉冲串承载一个时隙所传输的信息,称为“突发”,每个“突发”为时宽约 577μs、带宽 200kHz 的窄带调制信号[3],这里主要分析雷达接收基站发射的下行链路信号。

实验时首先选取了实验地附近的某通信基站,图3.13为待测量通信基站及其所采用的天线,表3.2列出了该型号天线的主要工作参数,可以看出通信基站的下行信号与雷达工作所处频率存在交叠,因此基站信号会被雷达接收机接收,较近的距离会导致强的干扰信号功率,而基站信号在时间上的连续性,对于雷达而言类似噪声干扰,会影响其对目标的正常探测。

(a) 待测量基站

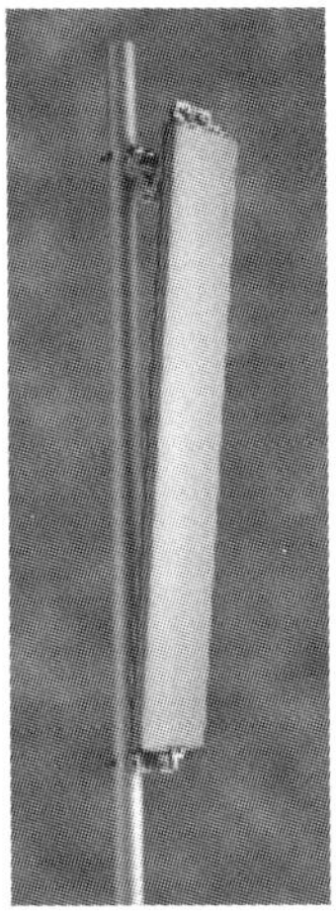

(b) 基站天线

图3.13 移动通信基站及其收发天线

表3.2 基站天线工作参数

型号	ODP-065/R15-DG
工作频率/MHz	870~969
标称阻抗/Ω	50
最大增益/dB	15.5
功率容量/W	500
极化	45°/-45°
隔离度/dB	≥30
半功率波束宽度/(°)	65°(水平),14°(垂直)

实验中分别针对单个基站情形和多基站情形,利用两正交极化通道同时采集GSM信号,再对采集到的数据估计极化状态,分析统计特性。两种情形的具体实验过程如下:

1)单基站干扰信号测量

对于单个基站信号的测量场景如图3.14所示。实验中,雷达阵列天线距离基站约2500m,令阵列天线波束中心指向基站天线方向,基站信号的水平和垂直极化成分可以同时被雷达阵列天线接收。首先利用频谱仪连接接收天线测量该

图 3.14　基站信号测量场景

基站辐射射频信号的中心频率，结果显示该基站下行信号的频率约为 953.2MHz，将雷达接收机工作频率调制该频点附近，雷达接收机开机，接通采集卡录取基站信号数据。雷达接收机带宽 1.2MHz，基站下行信号带宽 200kHz。在数据分析前，为避免来自其他基站信号的串扰，采用数字频域滤波方法对接收信号预处理，从而获取中心频点为 953.2MHz、带宽 200kHz 的较为纯净的单基站下行信号极化样本。图 3.15 给出了雷达水平极化通道和垂直极化通道对基站 GSM 信号的时域采样，如图所示，两个明显的“缝隙”之间代表一个“突发”，时长约 577μs。

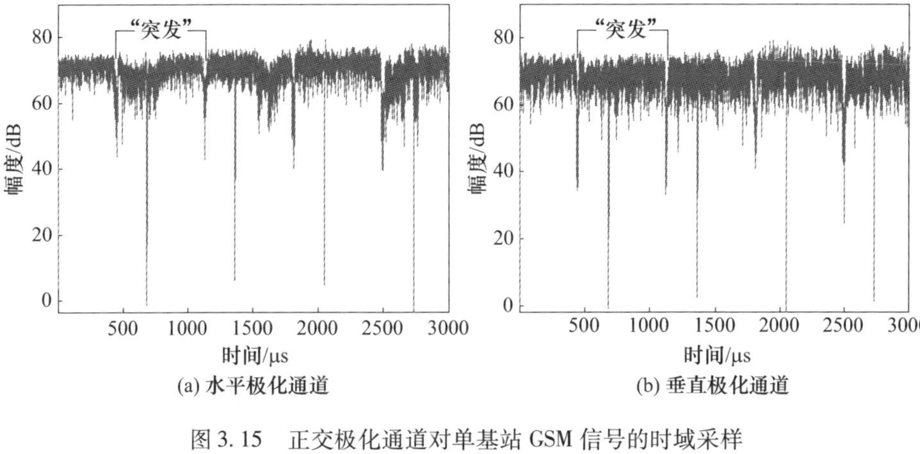

图 3.15　正交极化通道对单基站 GSM 信号的时域采样

利用上述两路极化采集样本，随机选取了一个“突发”，分别计算瞬时极化幅度比、相位差和斯托克斯(Stokes)参量，其中幅度比和相位差随时间的变化绘制在图3.16(a)、(c)中，而斯托克斯参量则关于强度分量g_0归一化处理，并将归一化子矢量$\left(\frac{g_1}{g_0},\frac{g_2}{g_0},\frac{g_3}{g_0}\right)$依坐标绘制在庞加莱(Poincare)极化球上，如图3.16(e)所示。同时，还可以利用多个样本计算平均极化比和极化斯托克斯参量，分别对应图3.16(b)、(d)、(f)，这里选取每一个"突发"对应的样本点数做一次平均。显然，经样本平均处理后的极化状态比瞬时极化状态更加平稳，起伏更小。根据图3.16(f)所示的平均斯托克斯矢量在极化庞加莱球上的位置可知，该情形下基站干扰的极化状态为左旋椭圆极化。由于极化状态具有明显的随机起伏特性，因此考虑利用极化统计模型更全面地描述基站信号的极化特征。

以极化比参量为例，首先计算实测数据每对极化样本的极化幅度比和相位差，之后分别绘制统计直方图，如图3.17中圆圈所示。图中虚线与实线分别代表文献[5]中经典零均值复高斯信号与非零均值复高斯信号的极化比理论PDF，这里将实验数据代入理论PDF。无论是极化幅度比(图3.17 (a))还是相位差(图3.17 (b))，由非零均值假设获取的PDF总能较好地拟合实测数据，相对而言，基于零均值的PDF则出现失配现象。这是由于单基站条件下存在具有确定极化占优的基站信号进入雷达接收机所致，因此基于非零均值的理论PDF能够更好地表征单个基站情形下干扰信号的极化统计特性。

2）多基站信号测量

由于基站成散布状态，且相邻基站间所采用的频道相隔不大，造成同一时刻可能有多部基站信号进入雷达接收机，形成多点源干扰。实验中，为避免出现某基站信号功率占比很大的情况，令雷达天线波束中心指向偏离基站方向，仍采用水平、垂直通道同时采样接收，且不再对所记录的数据做窄带滤波处理，而直接开展极化特性分析。雷达对多基站信号的时域采样结果绘制在图3.18中，其中图3.18(a)、(b)分别对应水平极化通道和垂直极化通道，横轴为采样时间，纵轴为信号幅度。此时，由于多个基站辐射信号相互混叠，GSM信号的"突发"现象不再明显，对于雷达而言呈现出类似压制噪声的信号样式。

参考单基站情形，根据所采集样本可以计算多基站情形下的瞬时以及平均极化状态，同样包括极化幅度比、相位差和斯托克斯矢量，分别绘制在图3.19(a)、(b)，图3.19(c)、(d)和图3.19(e)、(f)中，其中左边列对应瞬时极化状态，右边则对应平均后的极化状态，仍采用每个"突发"的点数做一次平均。

相比于单基站情形，多基站下行信号的极化状态分布明显更加分散，即便经平均处理后，极化相位差分散程度虽然有所改善，但极化幅度比和斯托克斯矢量仍起伏剧烈。此时难以利用某一种确定极化类型描述多基站极化状态，因此更需要借助于极化统计模型[5]，于是图3.20给出了零均值和非零均值极化比理论

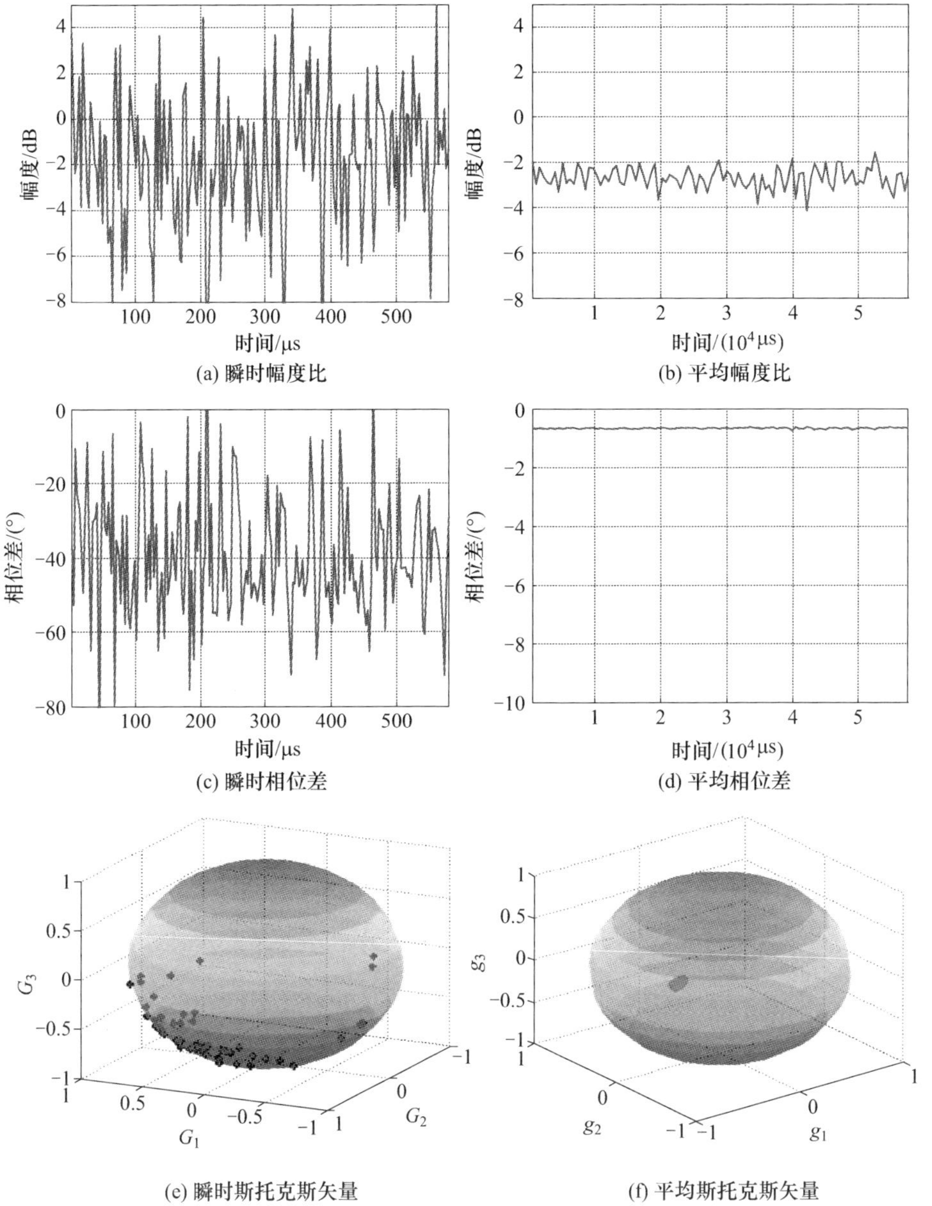

图 3.16　单个基站下行信号的极化状态

PDF 对实测数据极化比统计直方图的拟合结果。可以看出,两种理论模型均与实测数据匹配较好,这是由于雷达接收到的基站信号中,不存在某个基站强度占优的情形,因此也不存在某种特定极化占优的情形。虽然实测数据更接近于零均值假设,但此时非零均值下的统计模型也随着确定极化分量趋近于零而退化

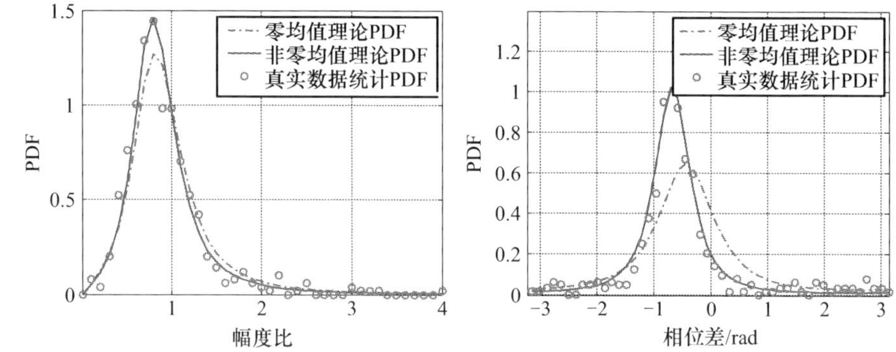

(a) 幅度比　　(b) 相位差

图 3.17　单个基站的瞬时极化比统计对比结果

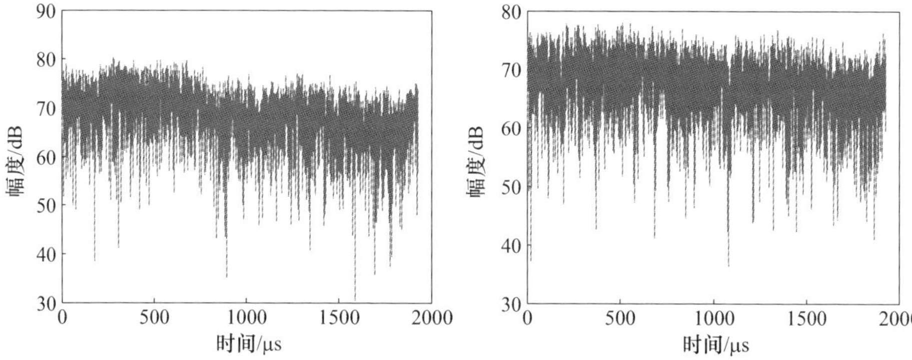

(a) 水平极化通道　　(b) 垂直极化通道

图 3.18　正交极化通道对多基站 GSM 信号的时域采样

为零均值情形,故两类理论统计模型均能用于表征多基站干扰环境的极化统计特性。

以上通过实验数据分析了一类典型的多点源干扰——UHF 波段雷达面临的具有类噪声特征的多通信基站干扰,从对该类多点源干扰极化比特性分析中可以看出,多点源干扰的极化比起伏较大,在庞加莱极化球上分散分布,传统的极化对消等极化滤波方法难以有效滤除。

3.1.2　多点源干扰的极化度特性

雷达接收到的电磁波信号通常是部分极化波。部分极化波可以分解为完全极化分量和未极化分量,完全极化分量所占功率比例就是电磁波的极化度,即完全极化分量功率与总功率之比。

极化度描述的是电磁波的极化纯度,是决定极化对消等极化滤波处理效果的重要输入指标,多点源干扰参数对极化度的影响尚未有系统地分析。本节将

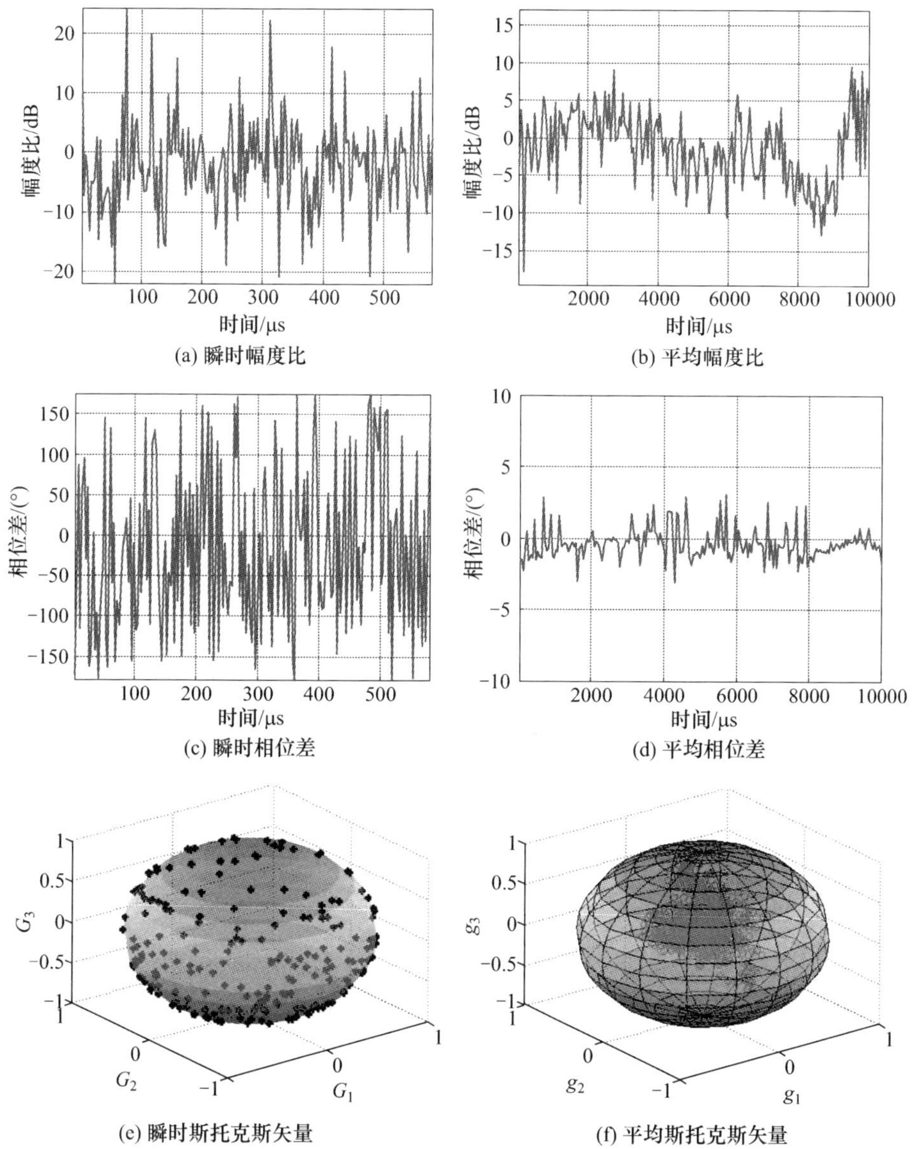

(a) 瞬时幅度比　(b) 平均幅度比

(c) 瞬时相位差　(d) 平均相位差

(e) 瞬时斯托克斯矢量　(f) 平均斯托克斯矢量

图 3.19　多基站干扰信号的极化状态

分析多点源合成信号的极化度统计特性，并讨论极化度与信号数量、相关系数及带宽等参量之间的关系。

3.1.2.1　极化度计算方法

设一个准单色平面波沿 $+z$ 轴方向传播，其电场分量为

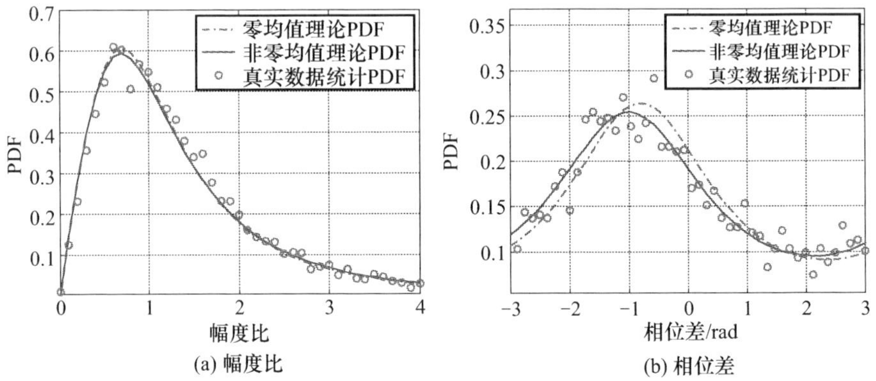

图 3.20　多基站干扰的极化比参量统计对比结果

$$\begin{cases} E_x(t) = a_x(t)\exp\{\mathrm{j}[\omega t + \phi_x(t) - kz]\} \\ E_y(t) = a_y(t)\exp\{\mathrm{j}[\omega t + \phi_y(t) - kz]\} \end{cases} \tag{3.4}$$

式中:ω 为角频率;$a_x(t)$、$a_y(t)$、$\phi_x(t)$ 和 $\phi_y(t)$ 分别为电场分量的幅度项和绝对相位项,它们均是关于时间的缓变过程。电场用矢量形式表示为

$$E(t) = \begin{bmatrix} E_x(t) \\ E_y(t) \end{bmatrix} \tag{3.5}$$

定义波的相干矩阵为

$$\boldsymbol{C} = \langle E(t)E(t)^{\mathrm{H}} \rangle \tag{3.6}$$

式中:上标“H”表示厄米特转置,即共轭转置;〈 · 〉表示求系统平均(也称为集合平均)算符。由式(3.6)可以看出,$\boldsymbol{C}$ 是厄米特矩阵。由式(3.5)和式(3.6)可得

$$\boldsymbol{C} = \begin{bmatrix} < |E_x(t)|^2 > & < E_x(t)E_y^*(t) > \\ < E_x^*(t)E_y(t) > & < |E_y(t)|^2 > \end{bmatrix} \tag{3.7}$$

波的相干矩阵为

$$\boldsymbol{C} = \begin{bmatrix} C_{xx} & C_{xy} \\ C_{yx} & C_{yy} \end{bmatrix} \tag{3.8}$$

总波的平均功率密度为

$$P_{\mathrm{w}} = \mathrm{tr}C = C_{xx} + C_{yy} \tag{3.9}$$

式中:tr 为矩阵的迹。

波的完全极化分量的平均功率密度为

$$P_{\mathrm{p}} = \sqrt{(C_{xx} - C_{yy})^2 + 4|C_{xy}|^2} = \sqrt{(\mathrm{tr}C)^2 - 4\det C} \tag{3.10}$$

式中:det 为行列式值。

极化度(PD)是电磁波完全极化分量的平均功率密度与总波的平均功率密度之比[5],即

$$\mathrm{PD} = \frac{P_{\mathrm{p}}}{P_{\mathrm{w}}} = \frac{\sqrt{(\mathrm{tr}C)^2 - 4\det C}}{\mathrm{tr}C} \tag{3.11}$$

集合平均用时间平均代替,即相干矩阵的计算为对应项的共轭乘积再求时间平均,按照上述公式即可计算出极化度。

3.1.2.2　信号参数对极化度的影响

干扰信号极化度决定了使用极化对消在对抗主瓣压制干扰时的干扰抑制效果,干扰抑制比与干扰信号极化度的关系为[6]

$$\eta = 10\lg\frac{2}{1-\mathrm{PD}}(\mathrm{dB}) \tag{3.12}$$

多点源信号合成会导致极化度下降,以两点源为例,讨论合成信号极化度。

首先讨论单点源情况,极化雷达接收到单点源干扰信号可用矢量形式表示为

$$\boldsymbol{\xi}_a(t) = \begin{bmatrix} \xi_{a1}(t) \\ \xi_{a2}(t) \end{bmatrix} \tag{3.13}$$

式中:$\xi_{a1}(t)$、$\xi_{a2}(t)$分别为极化雷达两个通道所接收到的信号分量。

单点源信号的协方差矩阵为

$$\boldsymbol{\Sigma}_a \equiv \langle \boldsymbol{\xi}_a \cdot \boldsymbol{\xi}_a^{\mathrm{H}} \rangle = \begin{bmatrix} \langle \xi_{a1}\xi_{a1}^* \rangle & \langle \xi_{a1}\xi_{a2}^* \rangle \\ \langle \xi_{a2}\xi_{a1}^* \rangle & \langle \xi_{a2}\xi_{a2}^* \rangle \end{bmatrix} \tag{3.14}$$

根据式(3.11)可计算出其极化度为

$$\begin{aligned}\mathrm{PD}_a &= \frac{\sqrt{(\langle \xi_{a1}\xi_{a1}^* \rangle + \langle \xi_{a2}\xi_{a2}^* \rangle)^2 - 4(\langle \xi_{a1}\xi_{a1}^* \rangle\langle \xi_{a2}\xi_{a2}^* \rangle - \langle |\xi_{a1}\xi_{a2}^*| \rangle^2)}}{\langle \xi_{a1}\xi_{a1}^* \rangle + \langle \xi_{a2}\xi_{a2}^* \rangle} \\ &= \frac{\sqrt{(\langle \xi_{a1}\xi_{a1}^* \rangle - \langle \xi_{a2}\xi_{a2}^* \rangle)^2 + 4\langle |\xi_{a1}\xi_{a2}^*| \rangle^2}}{\langle \xi_{a1}\xi_{a1}^* \rangle + \langle \xi_{a2}\xi_{a2}^* \rangle}\end{aligned} \tag{3.15}$$

由于两通道接收信号相关系数

$$\rho_{a1a2} = \frac{|\langle \xi_{a1}\xi_{a2}^* \rangle|}{\sqrt{\langle \xi_{a1}\xi_{a1}^* \rangle\langle \xi_{a2}\xi_{a2}^* \rangle}}$$

因此,由相关系数分子部分可以看出,在两通道平均功率密度一定的情况下,信号的极化度会随着信号的相关性增加。

在此基础上加入第二个独立干扰源,且与前干扰源为独立同分布

$$\boldsymbol{\xi}_b(t)=\begin{bmatrix}\xi_{b1}(t)\\ \xi_{b2}(t)\end{bmatrix} \tag{3.16}$$

则合成信号为

$$\boldsymbol{\xi}(t)=\boldsymbol{\xi}_a(t)+\boldsymbol{\xi}_b(t)=\begin{bmatrix}\xi_{a1}(t)+\xi_{b1}(t)\\ \xi_{a2}(t)+\xi_{b2}(t)\end{bmatrix} \tag{3.17}$$

两点源合成信号的协方差矩阵为

$$\begin{aligned}\boldsymbol{\Sigma}&\equiv\langle\boldsymbol{\xi}\cdot\boldsymbol{\xi}^{\mathrm{H}}\rangle\\ &=\begin{bmatrix}\langle\xi_{a1}\xi_{a1}^*+\xi_{a1}\xi_{b1}^*+\xi_{b1}\xi_{a1}^*+\xi_{b1}\xi_{b1}^*\rangle & \langle\xi_{a1}\xi_{a2}^*+\xi_{b1}\xi_{a2}^*+\xi_{a1}\xi_{b2}^*+\xi_{b1}\xi_{a2}^*\rangle\\ \langle\xi_{a1}^*\xi_{a2}+\xi_{b1}^*\xi_{a2}+\xi_{a1}^*\xi_{b2}+\xi_{b1}^*\xi_{a2}\rangle & \langle\xi_{a2}\xi_{a2}^*+\xi_{a2}\xi_{b2}^*+\xi_{b2}\xi_{a2}^*+\xi_{b2}\xi_{b2}^*\rangle\end{bmatrix}\end{aligned} \tag{3.18}$$

因为两干扰源独立,则协方差矩阵可简化为

$$\boldsymbol{\Sigma}\equiv\langle\boldsymbol{\xi}\cdot\boldsymbol{\xi}^{\mathrm{H}}\rangle=\begin{bmatrix}\langle\xi_{a1}\xi_{a1}^*+\xi_{b1}\xi_{b1}^*\rangle & \langle\xi_{a1}\xi_{a2}^*+\xi_{b1}\xi_{b2}^*\rangle\\ \langle\xi_{a1}^*\xi_{a2}+\xi_{b1}^*\xi_{b2}\rangle & \langle\xi_{a2}\xi_{a2}^*+\xi_{b2}\xi_{b2}^*\rangle\end{bmatrix} \tag{3.19}$$

则合成信号极化度为

$$\mathrm{PD}=\frac{\sqrt{(\langle\xi_{a1}\xi_{a1}^*\rangle-\langle\xi_{a2}\xi_{a2}^*\rangle+\langle\xi_{b1}\xi_{b1}^*\rangle-\langle\xi_{b2}\xi_{b2}^*\rangle)^2+4(\langle|\xi_{a1}\xi_{a2}^*|\rangle+\langle|\xi_{b1}\xi_{b2}^*|\rangle)^2}}{\langle\xi_{a1}\xi_{a1}^*\rangle+\langle\xi_{a2}\xi_{a2}^*\rangle+\langle\xi_{b1}\xi_{b1}^*\rangle+\langle\xi_{b2}\xi_{b2}^*\rangle} \tag{3.20}$$

由式(3.20)可见,影响合成信号极化的因素除点源数量外,还有干扰源平均功率密度以及每个干扰源在一对正交极化基下分量的相关系数。令两信号功率密度比为$\rho=\dfrac{\langle\xi_{b1}\xi_{b1}^*\rangle}{\langle\xi_{a1}\xi_{a1}^*\rangle}=\dfrac{\langle\xi_{b2}\xi_{b2}^*\rangle}{\langle\xi_{a2}\xi_{a2}^*\rangle}$,则式(3.20)可化简为

$$\mathrm{PD}=\frac{\sqrt{(1+\rho)^2(\langle\xi_{a1}\xi_{a1}^*\rangle-\langle\xi_{a2}\xi_{a2}^*\rangle)^2+4(\langle|\xi_{a1}\xi_{a2}^*|\rangle+\langle|\xi_{b1}\xi_{b2}^*|\rangle)^2}}{(1+\rho)(\langle\xi_{a1}\xi_{a1}^*\rangle+\langle\xi_{a2}\xi_{a2}^*\rangle)} \tag{3.21}$$

进一步可得

$$\mathrm{PD}^2=\frac{(1+\rho)^2(\langle\xi_{a1}\xi_{a1}^*\rangle-\langle\xi_{a2}\xi_{a2}^*\rangle)^2+4(\langle|\xi_{a1}\xi_{a2}^*|\rangle+\langle|\xi_{b1}\xi_{b2}^*|\rangle)^2}{(1+\rho)^2(\langle\xi_{a1}\xi_{a1}^*\rangle+\langle\xi_{a2}\xi_{a2}^*\rangle)^2} \tag{3.22}$$

由式(3.22)可得到合成极化度与信号功率比的关系：

(1) 当 $\rho \to \infty$ 时，有

$$\mathrm{PD}^2 \approx \frac{(\langle \xi_{b1}\xi_{b1}^* \rangle - \langle \xi_{b2}\xi_{b2}^* \rangle)^2 + 4\langle |\xi_{b1}\xi_{b2}^*| \rangle^2}{(\langle \xi_{b1}\xi_{b1}^* \rangle + \langle \xi_{b2}\xi_{b2}^* \rangle)^2} = \mathrm{PD}_b^2$$

故说明合成信号的极化度随着 $\boldsymbol{\xi}_b(t)$ 占信号分量增大逐渐趋于 P_b。

(2) 当 $\rho \to 0$ 时，有

$$\mathrm{PD}^2 \approx \frac{(\langle \xi_{a1}\xi_{a1}^* \rangle - \langle \xi_{a2}\xi_{a2}^* \rangle)^2 + 4\langle |\xi_{a1}\xi_{a2}^*| \rangle^2}{(\langle \xi_{a1}\xi_{a1}^* \rangle + \langle \xi_{a2}\xi_{a2}^* \rangle)^2} = \mathrm{PD}_a^2$$

图 3.21 展示了合成干扰信号极化度与信号源数量及信号源功率的关系。仿真方法：共模拟 20 个不同极化方式且波形相互独立的极化信号，按不同的功率比叠加后计算合成信号的极化度。通过分析图中曲线规律，可得出以下结论：

(1) 干扰源数量越多，合成极化度越低。

(2) 干扰源相对功率越接近，合成信号极化度损失越大。

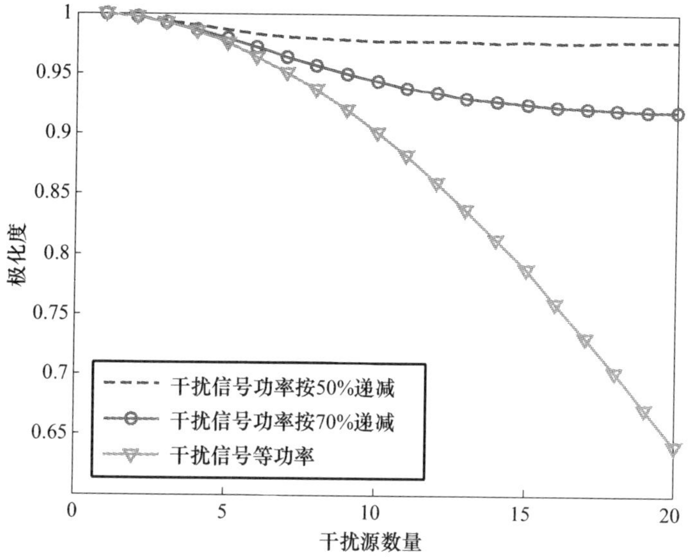

图 3.21　合成干扰极化度随干扰源数量、相对功率比的变化

图 3.22 描述了信号源等功率的情况下，合成信号极化度随单个信号在正交极化基下的两个分量相关系数(表明了该干扰源的原始极化度)的变化情况。由图可见，两信号的极化相关系数对于合成信号的极化度贡献相同，当信号源完全相关时合成信号极化度达到最高，但也有一定程度的损失；反之，信号源完全不相关时，极化度为 0。

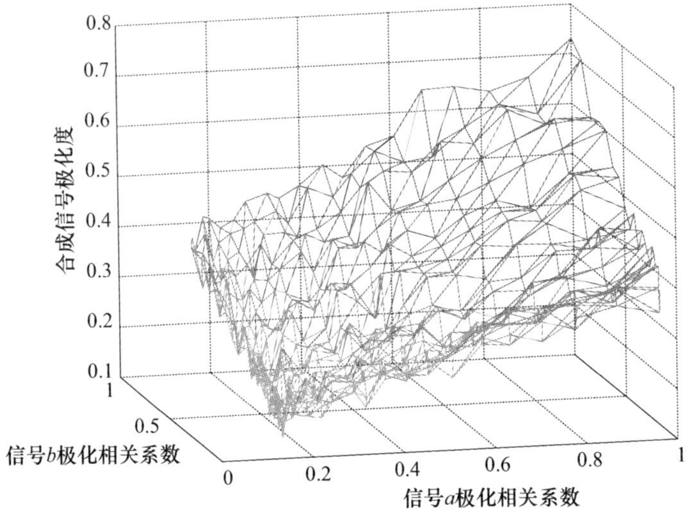

图 3.22　单个信号极化相关系数对合成干扰极化度的影响

3.1.2.3　信号截取对合成信号极化度的影响

本节进一步地重点研究信号截取(包括截取长度、截取位置)对合成干扰信号极化度的影响。

仿真干扰参数设置仍同上节,仍采用 3.1.1 节的干扰信号样式,同样产生六种合成干扰,信号总长度设置为 20 个 PRT。对合成信号时域波形和频谱以滑窗方式统计其极化度随滑窗起始点以及时窗长度、频窗长度的变化情况。

通过分析比较图 3.23 ~ 图 3.28,可得出以下结论:

(1) 时窗、频窗长度较短时,极化度随时、频段改变起伏剧烈;而窗长较长时,极化度起伏较缓。

(2)“噪声 + 噪声”压制干扰极化度随滑窗滑动变化较小,极化度较稳定。

(3) 高重频信号因本身波形起伏较大,两干扰转发段波形相关性不高,其合成干扰的极化度随滑窗滑动呈现剧烈起伏,在窗长较短时,存在多个时段、频段合成极化度达到 0.9 以上。

(4) LFM 信号合成后因其同样的调频斜率,时域极化度随滑窗移动呈现有规律的振荡,而频域在其带宽内极化度较低且起伏不大。

3.1.2.4　主旁瓣多点源干扰环境的极化度测量与分析

下面将实验分为主瓣干扰和主旁瓣同时干扰两个场景。

实验中仍利用前面介绍的 UHF 波段实验雷达,雷达天线及工作参数可分别

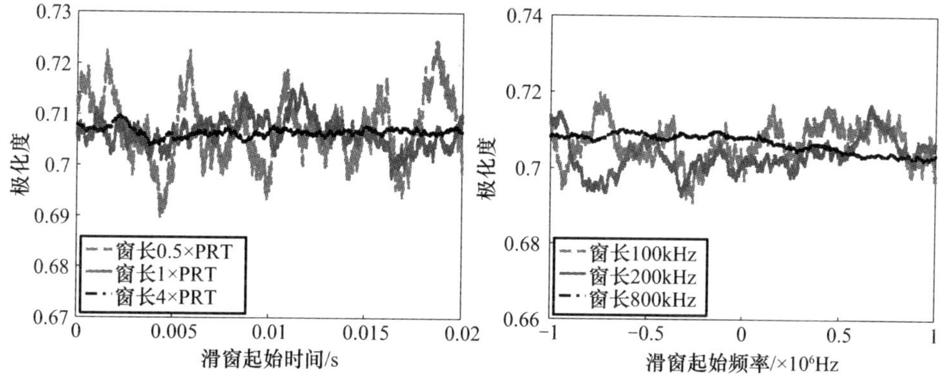

图 3.23　噪声 + 噪声合成干扰不同时、频段极化度

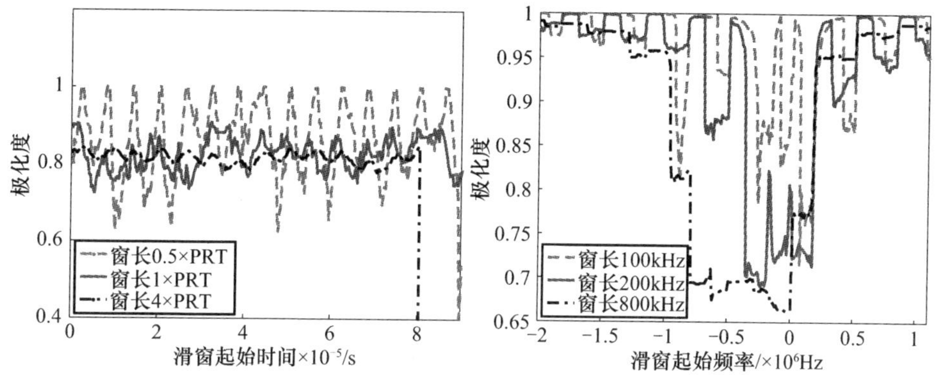

图 3.24　噪声 + 高重频密集转发合成干扰不同时、频段极化度

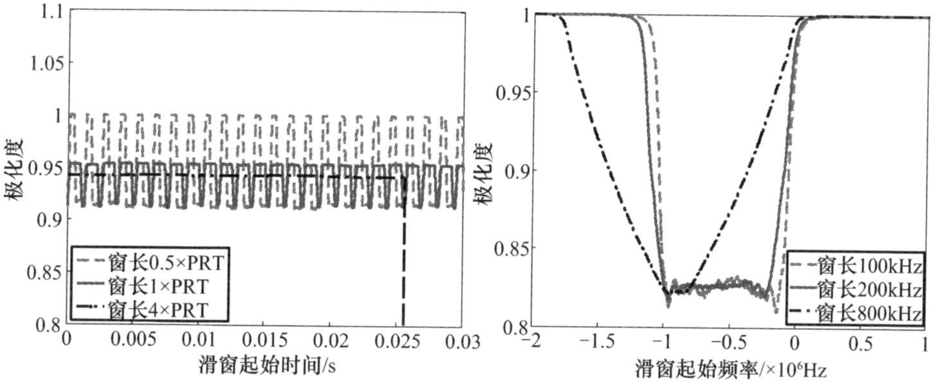

图 3.25　噪声 + LFM 密集转发合成干扰不同时、频段极化度

参见图 3.12 和表 3.1，选用的干扰辐射源如图 3.29 所示，由单极化喇叭天线连接任意信号发生器组成。

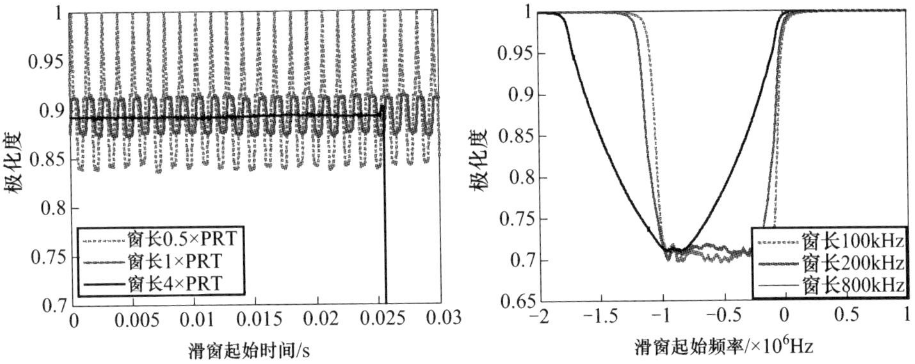

图 3.26　两个 LFM 密集转发干扰

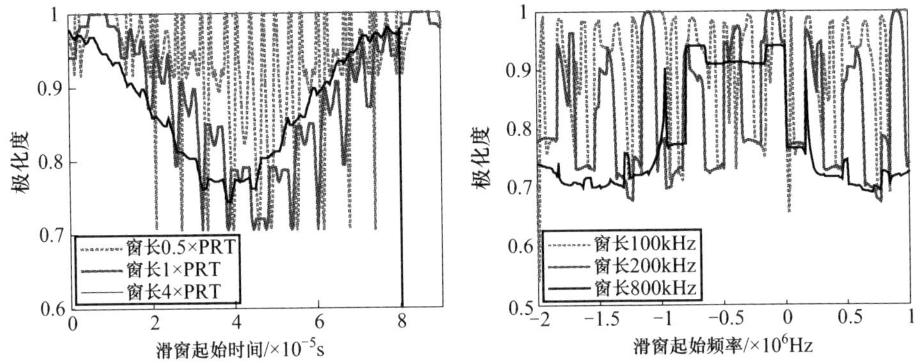

图 3.27　两个高重频密集转发干扰不同时、频段极化度

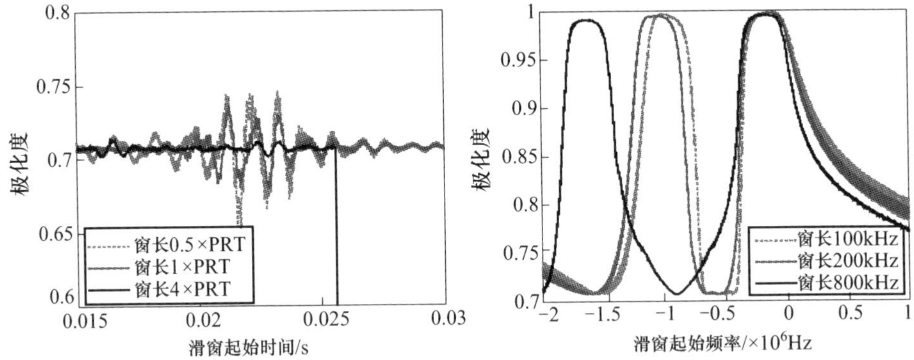

图 3.28　噪声 + 两个 LFM 密集转发合成干扰不同时、频段极化度

开展主瓣干扰实验时，仅采用 1 台干扰机，将干扰天线对准雷达天线波束中心，干扰机发射能够覆盖雷达接收机工作带宽的噪声调频信号，雷达水平极化通道和垂直极化通道同时接收，通过调整干扰信号发生器的输出功率，使得雷达接

收到的干扰噪声功率比约为 30dB。雷达水平极化数据由所有水平极化阵元通道采样样本直接求和得到，雷达垂直极化数据由所有垂直极化阵元通道采样样本直接求和得到。

开展主旁瓣同时干扰极化测量时，利用 3 台如图 3.29 所示的干扰机，分别放置于雷达波束的中心方向和副瓣方向，图 3.30 给出了测量场景，其中干扰机 0 位于雷达方位角 0°，对应主瓣干扰，其他 2 台干扰机分别对应副瓣干扰源，3 个干扰信号源独立产生覆盖雷达接收机工作频段的噪声调频干扰，且同时被极化阵列雷达接收，雷达的信号采集过程与上述主瓣干扰实验时相同。

图 3.29　有源干扰辐射源

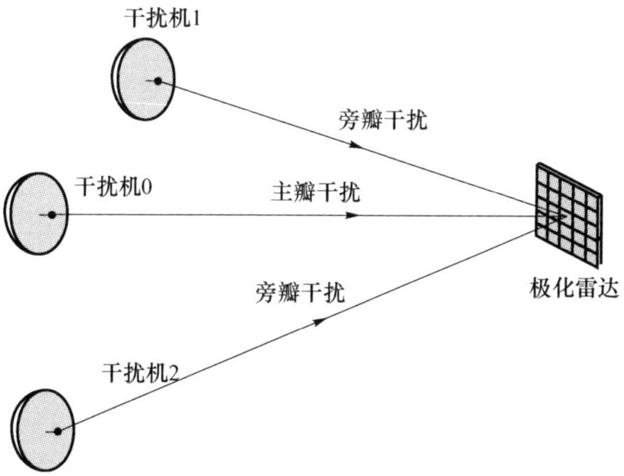

图 3.30　主旁瓣联合干扰极化雷达

对采集到的多点源干扰极化样本开展极化度特性分析。将水平极化信号样本和垂直极化信号样本组成二维极化矢量样本序列，按照每 K 个矢量样本一组，用于估计极化度。主瓣干扰和主旁瓣同时干扰情形下的极化度估计值随时间的变化如图 3.31 所示，图中横轴为雷达快拍时间，纵轴为极化度估计值。用于估计极化度的样本数 K 取值为 8、32 和 64，分别对应图中的虚线、点画线和实线。

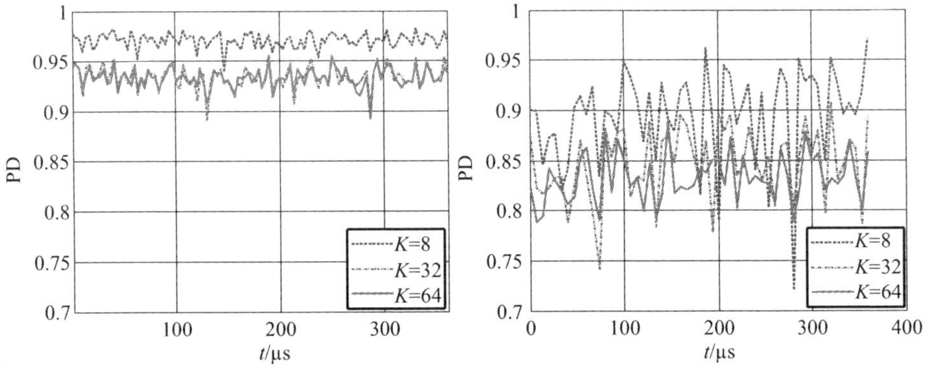

(a) 主瓣干扰　　(b) 主旁瓣干扰

图 3.31　干扰极化度测量值随时间的变化

图 3.31(a)所示的主瓣干扰的极化度估计值明显高于图 3.31(b)所示的主旁瓣干扰情形，且起伏更小，说明主瓣干扰的极化度明显高于主旁瓣干扰。此外，无论是主瓣干扰还是主旁瓣干扰，样本数的选取会直接影响极化度估计结果。通过比较不同样本数所对应的估计结果不难看出，随着样本数的增加极化度会有所下降，但当样本数达到一定数量时估计结果受样本数的影响不再明显，正如图中 $K=32$ 和 $K=64$ 对应的曲线差别较小。

通过统计极化度分布直方图可以进一步验证上述结论。将测量数据的极化度分布情况绘制在图 3.32 中，横坐标为极化度，纵坐标为统计数量。就主瓣干扰而言(图 3.32(a))相比于主旁瓣干扰(图 3.32(b))，其分布更为集中且分布形状更为尖锐，分布位置也更接近于 1。

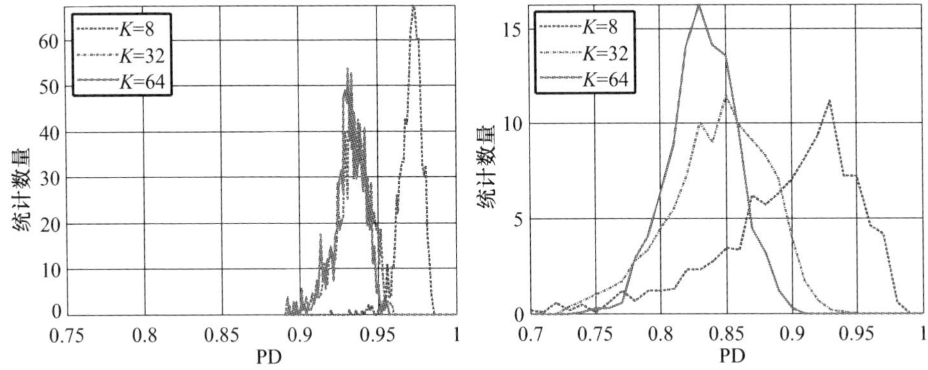

(a) 主瓣干扰　　(b) 主旁瓣干扰

图 3.32　干扰极化度测量值的统计分布

3.1.3 小结

本节开展了对多点源干扰极化比特性和极化度特性的分析。极化比特性方面,首先分析了极化比随时域、频域的起伏特性,进而分析了空间极化比分布特性,给出了相应结论;然后分析了多点源合成对信号极化度的影响,具体分析了信号功率、相关系数、带宽等参数对合成信号极化度的影响,也为后续极化度在极化雷达中的应用研究奠定了基础。

3.2 主瓣干扰的极化对消技术

主瓣干扰是指从雷达天线主瓣内进入的干扰,其具有雷达接收增益大的重要特点,且随着数字射频存储、瞬时测频、密集转发等干扰技术的成熟和使用,主瓣压制干扰已经可以实现在时、频、空域与雷达目标回波无法有效分离,导致窄带滤波、旁瓣对消(SLC)、波束形成等常见手段难以应对。

主瓣干扰问题是雷达探测领域面临的一个重要难题。例如,在以往的机载电子战中,受载机飞行性能、承载能力的限制,大功率电子干扰装备的载机往往由中、大型飞机改装而成,导致电子干扰飞机的速度无法与作战飞机同步,因此远距支援式干扰是主要作战样式。而随着电子技术的发展,干扰设备的体积、重量、耗电、散热等均有大幅下降,对载机性能的要求进一步放宽,同时出现了多种具有较强干扰能力与良好飞行性能的电子战飞机,如 E/A－18G“咆哮者”电子攻击机,这类电子战飞机能够伴随作战飞机编队进行突防,从而形成主瓣干扰。此外,在弹道导弹突防过程中,其释放的弹载干扰对于地基/海基反导雷达来说都是主瓣干扰,大大增加了抑制的难度。

极化滤波是抑制主瓣干扰的重要手段,其通过对雷达接收极化进行控制,实现干扰抑制。极化滤波器可以分为三类:以输出干扰功率最小为准则的干扰抑制极化滤波器(ISPF),以输出目标功率最大为准则的目标匹配极化滤波器(SMPF),以输出信号干扰噪声功率比最大为准则的信干噪比(SINR)极化滤波器。

下面阐述三类极化滤波器的区别:

首先建立雷达天线接收极化模型,以雷达天线中心为坐标原点建立笛卡儿坐标系(图 3.33)。若电磁波信号入射方向为(θ,φ)(θ、φ 分别为俯仰角、方位角),则雷达天线的有效接收极化矢量 $\boldsymbol{h}_{\mathrm{a}}^{\perp}$ 为天线极化在电磁波传播方向法平面上的投影,即

$$\boldsymbol{h}_{\mathrm{a}}^{\perp}=\boldsymbol{h}_{\mathrm{a}}-\langle\boldsymbol{h}_{\mathrm{a}},\boldsymbol{l}_{\mathrm{s}}\rangle\boldsymbol{l}_{\mathrm{s}} \tag{3.23}$$

式中：$\boldsymbol{h}_a$ 为天线极化矢量，$\boldsymbol{h}_a=[h_{xa}\quad h_{ya}\quad h_{za}]^T$；$\boldsymbol{l}_s$ 为电磁波传播方向矢量，$\boldsymbol{l}_s=[\cos\theta\cos\varphi\quad \cos\theta\sin\varphi\quad \sin\theta]^T\langle\boldsymbol{h}_a,\boldsymbol{l}_s\rangle\boldsymbol{l}_s$ 为天线极化在传播方向上的径向投影矢量。

若来波极化矢量 $\boldsymbol{h}=[h_x\quad h_y\quad h_z]^T(\|\boldsymbol{h}\|=1)$，则天线接收信号的复系数 $\tilde{s}$ 为天线有效接收极化 $\boldsymbol{h}_a^{\perp}$ 与来波极化 $\boldsymbol{h}$ 的乘积（天线极化在电磁波传播方向法平面上的投影矢量称为天线在该方向的有效接收极化；天线有效接收极化与电磁波信号极化矢量的乘积即为天线的接收电压系数。），即

$$\tilde{s}=(\boldsymbol{h}_a^{\perp})^T\boldsymbol{h} \tag{3.24}$$

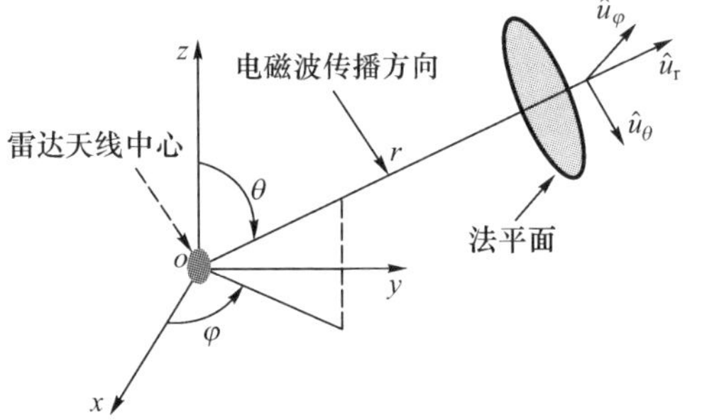

图 3.33 电磁波与天线的极化矢量

（1）干扰抑制极化滤波器：天线有效接收极化 $\boldsymbol{h}_a^{\perp}$ 与干扰极化 $\boldsymbol{h}_J$ 互为正交极化，此时，$\tilde{s}_J=(\boldsymbol{h}_a^{\perp})^T\boldsymbol{h}_J=0$，干扰输出功率最小。

（2）目标匹配极化滤波器：天线有效接收极化 $\boldsymbol{h}_a^{\perp}$ 与目标回波极化 $\boldsymbol{h}_s$ 共轭，此时，$\tilde{s}_s=\max\limits_{\forall \boldsymbol{h}_a^{\perp}}\{|(\boldsymbol{h}_a^{\perp})^T\boldsymbol{h}_s|\}$，目标回波输出功率达到最大。

（3）SINR 极化滤波器：天线有效接收极化 $\boldsymbol{h}_a^{\perp}$ 介于目标回波极化 $\boldsymbol{h}_s$、干扰极化 $\boldsymbol{h}_J$ 之间，且 $\dfrac{\tilde{s}_s}{\tilde{s}_J}=\max\limits_{\forall \boldsymbol{h}_a^{\perp}}\left\{\left|\dfrac{(\boldsymbol{h}_a^{\perp})^T h_s}{(\boldsymbol{h}_a^{\perp})^T\boldsymbol{h}_J}\right|\right\}$，输出 SINR 达到最大。

极化对消是利用雷达目标与干扰之间的极化差异来抑制干扰，属于干扰抑制极化滤波器。当干扰信号极化纯度较高时，通过极化对消就能够有效地抑制干扰功率，为雷达目标探测奠定基础。

本节将主要针对主瓣内仅存在单个干扰或单个干扰功率明显占优（干扰信号极化度较高）的情况，阐述极化对消原理、方法，分析干扰极化度等特性对干扰抑制性能的影响，分析极化对消对输出信干噪比的改善情况。

3.2.1 极化对消系数的迭代计算方法

极化对消器最早源于 Nathanson 在研究雨杂波对消问题时提出的一种闭环

自适应极化滤波器——自适应极化对消器(APC)。其实质是以低通滤波器和放大器为核心构成一个相关反馈环(图 3.34),相关反馈环的调整过程就是权系数 w 逐渐逼近最佳权系数 w_{opt} 的过程。这种结构虽然有少量的极化对消损失(因为权系数 w 只是逼近 w_{opt},而不能完全达到),但系统构造简单,并能够自动补偿两极化接收通道间的幅相不均衡。

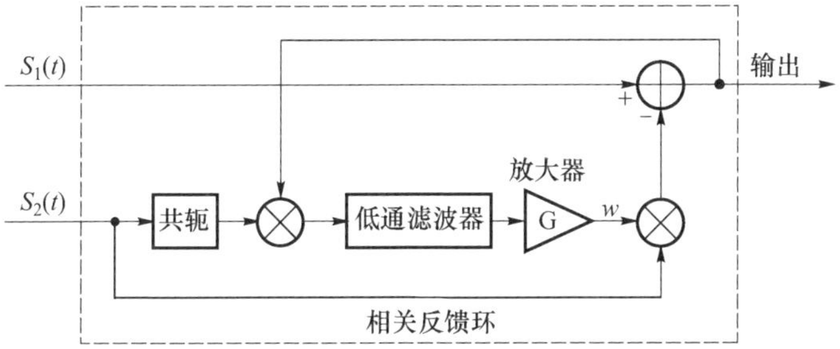

图 3.34 自适应极化对消器(用相关反馈环实现)

然而,用相关反馈环实现的 APC 由于采用了模拟电路,因此存在着一些固有的缺点,随着数字电路的广泛运用,很多雷达中频及以后都采用了数字处理,因此相应地发展 APC 的数字迭代算法非常必要。

下面介绍 APC 的数字迭代滤波方法。

假设干扰极化表示为 $\boldsymbol{h}_J$(二维琼斯矢量),雷达接收极化为 $\boldsymbol{h}_r$,则雷达对干扰信号的接收功率系数为 $\boldsymbol{h}_r^T\boldsymbol{h}_J$。当接收极化与干扰极化互为正交极化时,该系数为零,称此时的接收极化为在干扰背景下雷达的最佳接收极化 $\boldsymbol{h}_{r,opt}$,即

$$\boldsymbol{h}_{r,opt}^T\boldsymbol{h}_J = 0 \tag{3.25}$$

此前文献上报道的 APC 采用了一种模拟电路——相关反馈环来实现极化对消器,其主要由一个低通滤波器和放大器组成,收敛性能(包括收敛速度和系统稳定性两个方面)由低通滤波器的时间常数 τ_0 和环路有效增益 G_e 决定。如果用环路时间常数 τ 来衡量其收敛速度,则有

$$\tau = \frac{1}{\alpha} = \frac{\tau_0}{1 + G_e} \tag{3.26}$$

式中:α 为环路带宽。一般要求 α 不能超过信号频宽 B 的 $1/N$(N 为 10 左右),所以环路时间常数的最小值为

$$\tau_{min} = \frac{1}{\alpha_{max}} = \frac{\tau_0}{1 + G_{eMax}} = \frac{N}{\pi B} \tag{3.27}$$

式(3.26)表明,环路有效增益 G_e 越大,环路时间常数越小,收敛越快;但 G_e 不能大于 G_{eMax},否则容易引起系统的不稳定。G_e 由放大器增益 G、干扰功率 σ_J^2

等相乘得到，由于干扰功率 σ_J^2 未知且可能缓慢变化，因此放大器的增益 G 只能取较为保守的值。

对于干扰功率、干扰极化状态时变等更为复杂的情况，如果用数字迭代算法取代使用模拟电路的相关反馈环，则可以对环路中的增益进行更好的控制，以便在系统稳定性和收敛速度之间取到最佳值。

下面以干扰输出功率最小为准则，研究 APC 的数字迭代滤波算法。

3.2.1.1 迭代计算方法

极化对消的过程分两步：①只接收干扰信号，进行迭代计算，获得最佳权系数；②同时接收干扰和目标信号，用最佳权系数对辅助极化通道加权以对消主极化通道中的干扰。由于迭代过程时间很短，因此在实际应用中，这种“先迭代计算，再对消”的方法是可行的。

极化对消器以干扰输出功率最小为准则，其迭代过程如图 3.35 所示。

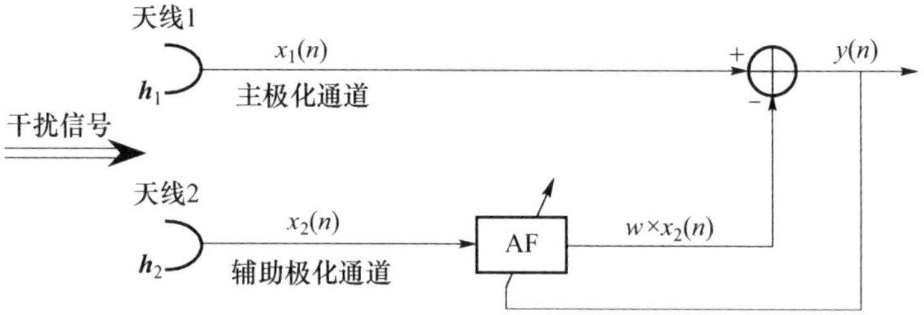

图 3.35　APC 权系数迭代过程

下面推导 APC 权系数的迭代公式。

天线 1 和天线 2 的极化状态用琼斯矢量表示为 $\boldsymbol{h}_1$ 和 $\boldsymbol{h}_2$，干扰信号极化状态琼斯矢量表示为 $\boldsymbol{h}_J$，干扰信号矢量表达式为 $\boldsymbol{h}_J \cdot J(n)$，平均功率为 P_J。

主极化通道和辅助极化通道的接收信号分别为

$$x_1(n)=\boldsymbol{h}_1^{\mathrm{T}}\boldsymbol{h}_J\cdot J(n)+n_1(n),\ x_2(n)=\boldsymbol{h}_2^{\mathrm{T}}\boldsymbol{h}_J\cdot J(n)+n_2(n) \quad (3.28)$$

式中：n 为第 n 个采样时刻；$n_1(n)$、$n_2(n)$ 分别为两极化通道的噪声信号，相互独立，且与干扰信号独立，平均功率均为 P_n。

输出信号为

$$y(n)=x_1(n)-w(n)\cdot x_2(n) \quad (3.29)$$

式中：$w(n)$ 为辅助通道权系数。

因为是以干扰输出功率最小为准则，故应使 $\xi=\mathrm{E}[y(t)y^*(t)]$ 最小（$\mathrm{E}[\cdot]$ 表示取数学期望，上标“*”表示共轭）。ξ 是权值 w 的函数，我们的目标是寻求 w 的最佳值 w_{opt} 以使 ξ 达到最小：$\xi(w)\big|_{w=w_{\mathrm{opt}}}=\xi_{\min}$。利用“最陡梯度”的思想：$\xi$

对 w 的梯度记为 $\nabla_w \xi$,负梯度方向 $-\nabla_w \xi$ 是 ξ 下降最快的方向,故可采用如下递推公式:

$$w(n+1) = w(n) - \mu \cdot \nabla_w \xi \tag{3.30}$$

式中:μ 为迭代因子,其大小决定收敛条件及收敛时间。

因 $\nabla_w \xi$ 难以得到,故采用梯度估计值 $\hat{\nabla}_w \xi$ 来代替,$\hat{\nabla}_w \xi = \nabla_w [y(n)y^*(n)]$。由输出信号表达式(3.28)可以得到(复量的导数和梯度定义见文献[8]附录)

$$\nabla_w [y(n)y^*(n)] = -2y(n)x_2^*(n) \tag{3.31}$$

代入式(3.30),可得最佳权值 w_{opt} 的近似迭代计算公式为

$$w(n+1) = w(n) + 2\mu \cdot y(n) \cdot x_2^*(n) \tag{3.32}$$

当满足一定条件时,终止迭代计算,按下式进行极化对消:

$$y(t) = x_1(t) - w_{\text{opt}} \cdot x_2(t) \tag{3.33}$$

式中

$$x_1(t) = \boldsymbol{h}_1^{\mathrm{T}} \boldsymbol{h}_s \cdot s(t) + \boldsymbol{h}_1^{\mathrm{T}} \boldsymbol{h}_{\mathrm{J}} \cdot J(t) + n_1(t)$$

$$x_2(t) = \boldsymbol{h}_2^{\mathrm{T}} \boldsymbol{h}_s \cdot s(t) + \boldsymbol{h}_2^{\mathrm{T}} \boldsymbol{h}_{\mathrm{J}} \cdot J(t) + n_2(t)$$

其中:$\boldsymbol{h}_s \cdot s(t)$ 为期望信号的矢量表示式。

3.2.1.2　性能分析

由上面可知,本节迭代算法是最陡梯度法的近似,即用梯度的实时估计值 $\hat{\nabla}_w \xi$ 代替梯度值 $\nabla_w \xi$,因此这里首先分析最陡梯度法的收敛性能,然后根据下面两个假定,进一步分析本文迭代算法的收敛性能。

假定 3.1　第 n 时刻采样与第 n 时刻以前的采样信号互不相关,即

$$\mathrm{E}[x_1(n)x_1^*(k)] = 0, \mathrm{E}[x_2(n)x_2^*(k)] = 0 \ (k < n) \tag{3.34}$$

假定 3.2　第 n 时刻辅助通道采样信号与第 n 时刻以前的主通道采样信号互不相关,即

$$\mathrm{E}[x_2(n)x_1^*(k)] = 0 \ (k < n) \tag{3.35}$$

由式(3.29),干扰输出平均功率为

$$\begin{aligned} \xi &= \mathrm{E}[y(n)y^*(n)] \\ &= |w|^2 \mathrm{E}[x_2(n)x_2^*(n)] + \mathrm{E}[x_1(n)x_1^*(n)] \\ &\quad - w^* \mathrm{E}[x_1(n)x_2^*(n)] - w\mathrm{E}[x_1^*(n)x_2(n)] \end{aligned} \tag{3.36}$$

其对 w 的梯度为(证明见文献[8]附录)

$$\nabla_w \xi = 2\mathrm{E}[x_2(n)x_2^*(n)]w - 2\mathrm{E}[x_1(n)x_2^*(n)] \tag{3.37}$$

令 $\nabla_w \xi = 0$ 可以得到最佳权系数为

$$w_{\text{opt}} = \frac{\mathrm{E}[x_1(n)x_2^*(n)]}{\mathrm{E}[x_2(n)x_2^*(n)]}$$

根据式(3.30)及式(3.37)得最陡下降法的迭代公式为

$$w(n+1) = \{1 - 2\mu\mathrm{E}[x_2(n)x_2^*(n)]\}w(n) + 2\mu\mathrm{E}[x_1(n)x_2^*(n)] \quad (3.38)$$

进一步可写为

$$w(n+1) - w_{\text{opt}} = \{1 - 2\mu\mathrm{E}[x_2(n)x_2^*(n)]\}(w(n) - w_{\text{opt}})$$

令 $v(n) = w(n) - w_{\text{opt}}$，称为加权误差，则式(3.38)变为

$$v(n) = \{1 - 2\mu\mathrm{E}[x_2(n)x_2^*(n)]\}^n v(0) \quad (3.39)$$

本节的迭代算法用式(3.32)的近似迭代公式代替了式(3.30)的理想迭代公式，相应地，加权误差记为 $\hat{v}(n)$，那么可以证明[7]，在满足假定3.1和假定3.2的情况下，$\hat{v}(n)$ 也满足式(3.39)。显然，μ 和辅助通道功率 $\mathrm{E}[x_2(n)x_2^*(n)]$ 共同决定了收敛条件和收敛速度。

根据式(3.28)，有

$$\mathrm{E}[x_2(n)x_2^*(n)] = |\boldsymbol{h}_2^{\mathrm{T}}\boldsymbol{h}_{\mathrm{J}}|^2 P_{\mathrm{J}} + P_n$$

由于

$$|\boldsymbol{h}_2^{\mathrm{T}}\boldsymbol{h}_{\mathrm{J}}|^2 \leqslant \|\boldsymbol{h}_2\|^2 \|\boldsymbol{h}_{\mathrm{J}}\|^2 = 1$$

所以根据式(3.39)得到算法的收敛条件为

$$0 < \mu < \frac{1}{P_{\mathrm{J}} + P_{\mathrm{n}}}$$

工程实际中，可以通过预估干扰功率来设定迭代因子 μ。由于在APC迭代滤波算法中用梯度估计值 $\hat{\boldsymbol{\nabla}}_w \xi$ 代替梯度 $\boldsymbol{\nabla}_w \xi$，并且干扰和噪声的非平稳起伏会造成环路的不稳定，因此迭代因子应满足

$$0 < \mu \ll \frac{1}{P_{\mathrm{J}} + P_{\mathrm{n}}} \quad (3.40)$$

此外，通常 $2\mu\mathrm{E}[x_2(n)x_2^*(n)]$ 取得足够小，因此，可以令

$$1 - 2\mu\mathrm{E}[x_2(n)x_2^*(n)] = \exp(-1/\tau) \quad (3.41)$$

于是式(3.39)可以表示为

$$v(n) = v(0)\exp(-n/\tau) \quad (3.42)$$

表明 $v(n)$ 近似按指数规律变化，其时间常数为

$$\tau = \frac{-1}{\ln(1 - 2\mu\mathrm{E}[x_2(n)x_2^*(n)])} \approx \frac{1}{2\mu\mathrm{E}[x_2(n)x_2^*(n)]} = \frac{1}{2\mu(|\boldsymbol{h}_2^{\mathrm{T}}\boldsymbol{h}_{\mathrm{J}}|^2 P_{\mathrm{J}} + P_{\mathrm{n}})} \quad (3.43)$$

式中：“≈”是在 $2\mu\mathrm{E}[x_2(n)x_2^*(n)]$ 取得足够小的情况下得到的。

时间常数 τ 反映了在采样数据不相关的情况下(假定 3.1 和假定 3.2)迭代算法的收敛速度,因此,实际的收敛时间是 $\tau \cdot t_S$,其中 t_S 为采样间隔。

下面研究提高收敛速度的预处理方法。

由式(3.43)可以看出,$\boldsymbol{h}_2$ 与 $\boldsymbol{h}_J$ 越接近匹配,时间常数越小,算法收敛得越快。当 $\boldsymbol{h}_2$ 与 $\boldsymbol{h}_J$ 完全匹配时($|\boldsymbol{h}_2^T\boldsymbol{h}_J|^2=1$),时间常数取最小值 $\tau_{\min}=\dfrac{1}{2\mu(P_J+P_n)}$;当 $\boldsymbol{h}_2$ 与 $\boldsymbol{h}_J$ 互为交叉极化时($|\boldsymbol{h}_2^T\boldsymbol{h}_J|^2=0$),时间常数达到最大值 $\tau_{\max}=\dfrac{1}{2\mu P_n}$。因此,必须避免 $\boldsymbol{h}_2$ 与 $\boldsymbol{h}_J$ 互为交叉极化的情况。

本书提出一种预处理方案:

(1) 令两天线极化正交($|\boldsymbol{h}_1^H\boldsymbol{h}_2|=0$),并分别接收,则两个通道的功率相加得到 P_J+2P_n 的估值,由于 P_n 可以大致估计,且影响较弱,故可通过式(3.40)确定迭代因子;

(2) 基于干扰功率远大于噪声功率的一般性假设,认为接收功率大的通道与干扰极化更匹配,因此将其作为辅助极化通道。(这里两个极化通道在构造上没有本质的差别,只有权系数固定与可调整的差别,故而可以方便地设定主、辅通道。)

容易证明,在最不利的情况下,即两通道接收功率相同($|\boldsymbol{h}_1^T\boldsymbol{h}_J|^2=|\boldsymbol{h}_2^T\boldsymbol{h}_J|^2=\dfrac{1}{2}$)时,对应最长收敛时间为 $\dfrac{1}{\mu P_J+2\mu P_n}$,这就避免了时间常数接近 $\tau_{\max}$ 的情况。含预处理过程的 APC 流程如图 3.36 所示。

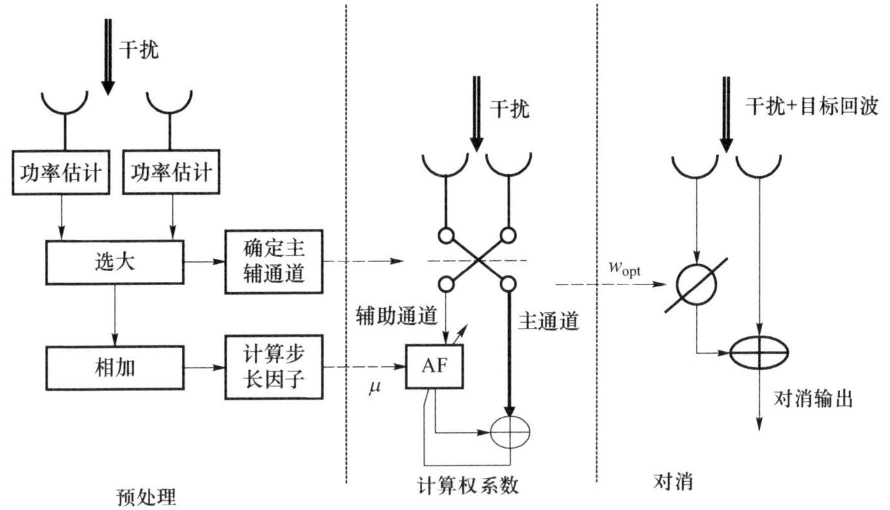

图 3.36　含预处理过程的 APC 工作流程

权系数达到最佳后，干扰输出为零，输出功率达最小值，根据式(3.28)和式(3.29)求得最小平均输出功率为

$$\xi_{\min}=\xi|w=w_{\text{opt}}=(1+|w_{\text{opt}}|^2)P_{\text{n}}$$

当 $E[w(n)]$ 收敛到 w_{opt} 后，由于 $w(n)$ 继续按式(3.32)迭代，所以 $w(n)$ 继续随机起伏，其起伏方差为(推导过程见文献[8]附录)

$$\delta_w^2=\frac{\mu\xi_{\min}}{1-\mu(|\boldsymbol{h}_2^{\text{T}}\boldsymbol{h}_{\text{J}}|^2P_{\text{J}}+P_{\text{n}})}\tag{3.44}$$

极化域构成一个二维复空间 C^2，任意多个极化状态的线性组合还是一个二维复矢量，自由度为1，因此，线性极化滤波器只能对消一个极化方向的干扰，相应地，极化滤波器也只需要两个极化通道。这与空域信号处理中的自适应旁瓣对消是不同的，自适应旁瓣对消理论中，M 个辅助天线可以对消 M 个方向的干扰。

APC 只有一个极化通道进行自适应加权，理论上只能对消一种极化状态的干扰，下面从理论上进行分析证明。

(1) 极化增益图。为了描述极化滤波器对入射信号极化的选择性，仿照空域处理中天线方向图的概念，提出“极化增益图”的概念。

APC 可以看成是一个由 $C^2\rightarrow C$ 的映射，即输入是二维矢量信号，而输出为该矢量信号两分量的加权和，是一个标量信号，用输出信号与输入信号的平均功率之比(欧几里得范数平方之比)来描述极化滤波器对入射信号极化的映射，即

$$\frac{E[\|S_{\text{o}}(n)\|_2^2]}{E[\|\boldsymbol{S}_{\text{i}}(n)\|_2^2]}=\frac{|\boldsymbol{h}_\Sigma^{\text{T}}\boldsymbol{h}|^2P_{\text{i}}}{|\boldsymbol{h}_{\text{J}}^{\text{H}}\boldsymbol{h}_{\text{J}}|^2P_{\text{i}}}=|\boldsymbol{h}_\Sigma^{\text{T}}\boldsymbol{h}_{\text{J}}|^2\tag{3.45}$$

式中：$\boldsymbol{S}_{\text{i}}(n)=\boldsymbol{h}_{\text{J}}\cdot s(n)\in C^2$ 为入射干扰信号，$\boldsymbol{h}_{\text{J}}$ 为其归一化琼斯矢量；P_{i} 为入射干扰信号的功率；$S_{\text{o}}(n)$ 为输出信号，$S_{\text{o}}(n)=\boldsymbol{h}_\Sigma^{\text{T}}\cdot\boldsymbol{S}_{\text{i}}(n)\in C$；$\boldsymbol{h}_\Sigma$ 为极化滤波器输出极化矢量。

APC 主极化通道权系数固定，辅助极化通道自适应加权，其输出极化琼斯矢量为 $\boldsymbol{h}_\Sigma^{(\text{p})}=\boldsymbol{h}_1-w\boldsymbol{h}_2$。式(3.45)表示极化滤波器的效率是入射干扰信号极化 $\boldsymbol{h}_{\text{J}}(\gamma,\varphi)=[\cos\gamma,\sin\gamma e^{\text{j}\phi}]^{\text{T}}$ 的函数($\gamma\in\left[0,\frac{\pi}{2}\right]$，$\varphi\in[0.2\pi]$ 称为波的极化相位描述子[5])，将其重记为 $F_{\text{p}}(\gamma,\phi)=|\boldsymbol{h}_\Sigma^{\text{T}}\boldsymbol{h}_{\text{J}}(\gamma,\varphi)|^2$。将 $F_{\text{p}}(\gamma,\phi)$ 称为“极化增益图”函数，它是干扰来波极化状态 $\boldsymbol{h}_{\text{J}}(\gamma,\phi)$ 的函数，反映了极化滤波器对来波极化的选择性。

(2) 多个极化干扰情况下，极化滤波器的收敛结果。假设入射两个独立、极化状态不同的极化干扰为 $\boldsymbol{h}_{\text{J1}}\cdot J_1(n)$ 和 $\boldsymbol{h}_{\text{J2}}\cdot J_2(n)$，$\boldsymbol{h}_{\text{J1}}$、$\boldsymbol{h}_{\text{J2}}$ 和 $J_1(n)$、$J_2(n)$ 分别为其琼斯矢量和波形，功率均为 P_{J}。通过极化滤波器后的输出为

$$y(n)=\boldsymbol{h}_{\Sigma}^{\mathrm{T}}\cdot\boldsymbol{h}_{\mathrm{J1}}J_1(n)+\boldsymbol{h}_{\Sigma}^{\mathrm{T}}\cdot\boldsymbol{h}_{\mathrm{J2}}J_2(n)+r(n) \tag{3.46}$$

式中:$r(n)$为通道噪声,功率为 P_{n},与干扰独立。

如前所述,以输出干扰功率最小为准则,即要求(干扰、噪声独立):

$$\mathrm{E}[y(n)y^*(n)]=|\boldsymbol{h}_{\Sigma}^{\mathrm{T}}\cdot\boldsymbol{h}_{\mathrm{J1}}|^2P_{\mathrm{J}}+|\boldsymbol{h}_{\Sigma}^{\mathrm{T}}\cdot\boldsymbol{h}_{\mathrm{J2}}|^2P_{\mathrm{J}}+P_{\mathrm{n}}\to 0 \tag{3.47}$$

当干扰功率远大于通道噪声功率时(通常情况是这样的),$P_{\mathrm{J}}>>P_{\mathrm{n}}$,可以把式(3.47)近似写为$\begin{cases}\boldsymbol{h}_{\Sigma}^{\mathrm{T}}\cdot\boldsymbol{h}_{\mathrm{J1}}=0\\ \boldsymbol{h}_{\Sigma}^{\mathrm{T}}\cdot\boldsymbol{h}_{\mathrm{J2}}=0\end{cases}$

根据前面的结论,该线性方程组为

$$\begin{cases}\boldsymbol{h}_1^{\mathrm{T}}\boldsymbol{h}_{\mathrm{J1}}-w\boldsymbol{h}_2^{\mathrm{T}}\boldsymbol{h}_{\mathrm{J1}}=0\\ \boldsymbol{h}_1^{\mathrm{T}}\boldsymbol{h}_{\mathrm{J2}}-w\boldsymbol{h}_2^{\mathrm{T}}\boldsymbol{h}_{\mathrm{J2}}=0\end{cases} \tag{3.48}$$

令

$$\boldsymbol{A}=\begin{bmatrix}\boldsymbol{h}_1^{\mathrm{T}}\boldsymbol{h}_{\mathrm{J1}} & \boldsymbol{h}_2^{\mathrm{T}}\boldsymbol{h}_{\mathrm{J1}}\\ \boldsymbol{h}_1^{\mathrm{T}}\boldsymbol{h}_{\mathrm{J2}} & \boldsymbol{h}_2^{\mathrm{T}}\boldsymbol{h}_{\mathrm{J2}}\end{bmatrix}$$

为方程组的系数矩阵。

由方程组(3.48),在 $\boldsymbol{h}_{\mathrm{J1}}\neq\boldsymbol{h}_{\mathrm{J2}}$ 的情况下无解,即没有权系数 w 能满足条件,仿真表明,权系数迭代中,w 不会收敛于其中任何一个方程的解,而是在两个解之间徘徊。因此,APC 不能同时对消两个或两个以上的干扰。

3.2.1.3 仿真实验分析

首先在单个极化干扰的情况下,验证 APC 迭代算法的对消性能和收敛性能。

期望信号为频率 50kHz 的正弦波信号,幅度为 0.1μV,信干比为 -40dB,信噪比为 -10dB;干扰及接收机噪声带宽为 1MHz ,采样率为 1MHz,采样点数为 10000;期望信号极化相位描述子为(72°,72°),干扰为(22.5°,324°),天线 1 为垂直极化接收,天线 2 为水平极化接收,由预处理选择天线 2 作为辅助极化通道,其权系数初值设为 0,迭代因子 $\mu=\dfrac{0.1}{(P_{\mathrm{J}}+P_{\mathrm{n}})}$。

图 3.37(a)为对消前的极化增益图,可见对干扰的极化增益较大;图 3.37 (b)为利用最佳权系数对消后的极化增益图,显见极化增益图的波谷位置已经移至干扰处。

根据式(3.44),可得达到稳态后权系数起伏标准差 $\delta_w=0.011$,若以 $|v(n)|<\delta_w$ 为权系数收敛标志,则按照式(3.42),需要的迭代次数为 20 次。图 3.38 为权系数误差模值 $|v(n)|$ 的收敛曲线,蒙特卡罗仿真次数为 100 次,从图

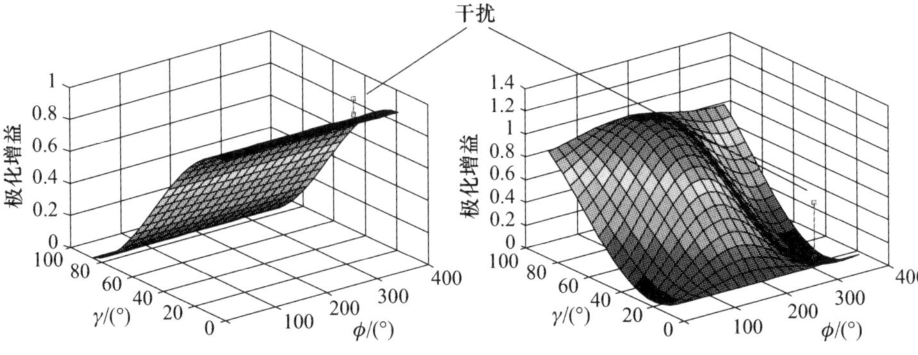

(a) 对消前　　(b) 对消后

图 3.37　APC 对消前后的极化增益图

中看出，当采样率取 0.5MHz 时，由于满足采样数据不相关的要求，达到收敛标志的平均迭代次数也为 20 次；当采样率取 5MHz 时，由于采样率大于干扰信号带宽，因此采样数据相关，此时平均迭代次数要大于理论值，为 27 次。

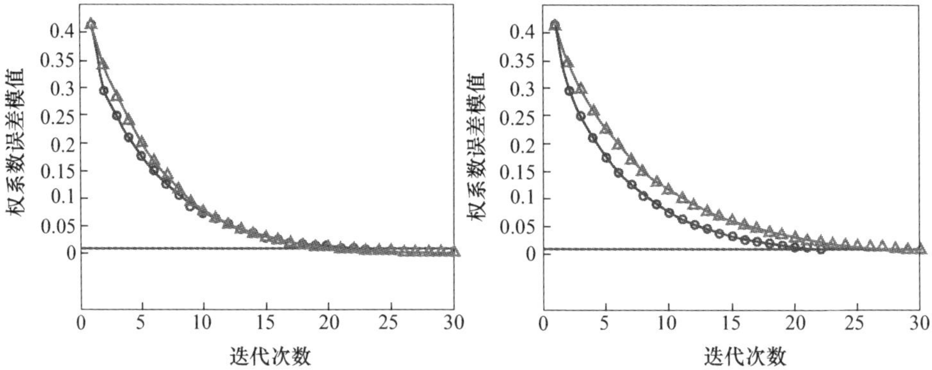

(a) 采样率为0.5MHz　　(b) 采样率为5MHz

图 3.38　APC 权系数迭代过程

注：○—理论值；Δ—仿真值

图 3.39 为对消前后信号频谱，由于干扰被对消，目标信号频谱显现出来（输出信号信噪比仍然很小，所以这里在频域表示对消效果）。

下面分析多个极化干扰同时存在的情况下 APC 的性能。增加一个干扰，称为干扰 2，与原干扰（干扰 1）独立，极化为（67.5°，144°），其他设置同上。

图 3.40（a）为 APC 对消后的极化增益图，从图上看出，APC 不能将两个干扰同时对消。

由上述实验及分析可以看出，以干扰输出功率最小为准则的 APC 迭代滤波

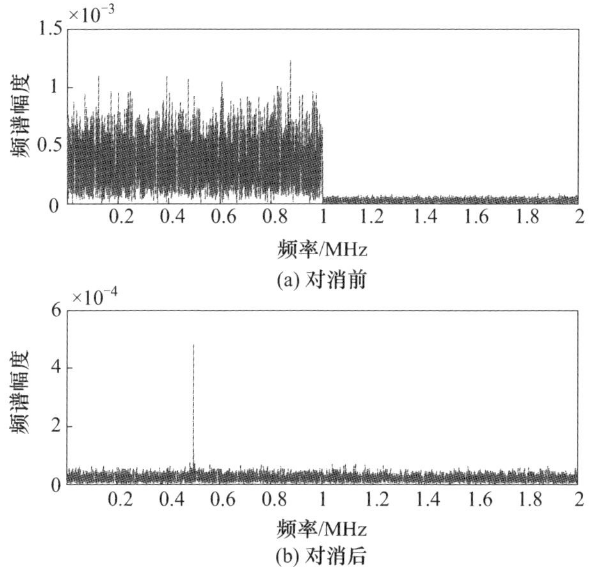

图 3.39　APC 对消前后信号频谱

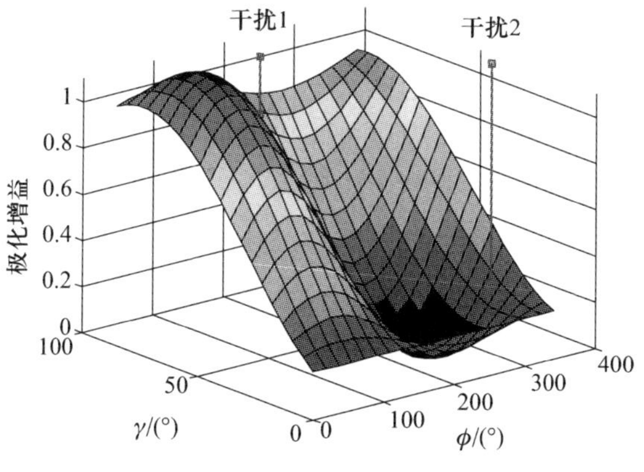

图 3.40　极化滤波处理后的极化增益图（两个极化干扰）

算法，对单极化干扰具有稳定、良好的对消性能，能快速地实现自适应干扰极化对消。当多个极化干扰同时存在时，由于极化滤波器的固有限制，算法无法同时对消更多的干扰。

可以利用极化增益图理解极化滤波器的性能：极化波束只有一个波峰和一个波谷，通过多个极化线性加权也不能使之变窄或得到多个零点，因而难以对消多个极化干扰。特别地，当目标、干扰在同一个极化“方向”或很靠近时，极化对消器也将会把目标对消。

3.2.2 极化对消系数的直接计算方法

3.2.1 节介绍了极化对消器的迭代计算方法,该算法中步长因子 μ 的选取存在一定的难度,工程中常利用干扰和噪声功率预估的方法加以设定,然而在实际应用中发现,μ 值的选取会对迭代收敛速度和对消前后的抑制效果产生较大影响。

3.2.2.1 基本原理

为解决上述工程中遇到的实际问题,我们应用极化聚类中心思想设计了一种脉内快速自适应极化滤波器(FAPF),该方法通过对接收信号的极化矢量采取时间统计平均以及极化变换的方式替代了现有 APC 算法的权系数迭代计算过程,从而能够快速地寻找到最佳接收极化,由于最佳极化的计算过程中避免了由步长因子选取带来的性能损失,因此具有更为稳定的滤波性能。

FAPF 方法的处理流程(图 3.41):首先选取单个脉冲回波中干扰信号较纯净的部分,如对于低重频体制雷达,为消除杂波影响可对每个脉冲重复周期末尾段信号进行截取采样,如图 3.41 中颜色较深的距离单元;然后,通过计算其时域极化聚类中心,估计干扰极化,再根据最优极化接收理论获取通道加权系数;最后,利用获取的加权系数,对正交极化通道内全距离段回波加权求和后输出滤波结果。该方法能够实现脉冲间的极化捷变,不仅能够随干扰极化状态的改变而自适应调整接收极化,实现干扰抑制,而且无须考虑迭代步长因子选取问题。下面给出 FAPF 方法的详细滤波原理。

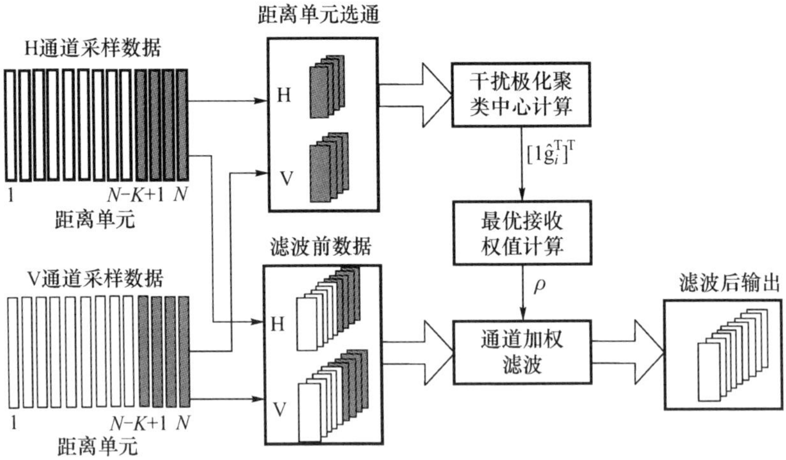

图 3.41 快速自适应极化滤波器处理流程

首先,假设每段脉冲重复周期内采集 N 个样本,截取末尾距离段第 $N-K+1$

到第 N 个采样点实现距离单元选通。压制式噪声干扰通常认为是连续存在于脉冲重复周期内的全部距离段，受到雷达威力的影响，可以认为远距离段的目标回波强度远低于干扰信号，进一步假设压制干扰信号功率远大于通道噪声功率，此时用于干扰极化琼斯矢量的估计值 $\hat{\boldsymbol{i}}(n)=[\hat{i}_{\mathrm{H}}(n),\hat{i}_{\mathrm{V}}(n)]^{\mathrm{T}}$，可用通道接收信号的观测矢量 $x(n)$ 近似。代入可以得到干扰信号的瞬时极化斯托克斯矢量估计为

$$\boldsymbol{g}_{\hat{i}}(n)=\boldsymbol{R}\hat{i}(n)\otimes\hat{\boldsymbol{i}}^{*}(n)=\begin{bmatrix}g_{\hat{i}0}(n)\\g_{\hat{i}1}(n)\\g_{\hat{i}2}(n)\\g_{\hat{i}3}(n)\end{bmatrix}\quad(n=N-K+1,N-K+2,\cdots,N)\tag{3.49}$$

则干扰极化的斯托克斯子矢量估计值为

$$\boldsymbol{j}_{\hat{i}}(n)=[g_{\hat{i}1}(n),g_{\hat{i}2}(n),g_{\hat{i}3}(n)]^{\mathrm{T}}$$

由于在实际系统中不可避免地会受到通道热噪声以及空间电磁环境噪声的影响，引起接收信号极化状态的起伏，造成其在极化球上成一定的分布态势，通过样本平均处理，即计算时域极化聚类中心的方式，可以减小由于噪声等不确定因素造成的极化估计偏差。这里通过采用时间平均代替集合平均的方法获得时域加权极化聚类中心，可以分别得到干扰估计极化的归一化瞬时斯托克斯子矢量和干扰估计极化的聚类中心分别为

$$\tilde{\boldsymbol{j}}_{\hat{i}}(n)=\frac{\boldsymbol{j}_{\hat{i}}(n)}{g_{\hat{i}0}(n)}\tag{3.50}$$

$$\boldsymbol{J}_{\hat{i}}=\frac{1}{K}\sum_{n=N-K+1}^{N}\tilde{\boldsymbol{j}}_{\hat{i}}(n)\tag{3.51}$$

用于估计干扰极化状态的样本数 K，会影响干扰极化聚类中心的估计精度，进而影响极化滤波器的干扰抑制性能。由关于极化度统计特性的研究结论表明，电磁波极化估计值的 PDF 与电磁波真实的极化度以及估计样本数有关，并且对样本极化估计值的置信区间可通过样本数量的取值加以控制[6]。一般来讲，在干扰源状态不变的情况下，即电磁波真实极化度固定，样本数越大，干扰极化估计值能够替代其真实极化的置信区间越窄，其估计的精度也就越高。然而由于采用脉内极化滤波方式，用于估计干扰极化的采样距离段将无法探测目标，样本数取值越大，雷达在采用该种抗干扰模式下可探测目标的距离就会相应缩短，因此在实际工程中应折中考虑极化估计精度和所能承受的雷达威力的损失。

在得到干扰极化的最佳估计之后，只需要通过计算最优接收极化即可完成

极化滤波器的设计工作。在目标回波极化未知且难以估计的情况下，以干扰功率输出最小为原则，设计最优极化接收滤波器，设雷达天线的接收极化斯托克斯矢量为

$$\boldsymbol{g}_{\mathrm{r}}=[1,\boldsymbol{j}_{\mathrm{r}}^{\mathrm{T}}]^{\mathrm{T}} \tag{3.52}$$

式中：$\boldsymbol{j}_{\mathrm{r}}=[g_{\mathrm{r1}},g_{\mathrm{r2}},g_{\mathrm{r3}}]^{\mathrm{T}}$。

为保证雷达天线在接收时不改变信号的强度，限制表示天线接收增益的量 $g_{\mathrm{r0}}=1$。于是根据极化接收理论，雷达收到的干扰信号平均功率可表示为

$$P_{\mathrm{r}}=\frac{\boldsymbol{j}_{\mathrm{r}}\boldsymbol{U}_3\boldsymbol{J}_{\hat{i}}}{2} \tag{3.53}$$

式中：$U_3=\mathrm{diag}\{1,1,-1\}$，diag 表示对角线矩阵；$\boldsymbol{J}_{\hat{i}}$ 为干扰极化聚类中心估计量。

为使干扰功率输出最小，获取接收天线最佳极化等价于求解以下目标函数的最优化问题，即

$$\begin{cases}\min(P_{\mathrm{r}})\equiv\min\limits_{j_{\mathrm{r}}}(\boldsymbol{j}_{\mathrm{r}}^{\mathrm{T}}\mathrm{diag}\{1,1,-1\}\boldsymbol{J}_{\hat{i}})\\ \text{s. t.}\quad \|j_{\mathrm{r}}\|=1\end{cases} \tag{3.54}$$

根据矩阵理论可以得出接收天线最佳接收极化斯托克斯子矢量为

$$\boldsymbol{j}_{\mathrm{ropt}}=-\frac{\mathrm{diag}\{1,1,-1\}\boldsymbol{J}_{\hat{i}}}{\|\mathrm{diag}\{1,1,-1\}\boldsymbol{J}_{\hat{i}}\|}=-\frac{1}{\|\boldsymbol{J}_{\hat{i}}\|}\begin{bmatrix}g_{\hat{i}1}\\ g_{\hat{i}2}\\ -g_{\hat{i}3}\end{bmatrix} \tag{3.55}$$

通过水平极化基和垂直极化基下的极化比与斯托克斯矢量之间的转换关系[8]，得到用于对 V 通道加权的最优权值为

$$\rho=\frac{-g_{\hat{i}2}+jg_{\hat{i}3}}{\|\boldsymbol{J}_{\hat{i}}\|-g_{\hat{i}1}} \tag{3.56}$$

利用该权值对双极化通道接收到的全部距离段信号做归一化加权处理，得到最终滤波输出为

$$\begin{aligned}y(n)&=\frac{1}{\sqrt{1+\rho^2}}\boldsymbol{x}^{\mathrm{T}}(n)\cdot\begin{bmatrix}1\\ \rho\end{bmatrix}\\ &=\frac{x_{\mathrm{H}}(n)+\rho x_{\mathrm{V}}(n)}{\sqrt{1+\rho^2}}\quad(n=1,2,\cdots,N)\end{aligned} \tag{3.57}$$

FAPF 方法对干扰极化估计所需样本量更少，耗时更短，更易于实现逐个脉冲内的极化滤波。这是源于 FAPF 方法对干扰极化的估计是通过直接计算干扰

极化聚类中心，而普通 APC 方法则是对干扰样本执行顺序迭代计算直至权系数收敛，因此将能够有效节省样本数量和计算时间。此外，FAPF 方法通过对干扰极化聚类中心的估计，避免了 APC 方法中迭代因子选取困难的问题，使得其滤波性能不受参数选取的影响而仅与干扰本身的极化度有关。下面通过主瓣干扰极化抑制仿真实验，进一步对比两类极化滤波方法的干扰抑制性能。

3.2.2.2　仿真实验与性能比较

为比较迭代计算和直接计算的极化对消器的主瓣干扰抑制性能，我们模拟了极化雷达天线主瓣方向受到有源压制干扰时的目标探测过程，设定仿真参数如表 3.3 所列。

表 3.3　抗主瓣干扰仿真参数设置

仿真参数	取值
中心频率/MHz	990
信号样式	非线性调频信号
脉冲宽度/μs	300
信号带宽/MHz	1.2
接收机采样频率/MHz	2
脉冲重复周期/ms	2.5
模拟目标距离/km	100
目标极化	135°线极化
干扰极化	右旋椭圆极化
干扰噪声功率比/dB	30
信号噪声功率比/dB	20

假设雷达工作于 UHF 波段，中心频率为 990MHz，发射的信号类型为非线性调频信号。为便于数字仿真，利用表 3.3 中仿真参数直接产生接收机下变频后的干扰、目标及通道噪声的混合视频信号，经匹配滤波处理后再分别通过 APC 和 FAPF 滤波器滤波，最终比较两种滤波输出的干扰抑制性能，具体仿真处理流程如图 3.42 所示。

对于仿真结果，首先给出最为直观时域滤波结果对比，如图 3.43 所示，该图给出了雷达一个重复周期内回波信号经极化滤波处理前后的仿真结果。图 3.43(a)、(b)为脉冲压缩后极化滤波前的水平通道和垂直通道的回波，从中不难看出，未经过极化滤波的水平通道和垂直通道信号，由于受到较强的主瓣压制干扰影响，即使经过脉压处理仍无法发现目标信号，目标回波所在位置已在图中标出。而经极化滤波处理后，图 3.43(c)对应 APC 处理结果，而图 3.43(d)则对

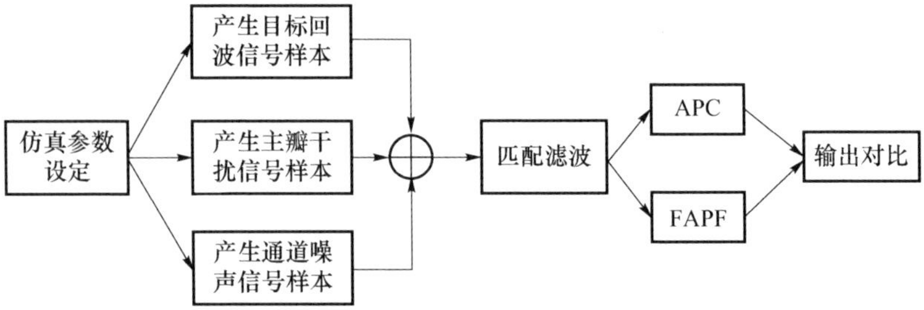

图 3.42　主瓣干扰抑制仿真实验流程

应 FAPF 处理结果,不难看出干扰信号均能够得到有效抑制,此时目标回波得以显现,经统计干扰信号功率降低约 29dB。因此,首先可以证明,极化滤波算法的确能够在单个脉冲重复周期内完成对主瓣有源压制干扰的有效抑制。但从干扰抑制性能上,通过对比图 3.43(c)和图 3.43(d)可初步感知到 FAPF 的抑制效果略优于 APC 方法。下面将对两种极化滤波器的性能做更为深入的对比分析。

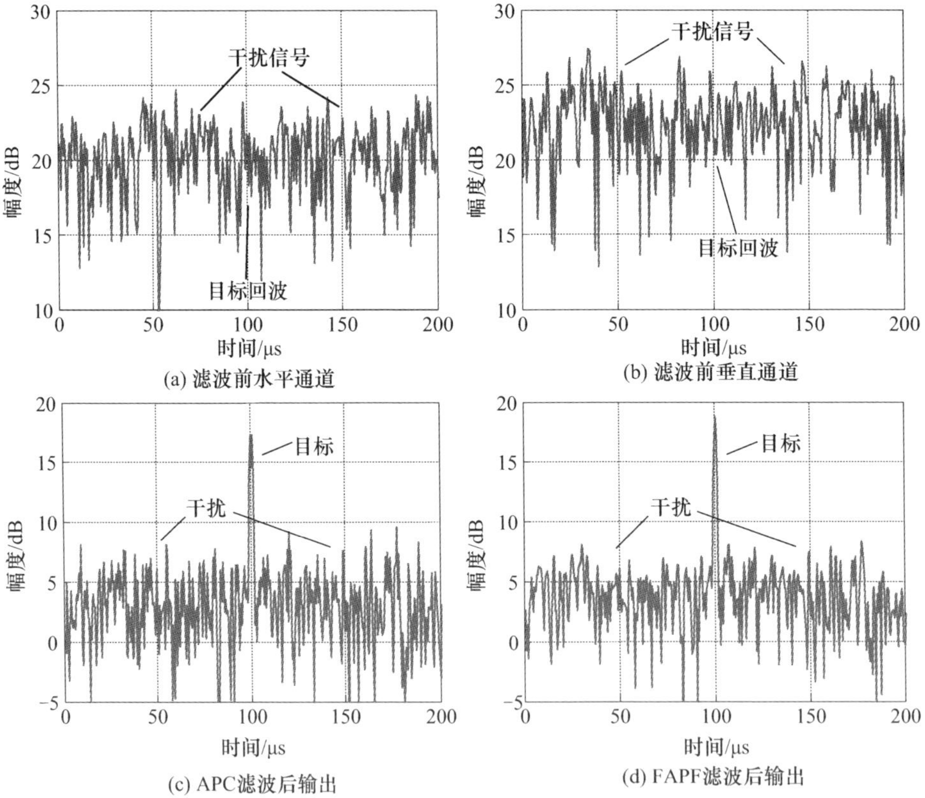

图 3.43　主瓣干扰极化滤波前后的回波信号

仍采用表 3.3 和图 3.42 建立的仿真条件，根据前面给出的极化滤波器设计流程可知，传统 APC 滤波器在迭代计算加权系数前需要选定迭代步长因子μ，理论分析结论给出了迭代过程收敛所需满足的条件，即$0<\mu \ll 1/(P_i+P_n)$，因此考虑通过设定不同的满足收敛条件的步长因子来观察 APC 方法下干扰信号的抑制性能。为便于计量，定义步长尺度因子 $mu=\mu(P_i+P_n)$，即步长因子与干扰加噪声功率的乘积。图 3.44 给出了 APC 滤波抑制过程受步长尺度因子选取的影响。

图 3.44(a)为分别采用三种步长尺度因子时的 APC 权系数的收敛过程，横坐标为迭代过程使用的样本数所对应的时间，纵轴为计算出的权系数模值。由图 3.44(a)可以看出，步长因子选取不同，权系数收敛过程及收敛后的效果均有差别，表现在步长因子越小，收敛速度越慢，但收敛后的稳定性越好，如 mu = 0.001 对应的星画线所示；反之步长因子取值越大，如 mu = 0.1 对应的实线所示，迭代收敛速度明显变快，但收敛后权值起伏严重。

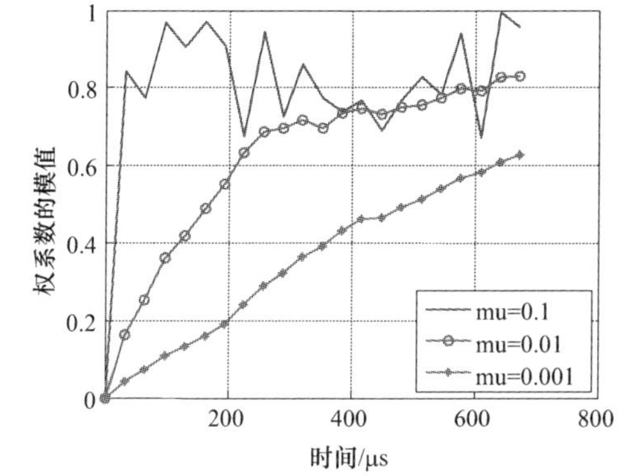

(a) APC权系数收敛过程

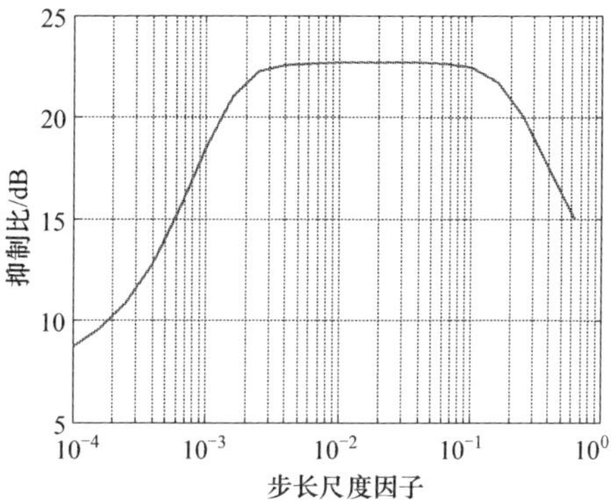

(b) 干扰抑制比随步长因子的变化

图 3.44 APC 迭代步长因子对滤波器性能的影响

对消前后干扰抑制比随 mu 值的变化关系如图 3.44(b)所示。在实际工程中，由于目标极化难以先验获取，经常用于表述极化滤波器干扰抑制性能的参量为干扰抑制比，其定义为干扰信号输入功率与经极化滤波器处理后剩余功率的比值，即

$$\gamma=\frac{P_i}{P_i^0} \tag{3.58}$$

式中：P_i 为进入雷达接收机的干扰信号功率；P_i^0 为极化滤波后输出干扰信号残留功率。

图 3.44(b)以步长尺度因子为坐标横轴，纵轴则表示滤波前后的干扰极化抑制比。由该图可见，APC 算法对干扰的抑制效果受步长因子影响较大，只有当 $0.1>mu>0.0025$ 时，对消前后的干扰抑制比性能较好，位于其他取值范围

时，性能下降严重。综合图 3.44(a)、(b)可见，当步长因子较大时，权值收敛所需时间减小，但同时收敛后的权系数起伏较大，权值的起伏造成了对消前后干扰抑制比性能的下降；而当步长因子较小时，权值起伏变小，但由于收敛时间不足，未能达到最佳权值，从而也会造成对消效果变差。由此可以看出，传统 APC 算法的确会受到迭代步长因子取值的影响。此外，在实际应用中发现，步长因子的选取很难实现自适应，即一旦干扰极化发生改变后，只能通过重新对雷达装定步长因子参数予以应对，否则可能会造成抗干扰性能的严重下降，而这一重新装定过程显然难以适应当前快速多变的电子干扰。

就本书提出的 FAPF 滤波方法，首先将其滤波处理结果与 APC 方法的处理结果做干扰抑制性能上的对比，仿真中，固定目标极化不变，遍历干扰极化，这里定义目标与干扰极化的夹角为两者归一化极化斯托克斯矢量在庞加莱球上的球心角，可表示为

$$\theta = \arccos\left(\frac{\boldsymbol{j}_{\mathrm{i}} \cdot \boldsymbol{j}_{\mathrm{s}}}{\|\boldsymbol{j}_{\mathrm{i}}\| \ \|\boldsymbol{j}_{\mathrm{s}}\|}\right) \tag{3.59}$$

式中：$\boldsymbol{j}_{\mathrm{i}}$、$\boldsymbol{j}_{\mathrm{s}}$分别为干扰和目标的极化斯托克斯子矢量。

图 3.45 给出了两种滤波器干扰抑制性能对比，其中图 3.45(a)给出了输出信干噪比随目标干扰极化夹角的变化关系，信干噪比定义为滤波器输出信号功率与干扰噪声功率的比值，即

$$\mathrm{SINR} = \frac{P_{\mathrm{s}}^{0}}{P_{\mathrm{i}}^{0} + P_{\mathrm{n}}^{0}} \tag{3.60}$$

式中：P_{s}^{0}、P_{i}^{0}、P_{n}^{0} 分别为极化滤波后目标信号、干扰信号、接收机噪声的功率。

仿真中通过遍历干扰极化状态的设置，统计每一种不同干扰及目标极化组合下两类滤波器的输出 SINR，从而绘制出该图，图中横轴为极化夹角，纵轴为滤波处理后的输出 SINR，实线对应传统 APC 滤波方法，星画线代表新提出 FAPF 处理结果，如该图所示目标与干扰极化越接近，极化角度差越小，无论是 FAPF 还是 APC 滤波器的滤波性能都会变差，这是由于目标与干扰的极化状态接近，因此在滤除干扰的同时对于目标的损耗也较大。然而，FAPF 方法与 APC 方法相比在信干噪比改善上始终约有 1dB 的提升。这主要是因为 APC 方法在迭代收敛过程中，受步长因子选取的影响，在有限样本条件下，权值未能收敛至最优值，存在干扰对消剩余。相比而言，FAPF 算法是对干扰信号极化聚类中心的最优估计，其估计精度只与干扰信号真实极化度有关，不存在迭代因子选取问题，因此能够达到干扰抑制的最佳性能。

图 3.45(b)给出了分别采用两种方法后，干扰抑制比同干扰极化状态的关系曲面，这里干扰极化状态由极化相位描述子(γ,φ)表征，十扰抑制比定义为极

化滤波器输入和输出干扰功率的比值。由此图可见,两种滤波方法均能够获得 28.5dB 以上的干扰抑制效果,但在任意干扰极化状态下本书所提 FAPF 方法与 APC 算法相比,干扰抑制性能均有提升,特别是在干扰极化接近水平($\gamma=0°$)或垂直极化($\gamma=90°$)时,由于存在某一极化通道干扰信号的干噪比较低的情形,利用 APC 方法时主通道的极化特性变差,受步长因子的影响,其对消剩余增大;而 FAPF 方法由于综合考虑两个通道来估计平均干扰极化状态,因此其干扰抑制比性能受影响较小。

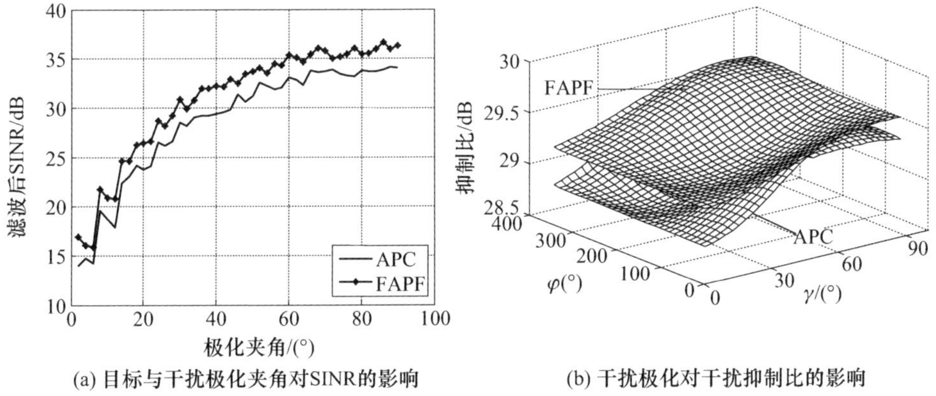

图 3.45　滤波器干扰抑制性能对比

以上对比了两类滤波器总的干扰抑制性能,接着给出滤波速度和滤波后稳定性的对比分析。再次保持目标和干扰极化固定不变,仿真参数设置仍如表 3.3所列,参考图 3.42 的仿真方法,考虑权值计算时间(APC 方法为权值迭代收敛时间)对滤波后干扰抑制比性能的影响,设定权值计算时间为 1 ~ 250μs,改变干扰噪声功率比(简称干噪比)的设定,分别取 20dB、40dB 和 60dB,通过仿真给出了上述条件下两类滤波器干扰抑制收敛性能的对比,如图 3.46 所示,横轴为权值计算使用的样本所对应的时间,纵轴为干扰抑制比。由图可以看出,随着干噪比设定值的增大,干扰信号功率抑制比相应增加,这是由于干噪比越大使得混合接收干扰信号极化度越高,相应的干扰抑制越明显。从权值计算过程来看,采用 APC 算法时(如图中星画线所示),迭代获取最优权值的收敛时间在干噪比为 20dB、40dB 和 60dB 时分别需要 75μs、150μs 和 250μs,并且随着干噪比增大收敛所需时间越长,然而 FAPF 算法(对应图中实线)随干噪比设定的改变,几乎不会影响权值计算时间,且明显比 APC 算法更快获得最优滤波效果,因此从滤波效率的角度,FAPF 算法要优于传统 APC 算法。

综合仿真实验结果可知,通过对干扰极化聚类中心的快速估计,取代了传统 APC 方法的顺序迭代计算过程,也避免了迭代因子难以自适应选取的问题,

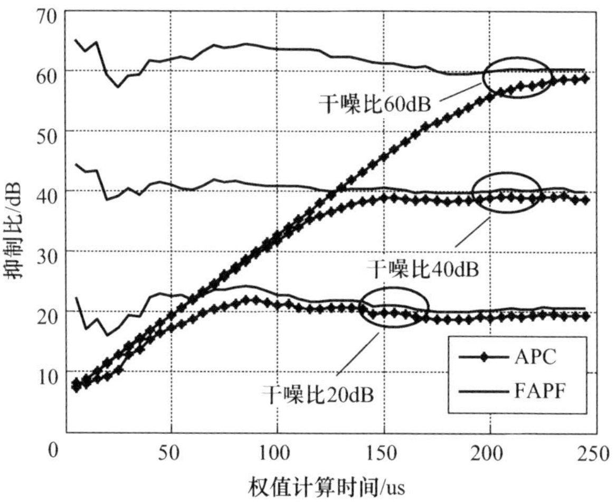

图 3.46　极化滤波器权值收敛性能对比

FAPF 算法在有效抑制有源压制干扰同时,缩短了滤波权系数计算时间,提高了滤波器抗干扰性能的稳定性。就 FAPF 算法的性能而言,其干扰抑制性能主要取决于干扰极化状态的估计精度。

3.3　主旁瓣同时干扰的主辅阵联合极化滤波

3.2 节研究了主瓣干扰的极化对消技术,而当雷达主瓣和旁瓣同时存在压制性干扰时,极化对消等极化域滤波以及旁瓣对消等空域滤波技术都无法同时抑制主瓣干扰和旁瓣干扰。

针对上述情况,本节提出了一种双极化主辅阵天线阵列构型,设计了主辅阵联合极化滤波(MAJPF)方法,能够有效地抑制主旁瓣同时干扰。

下面结合极化阵列设计,首先给出主旁瓣多点源干扰场景下雷达信号模型,然后分别介绍主辅阵联合极化滤波的迭代计算方法和协方差估计方法。

3.3.1　双极化主辅阵构型及信号模型

假设雷达在目标探测过程中,受到同频段 K 个干扰源的干扰,同时假设待探测目标与第 k 个干扰源同时位于雷达主波束照射范围内,图 3.47 给出了该场景的示意图。

旁瓣对消(SLC)作为对抗支援式干扰的有效手段,最早出现于 20 世纪 50 年代,其通过增加辅助天线和辅助通道的方法,按照干扰输出功率最小的原则进行加权系数的计算,利用辅助通道信号加权对消主通道中的干扰信号,实现旁瓣干扰的抑制[6]。

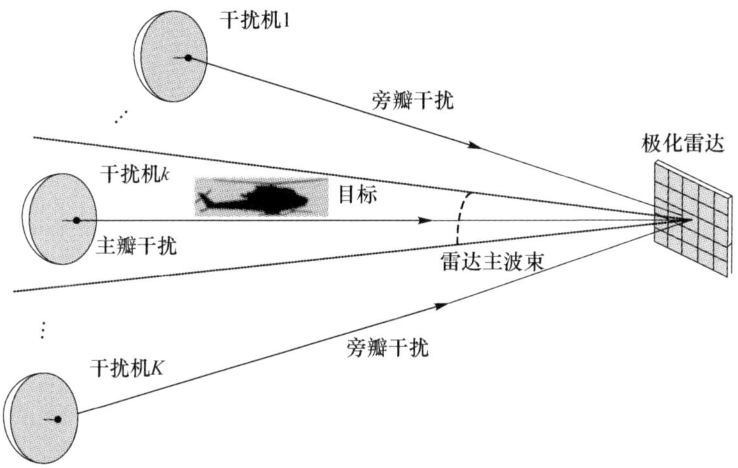

图 3.47 主旁瓣多点源干扰场景示意图

图 3.48 给出了一种典型的单极化阵列雷达中 SLC 技术的实现,其选取阵列中部分阵元作为辅助天线。

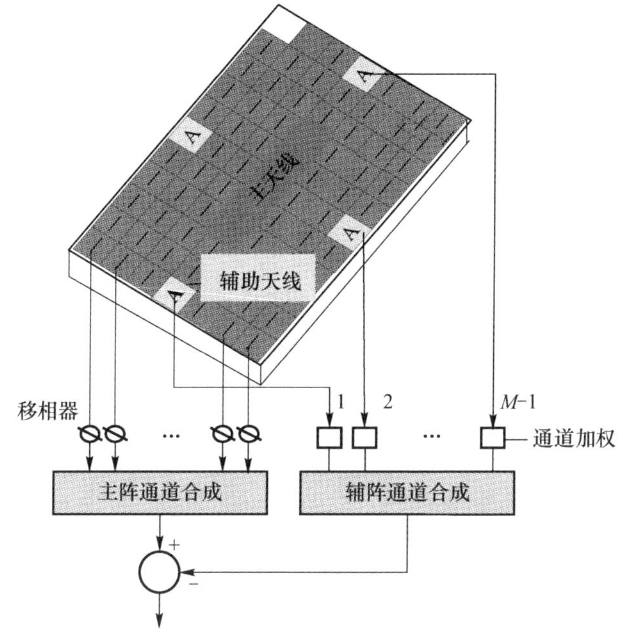

图 3.48 单极化阵列天线 SLC

然而,当干扰信号位于主瓣内时,SLC 会在主瓣内形成等效凹口,导致目标回波信号也被严重衰减。为了解决主旁瓣同时存在干扰的情形,在极化阵列基础上给出一种新的主辅阵极化阵列天线构型,如图 3.49 所示。每个阵元由一组正交双极化偶极子构成，A 代表所选取的辅助天线阵元，假设共 M 个，其余阵元构成主阵。

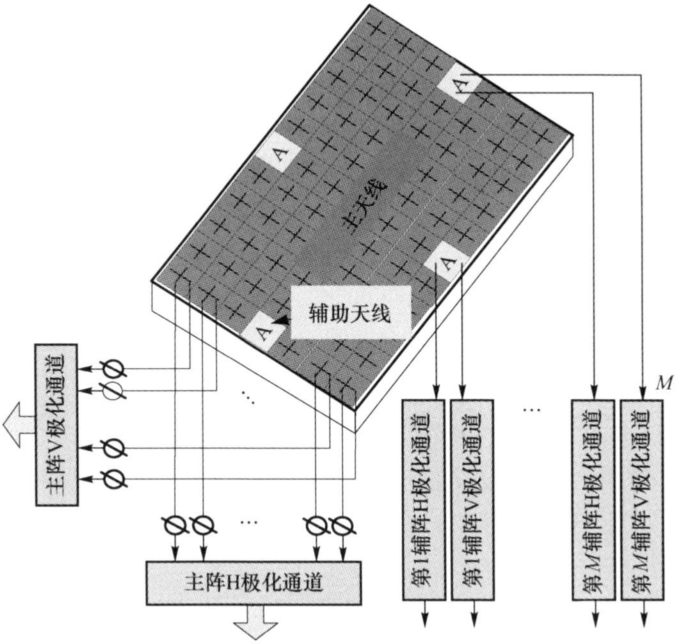

图 3.49　主辅阵联合双极化阵列天线构型

下面针对上述阵列建立信号模型。首先考虑主阵天线，由图 3.49 可知，所有水平极化主天线阵元经相移后叠加合成主阵 H 极化通道，所有垂直极化主天线阵元经相移后叠加构成主阵 V 极化通道。为保证主阵天线波束指向，对相同阵元处的两个正交极化通道所施加的相移量相同。假设天线阵中每组正交极化阵元具有相同的方向图特性，则不妨假设其在(θ,φ)方向（θ、φ 分别为天线阵面坐标系下的俯仰角和方位角）的天线增益为

$$\boldsymbol{G}_e(\theta,\varphi)=\begin{bmatrix} g_{\mathrm{HH}}^{\mathrm{e}}(\theta,\varphi) & g_{\mathrm{HV}}^{\mathrm{e}}(\theta,\varphi) \\ g_{\mathrm{VH}}^{\mathrm{e}}(\theta,\varphi) & g_{\mathrm{VV}}^{\mathrm{e}}(\theta,\varphi) \end{bmatrix} \tag{3.61}$$

式中：$g_{\mathrm{HH}}^{\mathrm{e}}(\theta,\varphi)$、$g_{\mathrm{VV}}^{\mathrm{e}}(\theta,\varphi)$分别为 H 和 V 通道对各自共极化分量的接收增益；$g_{\mathrm{HV}}^{\mathrm{e}}(\theta,\varphi)$、$g_{\mathrm{VH}}^{\mathrm{e}}(\theta,\varphi)$则分别为对各自交叉极化分量接收增益。

在不考虑阵元间耦合的情形下，主阵天线方向图可表示为阵元因子与阵列因子的乘积，即

$$\boldsymbol{G}_0(\theta,\varphi)=\boldsymbol{G}_e(\theta,\varphi)F_{\mathrm{array}}=\begin{bmatrix} g_{\mathrm{HH}}^{0}(\theta,\varphi) & g_{\mathrm{HV}}^{0}(\theta,\varphi) \\ g_{\mathrm{VH}}^{0}(\theta,\varphi) & g_{\mathrm{VV}}^{0}(\theta,\varphi) \end{bmatrix} \tag{3.62}$$

根据之前的表述可知，由于同一阵元处的两极化通道将乘以相同的阵列因子以保证波束指向，因此天线的极化特性不会受到阵列因子的影响，而只与阵元的极化特性有关。

与主阵阵元类似，给出每个辅阵天线阵元在(θ,φ)方向的天线增益，可表示为

$$\boldsymbol{G}_m(\theta,\varphi)=\begin{bmatrix} g_{\mathrm{HH}}^m(\theta,\varphi) & g_{\mathrm{HV}}^m(\theta,\varphi) \\ g_{\mathrm{VH}}^m(\theta,\varphi) & g_{\mathrm{VV}}^m(\theta,\varphi) \end{bmatrix}\quad (m=1,2,\cdots,M-1) \tag{3.63}$$

基于上述阵列天线构型，可以结合电磁波极化特性，分别建立主辅通道中雷达接收信号模型。首先给出主阵通道的接收信号极化矢量模型：

$$\boldsymbol{x}_0(t)=\begin{bmatrix} x_{0,\mathrm{H}}(t) \\ x_{0,\mathrm{V}}(t) \end{bmatrix}=\boldsymbol{G}_0(\theta_{\mathrm{s}},\varphi_{\mathrm{s}})\boldsymbol{Sh}s(t)+\sum_{k=1}^{K}\boldsymbol{G}_0(\theta_k,\varphi_k)\boldsymbol{j}_k j_k(t)+\boldsymbol{n}_0(t) \tag{3.64}$$

式中：$x_{0,\mathrm{H}}(t)$、$x_{0,\mathrm{V}}(t)$分别为主阵两路极化通道接收信号，且雷达主阵天线接收到的信号包括目标回波、干扰信号以及通道噪声；目标回波对应式(3.64)等号右边第一项，假设目标位于雷达波束中心的$(\theta_{\mathrm{s}},\varphi_{\mathrm{s}})$方向，式中$s(t)$为包含雷达发射波形在内的雷达信号复包络，$\boldsymbol{h}$为雷达发射极化，$\boldsymbol{S}$为目标极化后向散射矩阵。

式(3.64)右边第二项为多个干扰信号的叠加，以第k个干扰源为例，(3.64)中$j_k(t)$为包含干扰信号波形在内的信号复包络，而到达雷达天线前端的干扰信号的极化矢量可表示为

$$\boldsymbol{j}_k=\begin{bmatrix} E_{k,\mathrm{H}} \\ E_{k,\mathrm{V}} \end{bmatrix}=\begin{bmatrix} -\sin\varphi_k & \cos\theta_k\cos\varphi_k \\ \cos\varphi_k & \cos\theta_k\sin\varphi_k \end{bmatrix}\begin{bmatrix} \cos\gamma_k \\ \sin\gamma_k \mathrm{e}^{\mathrm{j}\eta_k} \end{bmatrix} \tag{3.65}$$

式中：(θ_k,φ_k)为该干扰源相对雷达波束中心的方位角和俯仰角；(γ_k,η_k)为干扰机辐射信号的极化相位描述子。

式(3.64)等号右边第三项为通道内热噪声。

辅助阵元各通道接收到的极化矢量信号可以表示为

$$\boldsymbol{x}_m(t)=\boldsymbol{G}_m(\theta_{\mathrm{s}},\varphi_{\mathrm{s}})\boldsymbol{Sh}s(t)+\sum_{k=1}^{K}\boldsymbol{G}_m(\theta_k,\varphi_k)\mathrm{e}^{\mathrm{j}\phi_m}\boldsymbol{j}_k j_k(t)+\boldsymbol{n}_m(t)\quad (m=1,2,\cdots,M-1) \tag{3.66}$$

式中：ϕ_m为第m号辅助阵元通道相对于主阵的接收信号相位滞后。

下面介绍两种主辅阵联合极化滤波的加权系数计算方法：一种是迭代计算方法；另一种是利用协方差矩阵的直接计算方法。

3.3.2　阵列加权系数的迭代计算方法

加权系数的迭代计算方法是以输出干扰总功率最小为准则，采用“最陡梯度”的方法通过迭代计算获得阵列加权系数。

如图 3.50 所示，将采用最陡梯度思想通过迭代计算获取加权系数，称为 MAJPF_GI 方法，其中 GI 代表最陡梯度迭代(Gradient Iterative)，在每个通道分别经过数字采样和脉冲压缩处理后，将全部通道划分为一个主通道(如选取主阵 H 极化通道为主通道)

$$x_{\text{main}}(n)=x_{0,x}(n)\ (n=1,2,\cdots,N) \tag{3.67}$$

和 $2M-1$ 个辅通道(主阵 V 极化通道和所有的辅阵通道)

$$\boldsymbol{x}_{\text{aux}}(n)=\begin{bmatrix} x_{0,\text{V}}(n)\\ x_{1,\text{H}}(n)\\ \vdots \\ x_{M-1,\text{H}}(n)\\ x_{1,\text{V}}(n)\\ \vdots \\ x_{M-1,\text{V}}(n)\end{bmatrix}\quad (n=1,2,\cdots,N) \tag{3.68}$$

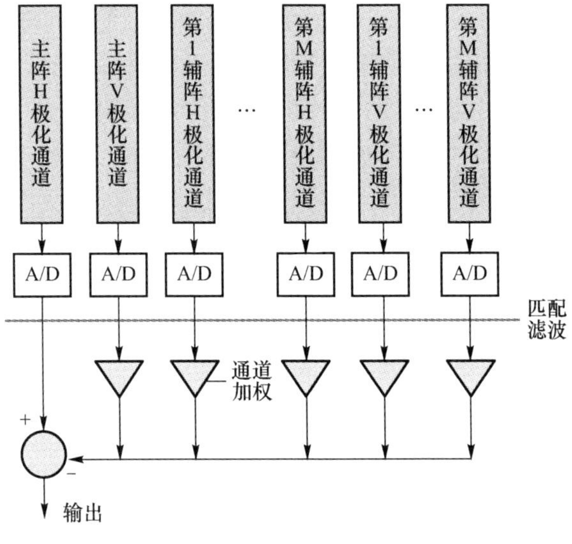

图 3.50 阵列加权系数的迭代计算处理流程

定义主辅通道误差信号为

$$e(n)=x_{0,\text{H}}(n)-\boldsymbol{w}^{\text{H}}\boldsymbol{x}_{\text{aux}}(n)\quad (n=N-D+1,N-D+2,\cdots,N) \tag{3.69}$$

式中：$\boldsymbol{w}$ 为 $2M-1$ 维复矢量。这里选取每个脉冲重复周期末尾 D 个样本估计最优权值，该滤波方法通过使误差信号均方误差最小来实现干扰信号的对消，即

$$\min_{w} E\{|e(n)|^2\} \tag{3.70}$$

根据梯度优化算法中的最小均方误差思想[3]，最优权系数的迭代过程为

$$\boldsymbol{w}(n)=\boldsymbol{w}(n-1)+\mu e^{*}(n)\boldsymbol{x}_{\mathrm{aux}}(n)\quad(n=N-D+1,N-D+2,\cdots,N)\tag{3.71}$$

式中：μ 为步长因子。

为保证迭代过程收敛，步长因子需满足

$$0<\mu<\frac{2}{\lambda_{\max}}\tag{3.72}$$

式中：$\lambda_{\max}$是辅助通道自协方差矩阵 $E\{\boldsymbol{x}_{\mathrm{aux}}(n)\boldsymbol{x}_{\mathrm{aux}}^{\mathrm{H}}(n)\}$ 的最大特征值。

在迭代出最优权值 $\boldsymbol{w}_{\mathrm{opt}}$后，利用

$$y(n)=x_{0,\mathrm{H}}(n)-\boldsymbol{w}_{\mathrm{opt}}^{\mathrm{H}}\boldsymbol{x}_{\mathrm{aux}}(n)\quad(n=1,2,\cdots,N)\tag{3.73}$$

完成对全部距离段采样的通道加权滤波处理。

3.3.3 阵列加权系数的协方差矩阵计算方法

加权系数的协方差矩阵计算方法是以阵列对干扰信号采样矢量的协方差矩阵为基础，按照干扰输出功率最小和干信比最大为准则计算加权系数。

因为该方法中，将对所有通道同时做加权处理，而权系数的获取则是通过对干扰样本协方差矩阵求逆的方式，因此称为 MAJPF_GM 方法，其中 IM 表示逆矩阵（Inverse Matrix），如图 3.51 所示。

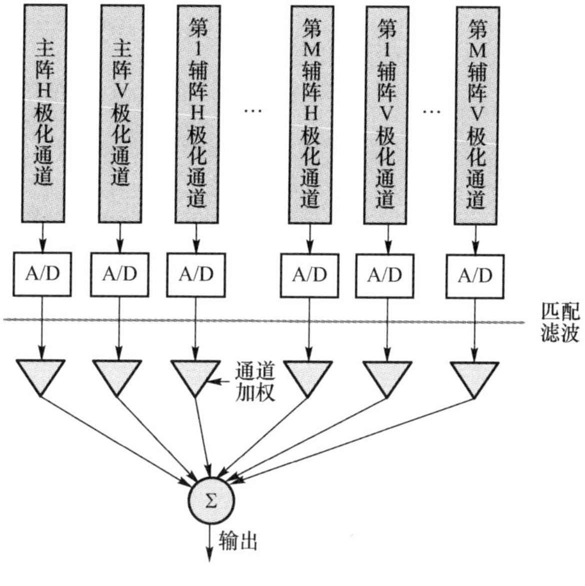

图 3.51 逆矩阵计算流程

3.3.3.1 基于输出干扰功率最小准则

设雷达主辅阵元接收到干扰信号采样为

$$\boldsymbol{X}(n) = \sum_{k=1}^{K} \boldsymbol{l}_k \cdot j_k(n) + \boldsymbol{N}(n) = \boldsymbol{LJ}(n) + \boldsymbol{N}(n) \tag{3.74}$$

式中:$\boldsymbol{L}$ 为 K 个干扰的极化-空域联合导向矢量集,$\boldsymbol{L}=[\boldsymbol{l}_1,\boldsymbol{l}_2,\cdots,\boldsymbol{l}_K]$;$\boldsymbol{J}(n)$ 为干扰源信号波形,$\boldsymbol{J}(n)=[j_1(n),j_2(n),\cdots,j_K(n)]^{\mathrm{T}}$。

经过极化滤波后输出的信号矢量为

$$\boldsymbol{Y}(n) = \boldsymbol{w}^{\mathrm{H}}\boldsymbol{X}(n) \tag{3.75}$$

式中:$\boldsymbol{w}$ 为滤波权值,大小为 $2M$ 维。

则滤波后输出信号的功率为

$$P_Y = E(\boldsymbol{w}^{\mathrm{H}}\boldsymbol{X}(n)\boldsymbol{X}(n)^{\mathrm{H}}\boldsymbol{w}) = \boldsymbol{w}^{\mathrm{H}}\boldsymbol{R}\boldsymbol{w} \tag{3.76}$$

式中:$\boldsymbol{R}$ 为干扰噪声协方差矩阵,$\boldsymbol{R}=E\{X(n)X(n)^{\mathrm{H}}\}$。

可以认为 $P_Y=\boldsymbol{w}^{\mathrm{H}}\boldsymbol{R}\boldsymbol{w}$ 是一个非负定厄米特二次型:

$$P_{Y\min} \leqslant P_Y = \boldsymbol{w}^{\mathrm{H}}\boldsymbol{R}\boldsymbol{w}_{\mathrm{t}} \leqslant P_{Y\max} \tag{3.77}$$

式中:$P_{Y\min}$、$\boldsymbol{P}_{Y\max}$ 为 $\boldsymbol{R}$ 的两个特征值。其对应的特征矢量分别为 $\boldsymbol{u}_{Y\min}$ 和 $\boldsymbol{u}_{Y\max}$,则当 $\boldsymbol{w}=\boldsymbol{u}_{Y\min}$ 时 P_Y 取得最小值,即

$$R\,\big|_{\boldsymbol{w}=\boldsymbol{u}_{Y\min}} = P_{Y\min} \tag{3.78}$$

因此,所求滤波权值 $\boldsymbol{w}$ 为干扰噪声功率矩阵最小特征值对应的特征矢量,即

$$\boldsymbol{w} = \boldsymbol{u}_{Y\min} \tag{3.79}$$

3.3.3.2 基于干信比最小准则

首先综合式(3.70)和式(3.72),将雷达主辅阵元通道经数字采样后的信号组成矢量形式,即

$$\boldsymbol{X}(n) = \begin{bmatrix} \boldsymbol{G}_0(\theta_{\mathrm{s}},\varphi_{\mathrm{s}})\boldsymbol{Sh}s(n) \\ \boldsymbol{G}_1(\theta_{\mathrm{s}},\varphi_{\mathrm{s}})\mathrm{e}^{\mathrm{j}\phi_1}\boldsymbol{Sh}s(n) \\ \boldsymbol{G}_2(\theta_{\mathrm{s}},\varphi_{\mathrm{s}})\mathrm{e}^{\mathrm{j}\phi_2}\boldsymbol{Sh}s(n) \\ \vdots \\ \boldsymbol{G}_{M-1}(\theta_{\mathrm{s}},\varphi_{\mathrm{s}})\mathrm{e}^{\mathrm{j}\phi_{M-1}}\boldsymbol{Sh}s(n) \end{bmatrix} + \sum_{k=1}^{K} \begin{bmatrix} \boldsymbol{G}_0(\theta_k,\varphi_k)\boldsymbol{j}_k j_k(n) + \boldsymbol{n}_0(n) \\ \boldsymbol{G}_1(\theta_k,\varphi_k)\boldsymbol{j}_k j_k(n)\mathrm{e}^{\mathrm{j}\phi_1} + \boldsymbol{n}_1(n) \\ \boldsymbol{G}_2(\theta_k,\varphi_k)\boldsymbol{j}_k j_k(n)\mathrm{e}^{\mathrm{j}\phi_2} + \boldsymbol{n}_2(n) \\ \vdots \\ \boldsymbol{G}_{M-1}(\theta_k,\varphi_k)\boldsymbol{j}_k j_k(n)\mathrm{e}^{\mathrm{j}\phi_{M-1}} + \boldsymbol{n}_{M-1}(n) \end{bmatrix}$$

$$= \begin{bmatrix} \boldsymbol{G}_0(\theta_s,\varphi_s) \\ \boldsymbol{G}_1(\theta_s,\varphi_s)e^{j\phi_1} \\ \boldsymbol{G}_2(\theta_s,\varphi_s)e^{j\phi_2} \\ \vdots \\ \boldsymbol{G}_{M-1}(\theta_s,\varphi_s)e^{j\phi_{M-1}} \end{bmatrix} \otimes \boldsymbol{s}_p s(n) + \sum_{k=1}^{K} \begin{bmatrix} \boldsymbol{G}_0(\theta_k,\varphi_k) \\ \boldsymbol{G}_1(\theta_k,\varphi_k)e^{j\phi_1} \\ \boldsymbol{G}_2(\theta_k,\varphi_k)e^{j\phi_2} \\ \vdots \\ \boldsymbol{G}_{M-1}(\theta_k,\varphi_k)e^{j\phi_{M-1}} \end{bmatrix} \otimes \boldsymbol{j}_k j_k(n) + \boldsymbol{N}(n) \tag{3.80}$$

式中:$\boldsymbol{s}_p = \boldsymbol{Sh}$ 为目标极化矢量,定义第 k 个干扰源和目标的极化—空域联合导向矢量为

$$\boldsymbol{l}_k = \begin{bmatrix} \boldsymbol{G}_0(\theta_k,\varphi_k) \\ \boldsymbol{G}_1(\theta_k,\varphi_k)e^{j\phi_1} \\ \boldsymbol{G}_2(\theta_k,\varphi_k)e^{j\phi_2} \\ \vdots \\ \boldsymbol{G}_{M-1}(\theta_k,\varphi_k)e^{j\phi_{M-1}} \end{bmatrix} \otimes \boldsymbol{j}_k, \quad \boldsymbol{l}_s = \begin{bmatrix} \boldsymbol{G}_0(\theta_s,\varphi_s) \\ \boldsymbol{G}_1(\theta_s,\varphi_s)e^{j\phi_1} \\ \boldsymbol{G}_2(\theta_s,\varphi_s)e^{j\phi_2} \\ \vdots \\ \boldsymbol{G}_{M-1}(\theta_s,\varphi_s)e^{j\phi_{M-1}} \end{bmatrix} \otimes \boldsymbol{s}_p \tag{3.81}$$

式中:$\boldsymbol{j}_k$如式(3.64)所示,则式(3.79)中 $\boldsymbol{X}(n)$ 可简化为

$$\boldsymbol{X}(n) = \boldsymbol{l}_s \cdot s(n) + \sum_{k=1}^{K} \boldsymbol{l}_k \cdot j_k(n) + \boldsymbol{N}(n) = \boldsymbol{l}_s s(n) + \boldsymbol{LJ}(n) + \boldsymbol{N}(n) \tag{3.82}$$

其中:$\boldsymbol{L}$ 为 K 个干扰源的极化—空域联合导向矢量集,$\boldsymbol{L} = [\boldsymbol{l}_1, \boldsymbol{l}_2, \cdots, \boldsymbol{l}_K]$;$\boldsymbol{J}(n)$ 为干扰源信号波形集合,$J(n) = [j_1(n), j_2(n), \cdots, j_K(n)]^{\mathrm{T}}$。定义干扰噪声协方差矩阵为

$$\boldsymbol{R} = E\{\boldsymbol{X}(n)\boldsymbol{X}(n)^{\mathrm{H}}\} \quad (n = N-D+1, N-D+2, \cdots, N) \tag{3.83}$$

假设权值矢量 $\boldsymbol{w}$ 为 $2M$ 维复矢量,则 SINR 为

$$\mathrm{SINR} = \frac{\| \boldsymbol{w}^{\mathrm{H}} \boldsymbol{l}_s \cdot s(t) \|^2}{\| \boldsymbol{w}^{\mathrm{H}} [\boldsymbol{LJ}(t) + \boldsymbol{N}(t)] \|^2} = \frac{P_s \| \boldsymbol{w}^{\mathrm{H}} \boldsymbol{l}_s \|^2}{\boldsymbol{w}^{\mathrm{H}} \boldsymbol{R} \boldsymbol{w}} \tag{3.84}$$

式中:P_s为目标回波信号的功率。

基于滤波后最大 SINR 输出准则[9],最优权值为

$$\tilde{\boldsymbol{w}}_{\mathrm{opt}} = c\boldsymbol{R}^{-1}\boldsymbol{l}_s \tag{3.85}$$

式中:c 为常系数且不为0,其取值不会影响滤波后的输出信干噪比。

定义滤波后输出信号 $Y(t)$ 为雷达各通道接收信号矢量 $\boldsymbol{X}(t)$ 的加权求和,即

$$Y(t)=\tilde{\boldsymbol{w}}_{\text{opt}}^{\text{H}}\boldsymbol{X}(t) \tag{3.86}$$

代入式(3.84),得到输出的最大 SINR 为

$$\text{SINR}_{\text{out}}=cP_{\text{s}}\boldsymbol{l}_{\text{s}}\boldsymbol{R}^{-1}\boldsymbol{l}_{\text{s}} \tag{3.87}$$

3.3.4 仿真实验与分析

本节通过仿真验证主、辅阵联合极化滤波方法对主旁瓣同时干扰的抑制性能。

3.3.4.1 仿真参数设置

雷达波束指向为(15°,0°),雷达天线在方位面形成窄波束,波束宽度约为4°,H 极化主天线、V 极化主天线的方位面增益均为 35dB,H 极化、V 极化辅天线的方位面增益均为 10dB;雷达受到三个同频段干扰信号的影响,方向分别为(15°,1°)、(15°,20°)、(15°,35°),显然,第一个干扰位于雷达天线波束内,后两个干扰则位于雷达天线旁瓣内。雷达回波信号与干扰信号的信干比为 -40dB。

3.3.4.2 仿真结果分析

在旁瓣干扰信号抑制方面,将 H 极化主天线方向图与 H 阵列合成方向图(H 极化主天线通道与 H 极化辅天线通道信号的加权相加,下同)、V 极化主天线方向图与 V 阵列合成方向图分别进行比较,判断合成方向图是否在旁瓣干扰方向形成了凹点。

如图 3.52 所示,滤波后 H 阵、V 阵在两个旁瓣干扰方向均形成了凹点。实际上,即使 H 阵或 V 阵在干扰方向形成的凹点不够深,也能够通过两阵之间的加权进行进一步对消,但无疑会影响主波束内干扰的对消效果。

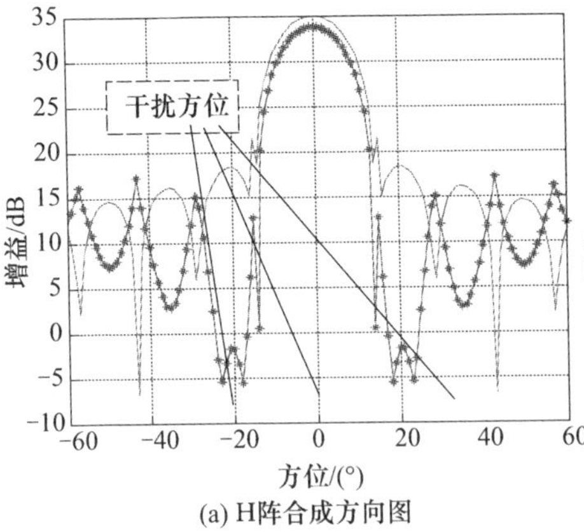

(a) H阵合成方向图

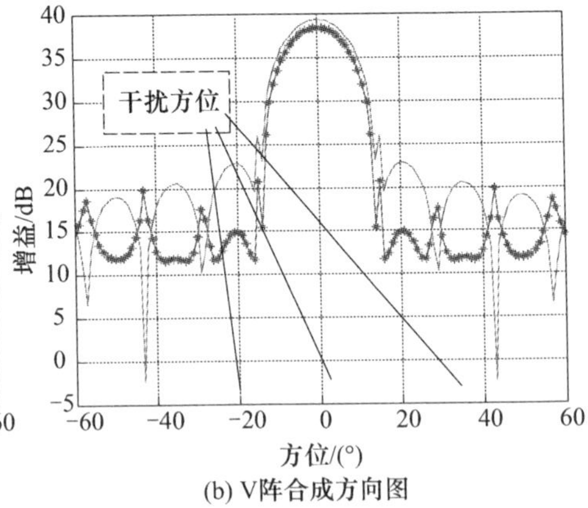

(b) V阵合成方向图

图 3.52　旁瓣干扰信号的抑制效果

在抑制位于雷达天线主波束内的干扰信号方面，可以将 H 阵和 V 阵的合成接收极化矢量 $\boldsymbol{h}_{\Sigma}$（所有天线在该干扰方向法平面上的合成极化矢量）与该基站干扰信号的极化矢量 $\boldsymbol{h}_k$ 进行比较，若两矢量的接收系数接近于 0，则认为极化对消效果较好。具体如下：

$$\text{coe}=\frac{|\boldsymbol{h}_{\Sigma}^{\mathrm{T}}\boldsymbol{h}_k|}{|\boldsymbol{h}_{\Sigma}|\cdot|\boldsymbol{h}_k|} \tag{3.88}$$

即当 coe≈0 时认为极化对消效果较好。天线的合成接收极化为

$$\begin{aligned}\boldsymbol{h}_{\Sigma}=&\ g_{\text{H-main}}(\theta_k,\phi_k)\exp\{\mathrm{j}\varphi_{\text{H-}k}\}\boldsymbol{h}_{\text{H-}k}-\\&\sum_{m=1}^{M}g_{\text{H-aux}}(\theta_k,\phi_k)\boldsymbol{w}_{\text{opt}}(1+m)\exp\{\mathrm{j}\varphi_{\text{H-}m,k}\}\boldsymbol{h}_{\text{H-}k}-\\&g_{\text{V-main}}(\theta_k,\phi_k)\boldsymbol{w}_{\text{opt}}(1)\exp\{\mathrm{j}\varphi_{\text{V-}k}\}\boldsymbol{h}_{\text{H-}k}-\\&\sum_{m=1}^{M}g_{\text{V-aux}}(\theta_k,\phi_k)\boldsymbol{w}_{\text{opt}}(1+M+m)\exp\{\mathrm{j}\varphi_{\text{V-}m,k}\}\boldsymbol{h}_{\text{V-}k}\end{aligned} \tag{3.89}$$

式中：$\boldsymbol{w}_{\text{opt}}$ 为对消时使用的最佳权系数。

图 3.53 是阵列对该基站干扰的极化接收系数 coe 在迭代过程中的变化，可见，随着权系数逐渐收敛，coe 逐渐变小，表明经过约 0.4ms 的迭代，coe 已经达到 −50dB，即对主波束内的干扰信号抑制效果较好。

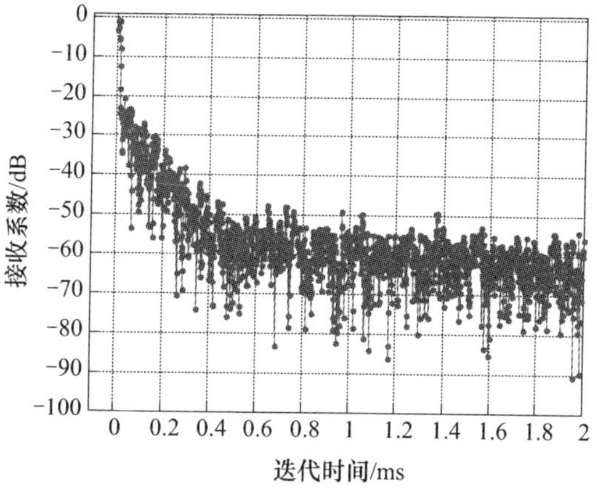

图 3.53　对主波束方向 GSM 基站干扰的极化对消系数

3.3.4.3　性能拓展分析

根据前两节得到的阵列加权系数，可以得出主通道的滤波后空间—极化二维方向图，如图 3.54 所示。

图 3.54(a)、(b) 左图为极化角—空间角的二维方向图，即在获得极化域—

空域联合滤波的加权系数后，根据阵列空间位置及其天线极化，重构的极化角—空间角的二维方向图（纵坐标为电压增益），图 3.54（a）、（b）右图为联合滤波前后信号的幅度频谱（电压）。

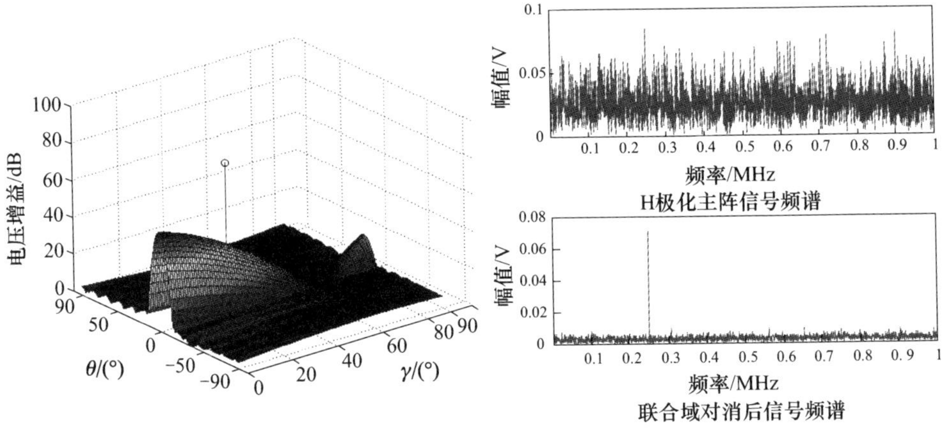

(a) 主瓣内单个干扰情况

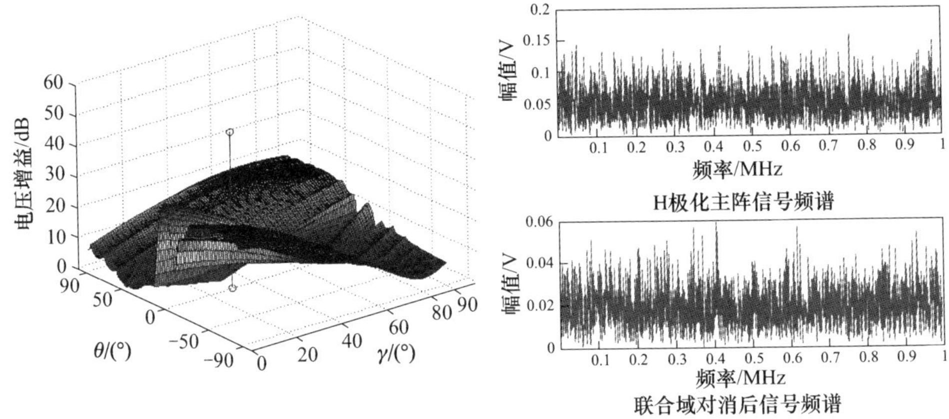

(b) 主瓣内两个干扰情况

图 3.54　主瓣内干扰数量对联合滤波及目标检测的影响

图 3.54（a）是一个主瓣干扰、两个旁瓣干扰的情况，图 3.54（b）是两个主瓣干扰、两个旁瓣干扰的情况。其中，主瓣干扰和目标均位于 0°角位置，目标极化为 30°线极化，主瓣干扰为 70°线极化；两个旁瓣干扰分别位于 20°和 –35°角位置，极化任意设定。

由图 3.54（a）可见，对于主瓣仅有一个干扰的多点源干扰情况，极化域—空域联合滤波能够使得阵列对主瓣干扰和旁瓣干扰的联合接收增益都处于较低水平，而在目标位置处，则保持有效接收。

由图 3.54（b）可见，对于主瓣内有两个干扰的多点源干扰情况，极化域—空域联合滤波不仅对干扰的抑制效果变差，而且对目标的接收增益也严重下降，导致目标不能够有效地从背景中显现。此外，由二维方向图还可以看出，极化维的“凹口”较宽，即其分辨力较差，这是导致其抑制主瓣内干扰数量有限的重要原因。

以上分析表明，对于极化域—空域联合滤波，当主瓣内的独立干扰个数超过 1 时，联合滤波方法不能够有效地抑制干扰，并从背景中检测目标，即对于主瓣多点源干扰同时存在的情况是难以应对的。

3.3.5　外场实验验证

为进一步分析和对比各类滤波方法对主旁瓣同时多点源干扰的抑制性能，我们开展了极化雷达在受到多点源干扰时的目标探测实验，实验雷达仍采用具有正交双极化的阵列天线，雷达接收机及天线的具体参数见表 3.1。

特别的，如图 3.55(a)所示选取阵列天线的 1 号、8 号、9 号和 16 号阵元作为辅阵，其余阵元中所有水平偶极子合成主阵水平极化通道，垂直偶极子则合成主阵垂直极化通道。为模拟多点源干扰场景，选取三个能够产生噪声干扰的信号源，经线极化喇叭天线同时向实验雷达系统辐射干扰信号，干扰源如图 3.55(b)所示。

(a) 主、辅阵极化天线

(b) 干扰信号源

图 3.55　多点源干扰抑制实验设备

实验中 3 台干扰机分别位于雷达天线方位角 0°、-20°和 30°，其中方位角 0°对应雷达天线波束中心指向。雷达发射信号极化为 45°线极化，信号类型为线性调频信号，观测目标为普通民航飞机，数据采集时恰有 2 架飞机位于雷达波束主瓣指向范围内，分别标记为目标 A 和目标 B。

在滤波处理前，首先利用主阵水平和垂直通道中干扰信号样本分析所接收到的干扰信号极化状态，并将其绘制在庞加莱极化球上如图 3.56 所示。从图中不难看出，由于旁瓣干扰的引入，接收信号的极化分布变得更加分散。从而说明，其极化度相比单纯主瓣干扰情形明显下降，经计算平均极化度约为 0.8。根据式(3.12)计算，单纯极化滤波方法 ISPF 只能获取最高 10dB 的干扰抑制效果。而 SLC 方法本质上是利用干扰与目标空域差异实现干扰抑制，但当目标方向上存在干扰源时，抑制干扰的同时也会将目标回波抑制。

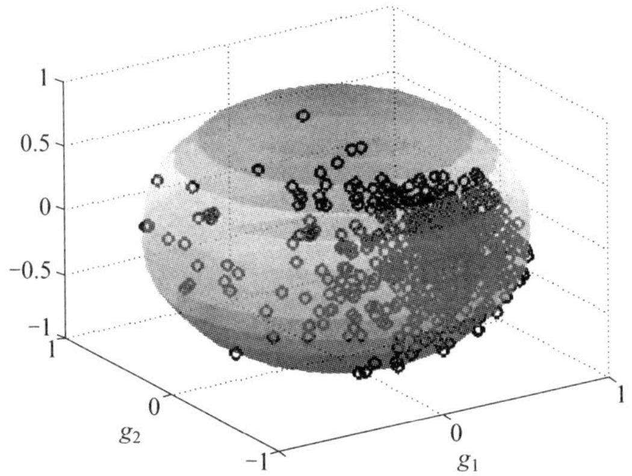

图 3.56　主阵通道多点源干扰极化状态

对采集到的目标加干扰信号分别采用 ISPF 滤波方法、SLC 方法，以及本节提出的两类主、辅阵联合极化滤波方法 MAJPF_GD 和 MAJPF_IM 处理测量数据。采用 ISPF 方法时，将所有阵元的水平极化通道和垂直极化通道分别直接合成，利用合成后的两路极化信号开展 ISPF 处理；SLC 方法则利用前述主、辅阵划分方法中的主阵水平极化通道作为主通道，辅阵水平极化通道作为辅助通道实现空域滤波处理。

我们随机选取了一组回波数据，并将四种滤波方法处理后的结果绘制在图 3.57上。经 ISPF 和 SLC 处理后的结果分别如图 3.57(a)、(b)所示，不难看出与理论预计相一致的是：ISPF 方法受旁瓣干扰的影响，对于主旁瓣多点源干扰的抑制性能有限，而 SLC 方法虽然能得到很好的干扰抑制比，但同时目标回波同样被抑制，不能达到后续检测要求。

相比较而言，本节提出的主辅阵联合极化滤波方法对于主旁瓣多点源干扰抑制的效果更佳。图 3.57(c)、(d)分别对应 MAJPF_GD 和 MAJPF_IM 的处理结果。从图中结果来看：不仅干扰信号得到有效抑制，同时两个目标的回波得以显现；但两种滤波处理结果并不相同，MAJPF_GD 处理后的干扰剩余功率较低，目标 A 和目标 B 剩余功率接近一致，而 MAJPF_IM 处理后较 MAJPF_GD 而言干扰剩余功率更多，相对而言目标 B 回波的功率较强，而目标 A 回波强度有所衰减。

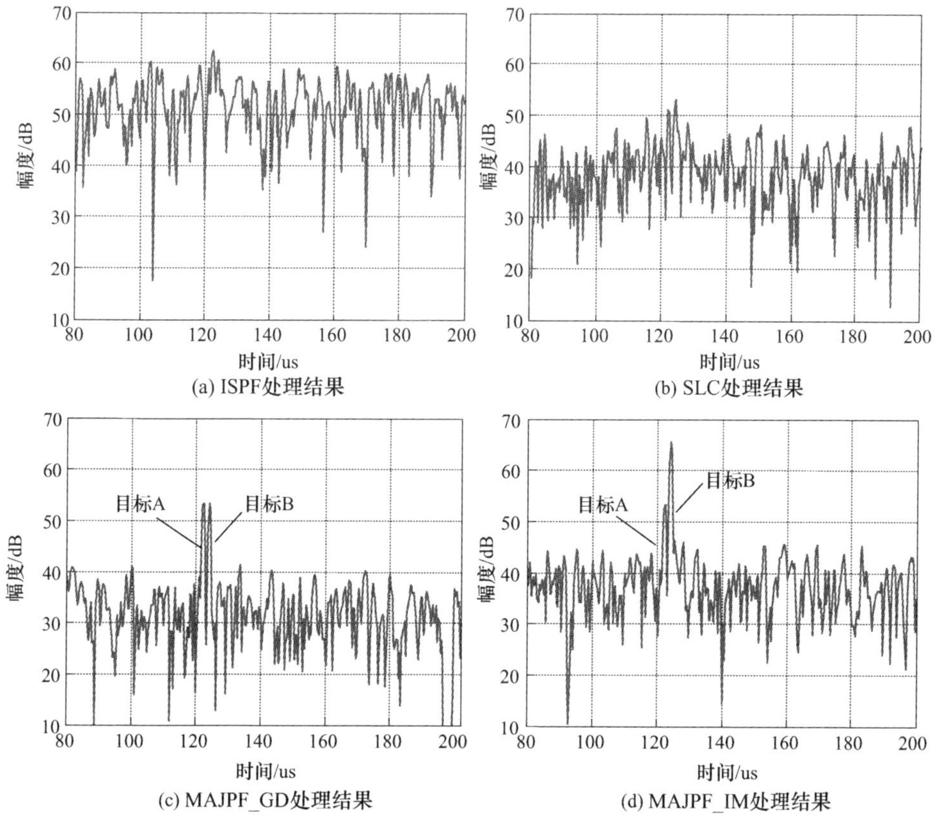

图 3.57　多点源干扰抑制实验设备

为说明上述现象并非偶然,将 1000 个脉冲重复周期的回波采样分别经四类滤波器处理后,对滤波器性能指标加以统计,包括滤波器平均干扰抑制比以及滤波后各目标同干扰噪声的功率比,结果列在表 3.4 中。

表 3.4　滤波器干扰抑制性能

性能指标		ISPF	SLC	MAJPF_GD	MAJPF_IM
平均干扰抑制比/dB		12.88	22.31	32.21	29.33
平均输出 SINR/dB	目标 A	—	—	19.59	16.99
	目标 B	—	—	19.59	26.75

由干扰抑制比指标不难看出,当主旁瓣同时存在干扰信号时,SLC 方法和两类主、辅阵联合极化滤波方法较 ISPF 方法而言,能够取得更好的干扰抑制性能。但 SLC 方法由于对目标回波功率的抑制同样严重,因此和 ISPF 方法一样无法检测到目标回波信号,从而无法给出输出的 SINR 指标。对比两类主、辅阵联合极化滤波方法的性能:MAJPF_GD 的干扰抑制性能要优于 MAJPF_IM 方法,这是由

于 MAJPF_GD 其本质上是基于干扰抑制最大原则设计的滤波算法,因此对干扰的抑制更为明显。但由于没有匹配目标回波极化,滤波过程中也会对目标产生一定的衰减,衰减程度将由目标回波同干扰极化差异决定。MAJPF_IM 算法是基于输出 SINR 最大原则,在方法实现过程中需要对目标的极化空域联合导向矢量进行估计,估计结果一旦与目标真实极化空域导向矢量失配,便会造成如目标 A 所示的平均输出 SINR 低于 MAJPF_GD 处理结果的情况。

在实际应用中,应根据雷达任务需求选择相应的处理算法:当需要尽可能降低干扰信号功率,同时发现更多批次的目标时,建议采用 MAJPF_GD 处理方法;而当需要重点关注某类型目标,并为后续跟踪和识别提供更高 SINR 时,使用 MAJPF_IM 方法将能够取得更好的效果。

3.4 主瓣干扰/地杂波的频域—极化域联合对消技术

主瓣干扰和地杂波都是影响雷达探测的威胁,对于携带有自卫式干扰机或者伴随有随队式干扰的中低空飞行目标,雷达同时面临这两种威胁的影响。

3.2 节介绍了主瓣干扰的极化对消方法,但对于低空探测情况,还没有考虑通过相参处理来从地杂波中提取低空目标。现有的地杂波抑制处理主要包括动目标显示(MTI)、动目标检测(MTD)、脉冲多普勒(PD)等相参处理方法,这类方法没有涉及主瓣干扰的抑制问题。

本节针对双极化接收雷达,介绍一种主瓣干扰与地杂波的联合抑制方法。

3.4.1 基本原理

该方法的基本原理是,雷达采用正交双极化方式接收信号,通过极化对消与多脉冲对消的联合处理,实现对主瓣干扰和地杂波信号的同时抑制。

图 3.58 为该方法的信号处理框图,包括 H、V 极化通道信号的同步采样接收,单个 PRT 周期内的匹配滤波、极化对消系数计算,以及多个 PRT 信号的干扰/杂波联合对消处理等。

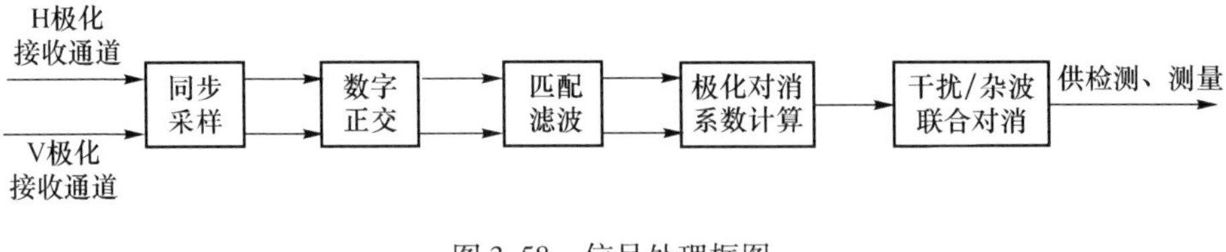

图 3.58 信号处理框图

具体包括以下四个步骤:

(1) 信号同步接收。雷达采用正交双极化方式接收信号,设 H 极化方式、V

极化方式分别对应 H 极化通道和 V 极化通道，接收的中频信号经过同步采样，得到两个极化通道的复信号数据序列 $x_{H,m}(n)$、$x_{V,m}(n)$，m 为脉冲周期序号，$n=1,2,\cdots,N$，N 为一个脉冲周期内的采样点数。

（2）匹配滤波。依据下式计算 H 极化通道、V 极化通道的匹配滤波输出信号：

$$\begin{aligned} y_{H,m}(n) &= \mathrm{IFFT}[\mathrm{FFT}[x_{H,m}(n)]\cdot U(\omega)] \\ y_{V,m}(n) &= \mathrm{IFFT}[\mathrm{FFT}[x_{V,m}(n)]\cdot U(\omega)] \end{aligned} \tag{3.90}$$

式中：FFT[ ]为信号的快速傅里叶变换；IFFT[ ]为信号的快速傅里叶反变换；$U(\omega)$为雷达匹配滤波参考波形的频谱；$y_{H,m}(n)$为 H 极化通道第 m 个脉冲周期的匹配滤波输出信号；$y_{V,m}(n)$为 V 极化通道第 m 个脉冲周期的匹配滤波输出信号。

（3）极化对消系数计算。针对每个脉冲周期的信号进行极化对消系数的计算，具体计算过程见 3.2 节相关部分。

（4）干扰与杂波联合对消。获得第 m 个脉冲周期的极化对消系数后，进行主瓣干扰与地杂波的联合对消。

图 3.59 是 M 脉冲对消处理结构原理。该处理的目的是抑制固定杂波，以提高相对于雷达存在径向运动目标的回波信杂比（SJR）。

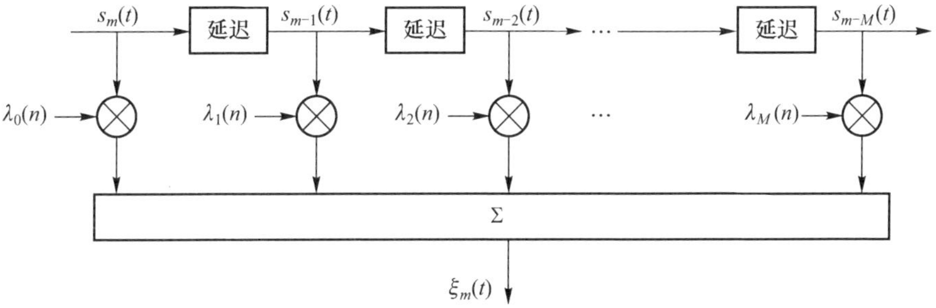

图 3.59　M 脉冲对消处理结构原理

对第 m 个脉冲周期及其之前的 $M-1$ 个脉冲周期的接收信号进行极化对消处理：

$$s_{m-L}(n) = y_{1,m-L}(n) - w_m \cdot y_{2,m-L}(n)\ (L=0,1,\cdots,M-1) \tag{3.90}$$

式中：$s_{m-L}(n)$为极化对消输出信号；M 为雷达的相参处理脉冲数，一般根据雷达地杂波抑制性能要求确定；$y_{1,m-L}(n)$为主极化通道第 $m-L$ 个脉冲周期的匹配滤波输出信号；$y_{2,m-L}(n)$为辅极化通道第 $m-L$ 个脉冲周期的匹配滤波输出信号；w_m 为第 m 个脉冲的极化对消系数

对 $s_{m-L}(n)$进行脉冲对消处理：

$$\xi_m(n) = \sum_{L=0}^{M-1} \lambda_L s_{m-L}(n) \tag{3.91}$$

式中：$\lambda_L=(-1)^L\dfrac{M!}{(M-L)!\ L!}$；$\xi_m(n)$为第 m 个脉冲周期主瓣干扰信号和地杂波信号同时抑制后的输出信号，可用于雷达目标检测以及参数测量。

3.4.2 仿真实验

设定的仿真场景：目标位于雷达波束主瓣内，目标回波时延为0.72ms，速度为100m/s，目标回波极化为左旋圆极化，采用压制噪声干扰，干扰信号极化为45°线极化，干噪比为30dB；地杂波服从复高斯分布，多普勒中心位于零频，谱宽为100Hz；雷达采用非线性调频信号，脉冲宽度300μs，脉冲重复周期2ms。

图3.60是联合抑制处理前后的H、V极化通道信号时域波形图。图3.60(a)是未经联合抑制处理的H、V通道回波时域信号，图3.60(b)是经过联合抑制处理后的结果。图3.60(a)、(b)对比可见，经处理后，淹没于干扰和杂波背景的目标回波信号显现出来，能够被检测出来。

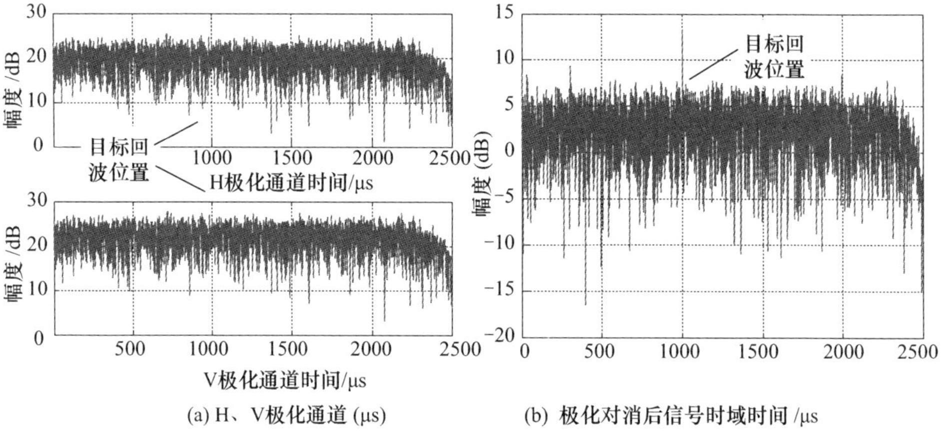

图3.60 联合抑制处理前后的H、V极化通道信号时域波形图

参考文献

[1] 庄制文，肖顺平，王雪松．雷达极化信息处理及其应用[M]．北京：国防工业出版社，1999.

[2] 高云，畅洪涛，聂宏斌，等．一起公众移动通信基站信号干扰民航二次雷达的案例分析[J]．中国无线电，2009(11)：67－71.

[3] 何希才，卢孟夏．现代蜂窝移动通信系统[M]．北京：电子工业出版社，1999.

[4] 张贤达．矩阵分析与应用[M]．北京：清华大学出版社，2004.

[5] 李永祯,施龙飞,王涛,等. 电磁波极化的统计特性及应用[M]. 北京:科学出版社,2017.
[6] 任博. 多点源干扰的雷达极化统计特性及其应用研究[D]. 长沙: 国防科学技术大学, 2016.
[7] 皇甫堪, 陈建文, 楼生强. 现代数字信号处理[M]. 北京:电子工业出版社, 2003.
[8] 施龙飞. 雷达极化抗干扰技术研究[D]. 长沙: 国防科学技术大学, 2007.
[9] 徐振海. 极化敏感阵列信号处理研究[D]. 长沙:国防科学技术大学, 2004.

第4章 干扰背景下极化雷达目标检测

极化雷达在目标检测方面的表现是雷达设计者十分关注的问题。

无干扰条件下,具有双极化接收能力的极化雷达,能够更完整地保留目标回波功率,比传统单极化雷达具有更稳健的检测能力。进一步地,由于目标回波散射强度与雷达发射极化密切相关,通过雷达发射极化的优化也可以改善检测性能。因此,无干扰条件下,极化雷达在目标检测方面具有优势。4.1 节对无干扰情况极化雷达的检测性能进行了详细分析。[1]

在干扰背景下,极化雷达的优势更为明显。对于主瓣干扰以及主/旁瓣干扰,极化雷达通过接收极化优化等措施(如极化对消)可有效抑制干扰、提升检测前的 SINR,而通过发射极化优化可改善目标回波输出,进一步提升 SINR,从而有效地提高目标检测能力。4.2 节介绍了主瓣放大背景下极化雷达目标检测技术。[2]-[3]

以上是从提升检测前 SINR 的角度实现极化雷达目标检测能力的提升,但是,在更为复杂的干扰环境,如主瓣多点源干扰场景,由于从联合域(时、频、空、调制域以及极化域)已经无法有效分离目标与干扰,采用极化滤波、极化优化等手段已经难以将 SINR 提升到理想水平,目标检测能力严重受限。因此,4.3 节着重介绍基于目标与干扰背景之间的极化特征差异实现目标检测的方法,能够进一步地提升极化雷达在复杂干扰环境下的检测能力。[4]-[5]

4.1 无干扰情况下极化雷达目标检测能力分析

如前所述,无压制干扰环境下,极化雷达可以从接收极化和发射极化两个方面提升检测性能,下面分别进行阐述。

4.1.1 双极化接收雷达的双阈值检测方法

由于目标极化散射特性难以预知且在运动过程中起伏变化较大,因此,单极化雷达接收到的目标回波能量随目标回波极化状态起伏而变化,存在不确定性,导致雷达检测结果不稳定。而当雷达采用双极化接收时,即使目标回波极化状态起伏变化,雷达两个正交极化天线也能够共同将回波能量完全接收,因此理论上具有更为稳定可靠的检测性能。然而,两个极化通道如何“融合”才能更为有效地提升 SNR,是一个值得讨论的问题。因为,两个通道信号的合成既可能提升信号功率,也可能形成衰减,还会引入噪声。

关于双极化雷达的目标检测方法,目前主要是在奈曼 - 皮尔逊(Neyman - Pearson,NP)准则下设计极化检测器,即基于目标回波和背景信号的极化特性,利用似然比(LR)假设检验方法设计多极化检验统计量,并根据检验统计量的分布特性确定检测阈值(亦称门限),可统称为极化似然比检测方法。这类方法的典型研究进展包括:1983 年,美国东北大学 Richard 等在研究随机极化目标的检测问题时,基于矢量复高斯分布假设,提出了利用似然比的极化检测方法[8];20 世纪 90 年代美国麻省理工学院林肯实验室 Novak 以及 Chaney 等提出了最优极化检测方法[9-11];20 世纪末 21 世纪初,空时自适应处理技术在阵列雷达领域的迅速发展, Kelly 提出的一种空时广义似然比检测算法引起了雷达研究者的广泛兴趣[12],美国锡拉库扎大学的 Park 在此基础上发展了极化—空—时广义似然比检测算法[13];2001 年,来自意大利罗马大学的 Pastina 和 Lombardo 针对高斯背景和非高斯背景发展了自适应广义似然比检测方法[14],意大利那不勒斯大学的 De Maio 着重面向距离分布式目标的极化检测问题,深化和补充了多极化通道广义似然比检测理论体系[15]。极化似然比检测方法的主要缺点是其严重依赖于对目标、背景极化统计特性的预知或估计,在目标极化统计特性起伏变化、背景极化特性非均匀分布等情况下,检测性能受限,且其协方差矩阵估计等处理过程较为复杂,计算量较大。

此外,Giuli 等的研究认为,采用极化处理后的得益对低检测概率目标要比其他目标更高[16,17]。文献[18]定量研究了极化信息在雷达目标检测的得益,得出虚拟极化得益最大为 3 dB 的结论。文献[19]针对传统单极化体制雷达、双极化接收体制雷达和全极化测量体制雷达,研究了具有不同散射结构雷达目标的检测信噪比,分析了极化信息对目标检测信噪比的改善情况。

本书研究双极化接收雷达的目标检测问题,充分发挥双极化通道联合接收的优势,介绍了一种双阈值检测方法,在目标极化散射特性未知、起伏较大的情况下,能够更为稳健地检测雷达目标,并对不同散射类型目标情况下的检测性能进行了较为系统的分析比较。

4.1.1.1　双极化雷达接收信号模型

设正交双极化雷达采用 H 极化和 V 极化天线接收信号,分别对应 H 极化接收通道和 V 极化接收通道(简称 H 通道和 V 通道)。

H 通道、V 通道信号经过同步采样、数字正交化等处理后分别得到两个复信

号数据序列

$$\begin{cases} x_{\mathrm{H},m}(n) = s_{\mathrm{H},m}(n) + N_{\mathrm{H},m}(n) \\ x_{\mathrm{V},m}(n) = s_{\mathrm{V},m}(n) + N_{\mathrm{V},m}(n) \end{cases} \tag{4.1}$$

式中:m 为脉冲周期序号;N 为一个脉冲周期内的采样点数,$n=1,2,\cdots,N$;$N_{\mathrm{H},m}(n)$、$N_{\mathrm{V},m}(n)$分别为 H 通道、V 通道的接收噪声信号,相互独立且服从复高斯分布,$N_{\mathrm{H},m}(n)$、$N_{\mathrm{V},m}(n) \in N(0,\delta^2)$,$\delta^2$为接收噪声功率;$s_{\mathrm{H},m}(n)$、$s_{\mathrm{V},m}(n)$分别为目标回波信号在 H 通道、V 通道的接收分量,且有

$$\begin{cases} s_{\mathrm{H},m}(n) = A_{\mathrm{sH}} \cdot A \cdot s(n) \\ s_{\mathrm{V},m}(n) = A_{\mathrm{sV}} \cdot A \cdot s(n) \end{cases} \tag{4.2}$$

其中:A 为与极化无关的信号幅度系数(涉及雷达发射功率、天线增益、损耗等);A_{sH}、A_{sV}分别为 H 通道、V 通道接收到的目标回波信号系数且有

$$A_{\mathrm{sH}} = \boldsymbol{h}_{\mathrm{rH}}^{\mathrm{T}} \boldsymbol{S} \boldsymbol{h}_{\mathrm{t}}, A_{\mathrm{sV}} = \boldsymbol{h}_{\mathrm{rV}}^{\mathrm{T}} \boldsymbol{S} \boldsymbol{h}_{\mathrm{t}}$$

其中:$\boldsymbol{h}_{\mathrm{rH}}$、$\boldsymbol{h}_{\mathrm{rV}}$ 分别为 H 极化、V 极化接收天线的极化,$\boldsymbol{h}_{\mathrm{rH}} = [1,0]^{\mathrm{T}}$,$\boldsymbol{h}_{\mathrm{rV}} = [0,1]^{\mathrm{T}}$;$\boldsymbol{h}_{\mathrm{t}}$为雷达发射极化,对于 H/V 双极化雷达,其发射极化应兼顾 H 和 V 两个极化方向,如 45°线极化、圆极化等;$\boldsymbol{S}$ 为目标极化散射矩阵,且有

$$\boldsymbol{S} = \begin{bmatrix} s_{\mathrm{hh}} & s_{\mathrm{hv}} \\ s_{\mathrm{vh}} & s_{\mathrm{vv}} \end{bmatrix} \tag{4.3}$$

其中:s_{hh}为 HH 极化分量,s_{vv}为目标 VV 极化分量,统称为主极化分量;s_{hv}、s_{vh}为交叉极化分量。对于大多数目标而言,交叉极化分量都远小于主极化分量,因此,本书在分析中暂时忽略了交叉极化分量的影响。

4.1.1.2 基本原理

雷达目标极化散射矩阵的两个主极化分量(如 s_{hh}和 s_{vv})很可能并不对称,如式(4.2),导致目标回波在 H、V 极化通道上的接收能量并不相同,因此单极化雷达检测存在着“风险”:如果目标两个主极化分量强度比(如$|s_{\mathrm{vv}}/s_{\mathrm{hh}}|$)差别较大,则单极化雷达很可能仅获得弱极化分量的能量,导致检测概率下降。

双极化接收雷达可以完整地接收和利用目标回波能量,具备更为稳健的检测性能。实际应用中,目标回波在两个极化通道上的接收信号强度分布有多种情况,如两个极化通道接收信号都高出检测阈值,只有一路高出检测阈值,两路都低于检测阈值但相干合成后高出检测阈值等。

针对上述情况,双极化雷达在检测中应采用不同的处理方法和检测阈值,本节提出一种低阈值与常规阈值相结合的双阈值检测方法,低阈值采用检测阈值系数 η_{L},常规阈值采用检测阈值系数 η(η 即为单极化雷达最常采用的单元平均

恒虚警检测器(CA－CFAR)检测时的检测阈值系数 η),且有 $\eta_L < \eta$。

双阈值检测流程如图 4.1 所示[1]。

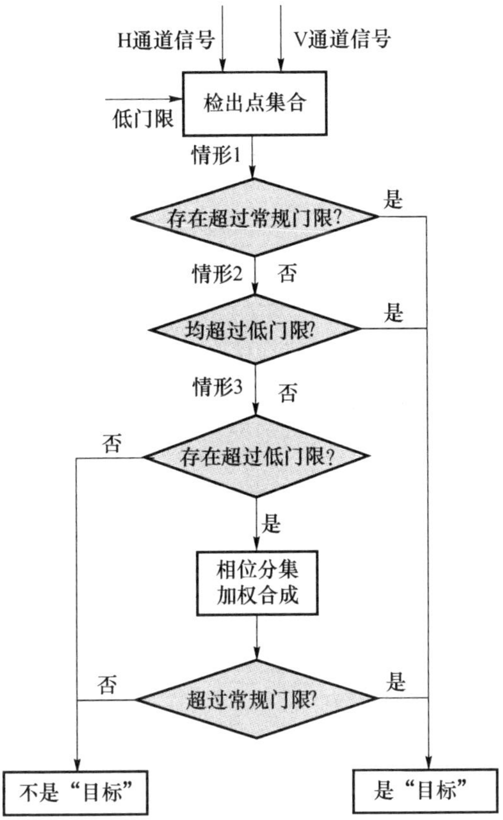

图 4.1　双阈值检测流程

首先进行初检测。对 H 极化通道和 V 极化通道接收信号 $x_{H,m}(n)$、$x_{V,m}(n)$ 进行匹配滤波后输出信号 $y_{H,m}(n)$、$y_{V,m}(n)$,对其采用低阈值系数 η_L 进行 CFAR 检测,设 H 极化通道共有 a 个检出点,V 通道有 b 个检出点,将它们的并集作为检出点集合 $\{p_1, p_2, \cdots, p_K\}$ $(K \leqslant a + b)$。

然后进行确认检测。对检出点集合 $\{p_1, p_2, \cdots, p_K\}$ 中每一个位置点 $p_k(k=1, 2, \cdots, K)$ 对应的 H 通道、V 通道信号值,按下述三种情形依次进行处理(图 4.1)。

情形 1:如果 H 通道或 V 通道信号的幅度值超过常规检测阈值 $Z \cdot \eta$(Z 为 CFAR 检测算法中各通道计算获得的背景噪声“参考电平”[6]-[7]),则确认该位置是“目标”;

情形 2:如果 H 通道和 V 通道信号的幅度值均低于常规检测阈值 $Z \cdot \eta$、均超过低阈值 $Z \cdot \eta_L$,则确认该位置是“目标”;

情形3:如果H通道和V通道信号的幅度值均低于常规检测阈值$Z \cdot \eta$、仅有一个通道信号的幅度值超过低阈值$Z \cdot \eta_L$,则对两通道信号值进行相位分集加权合成,取其中最大值$s_m(p_k)$,若$s_m(p_k)$的幅度值超过阈值$Z \cdot \eta$,则确认是"目标",否则判为不是"目标"。

其中,相位分集加权合成的主要意义是,当H、V极化通道信号幅度基本相当时,通过这种方式可以获得更高的信噪比。其过程:以相位集$\{\varphi_i\}$中的相位φ_i作为V极化通道信号值的附加相位,对H通道、V通道信号值进行加权合成,并找出最大值,即

$$s_m(p_k) = \max_{i=1,2,\cdots,I}\{|y_{H,m}(p_k) + y_{V,m}(p_k) \cdot e^{j \cdot \phi_i}|\} \tag{4.4}$$

相比于单极化雷达检测,上述针对双极化雷达的双阈值检测方法具有更为稳健的综合检测性能:情形1主要针对目标主极化分量(HH和VV分量)都较强或者至少有一路较强(不均衡)的情况,提高了目标回波HH弱、VV强情况下的检测性能;情形2、情形3针对目标主极化分量均偏弱但较为均衡的情况,通过双极化通道的融合来改善检测性能。

4.1.1.3 算法参数设计

下面首先针对上述方法中的低阈值系数η_L、相位分集参数进行分析设计。

1)低阈值参数η_L的设计

针对情形2,对低阈值系数η_L进行设计。

单极化雷达采用CA-CFAR(均值恒虚警检测器)检测,设检测虚警率为P_{fa},接收机噪声信号服从零均值复高斯分布,噪声功率为δ^2。CFAR检测单元的包络幅度r在H_0(不存在目标情况)下的概率密度函数服从瑞利分布[7]:

$$f_{R_0}(r) = \frac{r}{\delta^2}\exp\left[-\frac{r^2}{2\delta^2}\right] \tag{4.5}$$

在H_1(存在目标情况)下的概率密度函数为

$$f_{R_1}(r) = \frac{r}{\delta^2}\exp\left[-\frac{r^2+A^2}{2\delta^2}\right]I_0\left[\frac{A \cdot r}{\delta^2}\right] \tag{4.6}$$

式中:$I_0(\cdot)$为第一类零阶修正贝塞尔函数;A为目标信号幅度。

进一步,根据文献[7]和式(4.6)可以得到CA-CFAR检测阈值为

$$S = \delta\sqrt{2\ln\{P_{fa}^{-1}\}}$$

则阈值系数为

$$\eta = \sqrt{2\ln\{P_{fa}^{-1}\}} \tag{4.7}$$

目标幅度起伏服从瑞利分布情况下的检测概率为[6]:

$$P_{\mathrm{d}} = \int_{S}^{+\infty} f_{R_1}(r)\,\mathrm{d}r = \exp\left\{\frac{\ln\{P_{\mathrm{fa}}\}}{1 + \mathrm{SNR}}\right\} \tag{4.8}$$

式(4.8)给出了单极化雷达 CA - CFAR 检测时，虚警率 P_{fa}、检测阈值系数 η 以及检测概率 P_{d} 的相互关系，其中 SNR 为匹配滤波后的信噪比，且 $\mathrm{SNR} = A^2/\delta^2$。

根据情形 2 采用的检测逻辑——H、V 通道信号幅度值均超过低阈值时判为“目标”，那么其联合检测概率 P_{dU}、虚警率 P_{fU} 与单极化雷达的检测概率、虚警率存在如下关系：

$$P_{\mathrm{dU}} = P_{\mathrm{dH}} \cdot P_{\mathrm{dV}}, \quad P_{\mathrm{fU}} = P_{\mathrm{fH}} \cdot P_{\mathrm{fV}} \tag{4.9}$$

式中：P_{dH}、P_{fH} 为 H 通道的检测概率、虚警率；P_{dV}、P_{fV} 为 V 通道的检测概率、虚警率。

由于检测概率、虚警率均在[0,1]区间，因此相比于单个极化通道，联合检测的检测概率、虚警率均下降。

本节提出的低阈值设计策略是双极化通道联合检测的虚警率与常规单极化雷达检测相当，即令

$$P_{\mathrm{fU}} = P_{\mathrm{fa}} \tag{4.10}$$

那么，根据式(4.9)，有 $P_{\mathrm{fH}} = P_{\mathrm{fV}} = \sqrt{P_{\mathrm{fa}}}$，进而根据式(4.7)，即可推出低阈值系数为

$$\eta_{\mathrm{L}} = \sqrt{2\ln\{P_{\mathrm{fa}}^{-\frac{1}{2}}\}} \tag{4.11}$$

2）相位分集参数的设计

针对情形 3，对相位分集参数进行设计。

相位集 $\{\varphi_i\}$ 采用均匀分集的方式，即 $\varphi_i \in [0, 2\pi]$（$i = 1, 2, \cdots, I$，I 为分集数）：

$$\varphi_i = \varphi_0 + (i-1) \cdot \Delta\varphi \tag{4.12}$$

式中：$\Delta\varphi$ 为相位间隔，与分集数的关系为 $I \cdot \Delta\varphi = 2\pi$；$\varphi_0$ 为初始相位，随机设置。

设两个极化通道接收到的目标回波信号相位差为

$$\varphi_{\mathrm{HV}} = \angle(A_{\mathrm{sH}}) - \angle(A_{\mathrm{sV}}) \tag{4.13}$$

式中：“∠”表示取复系数的相位；φ_{HV} 可假设为服从[0,2π]之间的均匀分布。对于相位集 $\{\varphi_i\}$ 中与 φ_{HV} 最为接近的相位值 φ_k 有

$$\delta\varphi = \varphi_k - \varphi_{\mathrm{HV}} \in [-\Delta\varphi/2, \Delta\varphi/2] \tag{4.14}$$

即 φ_{HV} 与相位集 $\{\varphi_i\}$ 的最近“距离”$\delta\varphi$ 服从 $[-\Delta\varphi/2, \Delta\varphi/2]$ 间的均匀分布。

如前所述，Case 3 仍然是针对 H、V 极化通道能量相近的情况，因此，为分析简便，假设 $|A_{\mathrm{sH}}| = |A_{\mathrm{sV}}| = A_{\mathrm{S}}$，可以给出加权合成后的信号幅度：

$$A_S + A_S \cdot e^{-j \cdot \varphi_{HV}} \cdot e^{j \cdot \varphi_k} = A_S(1 + e^{j \cdot \delta\varphi}) \tag{4.15}$$

根据 $\delta\varphi$ 服从$[-\Delta\varphi/2, \Delta\varphi/2]$间均匀分布的特点，通过数值仿真给出了合成信号信噪比改善随相位分集数的关系曲线，如图 4.2 所示。

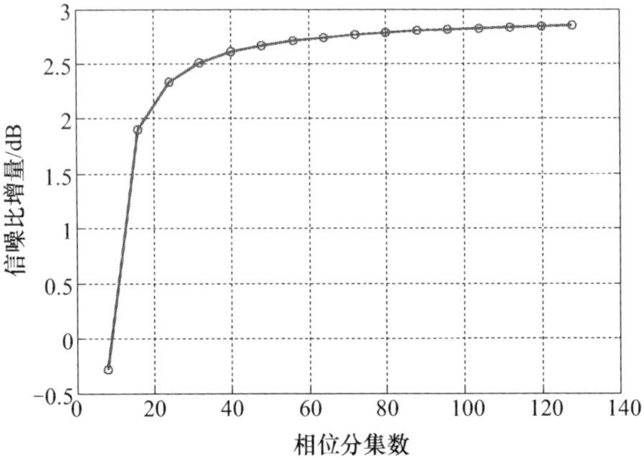

图 4.2　信噪比改善与相位分集数的关系($|A_{sH}| = |A_{sV}|$情形下)

由图 4.2 可以看出，随着相位分集数的增大、相位间隔的减小，信噪比改善越来越大，但趋势逐渐变缓，上限为 3dB。实际上，当两通道能量接近时，信噪比改善能够接近于该上限，而当两通道能量相差较大时，信噪比改善是有限的，甚至由于噪声的引入而出现负值。

因此，应根据检测性能要求并依据图 4.2 中的曲线来设定相位分集数和相应的相位间隔。若需要信噪比改善接近于 2dB，则相位分集数不应小于 20 个，相位分集间隔不大于 18°。

3）算法性能分析

下面将双极化雷达双阈值检测方法与单极化雷达检测方法做对比分析，以雷达发射总功率相同、设定虚警率相同为约束，分别针对“主极化分量不对称目标”和“主极化分量对称目标”比较两种方法的检测概率。

(1) 对主极化分量不对称目标的检测性能。不失一般性，假设单极化雷达是采用 H 极化发射、H 极化接收，而双极化雷达采用 H/V 极化同时发射、同时接收，其发射极化 $\boldsymbol{h}_t$用琼斯矢量表示为

$$\boldsymbol{h}_t = \left[\frac{\sqrt{2}}{2}, \frac{\sqrt{2}}{2}e^{j\varphi}\right]^T \tag{4.16}$$

当 φ 为 0°或 180°时，$\boldsymbol{h}_t$ 即为 45°或 135°线极化；当 φ 为 90°或 270°时，$\boldsymbol{h}_t$ 为左旋或右旋圆极化。

对于主极化分量不对称目标，即目标主极化分量强度比(如$|s_{vv}/s_{hh}|$)差别

较大的情况，根据式(4.2)以及式(4.16)能够看出，双极化雷达在 H 通道、V 通道接收信号的系数 A_{sH}、A_{sV} 的幅度也将差别较大，但其通过两极化通道的同时接收，保证了对目标强散射分量的接收，且具有双通道融合优势，因此：

① 当目标散射 HH 分量大于 VV 分量时，双极化雷达接收到的强散射分量强度（对应目标散射 HH 分量 s_{hh}）要小于单极化雷达接收信号强度（也对应目标散射 HH 分量 s_{hh}，但其在 H 极化上的发射功率更大），综合双通道融合的优势，其检测概率应略低于单极化雷达，但差距随着 $|s_{vv}/s_{hh}|$ 趋近于 1 而不断缩小。

② 当目标散射 HH 分量小于 VV 分量时，双极化雷达接收到的强散射分量强度（对应目标散射 VV 分量 s_{vv}）显然大于单极化雷达接收信号强度（对应目标散射 HH 分量 s_{hh}），双极化雷达检测概率将远高于单极化雷达。

显然，综合上述两种情况，对主极化分量不对称目标，双极化雷达具有更为稳健的综合检测性能。

(2) 对主极化分量对称目标的检测性能。上述检测算法中，情形 2、情形 3 处理是分别通过双极化通道检测信息的融合和信号的合成，改善对“主极化分量对称目标”的检测性能。

首先，分析情形 2 处理的检测性能。

针对前面推导出的低阈值系数 $\eta_L = \sqrt{2\ln\{P_{fa}^{-\frac{1}{2}}\}}$，下面推导其对应的检测概率。根据式(4.8)，H、V 极化通道的检测概率分别为

$$P_{dH} = \exp\left\{\frac{\ln\{\sqrt{P_{fa}}\}}{1+\text{SNR}_H}\right\}, P_{dV} = \exp\left\{\frac{\ln\{\sqrt{P_{fa}}\}}{1+\text{SNR}_V}\right\}$$

因此，上述情形②处理的检测概率为

$$P_{dU} = P_{dH} \cdot P_{dV} = \exp\left\{\frac{\ln\{\sqrt{P_{fa}}\}}{1+\text{SNR}_H} + \frac{\ln\{\sqrt{P_{fa}}\}}{1+\text{SNR}_V}\right\} \tag{4.17}$$

式中：SNR_H、SNR_V 分别为 H、V 通道信号匹配滤波后的信噪比，$\text{SNR}_H = A_H^2/\delta^2$，$\text{SNR}_V = A_V^2/\delta^2$ 其中 A_H、A_V 为 H、V 通道目标信号匹配滤波输出幅度。

在目标回波总能量确定情况下，当两通道信噪比相等（$\text{SNR}_H = \text{SNR}_V$）时，$P_{dU}$ 取得最大值：

$$P_{dU} = \exp\left\{\frac{\ln\{P_{fa}\}}{1+\text{SNR}_H}\right\} \tag{4.18}$$

单极化雷达采用常规阈值系数 $\eta = \sqrt{2\ln\{P_{fa}^{-1}\}}$，根据式(4.8)，其检测概率为

$$P_{\mathrm{d}} = \exp\left\{\frac{\ln\{P_{\mathrm{fa}}\}}{1+\mathrm{SNR}}\right\} \tag{4.19}$$

因此，对于主极化分量对称目标，在总发射功率相同的约定下（$\mathrm{SNR}=2\mathrm{SNR}_{\mathrm{H}}$），$P_{\mathrm{d}} > P_{\mathrm{dU}}$，即情形2处理相比于常规单极化检测方法，检测信噪比有一定的损失。

其次，分析情形3处理的检测性能。

前面给出了相位分集参数的设计，考虑到 $\mathrm{SNR}=2\mathrm{SNR}_{\mathrm{H}}$，在相位分集数较大情况下：当目标散射HH分量大于VV分量时，情形3处理相比于常规（HH极化）单极化检测方法，信噪比损失可控制在1dB以内；而当目标散射HH分量小于VV分量时，情形3处理的检测信噪比略大于常规单极化（VV极化）检测方法。

综上所述，对于主极化分量对称目标，采用情形2、情形3处理的双极化雷达双阈值检测方法与常规单极化雷达检测性能相当，在某些情况下略有下降。

4.1.1.4 仿真实验与分析

1）实验设计

仿真实验的目的是对本节提出的双极化雷达双阈值检测方法与常规单极化雷达检测方法的性能进行对比。

两种方法的参数设置如下：

（1）双极化雷达双阈值检测方法：发射线性调频信号，发射总功率为400kW、200kW，通过功分器分至H、V极化通道进行发射；信号带宽为1MHz，脉宽为160μs，脉冲重复周期为2.5ms；H、V极化同时接收；不计极化因素，天线增益均为30dB、综合损耗为8dB；接收通道噪声独立同分布，接收机带宽为1.5MHz，噪声系数为7dB；CFAR检测处理过程中左右保护单元各5个分辨单元，左右参考单元各8个分辨单元；虚警率设为 10^{-6}，进而根据式(4.7)、式(4.11)设定 $\eta=27.6$，$\eta_{\mathrm{L}}=13.8$。

（2）单极化雷达检测方法：发射H极化，接收H极化，发射总功率为400kW、200kW；不计极化因素，天线增益均为30dB、综合损耗为8dB；检测阈值系数 $\eta=27.6$；发射信号波形、接收通道噪声功率等参数均与双极化雷达双阈值检测方法完全相同。

除了上述参数外，其他参数设置如下：

（1）雷达目标：目标距离雷达100km，径向速度为100m/s；目标极化散射矩阵为 $\boldsymbol{S}=\begin{bmatrix} s_{\mathrm{hh}} & s_{\mathrm{hv}} \\ s_{\mathrm{vh}} & s_{\mathrm{vv}} \end{bmatrix}$，其中，$s_{\mathrm{hh}}$ 为HH极化分量，s_{vv} 为目标VV极化分量，s_{hv}、s_{vh} 为交叉极化分量。

（2）s_{vv} 与 s_{hh} 的比值 $10\lg|s_{vv}/s_{hh}|$ 分别设置为 -20dB、-18dB、-16dB、-14dB、-12dB、-10dB、-8dB、-6dB、-4dB、-2dB、0dB、2dB、4dB、6dB、8dB、10dB，且约束 $|s_{hh}|^2+|s_{vv}|^2=1$，s_{vv} 与 s_{hh} 之间的相对相位在 $[0,2\pi]$ 内均匀分布随机取值。

（3）仿真采样率 4MHz，蒙特卡罗仿真次数为 1000 次。

2）仿真结果分析

图 4.3、图 4.4 均为两种检测方法的检测性能比较，分别对应雷达发射功率为 400kW、200kW 的情况。图 4.3（a）和图 4.4（a）为检测概率的比较，图 4.3（b）和图 4.4（b）为虚警概率的比较，坐标轴定义均相同，横轴为 $10\lg|s_{vv}/s_{hh}|$，单位为 dB，纵轴为概率值，取值范围为[0,1]。图中带“ * ”的折线表示采用单极化雷达检测方法仿真结果，带“○”的折线表示双极化雷达检测方法仿真结果。

由图 4.3 可见，两种方法的虚警概率均与设定值接近，检测概率存在区别：单极化雷达检测概率随目标散射分量比（$10\lg|s_{vv}/s_{hh}|$）的起伏很大，当 $10\lg|s_{vv}/s_{hh}|<-8$dB 时，其检测概率较大，但此后迅速下降；当 $10\lg|s_{vv}/s_{hh}|>2$dB 时，检测概率已不足 70%。双极化雷达检测概率较为稳定，当 $10\lg|s_{vv}/s_{hh}|<-8$dB 时，检测概率略小于常规方法，但仍高于 90%，此后缓慢增长；当 $10\lg|s_{vv}/s_{hh}|>-6$dB 时，检测概率已接近 100%。

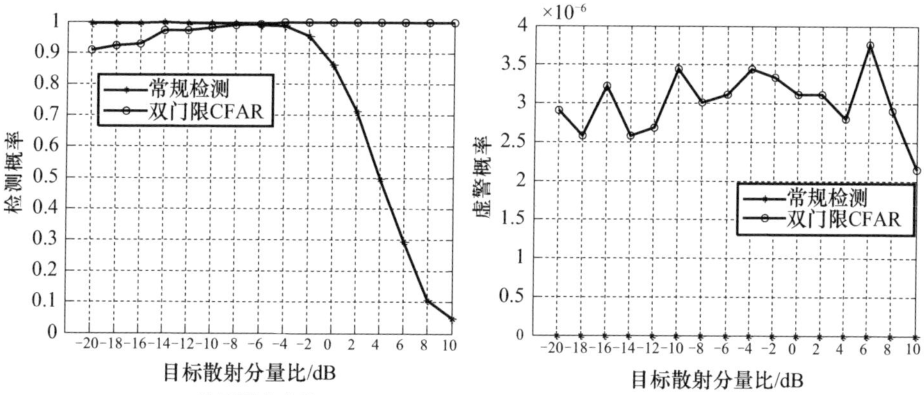

(a) 检测概率曲线　　(b) 虚警率曲线

图 4.3　双极化检测与常规检测的性能比较（雷达发射功率 400kW）

图 4.4 是雷达发射功率更低（200kW）的情况，由图可见，两种方法的虚警概率均与设定值接近，但检测概率存在区别：在 $10\lg|s_{vv}/s_{hh}|$ 小于 -8dB 时，双极化雷达检测概率低于单极化雷达，但两者差距并不太大，且随着 $10\lg|s_{vv}/s_{hh}|$ 的增大而迅速减小；当 $10\lg|s_{vv}/s_{hh}|$ 大于 -8dB 时，双极化雷达检测概率迅速超越单极化雷达，且两者差距越来越大。

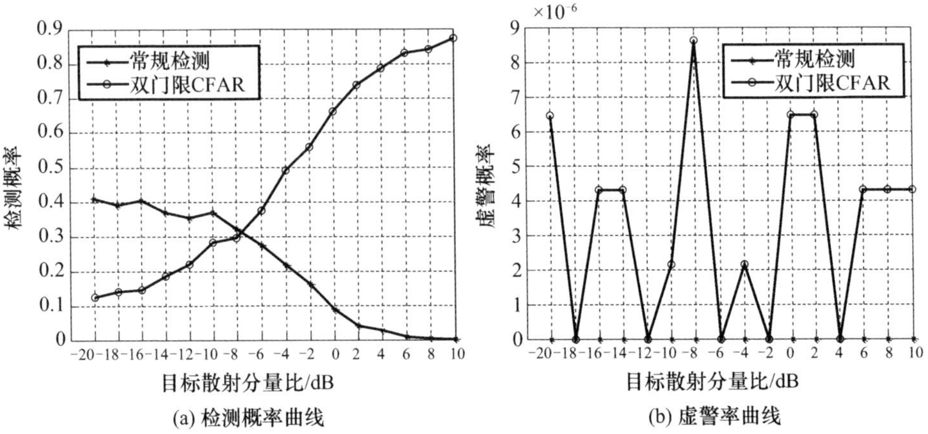

(a) 检测概率曲线　　(b) 虚警率曲线

图 4.4　双极化检测与常规检测的性能比较(雷达发射功率 200kW)

综上,当目标散射矩阵 VV 分量相对 HH 分量较小时,双极化雷达检测概率略低于单极化雷达(HH 极化),当 VV 分量与 HH 分量接近时,双极化雷达检测概率逐渐超越单极化雷达,当 VV 分量大于 HH 分量时,双极化雷达检测概率的优势更为明显,且差距迅速拉大。

因此,本节提出的双极化雷达双阈值检测方法具有更稳健的综合检测性能。

4.1.1.5　小结

本节针对双极化接收雷达的目标检测问题进行了深入分析,提出了一种双阈值检测方法,相比于常规单极化雷达检测,在发射总功率相同的情况下,对于“主极化分量不对称目标”,检测性能更均衡、更稳健,对于“主极化分量对称目标”,检测性能相当。综合来看,双极化雷达双阈值检测方法具有更为优越的综合检测性能。

4.1.2　发射极化优化对雷达检测性能的改善

通过对雷达发射极化进行优化调整,可以激发雷达目标的内在散射强度,获得更大的回波功率。

雷达发射极化优化主要依赖的是目标极化散射矩阵。考虑雷达收发天线的极化后,目标雷达散射截面积(RCS)重写为

$$\sigma = |\boldsymbol{h}_r^{\mathrm{T}} \boldsymbol{S} \boldsymbol{h}_t|^2 \tag{4.20}$$

即目标 RCS 与雷达收、发极化以及目标极化散射矩阵密切相关($\boldsymbol{h}_t$ 和 $\boldsymbol{h}_r$ 分别为发射极化和接收极化,且 $|\boldsymbol{h}_t| = |\boldsymbol{h}_r| = 1$,$\boldsymbol{S}$ 为目标散射矩阵)。目标极化增强的过程就是使目标 RCS 最大化的过程,其必要条件之一是对目标回波功率完全接

收,即接收极化与目标回波极化匹配

$$\boldsymbol{h}_{\mathrm{r\_opt}}=\frac{(\boldsymbol{S}\boldsymbol{h}_{\mathrm{t}})^{*}}{\|\boldsymbol{S}\boldsymbol{h}_{\mathrm{t}}\|} \tag{4.21}$$

此时 $\sigma=\|\boldsymbol{S}\boldsymbol{h}_{\mathrm{t}}\|^{2}$。在此基础上,进一步展开可得 $\sigma=\|\boldsymbol{S}\boldsymbol{h}_{\mathrm{t}}\|^{2}=\boldsymbol{h}_{\mathrm{t}}^{\mathrm{H}}\boldsymbol{G}\boldsymbol{h}_{\mathrm{t}}$,其中 $\boldsymbol{G}=\boldsymbol{S}^{\mathrm{H}}\boldsymbol{S}$ 为目标功率矩阵(又称为 Graves 功率矩阵),$\sigma=\boldsymbol{h}_{\mathrm{t}}^{\mathrm{H}}\boldsymbol{G}\boldsymbol{h}_{\mathrm{t}}$ 可看成一个非负定厄米特二次型:

$$\sigma_{\min}\leqslant\sigma=\boldsymbol{h}_{\mathrm{t}}^{\mathrm{H}}\boldsymbol{G}\boldsymbol{h}_{\mathrm{t}}\leqslant\sigma_{\max} \tag{4.22}$$

$\sigma_{\max}$ 和 $\sigma_{\min}$ 为 $\boldsymbol{G}$ 的两个特征值,分别对应 $\boldsymbol{G}$ 的特征矢量 $\boldsymbol{h}_{\mathrm{t\_max}}$ 和 $\boldsymbol{h}_{\mathrm{t\_min}}$,且

$$\sigma\big|_{\boldsymbol{h}_{\mathrm{t}}=\boldsymbol{h}_{\mathrm{t\_max}}}=\sigma_{\max} \tag{4.23}$$

因此,最佳发射极化 $\boldsymbol{h}_{\mathrm{t\_opt}}$ 即为目标功率矩阵最大特征值对应的特征矢量,即

$$\boldsymbol{h}_{\mathrm{t\_opt}}=\boldsymbol{h}_{\mathrm{t\_max}} \tag{4.24}$$

此时的目标 RCS 即为目标功率矩阵的最大特征值 $\sigma_{\max}$。

因此,通过优化设计雷达发射极化,可以有效地改善输出 SINR,从而提升目标检测能力。

4.2 主瓣干扰背景下极化雷达目标检测技术

4.2.1 极化对消的 SINR 改善性能分析

极化对消利用雷达接收极化的优化设置实现对干扰功率的抑制,因此评价极化对消性能的指标主要是干扰抑制比,但实际决定雷达目标检测性能的指标则是 SINR。在主瓣压制干扰背景下,SINR 主要取决于极化对消后的干扰信号和目标回波的剩余功率。

因此,分析极化对消对 SINR 的改善具有重要意义。本节分别针对完全极化干扰和部分极化干扰,推导极化对消后 SINR 与干扰极化度、目标/干扰极化差异等因素的关系模型,揭示 SINR 增量随相关因素的变化规律。

4.2.1.1 完全极化干扰情况下的 SINR 改善

为分析极化对消对雷达 SINR 的影响,定义信干噪比增量为双极化雷达极化对消信干噪比 $\mathrm{SINR}_{\mathrm{d-p}}$ 相对于单极化雷达信干噪比 $\mathrm{SINR}_{\mathrm{s-p}}$ 的改善量,即

$$I=10\log(\mathrm{SINR}_{\mathrm{d-p}}/\mathrm{SINR}_{\mathrm{s-p}}) \tag{4.25}$$

不失一般性,假设双极化雷达的接收极化分别为 H 极化、V 极化,且单极化

雷达接收极化为 H 极化。设在 H、V 正交极化基下的目标回波极化为 $\boldsymbol{h}_{s-d}=[s_{\mathrm{h}}\quad s_{\mathrm{v}}]^{\mathrm{T}}$,干扰极化为 $\boldsymbol{h}_{\mathrm{J}}=[j_{\mathrm{h}}\quad j_{\mathrm{v}}]^{\mathrm{T}}$,干扰极化比为 $j_{\mathrm{v}}/j_{\mathrm{h}}=\rho_{\mathrm{J}}\cdot \mathrm{e}^{\mathrm{j}\varphi_{\mathrm{J}}}$,则双极化雷达接收到 H、V 两路极化信号分别为

$$E_{\mathrm{H}}(t)=g\left[s_{\mathrm{h}}\cdot s(t)+j_{\mathrm{h}}\cdot J(t)\right]+n_{\mathrm{h}}(t) \tag{4.26}$$

$$E_{\mathrm{V}}(t)=g\left[s_{\mathrm{v}}\cdot s(t)+j_{\mathrm{v}}\cdot J(t)\right]+n_{\mathrm{v}}(t) \tag{4.27}$$

式中:$s(t)$为回波信号波形;$J(t)$为干扰信号波形;$n_{\mathrm{h}}(t)$、$n_{\mathrm{v}}(t)$分别为雷达 H 通道、V 通道接收噪声,均服从方差为 σ^2 的高斯分布,并且 $\sigma_{\mathrm{h}}^2=\sigma_{\mathrm{v}}^2=\sigma^2$。

本小节分析理想情况下极化对消后的信干噪比增量,理想情况是指干扰信号为完全极化波(极化度为 1)且干扰极化估计无误差。此时,极化对消最佳权系数为干扰极化比,则极化对消后的目标回波为 $s_{\mathrm{v}}\cdot s(t)-\rho_{\mathrm{J}}\mathrm{e}^{\mathrm{j}\varphi_{\mathrm{J}}}\cdot s_{\mathrm{h}}\cdot s(t)$,合成噪声项 $n_{\mathrm{v}}(t)-\rho_{\mathrm{J}}\mathrm{e}^{\mathrm{j}\varphi_{\mathrm{J}}}\cdot n_{\mathrm{h}}(t)$,合成噪声的功率为

$$P_{\mathrm{n}}=\sigma_{\mathrm{v}}^2+\rho_{\mathrm{J}}^2\cdot\sigma_{\mathrm{h}}^2=\sigma^2(1+\rho_{\mathrm{J}}^2) \tag{4.28}$$

因此,极化对消后的信干噪比为

$$\mathrm{SINR}_{\mathrm{polar}}=\frac{\dfrac{\left|s_{\mathrm{v}}-\rho_{\mathrm{J}}\mathrm{e}^{\mathrm{j}\varphi_{\mathrm{J}}}\cdot s_{\mathrm{h}}\right|^2}{\left|s_{\mathrm{h}}\right|^2+\left|s_{\mathrm{v}}\right|^2}\cdot P_{\mathrm{s}}}{\sigma_{\mathrm{v}}^2+\rho_{\mathrm{J}}^2\cdot\sigma_{\mathrm{h}}^2} \tag{4.29}$$

式中:P_{s}为目标回波总功率。

对于单极化雷达(假定为 H 极化雷达),无论是目标回波还是干扰信号,都仅接收到了 H 极化分量的功率,因此,其信干噪比为

$$\mathrm{SINR}_{\mathrm{s-p}}=\frac{\dfrac{\left|s_{\mathrm{h}}\right|^2}{\left|s_{\mathrm{h}}\right|^2+\left|s_{\mathrm{v}}\right|^2}\cdot P_{\mathrm{s}}}{\sigma_{\mathrm{h}}^2+\dfrac{\left|j_{\mathrm{h}}\right|^2}{\left|j_{\mathrm{h}}\right|^2+\left|j_{\mathrm{v}}\right|^2}\cdot P_{\mathrm{j}}} \tag{4.30}$$

综上,理想情况下,双极化雷达(极化对消后)相对于单极化雷达的信干噪比增量为

$$I=10\lg\left(\frac{\mathrm{SINR}_{\mathrm{polar}}}{\mathrm{SINR}_{\mathrm{s-p}}}\right)=10\lg\left(\frac{\left|\dfrac{s_{\mathrm{v}}}{s_{\mathrm{h}}}-\rho_{\mathrm{J}}\mathrm{e}^{\mathrm{j}\varphi_{\mathrm{J}}}\right|^2\cdot\left(1+\dfrac{\left|j_{\mathrm{h}}\right|^2}{\left|j_{\mathrm{h}}\right|^2+\left|j_{\mathrm{v}}\right|^2}\cdot\dfrac{P_{\mathrm{j}}}{\sigma^2}\right)}{1+\rho_{\mathrm{J}}^2}\right) \tag{4.31}$$

为验证上述结论,通过仿真实验对雷达在有源噪声压制干扰环境下的目标探测过程进行模拟,给出 SINR 增量与干扰极化度、目标/干扰极化差异、H 分量占比、干噪比、信噪比关系的仿真曲线,并对实验结果进行分析。雷达仿真参数设置如表 4.1 所列。

表 4.1　雷达仿真参数

仿真参数	取值
发射功率/MW	200
信号样式	LFM 信号
脉冲宽度/μs	160
信号带宽/MHz	1
接收机采样频率/MHz	2
脉冲重复周期/ms	2.5
模拟目标距离/km	200
目标径向速度/(m/s)	200
天线极化	正交双极(H/V)
接收机带宽/MHz	2

图 4.5 为干扰极化估计误差 θ 随干噪比变化曲线。由于 θ 在同样的干噪比下服从瑞利分布，通过 1000 次蒙特卡罗仿真得到了 θ 随干噪比变化的拟合曲线，并将此拟合曲线用于图 4.6 的仿真。图 4.6(a)、(b)分别给出了目标与干扰极化夹角 α 为 $\pi/6$ 及 $\pi/3$ 时，信干噪比增量 I 随干噪比变化的曲线，其中每一种极化夹角给出了两种不同的目标回波极化状态，使用极化相位描述子 $\tan\gamma$ 和 φ 分别表示目标回波极化幅度比和相位差，干扰极化固定为 $\boldsymbol{h}_{\mathrm{J}}=[1,i]^{\mathrm{T}}$，用极化相位描述子表征为 $\gamma_{\mathrm{j}}=45°$ 和 $\varphi_{j}=90°$。

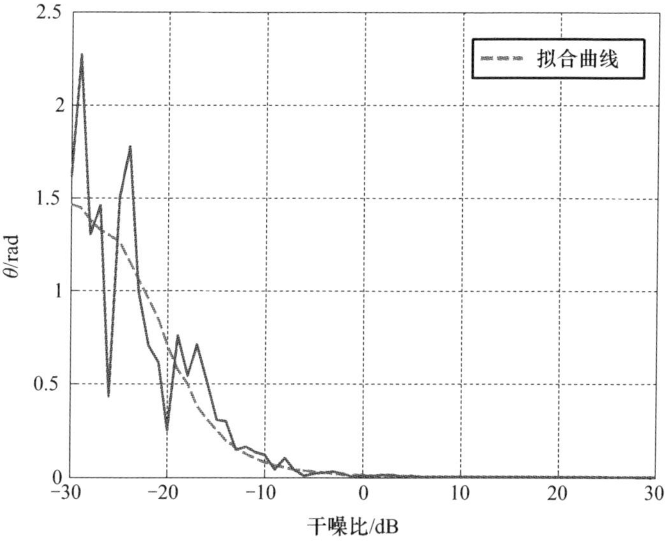

图 4.5　干扰极化估计误差 θ 随干噪比变化曲线

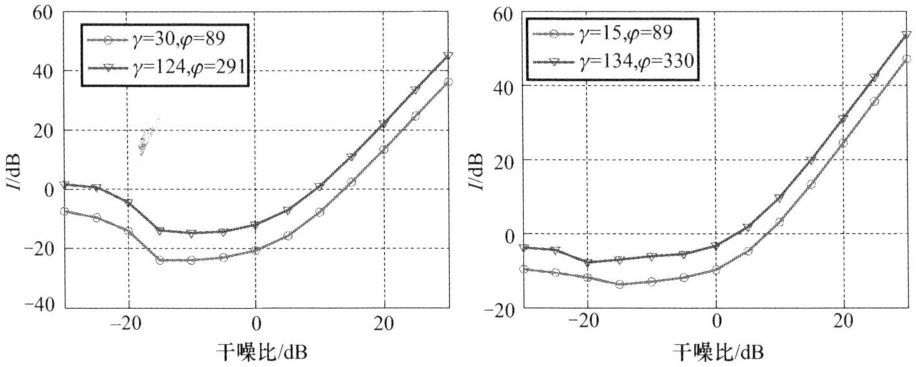

(a) $\alpha=\pi/6$　　(b) $\alpha=\pi/3$

图 4.6　不同情况下信干噪比增量随干噪比变化关系

由图 4.6(a)可见,干噪比较高(≥0dB)时,两种情况下信干噪比增量 I 平稳变化且与干噪比呈正相关。此外,比较图 4.6(a)、(b)可见,当 $\alpha=\pi/3$ 时信干噪比增量 I 较 $\alpha=\pi/6$ 时大,表明信号与干扰极化夹角越大,滤波后 SINR 增量就越大。

4.2.1.2　部分极化干扰情况下的 SINR 改善

实际中,由于干扰信号极化纯度较低、雷达接收通道响应差异等因素影响,进入雷达接收机的干扰信号并非完全极化波,且干扰极化估计也存在误差,导致极化对消后仍然有干扰剩余。本节分析部分极化情况下双极化雷达极化对消后的信干噪比改善。

部分极化干扰情况下雷达极化对消权矢量(雷达接收极化矢量)[3]为

$$\boldsymbol{g}_{\mathrm{ro}}=-\frac{\Lambda_3\hat{\boldsymbol{g}}_{\mathrm{j}}}{\|\Lambda_3\hat{\boldsymbol{g}}_{\mathrm{j}}\|}=-\frac{1}{\|\hat{\boldsymbol{g}}_{\mathrm{j}}\|}[\hat{g}_{\mathrm{j1}}\quad\hat{g}_{\mathrm{j2}}\quad-\hat{g}_{\mathrm{j3}}]^{\mathrm{T}}\tag{4.32}$$

$[1\quad\boldsymbol{g}_{\mathrm{ro}}^{\mathrm{T}}]^{\mathrm{T}}$ 即为雷达接收极化矢量(斯托克斯矢量表示形式),$\hat{\boldsymbol{g}}_{\mathrm{j}}$ 为干扰极化的估计矢量,$\boldsymbol{g}_{\mathrm{ro}}$ 为斯托克斯子矢量。

天线接收到的干扰功率为

$$P_{\mathrm{r}}=\frac{1}{2}\boldsymbol{j}_{\mathrm{r}}^{\mathrm{T}}U_4\boldsymbol{j}$$

式中:$\boldsymbol{j}_{\mathrm{r}}$ 为天线接收极化的斯托克斯矢量,$\boldsymbol{j}_{\mathrm{r}}=[1\quad\boldsymbol{g}_{\mathrm{ro}}^{\mathrm{T}}]^{\mathrm{T}}$;$\boldsymbol{j}$ 为干扰的极化斯托克斯矢量,$\boldsymbol{j}=[1\quad\boldsymbol{g}_{\mathrm{j}}^{\mathrm{T}}]^{\mathrm{T}}$。

因此,根据式(4.32),可知,双极化雷达极化对消后的干扰剩余功率为

$$P_{\mathrm{r}}=\frac{1}{2}\hat{\boldsymbol{j}}^{\mathrm{T}}\perp U_4\boldsymbol{j}=\frac{P_{\mathrm{j}}}{2}(1+\boldsymbol{g}_{\mathrm{ro}}^{\mathrm{T}}\Lambda_3\boldsymbol{g}_{\mathrm{j}})\tag{4.33}$$

如果将干扰真实极化 $\boldsymbol{g}_{\mathrm{j}}$、估计极化 $\hat{\boldsymbol{g}}_{\mathrm{j}}$ 的斯托克斯矢量表示为庞加莱极化球面上的两点（与球心的连线构成两个矢量），则可用该两矢量间夹角 θ 来度量干扰估计极化 $\hat{\boldsymbol{g}}_{\mathrm{j}}$ 的误差，其夹角余弦的关系式为

$$\cos\theta = \frac{\boldsymbol{g}_{\mathrm{j}}^{\mathrm{T}}\hat{\boldsymbol{g}}_{\mathrm{j}}}{\|\boldsymbol{g}_{\mathrm{j}}\| \ \|\hat{\boldsymbol{g}}_{\mathrm{j}}\|} \tag{4.34}$$

又有关系式

$$\mathrm{PD} = \|\boldsymbol{g}_{\mathrm{j}}\| \tag{4.35}$$

式中：PD 为干扰原始极化度。

将式(4.35)和式(4.34)代入式(4.33)，可得

$$P_{\mathrm{r}} = \frac{1 - \mathrm{PD} \cdot \cos\theta}{2} \cdot P_{\mathrm{j}} \tag{4.36}$$

那么，双极化雷达极化对消后的信干噪比为

$$\mathrm{SINR}_{\mathrm{polar}} = \frac{\dfrac{1}{2}(1 - \cos\alpha) \cdot P_{\mathrm{s}}}{\sigma^2 + \dfrac{1}{2}(1 - \mathrm{PD} \cdot \cos\theta) \cdot P_{\mathrm{j}}} \tag{4.37}$$

式中：α 为目标回波与干扰的极化夹角。

而根据琼斯矢量和斯托克斯矢量之间变换关系，可将式单极化雷达的信干噪比表示为

$$\mathrm{SINR} = \frac{\dfrac{1}{2}(1 + g_{\mathrm{s1}}) \cdot P_{\mathrm{s}}}{\sigma^2 + \dfrac{1}{2}(1 + g_{\mathrm{j1}}) \cdot P_{\mathrm{j}}} \tag{4.38}$$

因此，双极化雷达（极化对消后）相对于单极化雷达的信干噪比增量为

$$I = 10\lg\left(\frac{\mathrm{SINR}_{\mathrm{polar}}}{\mathrm{SINR}}\right) = 10\lg\left(\frac{(1 - \cos\alpha) \cdot \left(1 + \dfrac{P_{\mathrm{j}}}{\sigma^2} \cdot \dfrac{1}{2}(1 + g_{\mathrm{j1}})\right)}{(1 + g_{\mathrm{s1}})\left(1 + \dfrac{P_{\mathrm{j}}}{\sigma^2} \cdot \dfrac{1}{2}(1 - \mathrm{PD} \cdot \cos\theta)\right)}\right) \tag{4.39}$$

由式(4.39)可见，信干噪比增量主要受以下四个因素影响：

(1) 干扰原始极化度。由式(4.39)分母部分可以看出，干扰原始极化度 PD 越高，则 $1 - \mathrm{PD} \cdot \cos\theta$ 越小，对消后剩余干扰功率越小，信干噪比增量就越高。

(2) 目标与干扰的极化状态。式(4.39)中，$(1 + g_{\mathrm{s1}})$、$(1 + g_{\mathrm{j1}})$ 分别代表目标回波、干扰信号的 H 极化分量占比（H 极化能量占总能量的比率），在本节中假设单极化雷达天线采用 H 极化的情况下，信干噪比增量与目标回波 H 分量占

比呈负相关,与干扰信号 H 分量占比呈正相关。

(3) 目标与干扰的极化状态差异。式(4.39)中,α 体现了目标与干扰的极化状态差异,信干噪比增量随 α 增大而增大。

(4) 干噪比。进一步将式(4.39)写成

$$I = 10\lg\left(\frac{1-\cos\alpha}{1+g_{\mathrm{s1}}}\cdot(1+X)\right)$$

式中

$$X = \frac{\dfrac{P_{\mathrm{j}}}{\sigma^2}\cdot\dfrac{1}{2}(\mathrm{PD}\cdot\cos\theta + g_{\mathrm{j1}})}{1+\dfrac{P_{\mathrm{j}}}{\sigma^2}\cdot\dfrac{1}{2}(1-\mathrm{PD}\cdot\cos\theta)}$$

当估计误差 θ 接近于 0 时,其分母接近于 1,此时,干噪比$\dfrac{P_{\mathrm{j}}}{\sigma^2}$与 X 的分子项成正比,而 X 分母项中$(1-\mathrm{PD}\cdot\cos\theta)$在干扰极化估计误差较小时接近于 0(干扰极化估计误差随干噪比增大而减小),因此,综合来看,干噪比越大,信干噪比增量越大。

下面进行仿真验证。使用上一小节中的设定参数,干扰的原始极化度通过对一个完全极化干扰加入噪声扰动来进行调整。

图 4.5 给出了干扰极化估计误差 θ 随干扰原始极化度和干噪比变化的情况。在此基础上,进一步得到信干噪比增量 I 与干扰原始极化度 PD、INR 和干扰目标极化夹角 α 的关系。图 4.7 为目标回波 H 分量占比 50%、不同情况下信干噪比增量 I 随目标干扰极化夹角变化 α 关系。图 4.9 为极化度 PD = 0.8、目标干扰极化夹角 $\alpha=\pi/6$ 时,不同目标回波 H 分量的情况下信干噪比增量 I 随干噪比变化关系。

由图 4.7 可见,随着干噪比和极化度升高,干扰极化估计误差 θ 逐渐减小趋近于 0。

图 4.8 给出了四条曲线,分别对应不同的 INR 和干扰原始极化度。带"○"曲线表示 PD = 0.8,带"▽"或曲线表示 PD = 0.55,干噪比分别为 INR = 10dB,INR = 30dB。

(1) 从图 4.8 中四条曲线走势可见,信干噪比增量 I 随目标干扰极化夹角 α 增大而增大,从而验证了信干噪比增量 I 与目标干扰极化夹角 α 呈正相关。

(2) 比较 INR 相同而 PD 不同的两组曲线可见,PD 较大的一组信干噪比增量 I 较大,故可以得出信干噪比增量 I 与干扰原始极化度 PD 呈正相关。

(3) 比较 PD 相同而 INR 不同的两组曲线可见,INR = 30dB 的一组信干噪比增量 I 明显高于 JNR = 10dB 的一组,即干噪比越大,则信干噪比增量越大。

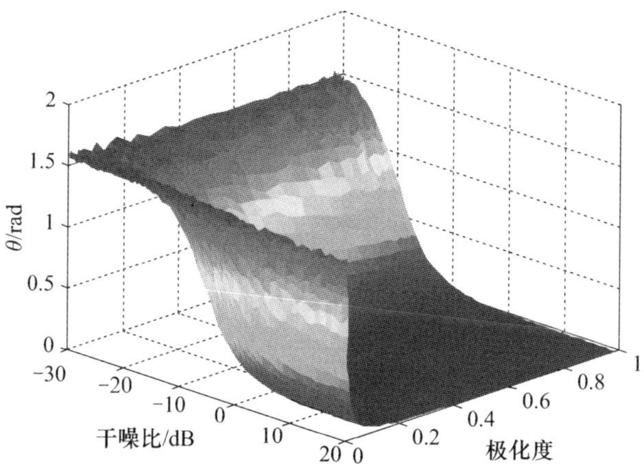

图 4.7　干扰极化估计误差 随干扰原始极化度及干噪比变化曲线

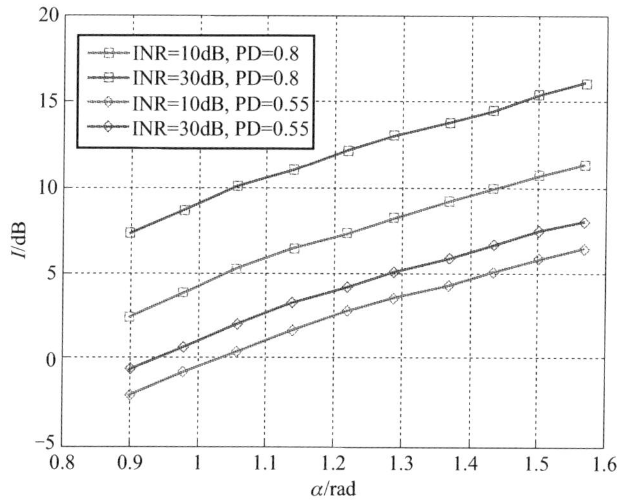

图 4.8　信干噪比增量随干扰/目标极化夹角变化关系

下面对图 4.9 进行分析：

（1）比较图 4.9 中两条曲线，可见目标回波 H 分量占比小的曲线值均高于目标回波 H 分量占比大的曲线，从而验证了信干噪比增量与目标回波 H 分量占比呈负相关的结论。

（2）当 INR≤20dB 时信干噪比增量 I 与 INR 呈正相关，与前面分析结果相符。但干噪比较大时，信干噪比增量趋于定值。由于此时干扰并非完全极化波，当干噪比$\frac{P_{\mathrm{j}}}{\sigma^2}$较大时，$\frac{P_{\mathrm{j}}}{\sigma^2}\cdot\frac{1}{2}(1-\mathrm{PD}\cdot\cos\theta)\gg 1$，故 X 的分母可近似为$\frac{P_{\mathrm{j}}}{\sigma^2}\cdot\frac{1}{2}(1-$

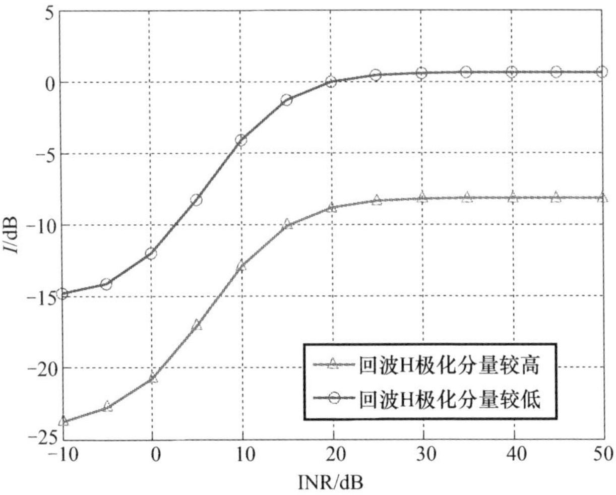

图 4.9 信干噪比增量随干噪比变化关系

$\mathrm{PD}\cdot\cos\theta$),则干噪比项可抵消得 $X=\dfrac{\mathrm{PD}+g_{\mathrm{j1}}}{1-\mathrm{PD}}$,为一常数。故此时,当干噪比较大时信干噪比增量 I 趋于定值 $10\lg\left(\dfrac{1-\cos\alpha}{1+g_{\mathrm{s1}}}\cdot\dfrac{1+g_{\mathrm{j1}}}{1-\mathrm{PD}}\right)$。

4.2.2 雷达收发极化联合优化与目标检测

由前述可以看出,极化对消的 SINR 增量与目标/干扰之间极化状态差异密切相关,当二者差异很小时,极化对消带来的 SINR 增量较为受限,这是因为目标回波能量也被大量抑制,导致输出 SINR 并未显著增加。

因此,本节讨论通过雷达发射极化、接收极化的联合优化改善输出 SINR 的问题,并力图找到一种工程上易于实现的优化方法。

4.2.2.1 基本原理

针对主瓣干扰情况下提升输出 SINR 的问题,从雷达接收极化和发射极化两个方面进行优化。

由于主瓣干扰功率很大、威胁最为严重,因此把接收极化优化的准则设为干扰信号极化的交叉极化,即力图完全对消干扰,而发射极化的优化准则设为在接收极化已确定情况下,对目标回波接收功率最大。

因此,提出了接收极化、发射极化分步优化的思路(图 4.10):先通过干扰信号数据以确定最佳接收极化,再估计最佳发射极化。

由前可知,干扰背景下雷达最佳接收极化为

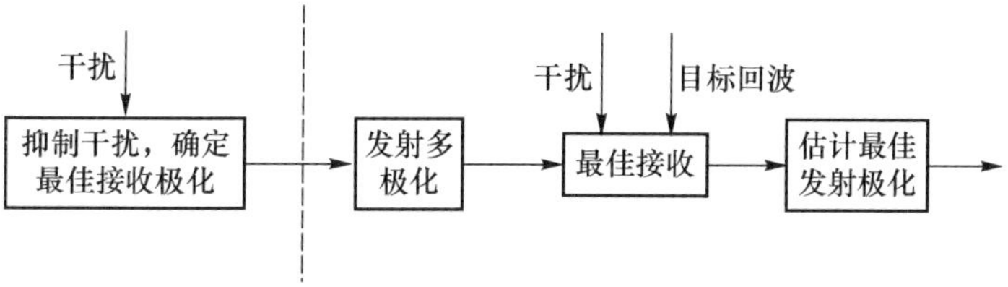

图 4.10　干扰背景下雷达发射/接收极化联合优化过程

$$\boldsymbol{h}_{r,\mathrm{opt}}^{\mathrm{T}}\boldsymbol{h}_{\mathrm{J}}=0 \tag{4.40}$$

目标回波极化 $\boldsymbol{h}_{\mathrm{s}}$ 由发射极化 $\boldsymbol{h}_{\mathrm{t}}$ 和目标散射矩阵 $\boldsymbol{S}$ 共同决定,即

$$\boldsymbol{h}_{\mathrm{s}}=\boldsymbol{S}\boldsymbol{h}_{\mathrm{t}} \tag{4.41}$$

在雷达接收极化确定为 $\boldsymbol{h}_{\mathrm{r,opt}}$ 之后,若要求回波接收功率最大,即应使 $\boldsymbol{h}_{\mathrm{s}}^{\mathrm{T}}\boldsymbol{h}_{\mathrm{r,opt}}$ 最大,将上式代入到 $\boldsymbol{h}_{\mathrm{s}}^{\mathrm{T}}\boldsymbol{h}_{\mathrm{r,opt}}$ 中,则回波接收功率变为 $\boldsymbol{h}_{\mathrm{t}}^{\mathrm{T}}\boldsymbol{S}^{\mathrm{T}}\boldsymbol{h}_{\mathrm{r,opt}}$,即发射极化优化的目的是使 $\boldsymbol{h}_{\mathrm{t}}^{\mathrm{T}}\boldsymbol{S}^{\mathrm{T}}\boldsymbol{h}_{\mathrm{r,opt}}$ 取最大值。

若定义目标散射矩阵和最佳接收极化的乘积矢量为

$$\boldsymbol{\theta}=\frac{\boldsymbol{S}^{\mathrm{T}}\boldsymbol{h}_{\mathrm{r,opt}}}{\|\boldsymbol{S}^{\mathrm{T}}\boldsymbol{h}_{\mathrm{r,opt}}\|}$$

显然 $\|\boldsymbol{\theta}\|=1$,则由收、发极化决定的目标接收信号电压系数为

$$\boldsymbol{v}_{\mathrm{s}}=\boldsymbol{h}_{\mathrm{r,opt}}^{\mathrm{T}}\boldsymbol{S}\boldsymbol{h}_{\mathrm{t}}=\boldsymbol{h}_{\mathrm{t}}^{\mathrm{T}}\boldsymbol{\theta} \tag{4.42}$$

由内积空间的性质

$$|v_{\mathrm{s}}|=|\langle\boldsymbol{h}_{\mathrm{t}},\boldsymbol{\theta}^{*}\rangle|\leqslant\|\boldsymbol{h}_{\mathrm{t}}\|\cdot\|\boldsymbol{\theta}^{*}\|\text{(上标“}*\text{”表示共轭)}$$

可知,当且仅当 $\boldsymbol{h}_{\mathrm{t}}=\alpha\boldsymbol{\theta}^{*}$ 时(α 为复常数),接收到的信号功率最大。若约束 $\|\boldsymbol{h}_{\mathrm{t,opt}}\|=1$,则最佳发射极化为

$$\boldsymbol{h}_{\mathrm{t,opt}}=\boldsymbol{\theta}^{*} \tag{4.43}$$

即与 $\boldsymbol{\theta}$ 匹配的 $\boldsymbol{h}_{\mathrm{t}}$ 为最佳发射极化。

下面研究最佳发射极化的估计方法(对 $\boldsymbol{\theta}$ 的估计)。

4.2.2.2　最佳发射极化估计方法

本小节研究通过发射极化分集和最小二乘法估计最佳发射极化。

若 M 个发射极化分别为 $\boldsymbol{h}_{\mathrm{t}m}(m=1,2,\cdots,M)$,则目标回波复幅度为

$$v_m=\beta\boldsymbol{h}_{\mathrm{t}m}^{\mathrm{T}}\boldsymbol{\theta} \tag{4.44}$$

式中:β 在一个相干处理期间内为常数,与目标散射矩阵无关,且有

$$\beta=\sqrt{\frac{2P_{\mathrm{t}}G_{\mathrm{t}}G_{\mathrm{r}}\lambda^{2}}{(4\pi)^{3}R^{4}L}}$$

其中：P_t 为雷达发射功率；G_t、G_r 分别为在目标方向上的天线发射和接收增益；λ 为雷达波长；R 为目标距离；L 为总损耗。

按式(4.4.4)构造观测方程，$\boldsymbol{H}_t=[\boldsymbol{h}_{t1} \quad \boldsymbol{h}_{t2} \quad \cdots \quad \boldsymbol{h}_{tM}]^{\mathrm{T}}$ 为系数矩阵，观测矢量(其中 z_m 为脉冲回波幅度)$\boldsymbol{Z}=[z_1\cdots \quad z_m \quad \cdots \quad z_M]^{\mathrm{T}}$，加性噪声矢量 $\boldsymbol{n}=[n_1 \quad \cdots n_m \quad \cdots \quad n_M]^{\mathrm{T}}$，则有

$$\boldsymbol{Z}=\boldsymbol{H}_t\beta\boldsymbol{\theta}+\boldsymbol{n} \tag{4.45}$$

噪声可认为是高斯白噪声，噪声矢量 $\boldsymbol{n}\sim \mathrm{N}(0,\boldsymbol{R})$，其中 $\boldsymbol{R}=\sigma^2\cdot\boldsymbol{I}_{M\times M}$是噪声方差矩阵，$\sigma^2$为观测噪声方差，$\boldsymbol{I}_{M\times M}$为 $M\times M$ 的单位矩阵。

矢量 $\boldsymbol{\theta}$ 的最小二乘估计为

$$\hat{\boldsymbol{\theta}}=\frac{1}{\beta}(\boldsymbol{H}_t^{\mathrm{H}}\boldsymbol{H}_t)^{-1}\boldsymbol{H}_t^{\mathrm{H}}\boldsymbol{Z} \tag{4.46}$$

上标“H”表示共轭转置，估计误差 $\tilde{\boldsymbol{\theta}}=\hat{\boldsymbol{\theta}}-\boldsymbol{\theta}$ 服从零均值复高斯分布 $\tilde{\boldsymbol{\theta}}\sim \mathrm{N}(0,\boldsymbol{R}_{\tilde{\boldsymbol{\theta}}})$，其协方差阵为

$$\boldsymbol{R}_{\tilde{\boldsymbol{\theta}}}=\frac{1}{\mathrm{SNR}}(\boldsymbol{H}_t^{\mathrm{H}}\boldsymbol{H}_t)^{-1} \tag{4.47}$$

式中：SNR 为信噪比，$\mathrm{SNR}=|\beta|^2/\sigma^2$，反映了目标回波接收功率，但不包括目标散射强度和极化。

虽然系数 β 无法获知，但由于有 $\|\boldsymbol{h}_{t,\mathrm{opt}}\|=1$ 的约束，因此依据式(4.43)、式(4.46)，最佳发射极化为

$$\hat{\boldsymbol{h}}_{t,\mathrm{opt}}=\frac{[(\boldsymbol{H}_t^{\mathrm{H}}\boldsymbol{H}_t)^{-1}\boldsymbol{H}_t^{\mathrm{H}}\boldsymbol{Z}]^*}{\|(\boldsymbol{H}_t^{\mathrm{H}}\boldsymbol{H}_t)^{-1}\boldsymbol{H}_t^{\mathrm{H}}\boldsymbol{Z}\|} \tag{4.48}$$

下面讨论发射极化分集的设计问题。

式(4.48)中含有对矩阵 $\boldsymbol{H}_t^{\mathrm{H}}\boldsymbol{H}_t$ 的求逆运算，如果矩阵 $\boldsymbol{H}_t^{\mathrm{H}}\boldsymbol{H}_t$ 奇异或条件数很大，则协方差阵 $\boldsymbol{R}_{\tilde{\theta}}$ 也会很大，即 $\hat{\theta}$ 的估计性能是不稳定的。考虑到 $\boldsymbol{H}_t^{\mathrm{H}}\boldsymbol{H}_t$ 由发射极化矩阵 $\boldsymbol{H}_t$ 唯一决定，因此，应对对发射极化分集进行设计。

设发射极化 $\boldsymbol{h}_{tm}=[\cos\gamma_m,\sin\gamma_m\cdot \mathrm{e}^{\mathrm{j}\phi_m}]^{\mathrm{T}}$，$(\gamma_m,\phi_m)$为极化的相位描述子，则

$$\boldsymbol{H}_t^{\mathrm{H}}\boldsymbol{H}_t=\begin{bmatrix}\sum\limits_{m=1}^{M}(\cos\gamma_m)^2 & \sum\limits_{m=1}^{M}\sin\gamma_m\cos\gamma_m\mathrm{e}^{\mathrm{j}\varphi_m}\\ \sum\limits_{m=1}^{M}\sin\gamma_m\cos\gamma_m\mathrm{e}^{-\mathrm{j}\varphi_m} & \sum\limits_{m=1}^{M}(\sin\gamma_m)^2\end{bmatrix} \tag{4.49}$$

如果 $\boldsymbol{h}_{t1}$ 与 $\boldsymbol{h}_{t2}$正交，则有

$$\begin{cases}\gamma_2 = \dfrac{\pi}{2} - \gamma_1 \\ \phi_2 = \pi + \phi_1\end{cases}$$

进而

$$\begin{cases}\cos^2\gamma_1 + \cos^2\gamma_2 = 1 \\ \sin\gamma_1\cos\gamma_1 e^{j\phi_1} + \sin\gamma_2\cos\gamma_2 e^{j\phi_2} = 0\end{cases}$$

若 M 个发射极化由 $M/2$ 对正交极化构成，那么易证明：

$$\boldsymbol{H}_t^H \boldsymbol{H}_t = \frac{M}{2} \cdot \boldsymbol{I}_{2\times 2} \tag{4.50}$$

式中：$\boldsymbol{I}_{2\times 2}$为2阶单位矩阵。

显然，这样的发射极化避免了 $\hat{\boldsymbol{\theta}}$ 估计性能不稳定的问题，并且使算法的性能分析大为简化。

估计误差协方差矩阵为

$$\boldsymbol{R}_{\tilde{\theta}} = \frac{2}{M \cdot \mathrm{SNR}} \cdot \boldsymbol{I}_{2\times 2} \tag{4.51}$$

综上，发射脉冲数 M 应为偶数，并且发射极化分集应由 $M/2$ 对正交极化组成。同时，需要说明的是，本方法中考虑目标极化散射矩阵随时间、姿态起伏很快，因此，发射极化优化后应用于当前观测周期，且雷达应采用同时或准同时极化测量体制为宜。

4.2.2.3 性能分析

由第2章可知，同时、准同时极化测量体制噪声和多普勒补偿剩余相位（由多普勒估计误差引起）是极化测量的主要误差，下面首先分析多普勒补偿剩余相位对测量性能的影响，而后通过数值计算和仿真实验研究算法的测量性能。

1）性能定义

由于最佳发射极化估计 $\hat{\boldsymbol{h}}_{t,opt}$和矢量 $\boldsymbol{\theta}$ 均是范数为1的二维复矢量，且 $\boldsymbol{h}_{t,opt}$ 与 $\boldsymbol{\theta}$ 匹配，因此，定义 $\hat{\boldsymbol{h}}_{t,opt}$和 $\boldsymbol{\theta}$ 的匹配度

$$m_p = \frac{|\hat{\boldsymbol{h}}_{t,opt}^T \cdot \boldsymbol{\theta}|^2}{\|\hat{\boldsymbol{h}}_{t,opt}\|^2 \cdot \|\boldsymbol{\theta}\|^2} \tag{4.52}$$

作为算法性能评价指标。

下面研究矢量 $\boldsymbol{\theta}$ 的估计性能与匹配度 m_p的关系。

设 $\boldsymbol{\theta} = [\theta_1, \theta_2]^T$，$\hat{\boldsymbol{\theta}} = [\hat{\theta}_1, \hat{\theta}_2]^T$ 和 $\tilde{\boldsymbol{\theta}} = [\tilde{\theta}_1, \tilde{\theta}_2]^T$ 分别为矢量 $\boldsymbol{\theta}$ 的估计值和估计误差，代入式（4.52），可得

$$m_{\mathrm{p}}=1-\frac{|\theta_2\tilde{\theta}_1-\theta_1\tilde{\theta}_2|^2}{(|\theta_1+\tilde{\theta}_1|^2+|\theta_2+\tilde{\theta}_2|^2)} \tag{4.53}$$

易证 $0\leqslant m_{\mathrm{p}}\leqslant 1$，上式表明 m_{p} 不仅与 $\tilde{\boldsymbol{\theta}}$ 有关，还与 $\boldsymbol{\theta}$ 本身有关。

由于式(4.53)右半部分的分子、分母相关，难以推出 m_{p} 的均值、方差的表达式，故采用数值方法得到 m_{p} 的均值和方差。令 $\rho=\theta_2/\theta_1=\tan\gamma\cdot e^{j\varphi}$，在$(\gamma,\varphi)$平面上均匀采样，以遍历所有可能的 ρ 值，在每个 ρ 位置进行蒙特卡罗仿真，按式(4.53)计算 m_{p}，并统计均值和方差。通过大量的数值仿真证实，在相同的脉冲数 M 和 SNR 下，m_{p} 的均值和方差随(γ,φ)呈现无规则的微弱起伏，可认为与 $\boldsymbol{\theta}$ 无关，只与 $\tilde{\boldsymbol{\theta}}$ 有关。图 4.11 给出了不同 M 下，m_{p} 的均值和方差随 SNR 的变化曲线。

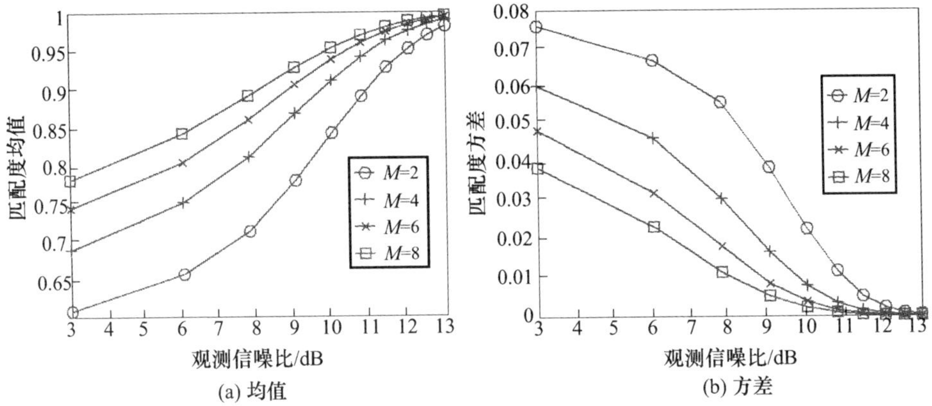

图 4.11 匹配度均值和方差随信噪比的变化曲线

2）多普勒估计误差对算法性能的影响

由第 2 章可知，对于分时极化体制和复合编码同时极化体制，目标回波多普勒效应会对测量带来较大影响，经多普勒补偿后仍有剩余误差，即脉间（或地址码码元间）的剩余相位差。下面分析这种剩余相位差对算法性能的影响。

多普勒剩余相位差为

$$\psi_m=2\pi\tilde{f}_{\mathrm{d}}m\Delta T \tag{4.54}$$

式中：ΔT 为脉冲重复周期（分时极化体制）或地址码码元宽度（复合编码同时极化体制）。其影响表现为一个乘性系数，即

$$\Psi(m)=e^{j\psi_m} \tag{4.55}$$

于是，式(4.45)变为

$$\boldsymbol{Z}=\boldsymbol{H}_{\mathrm{t}\Omega}\beta\boldsymbol{\theta}+\boldsymbol{n} \tag{4.56}$$

式中

$$\boldsymbol{H}_{t\Omega}=\begin{bmatrix}\Psi(1)\cdot\boldsymbol{h}_{t1}^{T}\\ \vdots\\ \Psi(M)\cdot\boldsymbol{h}_{tM}^{T}\end{bmatrix}=\boldsymbol{\Psi}\boldsymbol{H}_t,\boldsymbol{\Psi}=\begin{bmatrix}\Psi(1) & \cdots & 0\\ \vdots & \ddots & \\ 0 & & \Psi(M)\end{bmatrix}$$

因此,矢量估计 $\hat{\boldsymbol{\theta}}$ 是有偏的,估计误差 $\tilde{\boldsymbol{\theta}}$ 的数学期望为

$$\mathrm{E}\tilde{\boldsymbol{\theta}}=\mathrm{E}[\tilde{\boldsymbol{\theta}}]=(\boldsymbol{H}_t^{H}\boldsymbol{H}_t)^{-1}\boldsymbol{H}_t^{H}\boldsymbol{\Psi}_1\boldsymbol{H}_t\boldsymbol{\theta} \tag{4.57}$$

式中:$\boldsymbol{\Psi}_1=\boldsymbol{\Psi}-\boldsymbol{I}_{M\times M}$,估计误差方差 $\boldsymbol{R}_{\tilde{\theta}}$ 不变,同式(4.51)。

估计误差 $\tilde{\boldsymbol{\theta}}$ 服从二元复高斯分布 $\tilde{\boldsymbol{\theta}}\sim \mathrm{N}(\mathrm{E}\tilde{\boldsymbol{\theta}},\boldsymbol{R}_{\tilde{\theta}})$,其概率密度函数为

$$f(\tilde{\boldsymbol{\theta}})=\frac{1}{\pi^2|R_{\tilde{\theta}}|}\exp\{-(\tilde{\boldsymbol{\theta}}-\mathrm{E}\tilde{\boldsymbol{\theta}})^{H}\boldsymbol{R}_{\tilde{\theta}}^{-1}(\tilde{\boldsymbol{\theta}}-\mathrm{E}\tilde{\boldsymbol{\theta}})\} \tag{4.58}$$

概率密度等高线 $(\tilde{\boldsymbol{\theta}}-\mathrm{E}\tilde{\boldsymbol{\theta}})^{H}\boldsymbol{R}_{\tilde{\theta}}^{-1}(\tilde{\boldsymbol{\theta}}-\mathrm{E}\tilde{\boldsymbol{\theta}})=d^2$ 在二维平面上的投影为椭圆,由于

$$\boldsymbol{R}_{\tilde{\theta}}=\begin{bmatrix}\sigma_{11} & \sigma_{12}\\ \sigma_{21} & \sigma_{22}\end{bmatrix}=\frac{2}{M\cdot \mathrm{SNR}}\begin{bmatrix}1 & 0\\ 0 & 1\end{bmatrix} \tag{4.59}$$

主对角线元素相等,次对角线元素为零,该投影椭圆退化为圆,这里称为投影圆,其半径 $R=c\sigma_{11}$。

满足

$$(\tilde{\boldsymbol{\theta}}-\mathrm{E}\tilde{\boldsymbol{\theta}})^{H}\boldsymbol{R}_{\tilde{\theta}}^{-1}(\tilde{\boldsymbol{\theta}}-\mathrm{E}\tilde{\boldsymbol{\theta}})\leqslant d^2=\chi_2^2(\alpha) \tag{4.60}$$

的圆内的 $\tilde{\boldsymbol{\theta}}$ 的概率为 $1-\alpha$(其中,$\chi_2^2(\alpha)$ 为自由度为 2 的 χ^2 分布的第 100α 百分位数),即当半径

$$R=\sigma_{11}\sqrt{\chi_2^2(\alpha)} \tag{4.61}$$

时,$\tilde{\boldsymbol{\theta}}$ 在该圆内的概率为 $1-\alpha$。

如图 4.12 所示,目标静止情况下,投影圆以坐标中心 O 为圆心,若要求 $\tilde{\boldsymbol{\theta}}$ 在投影圆内概率 $P_0=1-\alpha_0$,则由 χ^2 分布表和式可算得圆半径 R_0,该圆所包含区域称为“容许区域”。在目标运动情况下,投影圆以 $\mathrm{E}\tilde{\boldsymbol{\theta}}$ 为中心,若 $\mathrm{E}\tilde{\boldsymbol{\theta}}$ 偏离 O 的距离 $\mathrm{E}\tilde{\boldsymbol{\theta}}$ 相对于 R_0 很小,则 $\tilde{\boldsymbol{\theta}}$ 在容许区域内的概率 P 仍然非常大,在工程意义上,$\hat{\boldsymbol{\theta}}$ 仍然是可以接收的。

图 4.12 中,当目标运动情况下投影圆的半径 $R_1=R_0-\|\mathrm{E}\tilde{\boldsymbol{\theta}}\|$ 时,其投影圆内切于目标静止时的投影圆,设其所包含区域的概率为 P_1,则显然有 $P_1\leqslant P\leqslant P_0$。因此,若要求 $P\geqslant 1-\alpha_1$,则当半径 $R_1=\sigma_{11}\sqrt{\chi_2^2(\alpha_1)}$ 时,满足 $P\geqslant P_1=1-\alpha_1$。

综上可知,若要求在目标运动情况下,估计误差 $\tilde{\boldsymbol{\theta}}$ 在容许区域内的概率 $P \geqslant 1-\alpha_1$,下面的不等式是一个充分条件:

$$\| \mathrm{E}\tilde{\boldsymbol{\theta}} \| \leqslant \left(\sqrt{\chi_2^2(\alpha_0)} - \sqrt{\chi_2^2(\alpha_1)} \right)\sigma_{11} \tag{4.62}$$

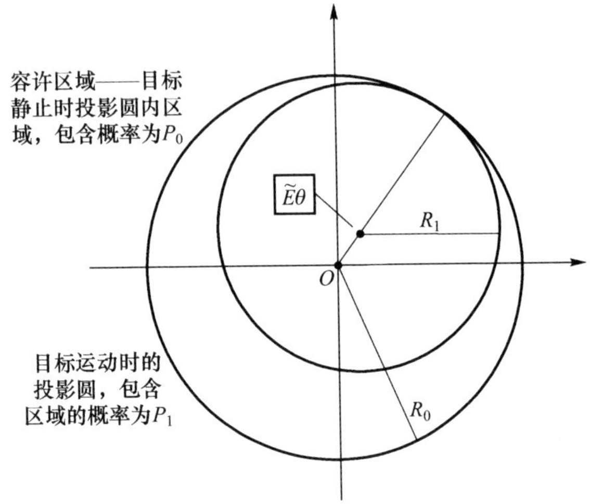

图 4.12 矢量估计误差概率分布

由式(4.62)易得

$$\| \mathrm{E}[\hat{\boldsymbol{\theta}}] \|^2 = \frac{4}{M^2}(\boldsymbol{H}_t\boldsymbol{\theta})^{\mathrm{H}}[\boldsymbol{\Psi}_1^{\mathrm{H}}\boldsymbol{H}_t\boldsymbol{H}_t^{\mathrm{H}}\boldsymbol{\Psi}_1](\boldsymbol{H}_t\boldsymbol{\theta}) \tag{4.63}$$

由于 $\boldsymbol{H}_t\boldsymbol{H}_t^{\mathrm{H}}$ 的对角线元素全为 1,并且 $\boldsymbol{\Psi}_1$ 为对角矩阵,易知矩阵 $\boldsymbol{A} = \boldsymbol{\Psi}_1^{\mathrm{H}}\boldsymbol{H}_t\boldsymbol{H}_t^{\mathrm{H}}\boldsymbol{\Psi}_1$ 的对角线元素为 $|1-\Psi(m)|^2$。又因为 $\boldsymbol{A}$ 是半正定厄米特矩阵,其特征值均为非负实数,因此矩阵最大特征值为

$$\lambda_{\max} \leqslant \mathrm{tr}(\boldsymbol{A}) = \sum_{m=1}^{M} |1-\Psi(m)|^2 \tag{4.64}$$

于是,根据厄米特二次型的性质可知,由式(4.63)可得

$$\| \mathrm{E}[\hat{\boldsymbol{\theta}}] \|^2 \leqslant \frac{4\lambda_{\max}}{M^2} \| \boldsymbol{H}_t\boldsymbol{\theta} \|^2 = \frac{2\sum_{m=1}^{M} |1-\Psi(m)|^2}{M} \tag{4.65}$$

将

$$|1-\Psi(m)|^2 = 4\sin^2\frac{\Psi_m}{2}$$

代入式(4.65),并综合式(4.62),可以得到满足误差 $\tilde{\boldsymbol{\theta}}$ 在容许区域内的概率 $P \geqslant 1-\alpha_1$ 的充分条件为

$$8\sin^2\frac{\Psi_{\max}}{2}\leqslant\left(\sqrt{\chi_2^2(\alpha_0)}-\sqrt{\chi_2^2(\alpha_1)}\right)^2\sigma_{11} \tag{4.66}$$

式中：$\Psi_{\max}$为所有 Ψ_m中使 $\sin^2\frac{\Psi_m}{2}$最大的一个。

进一步，有

$$|\Psi_{\max}|<2\arcsin\left[\frac{\sqrt{\chi_2^2(\alpha_0)}-\sqrt{\chi_2^2(\alpha_1)}}{\sqrt{4M\cdot\mathrm{SNR}}}\right] \tag{4.67}$$

上式表明，SNR 越大，$\Psi_{\max}$的取值范围越小。

如果容许区域的概率 $P_0=99.5\%$，要求目标运动情况下 $\tilde{\boldsymbol{\theta}}$ 在容许区域内的概率 $P\geqslant99\%$，假定 SNR = 10，由式(4.66)要求 $|\Psi_{\max}|<1.9977°$。而由式(4.54)，按照前述参数设置(多普勒估计误差、伪随机码长度、地址码长度、脉冲宽度)，可计算得 $\Psi_{\max}=1.3824°$，显然是满足要求的。

综上，如果多普勒估计精度足够高，则矢量估计误差 $\tilde{\boldsymbol{\theta}}$ 是可接受的，不影响算法性能。

4.2.2.4　仿真实验分析

雷达参数设置：接收机带宽 2MHz，采用正交双通道处理，系统采样率为 4MHz，雷达载频为 5GHz，采用复合编码同时极化体制，采用 4 组 4 位 walsh 地址码和 128 位 m 序列，脉冲宽度为 512μs，多普勒估计误差 $\tilde{f}_{\mathrm{d}}=10\mathrm{Hz}$。

为验证本节最佳发射极化的估计方法，假设最佳接收极化与干扰极化接近交叉极化，干扰功率被抑制到接收机噪声水平。按照上述参数在不同输入信噪比(原始回波的时域信噪比，并且与极化及目标散射矩阵无关)下进行蒙特卡罗仿真，并统计匹配度的均值和方差，与图 4.11 所示匹配度均值和方差的理论曲线对比结果如图 4.13 所示。由图可见，仿真实验结果与理论结果非常接近，随着输入信噪比的增大，匹配度的均值逐渐接近于 1，而方差也逐渐趋近于零。

需指出的是，本方法的最终目的是为了更好地检测目标，而不仅是得到最佳发射极化。以同时极化体制为例，发射 M 种极化，得到了最大发射极化估计 $\hat{\boldsymbol{h}}_{\mathrm{t,opt}}$，如何利用 $\hat{\boldsymbol{h}}_{\mathrm{t,opt}}$优化检测性能，一方面要对这 M 个发射极化的回波进行非相参积累以提高当前周期的雷达检测性能，另一方面在后续一段时间内可以采用 $\hat{\boldsymbol{h}}_{\mathrm{t,opt}}$进行发射，并采用相参积累提高雷达检测信噪比。

至于在多长的探测时间内进行一次发射极化的优化估计，要根据目标极化散射矩阵起伏变化情况和雷达工作体制来确定：对于目标极化散射矩阵起伏变

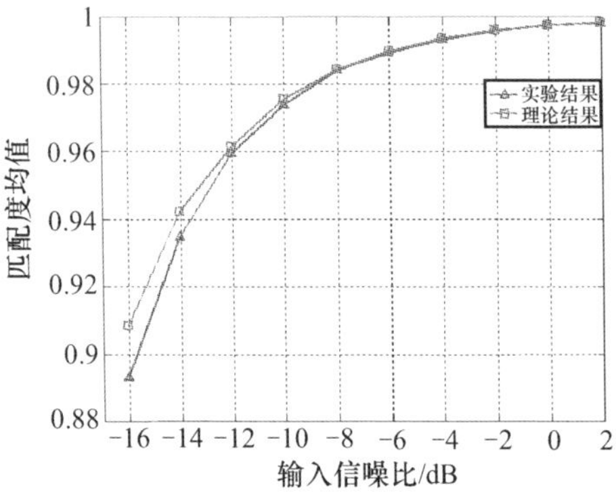

(a) 均值

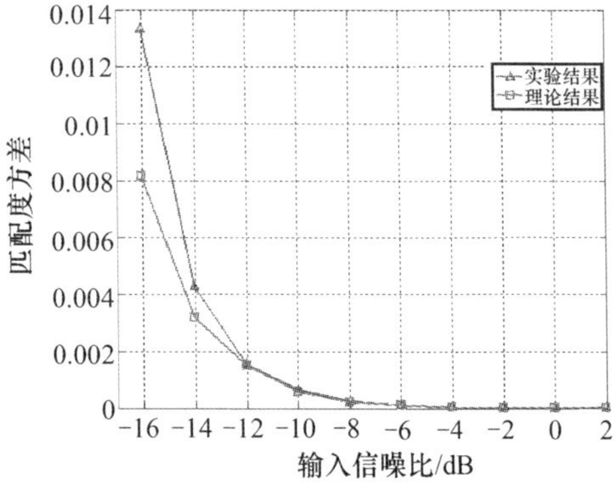

(b) 方差

图 4.13　匹配度的均值、方差随时域输入信噪比变化曲线

化较慢的,可以在 1 个相干处理周期(CPI)甚至多个 CPI 内采用同一个发射极化 $\hat{\boldsymbol{h}}_{t,opt}$,对于目标极化散射矩阵起伏较快的,则应缩短发射极化优化估计的周期,才能保证对目标的探测效果。

4.3　主瓣多点源干扰背景下极化雷达目标检测技术

第 3 章已经介绍了基于极化主辅阵列结构,能够有效抑制一个主瓣干扰与多个旁瓣干扰,其在本质上,仍然是利用了极化对消的方法抑制主瓣干扰。因此,在同时存在多个主瓣干扰的情况下,由于极化域分辨力有限,难以有效抑制。

本节立足于极化阵列体制,放弃基于信干噪比提升改善目标检测能力的传统滤波抗干扰思路,转而采用"特征鉴别"的检测路线,利用有源干扰与雷达目标在极化散射特性响应特征方面的差异(如目标回波极化随发射极化变化而变化,干扰极化方式与雷达发射极化无关等差别),基于雷达发射极化分集体制,在极化—空间联合谱估计信源数量与参数的基础上,利用极化—空间谱图像上散射点分布特征鉴别干扰与目标,实现主瓣多点源干扰情况下的目标检测。

4.3.1　极化—空域联合谱模型

阵列信号处理自 1959 年 Van Atta 提出自适应阵列概念以来,已经发展了 50 余年,在波束形成技术和相控阵雷达波束电子扫描,以及零点控制技术和雷达旁瓣干扰抑制等方面取得了长足发展和应用,而近 30 多年来,空间谱估计技术由于在空间分辨能力方面特有的优势,取得了迅速的发展,成为阵列信号处理的研究重点,基于极化敏感阵列的极化—空域联合谱估计就是其中一个重要的研究分支。

相比于普通阵列，极化敏感阵列提供了更完备的信息获取能力（增加了信号的极化辐射信息、极化散射信息）、更好的分辨能力（从极化域分辨目标与干扰），因此，进一步提高了其抗干扰、目标识别的潜力，以及在复杂干扰环境下的目标探测能力[2]。

下面首先建立极化—空间联合谱估计处理后的信号模型。

为分析方便，仅考虑一维线阵，典型的双极化均匀线阵如图4.14所示。设阵列共有 K 个阵元，每个阵元由一个正交偶极子对构成，设H极化与 X 轴平行，V极化与 X 轴垂直、与 Y 轴平行，Z 轴与 X 轴、Y 轴符合右手螺旋准则。

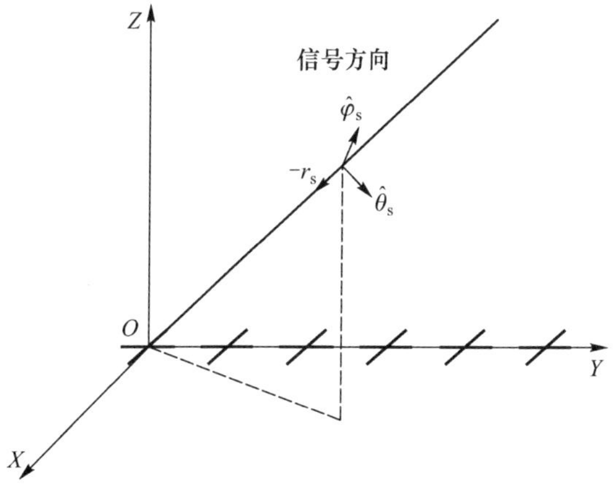

图4.14　双极化均匀线阵示意图

在上述坐标系中，设信号到达角为(θ_s,φ_s)，用 $\boldsymbol{r}_s$ 表示阵列中心与信号的连线方向（$-\boldsymbol{r}_s$ 即为信号传播方向），在该方向上任取一点 P 得到与该方向垂直的法平面，设 $\hat{\varphi}_s$ 为法平面与水平面 xoy 的交线方向单位矢量，$\hat{\boldsymbol{\theta}}_s$ 为法平面内与 $\hat{\varphi}_s$ 垂直方向的单位矢量。那么，在$(\hat{\varphi}_s,\hat{\boldsymbol{\theta}}_s)$所构成的笛卡儿坐标系中建立极化坐标系，设信号的极化相位描述子为(γ_s,η_s)，其琼斯矢量为

$$\boldsymbol{h}_s=\begin{bmatrix}\cos\gamma_s\cdot e^{j\eta_s}\\ \sin\gamma_s\end{bmatrix}$$

位于原点处的双极化天线阵元接收到矢量信号为

$$\boldsymbol{S}_1=\begin{bmatrix}-\sin\varphi_s & \cos\theta_s\cos\varphi_s\\ \cos\varphi_s & \cos\theta_s\sin\varphi_s\end{bmatrix}\begin{bmatrix}\cos\gamma_s\cdot e^{j\eta_s}\\ \sin\gamma_s\end{bmatrix}\cdot s(t) \tag{4.68}$$

式中：$s(t)$ 为目标回波信号波形。

上述均匀线阵中，第 k 个阵元接收到的目标回波信号为

$$\boldsymbol{S}_k=q_s^{k-1}\cdot\boldsymbol{S}_1 \tag{4.69}$$

式中：q_s 为空间相移因子，且有

$$q_s = \exp\left\{-j\frac{2\pi}{\lambda}d\sin\theta_s\sin\varphi_s\right\}$$

接收信号矢量为 $2K$ 维的信号矢量为

$$\boldsymbol{S} = [\boldsymbol{S}_1 \quad \boldsymbol{S}_2 \quad \cdots \quad \boldsymbol{S}_K]^{\mathrm{T}} \tag{4.70}$$

同理，若共有 M 个完全极化干扰源，那么对于第 m 个干扰来说，假设其到达角为$(\theta_{\mathrm{J}m},\varphi_{\mathrm{J}m})$，极化相位描述子为$(\gamma_{\mathrm{J}m},\eta_{\mathrm{J}m})$（需指出的是，不同的到达角方向，其极化相位描述子所在的极化坐标系是不同的），则位于原点处的双极化阵元接收到的干扰信号矢量为

$$\boldsymbol{J}_{m-1} = \begin{bmatrix} -\sin\varphi_{\mathrm{J}m} & \cos\theta_{\mathrm{J}m}\cos\varphi_{\mathrm{J}m} \\ \cos\varphi_{\mathrm{J}m} & \cos\theta_{\mathrm{J}m}\sin\varphi_{\mathrm{J}m} \end{bmatrix} \cdot \begin{bmatrix} \cos\gamma_{\mathrm{J}m} \cdot e^{j\eta_{\mathrm{J}m}} \\ \sin\gamma_{\mathrm{J}m} \end{bmatrix} \cdot j_m(t) \tag{4.71}$$

式中：$J_m(t)$ 为第 m 个干扰信号波形。

那么第 m 个干扰的输出信号拉伸矢量为

$$\boldsymbol{J}_m = [\boldsymbol{J}_{m-1} \quad \boldsymbol{J}_{m-2} \quad \cdots \quad \boldsymbol{J}_{m-K}]^{\mathrm{T}} \tag{4.72}$$

式中：J_{m-K}为第 m 个干扰的空间相移因子，且有

$$\boldsymbol{J}_{m-k} = q_{\mathrm{J}m}^{k-1} \cdot \boldsymbol{J}_{m-1}, q_{\mathrm{J}m} = \exp\left\{-j\frac{2\pi}{\lambda}d\sin\theta_{\mathrm{J}m}\sin\varphi_{\mathrm{J}m}\right\}$$

阵列输出信号矢量为

$$\boldsymbol{X} = \boldsymbol{S} + \sum_{m=1}^{M}\boldsymbol{J}_m + \boldsymbol{N} \tag{4.73}$$

式中：$\boldsymbol{N}$ 为接收通道噪声，$\boldsymbol{N} = [n_1(t), n_2(t), \cdots, n_K(t)]^{\mathrm{T}}$。

设雷达采用一对正交极化天线，不失一般性地，令其为水平极化天线和垂直极化天线。雷达采用发射极化分集体制，发射极化在脉冲重复间隔（PRI）间捷变，H、V 极化通道同时接收，设发射极化分集数为 N，对每个发射极化对应接收信号进行极化—空间联合谱估计，得到 N 个极化—空间联合谱。

若雷达天线主瓣内有共有 1 个目标和 M 个有源干扰，且已知或已正确估计信源个数，则理论上每个联合谱中共有 $M+1$ 个峰值，在第 n 张谱上目标和干扰的峰值分别记为$(\theta_{\mathrm{S}n},\gamma_{\mathrm{S}n})$、$(\theta_{\mathrm{J}m},\gamma_{\mathrm{J}m})$，$m=1,2,\cdots,M$ 处。考虑到一个相干处理时间（CPI）内，目标、干扰相对于雷达的方位角和俯仰角变化可以忽略不计，那么，可将 N 个极化—空间联合谱叠加得到合成谱

$$\boldsymbol{P}(\theta,\varphi,\gamma,\eta) = \sum_{n=1}^{N}|\boldsymbol{P}_n(\theta,\varphi,\gamma,\eta)| \tag{4.74}$$

式中：$\boldsymbol{P}_n(\theta,\varphi,\gamma,\eta)$ 为第 n 组发射极化对应的极化—空间联合谱（$n=1,2,\cdots,$

N)，其中，θ 为俯仰角，φ 为方位角，γ、η 为极化矢量相位描述子，γ 为相对幅度信息，η 为相对相位信息。

由于目标极化随发射极化变化，干扰极化固定不变，因此，$\boldsymbol{P}(\theta,\varphi,\gamma,\eta)$ 共有 $M+N$ 个峰值点，分别为 $(\theta_{sn},\gamma_{sn})$ 和 $(\theta_{jm},\gamma_{jm})$ $(n=1,2,\cdots,N, m=1,2,\cdots,M)$，前者为目标对应的 N 个极化响应峰值，后者为 M 个干扰对应的峰值。典型情况如图 4.15 所示。

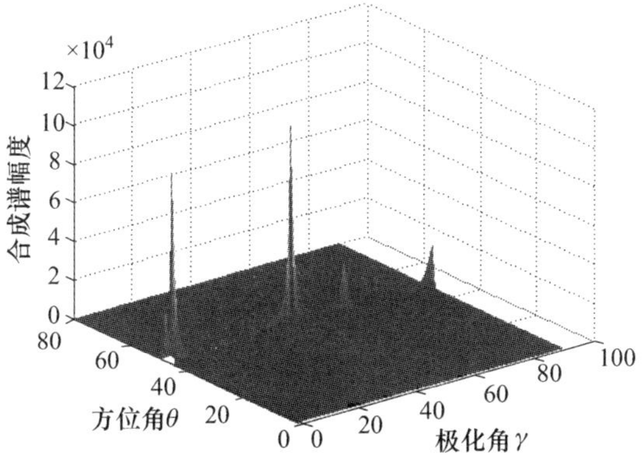

图 4.15　合成谱中目标谱峰分布

4.3.2　基于联合谱极化散度特征的目标检测方法

对于大多数的干扰来说，其极化状态与雷达发射极化无关，而目标回波极化随雷达发射极化改变而改变。因此，可以采用极化—空间联合谱估计处理，将不同发射极化对应的极化—空间联合 MUSIC 谱进行融合处理，利用目标回波在联合谱上的谱峰角度相同、极化不同而呈现出的“散度”特征与干扰谱峰角度相同、极化相同的“聚集”特征进行区分，实现对目标的等效检测[2,3]。

如图 4.15 所示，目标对应的 N 个峰值具有空间角度相同而极化状态不同的特点，可描述为极化—空间四维复空间上同一空间网格中的“散度特征”，这种散度特征有助于将目标从众多谱峰中检测出来。

具体流程(图 4.16)如下：

(1) 对 H、V 极化接收通道的信号进行极化—空间联合谱估计后，将 N 个发射极化对应联合谱取模并叠加得到合成谱；

(2) 对合成谱进行四维 CFAR 初检测、空间网格划分；

(3) 对每个空间网格中的初检测结果统计其极化特征检测量，并与阈值比较，得到确认检测结果。

下面具体阐述其中的合成谱四维 CFAR 初检测和确认检测。

(1) 四维 CFAR 初检测。初检测是对合成谱 $\boldsymbol{P}(\theta,\varphi,\gamma,\eta)$ 进行四维 CA -

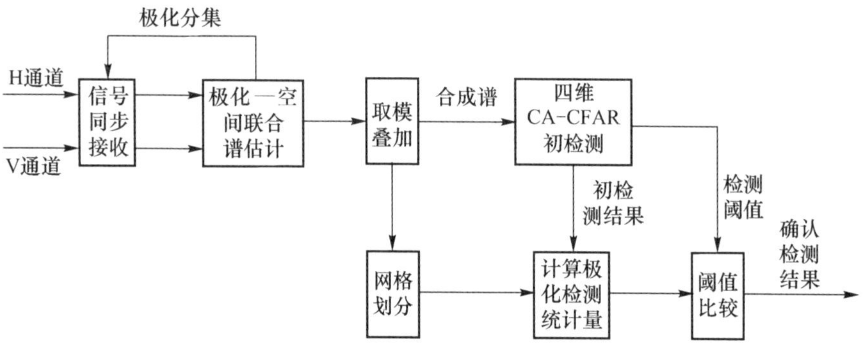

图 4.16　基于极化—空间联合谱特征的目标检测方法流程

CFAR 检测和点迹合并，得到疑似目标。

四维 CA－CFAR 检测方法是一维 CA－CFAR 检测方法的简单拓展，即在 $(\theta,\varphi,\gamma,\eta)$ 构成的四维空间中，在待检测点周围选择与其在四个坐标轴上均相距若干个分辨单元（保护单元）的点（参考单元），若保护单元数为 2，则参考单元数为 16 个，将参考单元的幅度值进行平均作为背景参考电平。

设经过四维 CA－CFAR 检测和点迹合并后共有 I 个疑似目标，记录每个疑似目标在合成谱 $\boldsymbol{P}(\theta,\varphi,\gamma,\eta)$ 上的坐标位置 $(\theta_i,\varphi_i,\gamma_i,\eta_i)$ $(i=1,\cdots,I)$。

（2）确认检测。确认检测过程对疑似目标进行进一步的确认，以判定其是否为目标。

在 $(\theta,\varphi,\gamma,\eta)$ 四维空间的俯仰角 θ 轴和方位角 φ 轴上，设以 0.1°为间隔划分网格（一般取目标或干扰源之间可能的最小角度间隔为网格大小）。计算落入每个网格内的过阈值点 $(\theta_i,\varphi_i,\gamma_i,\eta_i)$ $(i=1,\cdots,I)$ 数目，对数目大于或等于 N 的网格均进行确认检测处理。

确认检测处理方式：设落入网格 (θ_j,φ_l) 中的疑似目标集合为 $C_{j,l}$，计算集合 $C_{j,l}$ 中所有点的极化比 $\hat{\rho}_{j,l}(k)$ $(k=1,\cdots,K_{j,l}$，$K_{j,l}$ 为集合 $C_{j,l}$ 中元素数目）。网格 (θ_j,φ_l) 中疑似目标的极化比均值和方差分别为

$$\begin{cases}\bar{\rho}_{j,l}=\dfrac{1}{K_{j,l}}\cdot\displaystyle\sum_{k=1}^{K_{j,l}}\hat{\rho}_{j,l}(k)\\ S_{j,l}^{2}=\dfrac{1}{K_{j,l}}\cdot\displaystyle\sum_{k=1}^{K_{j,l}}\left|\hat{\rho}_{j,l}(k)-\bar{\rho}_{j,l}\right|^{2}\end{cases}\tag{4.75}$$

下面阐述如何以干扰为对象，依据其极化比均值和方差获得检测统计量。

设网格 (θ_j,φ_l) 中对应于同一干扰的所有峰值点极化比估值 $\hat{\rho}_{j,l}(k)$ 服从 $\mathrm{N}(\mu_{j,l},\sigma_{j,l}^{2})$ 的复高斯分布，$\mu_{j,l}$、$\sigma_{j,l}^{2}$ 为均值和方差。由于雷达主瓣干扰功率很大，因此可近似认为极化比估计误差主要由接收通道噪声决定，极化比估计值的

均值和方差分别为

$$\begin{cases}\mu_{j,l}=\rho_{j,l}\\ \sigma_{j,l}^{2}=\dfrac{\sigma_{\mathrm{V}}^{2}}{A_{\mathrm{JH}}^{2}+\sigma_{\mathrm{H}}^{2}}\end{cases}\tag{4.76}$$

式中：$\rho_{j,l}$为网格(θ_j,φ_l)对应干扰信号的真实极化比；σ_{H}^2、σ_{V}^2分别为雷达 H 极化、V 极化通道接收噪声；A_{JH}^2为该干扰信号的 H 极化分量幅度平方。

由于网格(θ_j,φ_l)中所有峰值点的极化比估值$\hat{\rho}_{j,l}(k)$均服从均值、方差如式(4.76)的复高斯分布，且$S_{j,l}^2$为样本方差，可构造检测统计量为

$$L=\frac{(K_{j,l}-1)S_{j,l}^{2}}{\sigma_{j,l}^{2}}\tag{4.77}$$

则有

$$L\sim\chi^{2}(K_{j,l}-1)\tag{4.78}$$

即检测统计量 L 服从自由度为 $K_{j,l}-1$ 的χ^2分布。若令误判率(干扰被判为目标的概率)为 α，则本节给出的检测阈值为

$$L_{\mathrm{D}}=\chi_{\alpha}^{2}(K_{j,l}-1)\tag{4.79}$$

设 H_1 假设为目标，H_0 假设为干扰，则有

$$\begin{cases}\mathrm{H}_1: L\geqslant L_{\mathrm{D}}\\ \mathrm{H}_0: L<L_{\mathrm{D}}\end{cases}\tag{4.80}$$

需说明的是，式(4.77)、式(4.76)中极化比方差 $\sigma_{j,l}^2$由 σ_{H}^2、σ_{V}^2、A_{JH}^2三个未知量组成，前两者为雷达 H 极化、V 极化通道接收噪声，且 $\sigma^2=\sigma_{\mathrm{H}}^2=\sigma_{\mathrm{V}}^2$。可预先对纯噪声样本数据进行统计获得，而 A_{JH}^2相对较难准确获知，但由于接收信号数据的总功率主要由所有的干扰信号贡献，且干扰信号之间彼此独立或相关性较差，为此，在干扰信源数已估计的基础上，可以平均功率作为 A_{JH}^2的替代值，即

$$A_{\mathrm{JH}}^{2}=\frac{P_{\mathrm{J}}}{M}\approx\frac{P}{M}\tag{4.81}$$

式中：P、P_{J} 分别为接收信号总功率、干扰信号总功率。

则式(4.77)、式(4.76)中

$$\sigma_{j,l}^{2}=\frac{\sigma_{\mathrm{V}}^{2}}{A_{\mathrm{JH}}^{2}+\sigma^{2}\ \mathrm{H}}=\frac{\sigma_{\mathrm{V}}^{2}}{P/M+\sigma_{\mathrm{H}}^{2}}\tag{4.82}$$

下面通过仿真实验简要验证基于极化比散度特征的目标检测方法。为简化

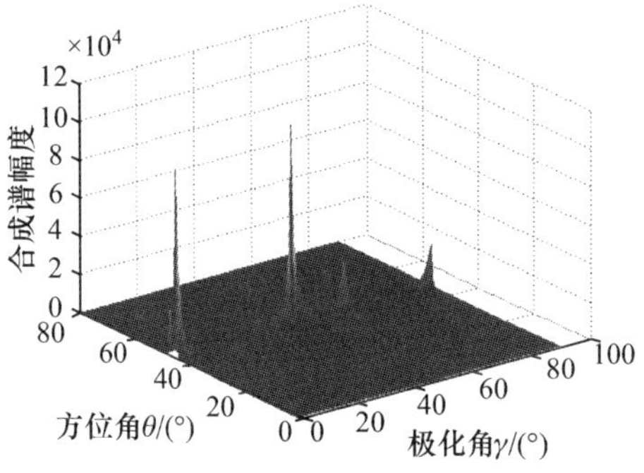

(a) 合成谱

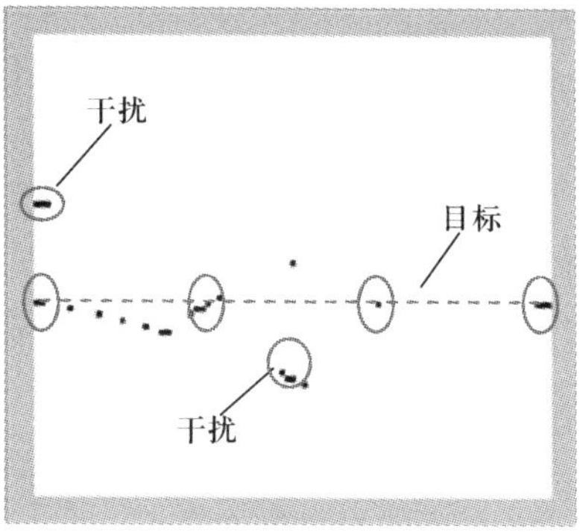

(b) 谱峰检测

图 4.17　发射极化分集时下合成谱及其峰值检测效果

分析,实验中各干扰源俯仰角相同、方位角不同,进而分为方位分布稀疏多点源干扰、方位分布集中多点源干扰两种情形。

仿真中极化阵列为 15 元均匀线阵,阵元间距 $d=\lambda/2$,0°扫描时雷达主瓣 3dB 宽度约为 6.8°,信噪比为 15dB,干信比设置范围为 10 ~ 60dB。雷达采用分时发射极化分集方式,一个 CPI 内发射四组线极化,其极化相位描述子分别为(0°,0°)、(30°,0°)、(60°,0°)、(90°,0°)。目标位于雷达主波束内,方位角为 0°。检测中方位网格划分间隔为 1°。通过蒙特卡罗仿真实验统计目标检测成功概率和误判率。其中,检测成功概率为在目标真实角度检测出目标次数与蒙特卡罗仿真次数之比,误判率为在非目标方向单元中检测出目标次数与蒙特卡罗仿真次数之比。

表 4.2、表 4.3 中分别列出了方位分布稀疏多点源干扰情形、方位分布集中多点源干扰情形中各信源空间方位和极化状态参数。图 4.18 给出了这两种情形下目标检测概率及误判率随干信比的变化曲线。

表 4.2　方位分布稀疏多点源干扰情形各信源方位和极化状态参数

信源类型	方位角/(°)	极化状态
目标	0	—
干扰 1	-2	(40°,0°)
干扰 2	3	(60°,0°)
干扰 3	5	(30°,0°)
干扰 4	8	(80°,0°)

表 4.3　方位分布集中多点源干扰情形各信源方位和极化状态参数

信源类型	方位角/(°)	极化状态
目标	0	—
干扰 1	-2	(40°,0°)
干扰 2	2.5	(90°,0°)
干扰 3	3	(0°,0°)
干扰 4	3.5	(70°,0°)

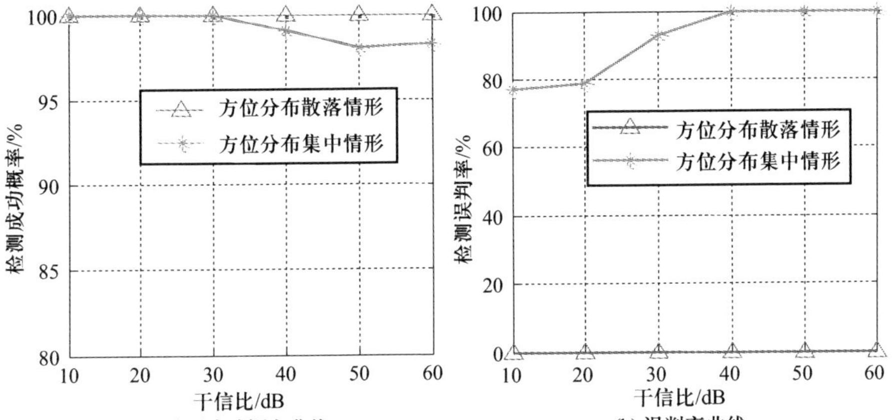

(a) 检测成功概率曲线　　(b) 误判率曲线

图 4.18　目标检测性能曲线

由图 4.18(a)可见,在两种多点源干扰情形中,该检测方法均能保持良好的目标检测成功概率。由图 4.18(b)可见,当主瓣内存在方位分布集中的多点源干扰时,该检测方法的误判率居高不下。

为了进一步分析其中原因,图 4.19、图 4.20 分别给出了两种情形中合成谱图及谱峰检测图。

由于干扰功率较大,图 4.19(a)和图 4.20(a)合成谱中均无法直接观测到目标谱峰,但从目标所在方位的局部谱图中(图 4.19(c)和图 4.20(c))可明显看到目标的四个谱峰,且谱峰分散分布,因此两种情形中,均能保持较高的目标检测成功概率。

由图 4.20(a)、(b)可见,多个干扰方位相距较近时,其谱峰极有可能落入同一方位网格中,形成"疑似目标",当这些干扰的极化差异较大时,"疑似目标"网格中将会与目标网格呈现出同样的在同一方位网格内"多谱峰散开分布"的特征,进而产生误判。

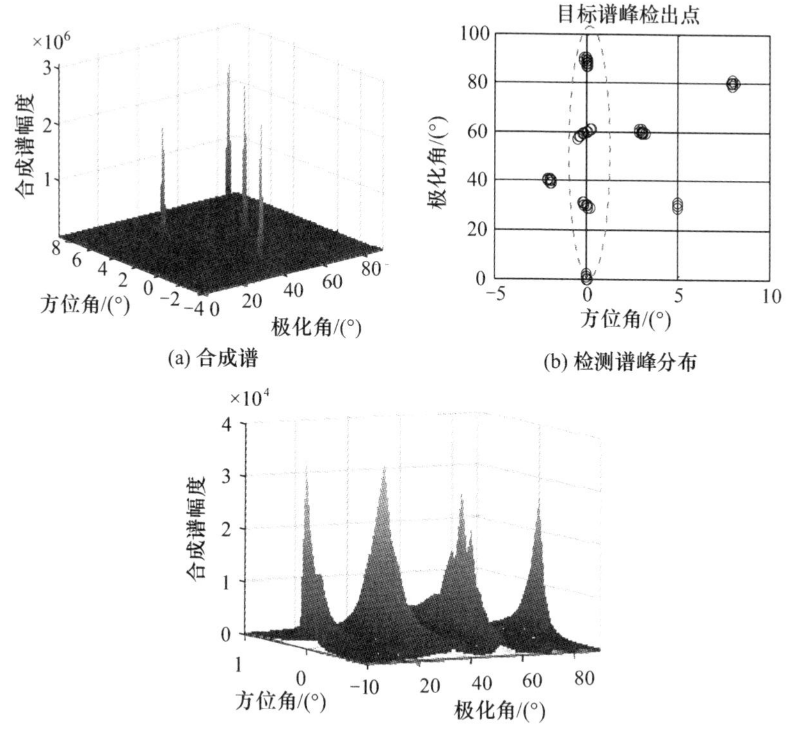

(a) 合成谱　　(b) 检测谱峰分布

(c) 合成谱中目标谱峰所在局部谱图

图 4.19　方位分布稀疏多点源干扰情形下合成谱及检测峰值分布图(ISR = 10dB)

4.3.3　基于联合谱极化分布特征的目标检测方法

如上所述,基于极化比散度特征的检测方法在方位(角度)分布集中多点源干扰情况下(主瓣紧邻干扰)易出现“虚警”的情况,为此提出了基于极化状态分布特征的检测方法:在发射极化分集方式为“均匀相位分集方式”的基础上,进一步提取目标回波极化的“分布特征”,并与“散度特征”进行双重特征判别,可以有效地改进主瓣紧邻干扰等复杂干扰背景中目标检测性能[3]。

该检测方法的基本流程(设 H_0 假设为存在目标,H_1 假设为不存在目标,图 4.21)如下:

(1) 雷达发射 N 组不同极化状态信号,对 N 组接收信号分别生成极化—空间 MUSIC 谱,并叠加得到合成谱。

(2) 对合成谱进行谱峰检测、点迹合并,统计各谱峰所对应的到达方向(方位角、俯仰角)和极化角。

(3) 找出同一空间网格(方位角、俯仰角)上存在多谱峰的“疑似目标”,并计算极化状态标准差(极化散度),大于某一阈值时,则进行确认检测(步骤

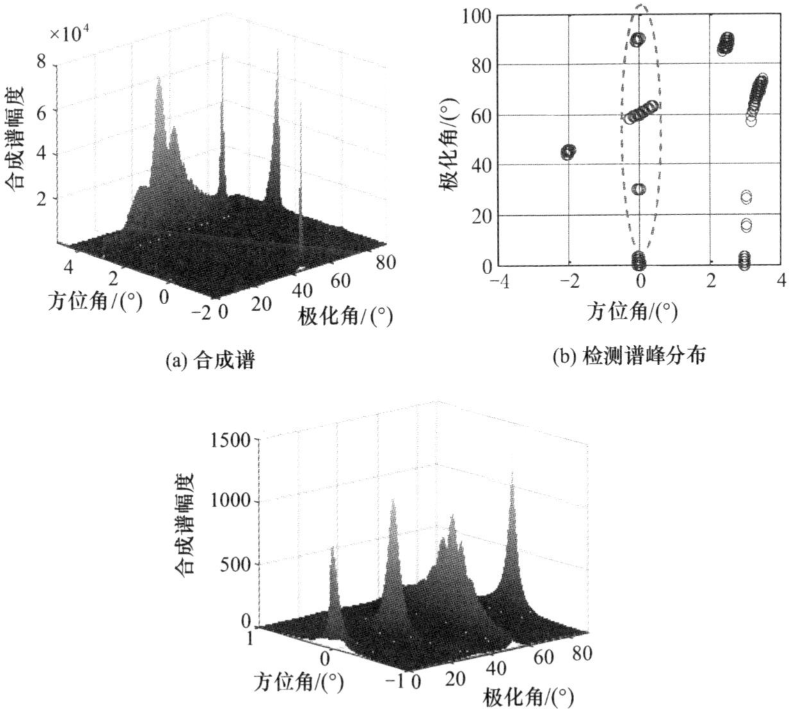

(a) 合成谱　　(b) 检测谱峰分布

(c) 合成谱中目标谱峰所在局部谱图

图4.20　方位分布集中多点源干扰情形下合成谱及检测峰值分布图(ISR = 10dB)

(4)),否则判为 H_0。

(4) 利用相邻两组回波极化角之差的标准差(称为“极化状态距离标准差”)作为判决量,小于某一阈值判定为目标,即 H_1;否则,判为 H_0。

下面重点对步骤(4)中的判别阈值——极化状态距离标准差的设定值进行分析。

设雷达发射极化为 $\tan\gamma_t(n)e^{j\eta_t(n)}$($n=1,\cdots,N$,$N$ 为发射极化分集数目),对应的信号回波极化为 $\tan\gamma_r(n)e^{j\eta_r(n)}$。极化状态距离标准差表征极化状态的分布特性,以极化 η 角为例,回波极化 η 角的极化状态距离标准差(表征了发射极化激励下目标回波相邻极化状态距离的起伏情况)为

$$\mathrm{STD}(\Delta\boldsymbol{\eta}_r) = \frac{1}{N-2}\sum_{n=1}^{N-1}\left[\Delta\boldsymbol{\eta}_r(n) - \overline{\Delta\boldsymbol{\eta}_r}\right]^2 \tag{4.83}$$

式中:$\Delta\boldsymbol{\eta}_r$ 为相邻极化状态的距离,$\Delta\boldsymbol{\eta}_r(n)=\boldsymbol{\eta}_r(n+1)-\boldsymbol{\eta}_r(n)$($n=1,\cdots,N-1$,$N$ 为发射极化分集数目);$\overline{\Delta\boldsymbol{\eta}_r}$为一次分集中 $\Delta\boldsymbol{\eta}_r$ 的均值。

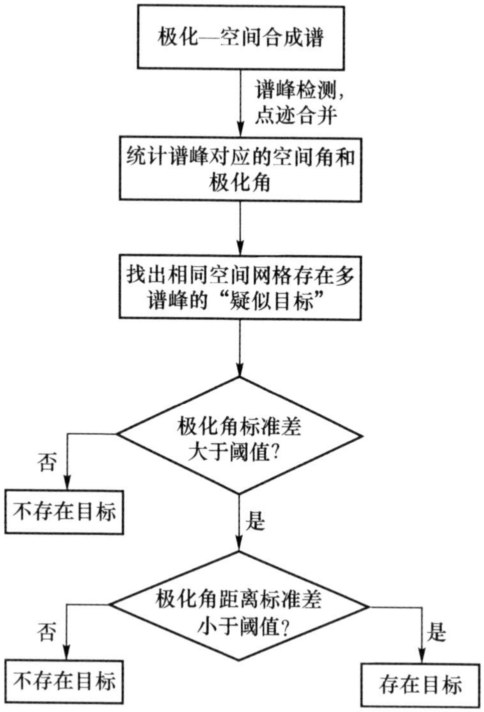

图 4.21　基于极化状态分布特征的检测方法基本流程

考虑发射极化相位分集方式既保证了雷达威力又易于工程实现[21],因此,采用发射极化相位分集方式。为使目标回波极化状态距离起伏较缓,以更好地区分于干扰,雷达发射极化应采用均匀相位分集方式。

下面基于均匀相位分集方式分析目标极化散射矩阵特性对极化状态距离标准差特征量检测的影响,进而设计检测阈值。雷达目标回波极化状态与雷达发射极化、目标极化散射矩阵之间的关系为

$$\begin{bmatrix} S_{\mathrm{HH}} & S_{\mathrm{VH}} \\ S_{\mathrm{HV}} & S_{\mathrm{VV}} \end{bmatrix} \cdot \begin{bmatrix} \cos\gamma_{\mathrm{t}} \\ \sin\gamma_{\mathrm{t}} \mathrm{e}^{\mathrm{j}\eta_{\mathrm{t}}} \end{bmatrix} = \begin{bmatrix} E_{\mathrm{rx}} \\ E_{\mathrm{ry}} \end{bmatrix}, \tan\gamma_{\mathrm{r}} \mathrm{e}^{\mathrm{j}\eta_{\mathrm{r}}} = \frac{E_{\mathrm{ry}}}{E_{\mathrm{rx}}} \tag{4.84}$$

$$\gamma_{\mathrm{r}} = \arctan\left[\left| \frac{S_{\mathrm{HV}} + \tan\gamma_{\mathrm{t}} S_{\mathrm{VV}} \mathrm{e}^{\mathrm{j}\eta_{\mathrm{t}}}}{S_{\mathrm{HH}} + \tan\gamma_{\mathrm{t}} S_{\mathrm{VH}} \mathrm{e}^{\mathrm{j}\eta_{\mathrm{t}}}} \right| \right], \eta_{\mathrm{r}} = \arg\left(\frac{S_{\mathrm{HV}} + \tan\gamma_{\mathrm{t}} S_{\mathrm{VV}} \mathrm{e}^{\mathrm{j}\eta_{\mathrm{t}}}}{S_{\mathrm{HH}} + \tan\gamma_{\mathrm{t}} S_{\mathrm{VH}} \mathrm{e}^{\mathrm{j}\eta_{\mathrm{t}}}} \right) \tag{4.85}$$

式中:“|·|”为取幅值运算;arg(·)为取相位运算。

考虑雷达天线的互易性,分析中均假设 $S_{\mathrm{HV}} = S_{\mathrm{VH}}$。

首先,考虑目标极化散射矩阵交叉极化分量可忽略不计的情况。为分析方

便,假设 $S_{HV}=S_{VH}=0$,且令 $\frac{S_{VV}}{S_{HH}}=\rho_1 e^{j\varphi_1}$。当雷达发射极化采用均匀相位分集方式时,即 $\eta_t(n)=(n-1)\frac{\pi}{2N}(n=1,\cdots,N)$

式中:N 为极化分集数。

其对应的目标回波极化角为 $\eta_r(n)=\eta_t(n)+\varphi_1$,目标回波极化角的极化状态距离标准差的数学期望为

$$E[STD(\Delta\eta_r)]=E[STD(\Delta\eta_t)]=0 \tag{4.86}$$

由式(4.86)可以看出,在目标交叉极化分量可以忽略、雷达发射极化采用均匀相位分集方式的情况下,目标回波极化状态距离标准差趋近 0。那么结合步骤(4)可知,极化状态距离标准差能够较好地鉴别目标与干扰。

其次,考虑目标极化散射矩阵交叉极化分量不可忽略时目标极化状态距离标准差的变化情况,并在此基础上设计该检测量的判决阈值。

为分析简便,假设归一化后的目标散射矩阵为 $\begin{bmatrix}1 & \rho_2 e^{j\varphi_2}\\ \rho_2 e^{j\varphi_2} & \rho_1 e^{j\varphi_1}\end{bmatrix}$,雷达发射极化为均匀相位分集时目标回波极化相位角及回波极化状态距离标准差分别为

$$\eta_r(n)=\arg\left(\frac{\rho_2 e^{j\varphi_2}+\rho_1 e^{j[\varphi_1+\eta_t(n)]}}{1+\rho_2 e^{j[\varphi_2+\eta_t(n)]}}\right) \tag{4.87}$$

$$\begin{aligned}STD(\Delta\eta_r) = \frac{1}{N}\sum_{i=1}^{N-1}\Bigg\{\Bigg[&\arg\left(\frac{\rho_2 e^{j\varphi_2}+\rho_1 e^{j[\varphi_1+\eta_t(i+1)]}}{1+\rho_2 e^{j[\varphi_2+\eta_t(i+1)]}}\right)\\ &-\arg\left(\frac{\rho_2 e^{j\varphi_2}+\rho_1 e^{j[\varphi_1+\eta_t(i)]}}{1+\rho_2 e^{j[\varphi_2+\eta_t(i)]}}\right)\Bigg]-\overline{\Delta\eta_r}\Bigg\}^2\end{aligned} \tag{4.88}$$

定义目标散射矩阵交叉极化分量与共极化分量的幅度比例系数为

$$R=\frac{\rho_2}{\sqrt{(1^2+\rho_1^2)/2}}$$

为得到检测判决阈值,图 4.22 给出了分集数 $N=4$ 时,回波极化状态距离标准差最大值 $\max[STD(\Delta\eta_r)]$(通过遍历 φ_1、φ_2 仿真计算得到)随 ρ_1 和 R 的变化图,图中“▲”标记处为 $\max[STD(\Delta\eta_r)]$ 中的最大值(如图 4.22,最大值为 8.955)。由图 4.22 可以看出,不同 ρ_1、R(或 ρ_2)情况下 $\max[STD(\Delta\eta_r)]$ 均不同,总体来看,$\max[STD(\Delta\eta_r)]$ 随共极化分量的差异增大而增大,随交叉极化分量的相对值增大而增大。

需说明的是,考虑大多数雷达目标共极化分量强度大致相当、交叉极化分量相对较弱,因此,把图 4.22 中两坐标范围设为 $0.2\leqslant\rho_1\leqslant5$ 和 $0\leqslant\rho_2\leqslant0.1$

$\sqrt{\frac{1^2+\rho_1^2}{2}}$（交叉极化分量不超过 -20dB）。以这一范围为前提，将图 4.22 中的纵坐标最大值作为极化状态距离标准差检测统计量的判定阈值。

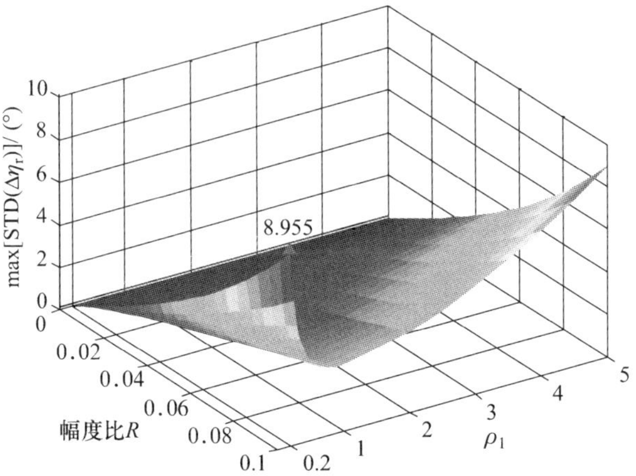

图 4.22　max[STD($\Delta\boldsymbol{\eta}_r$)]随 ρ_1、R 的变化（相位分集数为 4）

为验证发射极化均匀相位分集体制下基于极化分布特征的目标检测方法，进行了 Matlab 仿真实验，仿真参数设置：10 元均匀双极化线阵，阵元间距 $d=\lambda/2$；在方位向上进行空域处理，仿真中固定各信源的俯仰角为 0°；雷达主瓣宽度为 5°，信噪比为 20dB。

雷达采用均匀相位分集方式实现发射极化分集体制，极化相位描述子分别为（45°,0°）、（45°,30°）、（45°,60°）、（45°,90°）。取雷达发射极化相邻极化距离之差的 1/2 为极化状态标准差的阈值（步骤(3)中的阈值，实际中可根据目标散射特性酌情调整），即

$$T[\mathrm{STD}(\boldsymbol{\eta}_r)]=\frac{1}{2}[\boldsymbol{\eta}_t(n+1)-\boldsymbol{\eta}_t(n)]=15°$$

取前述分析中 STD($\Delta\boldsymbol{\eta}_r$)最大值为极化状态距离标准差的阈值（步骤(4)中的阈值），即

$$\mathrm{T}[\mathrm{STD}(\Delta\boldsymbol{\eta}_r)]=8.955°$$

目标极化散射矩阵为

$$\begin{bmatrix} 1 & \rho_2 e^{j\varphi_2} \\ \rho_2 e^{j\varphi_2} & \rho_1 e^{j\varphi_1} \end{bmatrix}$$

φ_1、φ_2均服从$[0,2\pi)$的均匀分布。蒙特卡罗仿真次数为 1000 次。

首先，检验判决阈值设置的合理性。

具体仿真参数设置：雷达主瓣内设置一个目标信号、三个紧邻干扰（干扰1、干扰2、干扰3）和一个变极化干扰（干扰4），各信源具体参数如表4.4所列。

表4.4　各信源空间方位和极化状态参数

信源类型	方位角/(°)	极化状态
目标	40	—
干扰1	37.5	(90°,30°)
干扰2	38	(45°,60°)
干扰3	38.5	(45°,30°)
干扰4	42	随机变化

图4.23给出了不同ρ_1、ρ_2情况下，各方位角检测单元的极化状态距离标准差在多次蒙特卡罗仿真中的统计结果，并与阈值进行对比。由图4.23可以看出，在不同ρ_1、ρ_2情况下目标回波STD($\Delta\eta_r$)均在阈值以下，紧邻干扰所在的方位角检测单元中STD($\Delta\eta_r$)均大于，而变极化干扰绝大多数情况下其STD($\Delta\eta_r$)更大。

综合以上分析，该阈值的设置能较好地区分鉴别目标和干扰，包括主瓣紧邻干扰和变极化干扰。

其次，验证检测方法在主瓣紧邻干扰情形中对目标的检测性能。蒙特卡罗仿真统计该方法的检测成功概率和误判率，并与基于4.3.2节中基于极化散射特征的检测方法（图中标记为“原有检测方法”）进行比较。其中：检测成功概率为在目标真实角度检测出目标次数与蒙特卡罗仿真次数之比；误判率为在非目标方向单元中检测出目标次数与蒙特卡罗仿真次数之比。

具体仿真参数设置：主瓣内设置三个干扰和一个目标，干扰均为噪声压制干扰，且功率相等。干扰的方位角分别为37.5°、38°、38.5°，极化状态分别为(45°,30°)、(45°,60°)、(0°,30°)，目标方位角为40°，散射矩阵中$\rho_1=1.5$，$\rho_2=0.1$。图4.24分别给出了基于极化比散度特征目标检测方法、基于极化分布特征目标检测方法（简称“改进检测方法”）的检测成功率（图4.24(a)）和误判率（图4.24(b)）随干信比的变化曲线。

由图4.24(a)可看出，基于极化分布特征的改进检测方法对目标的检测成功率略低于原有检测方法，但总体检测成功率仍保持较高。由图4.24(b)可看出，当主瓣内存在三个紧邻干扰时，原有检测方法的误判率随干信比增大而增大，干信比为30dB时，误判率达到50%，而改进检测方法的误判率则非常低。这是因为方位角较近的多个干扰谱峰之间互相影响，多个干扰的谱峰可能落入同一空间角网格，形成“疑似目标”，当这些干扰的极化存在差异时，“疑似目标”的极化散度特征明显，在原有检测方法中易被判定为目标，造成误判。基于极化分布特征的检测方法可有效鉴别这些“疑似目标”，降低检测误判率。

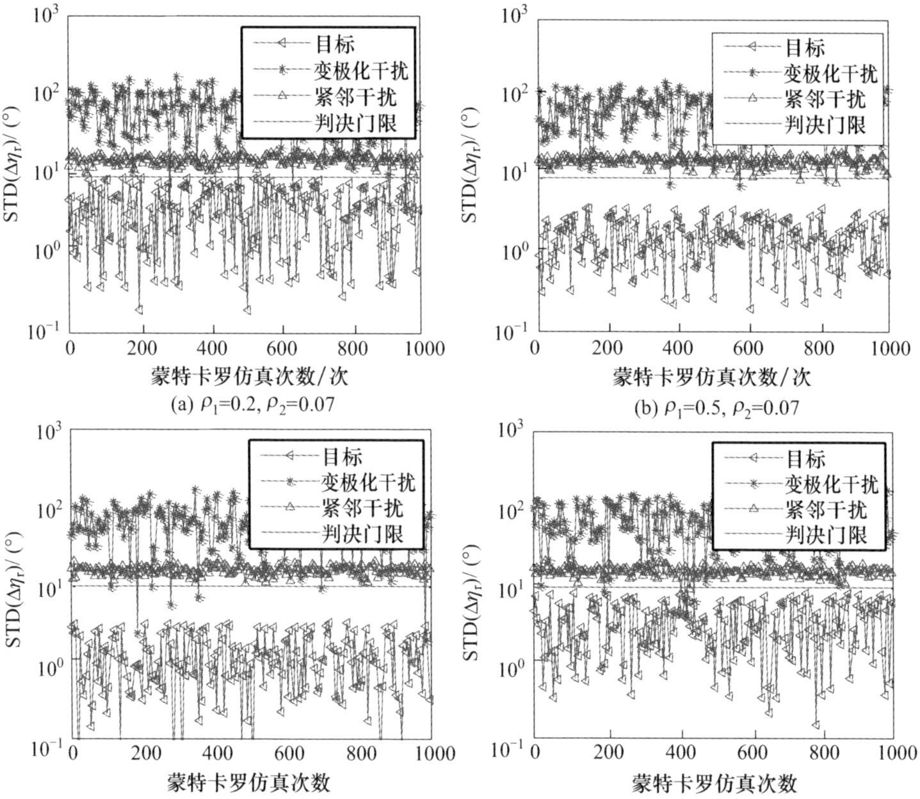

(a) ρ_1=0.2, ρ_2=0.07　(b) ρ_1=0.5, ρ_2=0.07

(c) ρ_1=1, ρ_2=0.1　(d) ρ_1=5, ρ_2=0.3

图 4. 23　目标/干扰极化状态距离标准差对比

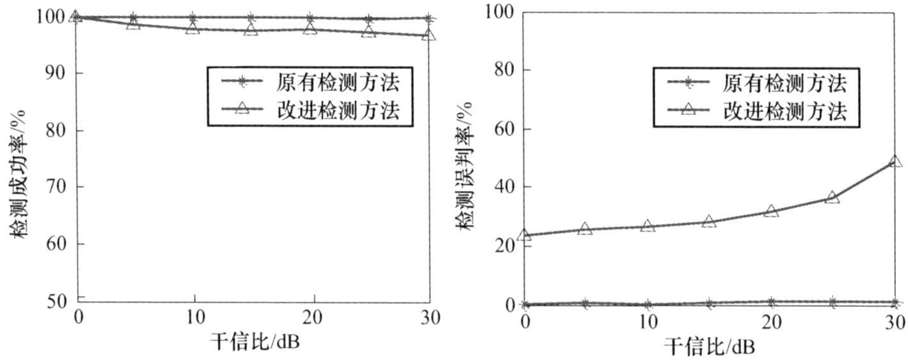

(a) 目标检测成功率随干信比变化曲线　(b) 检测误判率随干信比变化曲线

图 4. 24　主瓣紧邻干扰情形检测性能对比分析

4.3.4 小结

针对主瓣多点源干扰中目标难以检测的问题，放弃基于干扰能量抑制或提升信干噪比的传统思路，转而利用有源干扰与雷达目标在极化散射特性响应特征方面的差异，提出了基于极化—空间谱特征的目标检测方法，可有效提升雷达在主瓣多点源干扰环境下的目标检测能力。进一步，通过极化散度特征和极化分布特征的联合利用，提高了在主瓣紧邻干扰、主瓣变极化干扰等更复杂情形下的目标检测有效性和稳定性。

4.4 杂波背景下极化雷达目标检测方法概述

杂波属于广义的“干扰”，也是目标检测的主要障碍，尤其是雷达低空探测或机载雷达/主动雷达导引头下视探测时，杂波的影响尤为严重。

极化雷达对于提升杂波背景下的目标检测能力有两个方面的优势：一是通过接收极化或发射极化的优化选择（极化滤波、极化增强等手段）能够改善检测前的信杂比（SCR）；二是极化作为重要的散射特征，能够更好地区分杂波背景与雷达目标。

杂波背景下极化雷达的目标检测方法也可以从上述“能量”和“特征”两个方面进行归纳：前者一般都是基于奈曼 - 皮尔逊（Neyman - Pearson，NP）准则，并利用似然比（LR）假设检验方法来设计极化检测器；后者是基于极化特征量判别的检验方法，即根据目标与杂波之间的极化散射特征差异，设计极化判决检测器。

因此，从检测器设计的角度，可以分为极化似然比检测器和极化特征检测器，下面分别介绍。

4.4.1 杂波背景下极化似然比检测器

这类极化检测器，一般是基于 NP 准则，并利用 LR 假设检验方法来设计的极化检测器，主要包括最优极化检测器（OPD）、极化白化滤波器（PWF）、极化匹配滤波器（PMF）等[4]。

4.4.1.1 最优极化检测器

在理想情况下，即目标和背景信号的统计分布都已知，由统计信号处理理论可知，最佳检测的问题都可以归结为似然比检验的形式，即

$$\frac{f(\boldsymbol{x} \mid H_1)}{f(\boldsymbol{x} \mid H_0)} \underset{H_0}{\overset{H_1}{\gtrless}} \mathrm{TH} \tag{4.89}$$

式中:TH 为判决的阈值,阈值值由相应虚警概率确定。

设目标的平均散射矢量为 $\bar{\boldsymbol{x}}_t$,协方差矩阵为 $\boldsymbol{\Sigma}_t$,背景信号的协方差矩阵为 $\boldsymbol{\Sigma}_c$,将复高斯型目标/背景极化散射统计模型代入式(4.89),化简可得

$$\boldsymbol{x}^{\mathrm{H}}\boldsymbol{\Sigma}_c^{-1}\boldsymbol{x} - (\boldsymbol{x} - \bar{\boldsymbol{x}}_t)^{\mathrm{H}}\boldsymbol{\Sigma}_{t+c}^{-1}(\boldsymbol{x} - \bar{\boldsymbol{x}}_t) + \ln \frac{|\boldsymbol{\Sigma}_c|}{|\boldsymbol{\Sigma}_{t+c}|} \underset{H_0}{\overset{H_1}{\gtrless}} \ln\mathrm{TH} \tag{4.90}$$

进一步,若 $\bar{\boldsymbol{x}}_t = \boldsymbol{0}$,则

$$\boldsymbol{x}^{\mathrm{H}}(\boldsymbol{\Sigma}_c^{-1} - \boldsymbol{\Sigma}_{t+c}^{-1})\boldsymbol{x} + \ln \frac{|\boldsymbol{\Sigma}_c|}{|\boldsymbol{\Sigma}_{t+c}|} \underset{H_0}{\overset{H_1}{\gtrless}} \ln\mathrm{TH} \tag{4.91}$$

记

$$d_c(\boldsymbol{x}) = \boldsymbol{x}^{\mathrm{H}}\boldsymbol{\Sigma}_c^{-1}\boldsymbol{x} + \ln|\boldsymbol{\Sigma}_c|, d_{t+c}(\boldsymbol{x}) = \boldsymbol{x}^{\mathrm{H}}\boldsymbol{\Sigma}_{t+c}^{-1}\boldsymbol{x} + \ln|\boldsymbol{\Sigma}_{t+c}|$$

式(4.91)可简化为

$$d_c(\boldsymbol{x}) - d_{t+c}(\boldsymbol{x}) \underset{H_0}{\overset{H_1}{\gtrless}} \ln\mathrm{TH} \tag{4.92}$$

若目标为确定性的(如二面角、三面角等),则检测器可以简化为

$$\mathrm{Re}\{\boldsymbol{x}^{\mathrm{H}}\boldsymbol{\Sigma}_c^{-1}\bar{\boldsymbol{x}}_t\} \underset{H_0}{\overset{H_1}{\gtrless}} \gamma \tag{4.93}$$

对于伽马(Gamma)乘积型目标/背景模型,由类似推导可得

$$D_c(\boldsymbol{y}) - D_{t+c}(\boldsymbol{y}) \underset{H_0}{\overset{H_1}{\gtrless}} \ln\mathrm{TH} \tag{4.94}$$

式中

$$D_i(\boldsymbol{y}) = (v_i - 3)\ln\left(\frac{d_i^2}{2\bar{\alpha}}\right) + \ln K_{v_i-3}\left(2\sqrt{\frac{d_i^2}{2\bar{\alpha}}}\right), d_i^2 = \boldsymbol{y}^{\mathrm{H}}\boldsymbol{\Sigma}_i^{-1}\boldsymbol{y}\,(i = c, t+c)$$

最优极化检测器是在理想情况下得到的,其检测性能是最好的,所需要的信息也是最多的。在实际应用中,由于缺乏这些先验信息,往往导致最佳极化检测难以实现,因此它只作为常规极化检测算法性能的上限,通常用来衡量其他极化检测算法性能的好坏。

4.4.1.2 极化白化滤波器

极化白化滤波器最初是从 SAR 图像相干斑抑制的角度加以解释的,但同样适用于伽马乘积型杂波分布(也称为广义 K 分布)模型。由于复高斯模型是伽

马乘积型模型的一种特例,这里只给出基于伽马乘积型模型的推导,其结果显然也适用于复高斯模型。

设散射矢量为 $\boldsymbol{y}$,服从伽马乘积型分布,即

$$f(\boldsymbol{y}) = \frac{2}{\pi^3 \bar{\alpha}^{\nu} \Gamma(\nu) |\boldsymbol{\Sigma}|} \cdot \frac{K_{3-\nu}\left(2\sqrt{\frac{\boldsymbol{y}^{\mathrm{H}}\boldsymbol{\Sigma}^{-1}\boldsymbol{y}}{\bar{\alpha}}}\right)}{(\bar{\alpha}\boldsymbol{y}^{\mathrm{H}}\boldsymbol{\Sigma}^{-1}\boldsymbol{y})^{(3.\nu)/2}} \tag{4.95}$$

由伽马乘积型可知,散射矢量为 $\boldsymbol{y}$ 可以用乘积模型 $\boldsymbol{y} = \sqrt{\alpha}\boldsymbol{x}$ 表示,代入式(4.95),可得

$$I = \alpha \boldsymbol{x}^{\mathrm{H}} \boldsymbol{A} \boldsymbol{x} \tag{4.96}$$

又因为

$$\mathrm{E}\{\boldsymbol{x}^{\mathrm{H}}\boldsymbol{A}\boldsymbol{x}\} = \mathrm{tr}\{\mathrm{E}[\boldsymbol{x}\boldsymbol{x}^{\mathrm{H}}] \cdot \boldsymbol{A}\} = \mathrm{tr}\{\boldsymbol{\Sigma} \cdot \boldsymbol{A}\} = \lambda_1 + \lambda_2 + \lambda_3 \tag{4.97}$$

$$\mathrm{var}\{\boldsymbol{x}^{\mathrm{H}}\boldsymbol{A}\boldsymbol{x}\} = \mathrm{tr}\{(\boldsymbol{\Sigma} \cdot A)^2\} = \lambda_1^2 + \lambda_2^2 + \lambda_3^2 \tag{4.98}$$

式中:$\lambda_i (i=1,2,3)$ 为 $\boldsymbol{\Sigma} \cdot \boldsymbol{A}$ 的特征值。

故有

$$\begin{aligned}\left(\frac{s}{m}\right)^2 &= \frac{\mathrm{var}(I)}{\mathrm{E}^2(I)} = \frac{\mathrm{E}(\alpha)}{\mathrm{E}^2(\alpha)} \cdot \frac{\mathrm{var}(\boldsymbol{x}^{\mathrm{H}}\boldsymbol{A}\boldsymbol{x})}{\mathrm{E}^2(\boldsymbol{x}^{\mathrm{H}}\boldsymbol{A}\boldsymbol{x})} + \frac{\mathrm{var}(\alpha)}{\mathrm{E}^2(\alpha)} \\ &= \frac{v+1}{v} \cdot \frac{\sum_{i=1}^{3}\lambda_i^2}{\left(\sum_{i=1}^{3}\lambda_i\right)^2} + \frac{1}{v}\end{aligned} \tag{4.99}$$

式中:v 为与杂波特性有关的常数。

要使得式(4.94)最小,只需使得 $\sum_{i=1}^{3}\lambda_i^2 \Big/ \left(\sum_{i=1}^{3}\lambda_i\right)^2$ 最小。显然,当且仅当 $\lambda_1 = \lambda_2 = \lambda_3$ 时,该项达到最小值 1/3。从而,式(4.94)达到最小值 $(v+4)/3v$。

由式(4.97)或(4.98),可知 $\lambda_i (i=1,2,3)$ 为 $\boldsymbol{\Sigma} \cdot \boldsymbol{A}$ 的特征值,即 $\boldsymbol{\Sigma} \cdot \boldsymbol{A}$ 具有相等的特征值,忽略幅度因子,可取

$$\boldsymbol{A}_{\mathrm{opt}} = \boldsymbol{\Sigma}^{-1} \tag{4.100}$$

式(4.100)代入式(4.96)可得

$$I = \alpha \boldsymbol{x}^{\mathrm{H}} \boldsymbol{\Sigma}^{-1} \boldsymbol{x} = (\boldsymbol{\Sigma}^{-1/2}\boldsymbol{y})^{\mathrm{H}} (\boldsymbol{\Sigma}^{-1/2}\boldsymbol{y}) \hat{=} \boldsymbol{z}^{\mathrm{H}}\boldsymbol{z} \tag{4.101}$$

显然,散射矢量 $\boldsymbol{y}$ 经过 $\boldsymbol{\Sigma}^{-1/2}$ 滤波之后的极化矢量 $\boldsymbol{z}$ 具有单位协方差矩阵,即变换后的各个通道之间不再相关,这就是“极化白化”的由来,而最终得到的组合图像强度就是白化后的矢量 $\boldsymbol{z}$ 的各元素的非相干叠加,如图 4.25 所示。

常用的极化 CFAR 检测器实际上是一种自适应的 PWF 滤波器实现形式。

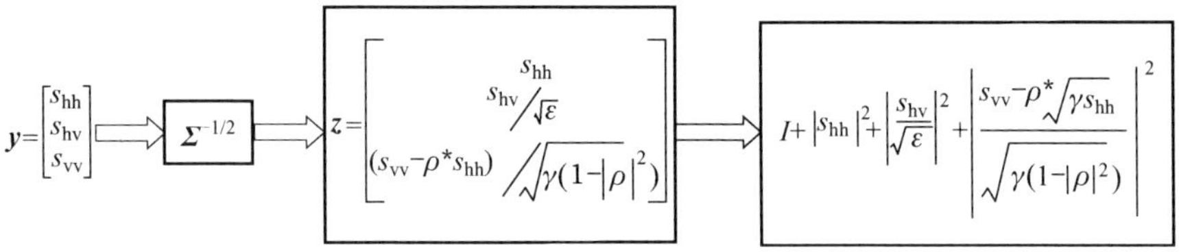

图 4.25　极化白化滤波器

极化 CFAR 是指使用一个散射矢量序列$\{\boldsymbol{x}(i), i=1,\cdots,2N+1\}$进行判决，其中周围 $2N$ 个散射矢量为用来估计杂波极化统计特性的参考数据。设待检测单元所对应的极化散射矢量为

$$\boldsymbol{x}(i)=[s_{\mathrm{hh}}, s_{\mathrm{hv}}, s_{\mathrm{vv}}]^{\mathrm{T}} \tag{4.102}$$

当进行 CFAR 处理时，首先根据 $\boldsymbol{x}(i)$ 周围的 $2N$ 个参考散射矢量估计出杂波的协方差矩阵，再以此对检测单元的散射矢量 $\boldsymbol{x}(i)$ 进行极化白化检测，判断目标是否存在，即

$$[\boldsymbol{x}(i)]^{\mathrm{H}}\cdot\hat{\boldsymbol{\Sigma}}^{-1}\cdot[\boldsymbol{x}(i)]\underset{\mathrm{H}_0}{\overset{\mathrm{H}_1}{\gtrless}}\mathrm{TH} \tag{4.103}$$

式中：TH 为给定虚警概率条件下得到的检测阈值；$\hat{\boldsymbol{\Sigma}}$ 为由 $2N$ 个参考散射矢量估计出的杂波协方差矩阵，且有

$$\hat{\boldsymbol{\Sigma}}=\frac{1}{N}\sum_{k=1}^{2N}\{\boldsymbol{x}(k)\boldsymbol{x}^{\mathrm{H}}(k)\} \tag{4.104}$$

4.4.1.3　极化匹配滤波器

极化匹配滤波器是把接收到的散射矢量进行线性组合，不妨记为 $\boldsymbol{y}=\boldsymbol{w}^{\mathrm{H}}\boldsymbol{x}$，通过选择一个最佳的线性加权矢量 $\boldsymbol{w}$（极化匹配滤波器），使得信号和噪声的接收功率之比最大，即

$$\max_{\boldsymbol{w}}(T/C)_{\mathrm{out}}=\frac{\mathrm{E}\{\boldsymbol{y}_s\boldsymbol{y}_s^{\mathrm{H}}\}}{\mathrm{E}\{\boldsymbol{y}_c\boldsymbol{y}_c^{\mathrm{H}}\}}=\frac{\boldsymbol{w}^{\mathrm{H}}\mathrm{E}\{\boldsymbol{x}_s\boldsymbol{x}_s^{\mathrm{H}}\}\boldsymbol{w}}{\boldsymbol{w}^{\mathrm{H}}\mathrm{E}\{\boldsymbol{x}_c\boldsymbol{x}_c^{\mathrm{H}}\}\boldsymbol{w}}=\frac{\boldsymbol{w}^{\mathrm{H}}\boldsymbol{\Sigma}_t\boldsymbol{w}}{\boldsymbol{w}^{\mathrm{H}}\boldsymbol{\Sigma}_c\boldsymbol{w}} \tag{4.105}$$

等价于

$$\begin{cases}\max\limits_{\boldsymbol{w}}\boldsymbol{w}^{\mathrm{H}}\boldsymbol{\Sigma}_t\boldsymbol{w}\\ \text{s. t.}\quad \boldsymbol{w}^{\mathrm{H}}\boldsymbol{\Sigma}_c\boldsymbol{w}=1\end{cases} \tag{4.106}$$

应用拉格朗日乘子法，可得

$$\begin{cases}\max\limits_{\boldsymbol{w}} f(\boldsymbol{w})\\ f(\boldsymbol{w})=\boldsymbol{w}^{\mathrm{H}}\boldsymbol{\Sigma}_t\boldsymbol{w}-\lambda(\boldsymbol{w}^{\mathrm{H}}\boldsymbol{\Sigma}_c\boldsymbol{w}-1)\end{cases} \tag{4.107}$$

对$f(\boldsymbol{w})$求导，令$\frac{\partial f(\boldsymbol{w})}{\partial \boldsymbol{w}}=0$，可得

$$\boldsymbol{\Sigma}_t \boldsymbol{w}=\lambda \boldsymbol{\Sigma}_c \boldsymbol{w} \tag{4.108}$$

即说明，最佳权矢量$\boldsymbol{w}$对应着$\boldsymbol{\Sigma}_t$与$\boldsymbol{\Sigma}_c$的广义特征值问题。进一步将式(4.108)两边同时左乘以$\boldsymbol{\Sigma}_c^{-1}$，可得

$$\boldsymbol{\Sigma}_c^{-1} \boldsymbol{\Sigma}_t \boldsymbol{w}=\lambda \boldsymbol{w} \tag{4.109}$$

最佳权矢量$\boldsymbol{w}_{\mathrm{opt}}$对应着$\boldsymbol{\Sigma}_c^{-1}\boldsymbol{\Sigma}_t$的最大特征值$\boldsymbol{\lambda}_{\max}$对应的特征矢量。

4.4.2 杂波背景下极化特征检测器概述

极化似然比检测方法的主要缺点是其严重依赖于对杂波背景极化统计特性的预知或估计，在杂波极化特性非均匀分布等情况下，检测性能受限，且其协方差矩阵估计等处理过程较为复杂，计算量较大。此外，仅将极化各分量无差别地视为多通道随机过程，在某种程度上弱化了目标、杂波或干扰环境自身所具备的极化物理特征[2]。

单纯依靠多极化通道似然比检测的方法对于极化信息的挖掘尚不够充分，因此一些采用极化相关特征参量作为检验统计量的极化检测方法，在似然比极化检测器发展的同时也被不断地提出。

按照极化参量所属类别的不同，首先介绍与极化比相关的特征参量检测器。Poelman 利用回波中交叉极化同平行极化信噪比的比值作为检验统计量用于极化目标检测，是目前最早见诸报道的基于极化特征量的检测器。Stovall 和 Long 随后分别提出利用目标回波中水平同垂直极化分量的相位差和功率比作为检验统计量。

其次是斯托克斯矢量相关极化参量检测器，美国斯佩里研究中心的 Vachula 由斯托克斯矢量估计量的联合分布出发，根据斯托克斯矢量各分量同一系列具有特定物理含义的极化参量的关系，讨论了多种极化参量检测器的性能，包括最大似然比检验测器、回波信号极化总功率检测器以及极化椭圆率角检测器等。法国雷恩大学的 Pottier 认为极化状态起伏较慢的杂波的斯托克斯矢量在极化球上的分布集中于某一区域，于是利用自回归模型对极化状态加以预测，通过比较预测值和测量值的斯托克斯矢量在极化球上的距离，判断有无目标存在，从而实现目标检测。国内方面，李永祯基于瞬态极化理论，分别提出了基于瞬态极化投影序列和基于瞬态极化斯托克斯子矢量的信号检测算法，并给出了性能分析。

此外，一些其他极化相关特征参量也用来设计检测器，例如，Marino 提出利用 Huynen 极化叉作为检验统计量，用于极化 SAR 中的目标检测。而在气象极化雷达方面，俄克拉荷马大学的 Ivić 等提出利用正交极化通道样本间的相干性

实现目标检测,即通过将各极化分量的功率、自相关系数以及互相关系数直接求和,构建检验统计量,他们把该检测器称为一致和极化检测器。近年来,极化度参量在辅助分辨目标和各类环境的后向散射电磁场特征方面,被认为具有应用潜力,法国图卢兹大学的 Reza Shirvany 将极化度作为检验统计量用于双极化 SAR 数据中人造目标的检测,分别对农田环境中的高压电线塔、海面上的油井、金属浮标以及舰船进行了检测,取得了很好的效果。国防科学技术大学任博针对非均匀海杂波环境中的静态或慢速目标开展了极化雷达检测技术研究,给出了极化度估计量检测器理论性能,针对极化度起伏杂波环境设计了一种组合极化检测方法,应用实际杂波测量数据对现有多种典型极化检测器开展了检测性能的对比分析。

参考文献

[1] Shi Longfei, Mao Chuqiao, Cui Gang, et al. Study on Dual – Threshold Detection Method for Dual – Polarization Receiving Radar [J]. Progress In Electromagnetics Research Symposium,2017.

[2] 任博. 多点源干扰的雷达极化统计特性及其应用研究[D]. 长沙: 国防科学技术大学, 2016.

[3] 任博, 罗笑冰, 邓方刚, 王国玉. 应用极化聚类中心设计快速自适应极化滤波器[J]. 国防科学技术大学学报, 2015, 37(4): 87 – 92.

[4] 施龙飞, 毛楚乔, 胥文泉. 基于极化—空间谱特征的雷达目标检测方法[J]. 雷达科学与技术, 2018,16(2):174 – 180.

[5] 胥文泉. 主瓣多点源/变极化干扰中雷达目标检测方法[D]. 长沙: 国防科学技术大学, 2017.

[6] McDonough R N, Whalen A D. 噪声中的信号检测[M]. 王德石,等译. 北京:电子工业出版社, 2006.

[7] 何友, 关键, 彭应宁,等. 雷达自动目标检测与恒虚警处理[M]. 北京:清华大学出版社, 1999.

[8] Barnes R M, Vachula G M. Polarization detection of a fluctuating radar target[J]. IEEE Transactions on Aerospace and Electronic Systems, 1983, 19(2): 250 – 257.

[9] Novak L M,Cardullo M J. Studies of target detection algorithms that use polarimetric radar data [J]. IEEE Transactions on Aerospace and Electronic Systems, 1989, 25(2): 150 – 165.

[10] Novak L M,Bud M C,Irving W W,et al. Optimal polarimetric processing for enhanced target detection[J]. IEEE Transactions on Aerospace and Electronic Systems, 1993, 29(1): 234 – 243.

[11] Wicks M C, Vannicola V C, Stieefvater K C, et al. Polarization radar processing technology [C]. IEEE International Radar Conference. IEEE Press, 1990: 409 – 416.

[12] Kelly E J. An andaptive detection algorithm[J]. IEEE Transactions on Aerospace and Elec-

tronic Systems, 1986, 22(1): 115 - 127.

[13] Park H, Li J, Wang H. Polarization - space - time domain generalized likelihood ratio detection of radar targets[J]. Signal Processing, 1995, 41(1): 153 - 164.

[14] Pastina D, Lombardo P, Bucciarelli T. Adaptive polarimetric target detection with coherent radar part I: detection against Gaussian background[J]. IEEE Transactions on Aerospace and Electronic Systems, 2001, 37(4): 1194 - 1206.

[15] De Maio A. Polarimetric adaptive detection of range - distributed targets[J]. IEEE Trandsactions on Signal Processing, 2002, 50(9): 2152 - 2159.

[16] Giuli D. Polarization diversity in radars [J]. Proceedings of the IEEE, 1986, 74 (2): 245 - 269.

[17] 林昌禄. 极化技术在雷达目标检测中的应用[J]. 现代雷达, 1994, 16(6): 20 - 29.

[18] 王福友, 郝明, 郭汝江, 等. 虚拟极化在雷达目标检测的得益研究[J]. 现代雷达, 2011, 33(8): 29 - 32,38.

[19] 李永祯, 程旭, 李棉全, 等. 极化信息在雷达目标检测中的得益分析[J]. 现代雷达, 2013,35, (2):35 - 39.

[20] Chen Pang, Peter Hoogeboom, Francois Le Chevalier. et al. Polarimetric Bias Correction of Practical Planar Scanned Antennas for Meteorological Applications[J]. IEEE Transactions on Geoscience and Remote Sensing, 2016, 54(3): 1488 - 1504.

第5章

干扰背景下极化雷达目标测角

第4章讨论了干扰背景下极化雷达的目标检测问题,本章进一步探讨干扰背景下的目标测角问题。对于大多数制导雷达(也包括部分目标指示雷达)来说,目标角度测量是决定雷达能否稳定跟踪目标的关键,而干扰背景下,尤其是主瓣干扰存在的情况下,目标测角成为一个难题。

目前,主瓣干扰的极化域抑制方法主要是极化滤波器,第3章已经介绍并分析了其干扰抑制性能。但实际上,在抑制主瓣干扰的同时,会有多种因素影响目标角度测量(如干扰残留、目标损失、和差通道误差耦合等),形成角度测量偏差。本章针对主瓣干扰和低空目标镜像角闪烁两种典型的有源角度干扰与无源角度干扰,研究采用极化域抗干扰措施后的雷达目标测角问题。

5.1 极化雷达测角体制

极化雷达采用的测角体制主要有两种,分别是极化单脉冲测角体制与极化阵列测角体制。本章主要围绕极化单脉冲测角体制雷达在干扰背景下的目标测角问题展开研究。

5.1.1 极化单脉冲测角体制

单脉冲技术也称为同时波束比较测角方法,主要用于测量信号的到达方向(DOA),测量对象既可以是主动辐射源(如信标、干扰机等),也可以是雷达目标等无源散射体,是当前雷达广泛采用的角度测量技术。在单脉冲雷达3dB主瓣内,雷达差波束增益与和波束增益的比值随角度产生近似线性变化,差信号与和信号的比值,即单脉冲比,也会在3dB主瓣内近似线性变化,其斜率 k_m 称为单脉冲比斜率,如图5.1所示。因此,单脉冲处理的核心是得到信号源的单脉冲比,即差信号与和信号的比值,由此获得信号源角度信息[1]。

文献[1-3]通过理论分析证明在没有噪声的理想条件下,单个信号源的单脉冲比为纯实数或纯虚数,因此在单脉冲处理中通常只使用单脉冲比的实部或虚部。但当雷达同一信号单元内存在多个不可分辨目标或背景噪声时,单脉冲

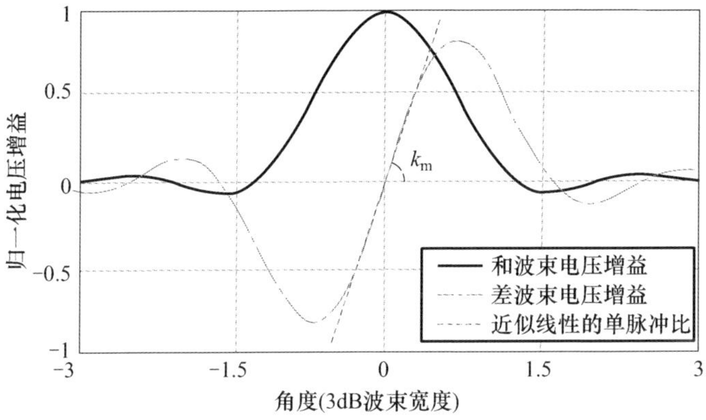

图 5.1　单脉冲比

比为复数,称为复单脉冲比[4]。雷达单脉冲测角的具体实现样式可以按照雷达天线的种类分为三类[3]:基于相同相位中心、不同子波束指向的比幅单脉冲方法;基于不同相位中心、相同子波束指向的比相单脉冲方法;基于最大似然准则,适用于阵列自适应波束形成的广义单脉冲方法。

5.1.1.1　比幅单脉冲方法

比幅单脉冲方法需要两个倾斜的波束来测量目标的角度位置,图 5.2 为比幅单脉冲天线的子波束示意图。

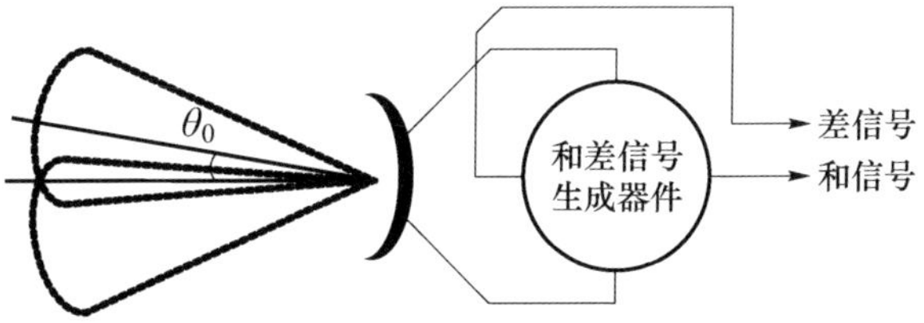

图 5.2　比幅单脉冲天线的子波束

图 5.2 中,和差信号生成器件用于将各子波束接收到的信号重新组合,形成单脉冲处理所需要的和信号与差信号。假设图 5.2 中一个子波束的幅度方向图为 $f(\theta)$,θ 为角误差,表征目标角度与雷达视轴方向的夹角,且定义 θ_0 为子波束偏离雷达视轴方向的偏置角,则复单脉冲比实部可以表示为

$$\mathrm{Re}\left[\frac{d}{s}\right]=\frac{|d|}{|s|}\cos\delta=\frac{f(\theta-\theta_0)-f(\theta+\theta_0)}{f(\theta-\theta_0)+f(\theta+\theta_0)}\approx-\frac{f'(\theta_0)}{f(\theta_0)}\cdot\theta=k_m\cdot\theta \quad (5.1)$$

式中:d 为差信号(V);s 为和信号(V);δ 为和信号与差信号之间的相位差(°);k_m 为单脉冲比斜率(比值);

5.1.1.2 比相单脉冲方法

如图 5.3 所示,比相单脉冲与比幅单脉冲相比,其两个子波束的相位中心不再位于同一点,但波束指向相同。

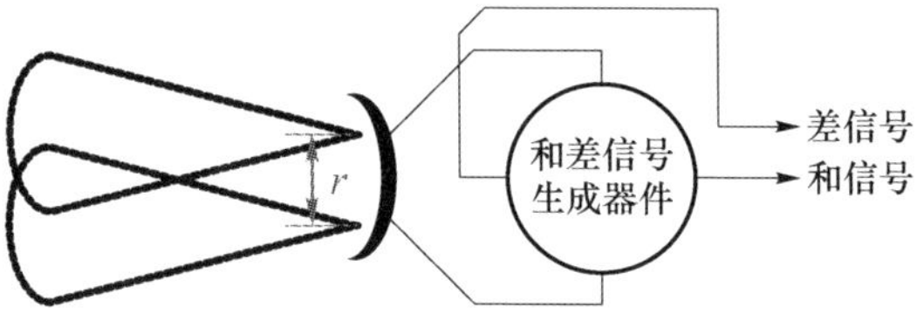

图 5.3 比相单脉冲天线的子波束

假设图 5.3 中两个子波束相位中心间距为 r,则两个天线单元接收信号的相位差为 $\varphi = 2\pi r\sin\theta/\lambda$($\lambda$ 为波长),则复单脉冲比虚部可以表示为

$$\mathrm{Im}\left[\frac{d}{s}\right] = \mathrm{Im}\left[\frac{1 - \exp\{-\mathrm{j}\varphi\}}{1 + \exp\{-\mathrm{j}\varphi\}}\right] = \tan\left(\frac{\varphi}{2}\right) \approx k_{\mathrm{m}} \cdot \theta \tag{5.2}$$

5.1.1.3 广义单脉冲方法

随着数字阵列技术的发展,相控阵雷达具有阵元级或子阵级的多通道数字信号获取能力,结合自适应波束形成算法,可以在雷达天线方向图的多个角度指向上产生空域零点[5,6],进而抑制不同角度进入的干扰信号。然而,当采用不同的阵元或子阵加权方式时,雷达单脉冲比曲线在和波束 3dB 主瓣内的线性度可能严重下降[7,8],导致单脉冲处理无法进行。针对这一问题,Nickel 等提出了基于最大似然准则的广义单脉冲测角方法[3](图 5.4),能够基于不同的多通道加权值,在雷达和波束 3dB 主瓣内形成具有最优线性度的单脉冲比曲线,实现任意和、差波束加权条件下的单脉冲测角处理,进一步完善了单脉冲测角技术在阵列雷达中的应用。然而,现有文献对广义单脉冲方法的研究多基于单极化体制,双极化/全极化体制下广义单脉冲测角基本理论研究与应用技术尚未深入研究。

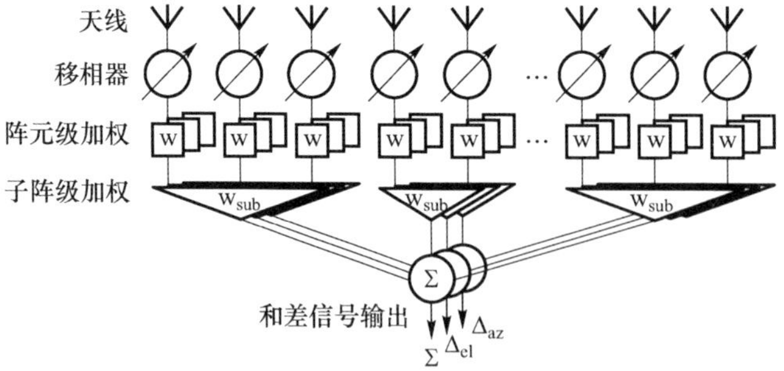

图 5.4 基于阵元/子阵自适应加权的广义单脉冲和差信号生成

5.1.1.4　三种单脉冲方法的关系

比幅单脉冲方法、比相单脉冲方法与广义单脉冲方法间的异同主要表现在两个方面：

（1）在硬件实现层面，最大的差异是天线结构。比幅单脉冲天线由指向相互倾斜、相位中心重叠的子天线组成；比相单脉冲天线由指向一致、相位中心分开的子天线组成；广义单脉冲适用于多通道阵列雷达。这导致比幅法的单脉冲比斜率与比相法的单脉冲比斜率不相等（后者往往大于前者），且比幅单脉冲天线的和方向图旁瓣增益往往低于比相单脉冲天线的和方向图旁瓣增益[1]，而广义单脉冲方法的单脉冲比斜率与天线旁瓣水平会根据和差波束的加权情况产生变化[3]。

（2）在信号处理层面，三种单脉冲方法得到的单脉冲比具有等效性。比幅单脉冲处理中，目标角度信息包含在复单脉冲比的实部[1]；比相单脉冲处理中，目标角度信息包含在复单脉冲比的虚部[1]；广义单脉冲处理中，目标角度信息包含在复单脉冲比的实部中[3]。在实际系统中，可以通过 3dB 定向耦合器（90°相移器件）或直接数字移相[1]，使和差信号间的相位差为零。因此，比幅单脉冲、比相单脉冲、广义单脉冲三种方法所得到的单脉冲比具有等效性。

5.1.1.5　极化单脉冲系统应用

极化能够解析复杂信号的无源电磁散射/有源辐射机理[9,10]，将极化技术融入单脉冲测角处理，能够进一步提升雷达角度信息与极化信息的综合获取能力，成为学术界和工业界所关注的热点[9-13]。当前极化单脉冲技术的研究与应用主要集中在以下四个方面。

1）极化单脉冲成像与目标识别

结合宽带高分辨信号体制与单脉冲测角技术，可以进行单脉冲成像处理。首先采用脉冲压缩得到待探测目标的高分辨一维距离像，然后利用单脉冲测角方法获取各个距离单元上目标散射中心的方位角和俯仰角信息，进而形成三维目标图像[14]。单脉冲测角成像方法成像时间短，具有较高的测角精度，但当同一个距离单元内存在多个散射中心时，对该单元信号的测角结果将出现扰动，或使雷达系统只能得到多个散射中心的角度能量质心，导致成像质量下降。在雷达双极化通道同时进行单脉冲成像处理，将双极化目标图像进行合成，得到目标的双极化单脉冲成像结果，其处理流程如图 5.5 所示。

双极化单脉冲成像结果的外形特征与极化特征可以用于雷达目标识别，采用这一技术最典型的代表是英国 MBDA 公司研制生产的“硫磺石”（Brimstone）毫米波雷达制导反坦克导弹，如图 5.6 所示。“硫磺石”导引头采用单向圆极化

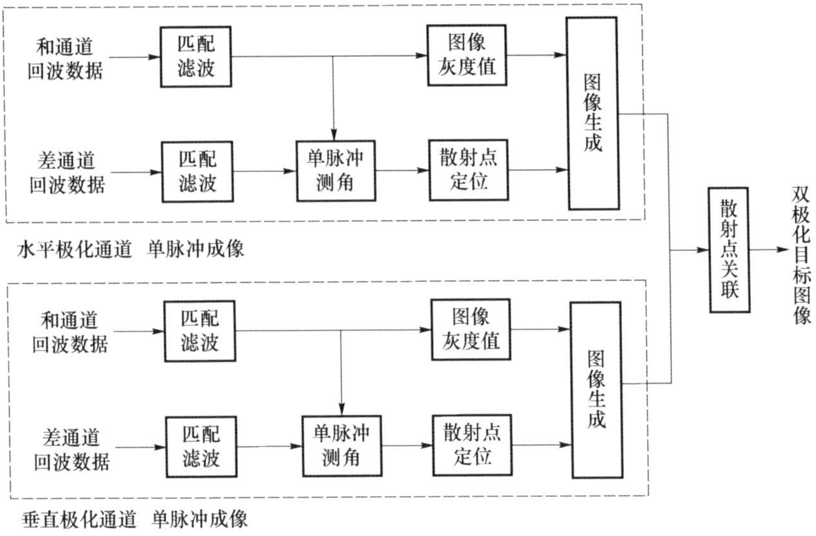

图 5.5 极化单脉冲成像处理流程

发射、双向圆极化接收,并将目标极化散射特征数据库存储在弹上,能够对坦克、步兵战车、近程防空单元三类目标取得很高的识别概率。经过在阿富汗和利比亚战场上大量实战使用,据报道导弹命中率达到了 95%[15]。

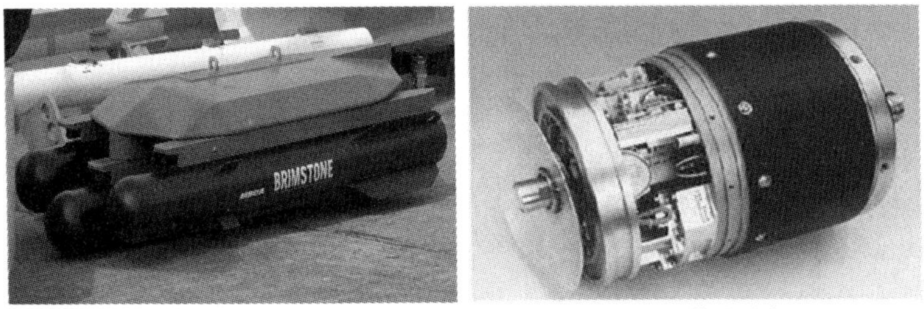

(a) 导弹弹体　　(b) 导弹导引头

图 5.6 “硫磺石”毫米波雷达制导导弹

2）精密角度测量

传统单极化单脉冲系统的角度测量性能会受到回波信号与天线极化匹配度的影响,当回波信号与天线的极化严重失配时,测角误差很大,甚至有可能导致目标丢失[11]。因此,固定极化的单脉冲系统在目标跟踪应用上存在着一定的局限性。全极化单脉冲系统能够对回波的各极化分量都进行接收,使雷达接收回波的信噪比受回波极化形式的影响很小,从而避免由于回波与天线极化失配导致的测角误差[13]。

对于平面相控阵雷达系统,天线辐射电场的功率和极化特性将对传统单脉冲测角带来两个方面的影响:

（1）由于阵元互耦等非理想因素的作用，阵列天线各个阵元的极化特性会存在差异（尤其在相控阵雷达宽角扫描时，差异更为明显），导致雷达的单脉冲测角性能敏感于接收回波的极化形式，当回波交叉极化分量增加时，测角结果产生明显偏差[16]。

（2）阵元之间的辐射特性差异，使差波束方向图的“零点”不够深，甚至会达到与旁瓣电平相同的量级，导致单脉冲系统测角的灵敏度下降[1,13]。

全极化相控阵雷达单脉冲技术，通过对和、差波束的空域增益与极化进行联合优化，使合成方向图的差斜率和交叉极化都能满足设计要求，抑制由阵元之间极化特性差异、天线交叉极化以及通道之间的幅相失衡导致的单脉冲测角偏差，提升相控阵雷达单脉冲测角精度[13]。

3）主瓣有源干扰抑制

当目标与有源干扰同时位于雷达主瓣内时，雷达天线对干扰信号的接收增益很大，形成主瓣有源干扰[18,19]。主瓣有源干扰可以分为主瓣欺骗干扰与主瓣压制干扰两类[20]（主瓣欺骗干扰的检测与鉴别问题将在第 6 章进行讨论，本章只关注主瓣压制干扰条件下的极化对抗）。当存在主瓣压制干扰时，目标回波信号在时域和频域上被具有一定带宽的干扰信号淹没[8,11]，常规信号处理后，单脉冲雷达无法有效检测目标或错误地检测、跟踪干扰源。对于这种干扰，传统的时域、频域的抗干扰措施难以取得理想效果[10]；基于自适应波束形成的广义单脉冲方法虽然能在一定程度上从空域上实现干扰抑制，并完成目标角度测量，但如果干扰源位于主瓣 3dB 波束宽度内，其角度估计性能将严重下降[3]。

极化域作为时、频、空域的重要补充，利用干扰信号与目标回波信号在极化域的差异，能够获得独特的抗干扰效果[21-24]，其中干扰抑制极化滤波器（ISPF）得到了最为广泛的研究与应用[25]。将 ISPF 从常规的和通道应用拓展到单脉冲系统的差通道，并对抑制主瓣干扰后的极化滤波结果进行单脉冲测角，其角度量测值总是存在一定的偏差，该测角偏差是关于目标与干扰极化参数等参量的多元函数[26]。在一定条件下，这一偏差将严重影响单脉冲系统测角与跟踪[8,11]。

极化单脉冲雷达采用多通道相关处理技术，在进行极化滤波的同时，对多路双极化和、差信号进行加权合成处理，能够在固定极化主瓣压制干扰条件下，测量单个目标的角度或对多个目标的角度—极化信息进行联合估计。5.2 节对极化单脉冲雷达多通道相关处理技术展开研究。

4）低空目标镜像角闪烁抑制

雷达探测低空目标时，受地面反射信号影响，在接收目标回波信号的同时会有从其他路径进入雷达天线的多径信号，其中最为主要的是经地面（海面）镜面反射而形成的“镜像”信号[27,28]。由于镜像信号到达方向在俯仰上不同于目标直达回波,导致形成两点源干扰,使单脉冲测角结果的均值产生偏差、测角结果的方差大幅增加[29]。

分集技术是指利用电磁波在时域、频域、空域、极化域等信息域的特性差异,分别进行信号的发射/接收、处理和合并的方法[27]。极化分集技术通过改变雷达发射极化,使目标直达波与低空多径回波间的幅度比与相位差产生随机变化,经双极化接收与平均处理后显著降低低空目标镜像角闪烁导致的单脉冲测角线偏差[22]。5.3 节对基于极化分集的低空目标镜像角闪烁抑制技术展开研究。

5.1.2 极化阵列测角体制

由于空间电磁信号的电场和磁场信息可构成 6 维复矢量,若传感器能够获得电磁信号的全部或部分(至少高于一维)信息,这样的传感器称为电磁矢量传感器,由矢量传感器构成的阵列称为矢量传感器阵列[30]。矢量传感器阵列对不同极化的电磁信号响应不同,可以敏感到空间电磁信号的极化信息,所以又称为极化敏感阵列[24]。在极化敏感阵列测量中,信号的极化信息与角度信息耦合在阵列流型中,故信号的极化参数估计与角度参数估计往往是同时进行的,一般称之为极化 DOA 估计[23]。与未考虑极化的传统 DOA 估计方法相比,极化 DOA 估计能够利用不同信号间的极化差异,使目标在多维参数空间具有更显著的区分度,因此参数估计精度和分辨力都有所提升。

在理论研究与实际应用中,极化 DOA 估计既可以基于简化的部分电磁矢量天线阵列(如交叉偶极子天线阵列),也可以基于具有完整结构的电磁矢量天线阵列(如三极化天线阵列),其实现算法也包含多种类型[24]。自 20 世纪 90 年代以来,学术界逐步将基于 2 阶或高阶统计量的 MUSIC、ESPRIT 等经典高分辨 DOA 估计方法推广到极化敏感阵列应用中,实现极化参数与 DOA 的联合估计[31]。近年来,部分学者通过在算法中引入四元数、张量代数、几何代数、压缩感知等高维数学工具和最新信号处理理论,得以进一步提升极化 DOA 估计方法的估计性能[32]。随着各类电子系统应用场景日益多样化、电磁环境日益复杂化,相干信源、不等功率源、非圆信号、部分极化波及近场条件下的入射信号极化与 DOA 估计也是当前极化敏感阵列研究领域的研究热点[32]。

整体来看,极化 DOA 估计在基础理论方面已经较为完善,但大部分研究工作多假设雷达阵列流形精确已知,对雷达目标环境(包括杂波与干扰)的假设相对简单,而实际雷达阵列通常存在由于极化耦合、天线指向误差、天线位置误差、通道不一致等因素引起的模型失配。雷达真实环境远比现有假设复杂,在复杂目标与复杂环境以及模型失配条件下,雷达极化敏感阵列空—时—极化自适应匹配接收、稳健自适应波束形成、高容错性多维参数估计等方面的工作尚需进一步研究。

5.2　主瓣干扰背景下极化单脉冲雷达测角方法

在主瓣压制式干扰条件下，极化单脉冲系统将极化滤波从常规的和通道拓展到差通道进行单脉冲测角，其角度量测值存在偏差，该测角偏差是关于目标与干扰极化参数等参量的多元函数，这一结果限制了极化滤波抗干扰方法在雷达制导系统中的使用。针对该问题，本节着力于消除极化滤波器给单脉冲系统测角结果带来的误差，并在主瓣干扰条件下对多个不可分辨目标的角度参数和极化参数进行估计。

5.2.1　双极化单脉冲信号模型

5.2.1.1　目标极化起伏模型

雷达目标可看作由多个散射点源组成，这些散射点源的幅度和相对相位的变化会引起合成回波的波动，形成目标噪声。角闪烁和幅度噪声、多普勒噪声、距离噪声都属于雷达目标噪声，它们都是由目标的运动和姿态角变化引起的。图 5.7 为目标多散射中心，其中多个强散射中心散布在目标表面。

为了有效地描述目标的极化特性，可以通过极化散射矩阵[33]来描述每个散射中心的极化，定义雷达正交极化基分别为垂直极化基(V)与水平极化基(H)，则对于第 k 个散射中心，其散射矩阵为

$$\boldsymbol{S}_k = \begin{bmatrix} s_{k\mathrm{HH}} & s_{k\mathrm{HV}} \\ s_{k\mathrm{VH}} & s_{k\mathrm{VV}} \end{bmatrix} \tag{5.3}$$

图 5.7　目标多散射中心

当雷达发射单极化电磁波时(以发射 V 极化为例)，则对于第 $n(n=1,2,\cdots,N)$ 个雷达采样，第 k 个散射中心的极化散射矩阵降维为

$$\boldsymbol{S}_k(n) = [\,s_{k\mathrm{HV}}(n)\quad s_{k\mathrm{VV}}(n)\,]^{\mathrm{T}} \tag{5.4}$$

第 k 个散射中心的极化可以表示为

$$\frac{s_{k\mathrm{VV}}(n)}{s_{k\mathrm{HV}}(n)} = \tan\gamma_k \cdot \exp\{\mathrm{j}\delta_k\} \tag{5.5}$$

式中：γ_k 与 δ_k 为第 k 个散射中心的极化相位描述子。

假设目标由 N_k 个散射中心组成，且回波位于第 l_{d} 个距离单元，则目标在两个极化的和通道回波分量分别为

$$\boldsymbol{s}_{\mathrm{Vt}}(n,l_{\mathrm{d}}) = \sum_{k=1}^{N_k} A_{k\mathrm{V}}(n) \cdot \exp\{\mathrm{j}(\delta_k + \phi_k)\} \tag{5.6a}$$

$$s_{\mathrm{Ht}}(n,l_{\mathrm{d}}) = \sum_{k=1}^{N_k} A_{k\mathrm{H}}(n) \cdot \exp\{\mathrm{j}\phi_k\} \tag{5.6b}$$

式中:$A_{k\mathrm{V}}$与$A_{k\mathrm{H}}$分别为第k个散射中心在两路极化通道的回波幅度;ϕ_k为目标运动引起的相位扰动,服从$(0,2\pi]$的均匀分布。

$A_{k\mathrm{V}}$与$A_{k\mathrm{H}}$可以表示为

$$A_{k\mathrm{V}}(n) = f_{\Sigma\mathrm{V}}(\theta_k,\xi_k)\kappa_{\mathrm{t}} s_{k\mathrm{VV}}(n) \tag{5.7a}$$

$$A_{k\mathrm{H}}(n) = f_{\Sigma\mathrm{H}}(\theta_k,\xi_k)\kappa_{\mathrm{t}} s_{k\mathrm{HV}}(n) \tag{5.7b}$$

式中:θ_k、ξ_k分别为第k个散射中心的方位角与俯仰角(°);$f_{\Sigma\mathrm{V}}(\theta_k,\xi_k)$、$f_{\Sigma\mathrm{H}}(\theta_k,\xi_k)$分别为雷达两路极化通道在角度$\theta_k$与$\xi_k$的天线方向图电压增益;$\kappa_{\mathrm{t}}$为雷达方程中多参数的乘积。

由此可得

$$A_{k\mathrm{V}}(n) = A_{k\mathrm{H}}(n) \cdot \frac{f_{\Sigma\mathrm{V}}(\theta_k,\xi_k)}{f_{\Sigma\mathrm{H}}(\theta_k,\xi_k)} \cdot \tan\gamma_k \tag{5.8}$$

在经典文献中,空中目标 RCS 起伏统计特性通常用 Swerling II 模型来描述[33],但这种假设并未考虑极化因素,即认为目标主极化回波起伏服从该分布,而忽略了其交叉极化回波分量的起伏特性[34,35]。由式(5.8)可以发现,当目标具有稳定的极化特性时,$A_{k\mathrm{V}}$与$A_{k\mathrm{H}}$应该是相关的,则可以假设目标交叉极化回波分量同样服从瑞利分布,即

$$p(A_{k\mathrm{V}}) = \frac{A_{k\mathrm{V}}}{\beta_{k\mathrm{V}}^2}\exp\left(-\frac{A_{k\mathrm{V}}^2}{2\beta_{k\mathrm{V}}^2}\right) \tag{5.9a}$$

$$p(A_{k\mathrm{H}}) = \frac{A_{k\mathrm{H}}}{\beta_{k\mathrm{H}}^2}\exp\left(-\frac{A_{k\mathrm{H}}^2}{2\beta_{k\mathrm{H}}^2}\right) \tag{5.9b}$$

式中

$$\beta_{k\mathrm{V}}^2 = [f_{\Sigma\mathrm{V}}(\theta_k,\xi_k)\kappa_{\mathrm{t}}]^2\sigma_{k\mathrm{VV}} \tag{5.9c}$$

$$\beta_{k\mathrm{H}}^2 = [f_{\Sigma\mathrm{H}}(\theta_k,\xi_k)\kappa_{\mathrm{t}}]^2\sigma_{k\mathrm{HV}} \tag{5.9d}$$

其中:$\sigma_{k\mathrm{VV}}$与$\sigma_{k\mathrm{HV}}$分别为第k个散射中心在两个极化的雷达散射截面积(m^2)。

由此可以认为目标主极化与交叉极化回波服从联合高斯分布,两分量的实部与虚部服从

$$[s_{\mathrm{VtI}}(n,l_{\mathrm{d}}) \quad s_{\mathrm{HtI}}(n,l_{\mathrm{d}}) \quad s_{\mathrm{VtQ}}(n,l_{\mathrm{d}}) \quad s_{\mathrm{HtQ}}(n,l_{\mathrm{d}})]^{\mathrm{T}} \sim N(0,\boldsymbol{P}) \tag{5.10}$$

式中:下标 I 表示实部;下标 Q 表示虚部。

协方差矩阵可以表示为

$$
\boldsymbol{P}=\begin{bmatrix} p_{11} & p_{12} & & p_{14} \\ p_{12} & p_{22} & -p_{14} & \\ & -p_{14} & p_{11} & p_{12} \\ p_{14} & & p_{12} & p_{22} \end{bmatrix} \tag{5.11}
$$

式中：p_{ij}为协方差矩阵的各单元，且有

$$
p_{11}=\sum_{k=1}^{N_k}\beta_{k\mathrm{V}} \tag{5.12a}
$$

$$
p_{12}=\sum_{k=1}^{N_k}\cos\delta_k\rho_k\sqrt{\beta_{k\mathrm{V}}\beta_{k\mathrm{H}}} \tag{5.12b}
$$

$$
p_{14}=-\sum_{k=1}^{N_k}\sin\delta_k\rho_k\sqrt{\beta_{k\mathrm{V}}\beta_{k\mathrm{H}}} \tag{5.12c}
$$

$$
p_{22}=\sum_{k=1}^{N_k}\beta_{k\mathrm{H}} \tag{5.12d}
$$

其中：ρ_k为第 k 个散射中心 V 极化回波与 H 极化回波的相关系数。

在真实环境中，由于目标位置与相对姿态的改变，目标极化很难保持稳定[36]，这也决定了两路回波的相关系数 $\rho_k<1$。

5.2.1.2　多点源混合信号模型

图 5.8 为双极化单脉冲雷达对抗主瓣压制式干扰的典型空域场景。雷达形成双极化和、差波束，目标与干扰源（如机载拖曳式诱饵、舷外有源干扰等）均位于雷达 3dB 波束宽度内，但位于不同的角度。

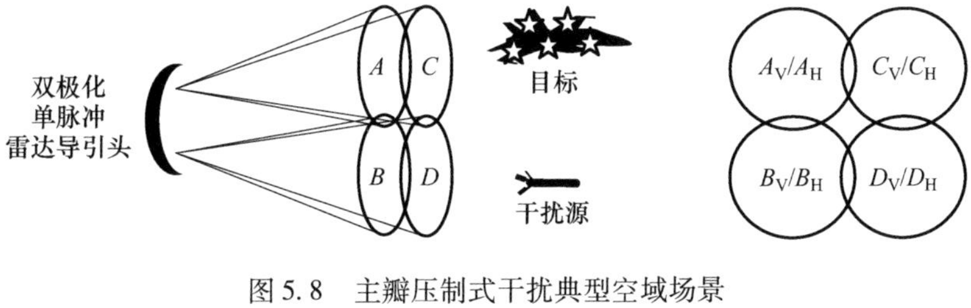

图 5.8　主瓣压制式干扰典型空域场景

假设 A、B、C 与 D 表示对应波束接收到的复回波信号，并且定义雷达正交极化基分别为 V 极化基与 H 极化基，则双极化系统两种极化 6 路和、方位差（简写为下标 az）与俯仰差简写为下标 el）通道接收信号可以表示为

$$
s_{\mathrm{V}}=A_{\mathrm{V}}+B_{\mathrm{V}}+C_{\mathrm{V}}+D_{\mathrm{V}} \tag{5.13a}
$$

$$
s_{\mathrm{H}}=A_{\mathrm{H}}+B_{\mathrm{H}}+C_{\mathrm{H}}+D_{\mathrm{H}} \tag{5.13b}
$$

$$d_{\mathrm{Vaz}} = (C_{\mathrm{V}} + D_{\mathrm{V}}) - (A_{\mathrm{V}} + B_{\mathrm{V}}) \tag{5.13c}$$

$$d_{\mathrm{Haz}} = (C_{\mathrm{H}} + D_{\mathrm{H}}) - (A_{\mathrm{H}} + B_{\mathrm{H}}) \tag{5.13d}$$

$$d_{\mathrm{Vel}} = (A_{\mathrm{V}} + C_{\mathrm{V}}) - (B_{\mathrm{V}} + D_{\mathrm{V}}) \tag{5.13e}$$

$$d_{\mathrm{Hel}} = (A_{\mathrm{H}} + C_{\mathrm{H}}) - (B_{\mathrm{H}} + D_{\mathrm{H}}) \tag{5.13f}$$

在本节的研究内容中，由于方位向处理结果与俯仰向处理过程具有相似性，为了简化后续的推导计算，从本节开始只考虑一维角度域，即只分析方位向。则在当前时刻的双极化单脉冲导引头四路和、差通道在第 l 个距离/频率单元（$l=1,2,\cdots,L$）的采样为

$$s_{\mathrm{V}}(l) = s_{\mathrm{Vt}}(l) + s_{\mathrm{Vj}}(l) + \omega_{\mathrm{V}}(l) \tag{5.14a}$$

$$s_{\mathrm{H}}(l) = s_{\mathrm{Ht}}(l) + s_{\mathrm{Hj}}(l) + \omega_{\mathrm{H}}(l) \tag{5.14b}$$

$$d_{\mathrm{V}}(l) = \boldsymbol{\eta}_{\mathrm{Vt}} \cdot s_{\mathrm{Vt}}(l) + \boldsymbol{\eta}_{\mathrm{Vj}} \cdot s_{\mathrm{Vj}}(l) + \omega_{\mathrm{Vaz}}(l) \tag{5.14c}$$

$$d_{\mathrm{H}}(l) = \boldsymbol{\eta}_{\mathrm{Ht}} \cdot s_{\mathrm{Ht}}(l) + \boldsymbol{\eta}_{\mathrm{Hj}} \cdot s_{\mathrm{Hj}}(l) + \omega_{\mathrm{Haz}}(l) \tag{5.14d}$$

式中：s_{Vt}、s_{Ht}分别为目标回波信号的 V 极化分量与 H 极化分量；s_{Vj}、s_{Hj}分别为干扰信号的 V 极化分量与 H 极化分量，干扰的总功率为 P_{j}；ω_{V}、ω_{H}、ω_{Vaz}、ω_{Haz}分别为对应和、差通道的接收机噪声，皆服从功率为 P 的零均值复高斯分布；$\boldsymbol{\eta}_{\mathrm{Vt}}$、$\boldsymbol{\eta}_{\mathrm{Ht}}$分别为 V 极化通道与 H 极化通道的目标角度单脉冲比；$\boldsymbol{\eta}_{\mathrm{Vj}}$、$\boldsymbol{\eta}_{\mathrm{Hj}}$分别为 V 极化通道与 H 极化通道的干扰源角度单脉冲比。

考虑到 V 极化通道单脉冲比斜率与 H 极化通道单脉冲比斜率之间可能存在差异[1]，定义斜率比例因子 k_η（在天线设计与测试阶段，该参数可测量），则有

$$\boldsymbol{\eta}_{\mathrm{Vt}} = k_\eta \cdot \boldsymbol{\eta}_{\mathrm{Ht}} \tag{5.15a}$$

$$\boldsymbol{\eta}_{\mathrm{Vj}} = k_\eta \cdot \boldsymbol{\eta}_{\mathrm{Hj}} \tag{5.15b}$$

由于噪声压制式干扰在时域与频域上对目标信号形成大范围的遮盖，则式(5.14)中的双极化雷达和通道第 l 个距离/频率单元的干扰信号极化比为

$$k_{\mathrm{j}} = \frac{s_{\mathrm{Vj}}(l)}{s_{\mathrm{Hj}}(l)} = \tan\gamma_{\mathrm{j}} \cdot \exp\{\mathrm{j}\delta_{\mathrm{j}}\} \tag{5.16}$$

5.2.1.3 考虑天线交叉极化分量时的单脉冲比模型

由于天线设计中的非理想因素，天线总是存在交叉极化分量。图 5.9 为典型单脉冲天线的主极化和（s）与差（d）归一化电压方向图，以及交叉极化和（s_{cp}）与差（d_{cp}）归一化电压方向图。

为了有效地描述 3dB 波束宽度内天线交叉极化的大小，定义天线交叉极化因子，即在角度 θ 的交叉极化差通道天线电压增益与主极化和通道天线电压增益的比值为[1]

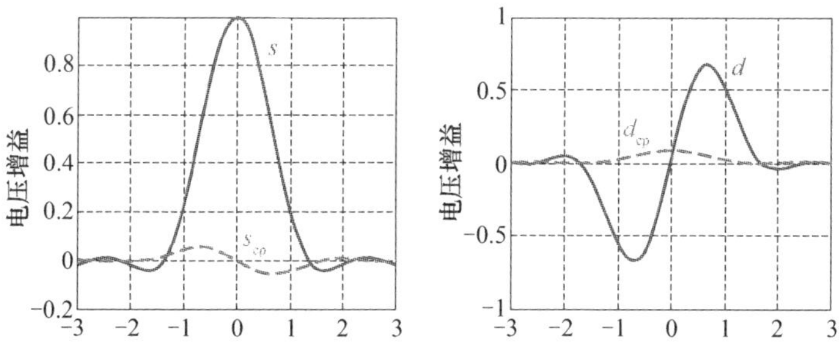

(a) 和方向图　　(b) 差方向图

图 5.9　典型的主极化与交叉极化单脉冲电压方向图

$$r_{\mathrm{cpV}}=\left[f'_{\Delta\mathrm{V}}(\theta)/f_{\Sigma\mathrm{V}}(\theta)\right]^2 \tag{5.17a}$$

$$r_{\mathrm{cpH}}=\left[f'_{\Delta\mathrm{H}}(\theta)/f_{\Sigma\mathrm{H}}(\theta)\right]^2 \tag{5.17b}$$

式中：$f_{\Sigma\mathrm{V}}(\theta)$、$f_{\Sigma\mathrm{H}}(\theta)$分别为 V 极化和通道与 H 极化和通道在角度 θ 的主极化电压增益；$f'_{\Delta\mathrm{V}}(\theta)$、$f'_{\Delta\mathrm{H}}(\theta)$分别为 V 极化差通道与 H 极化差通道在角度 θ 的交叉极化电压增益。

由于在 3dB 波束宽度内天线交叉极化因子的变化不大，为了简化推导，假设 3dB 波束宽度内各角度的天线交叉极化因子相等。则在考虑天线交叉极化响应的条件下，目标单脉冲比为[1]

$$\eta'=\eta-\mathrm{sgn}(\eta)\cdot\varepsilon_{\mathrm{cp}} \tag{5.18}$$

式中：η 为真实的目标单脉冲比，$\varepsilon_{\mathrm{cp}}$为天线交叉极化响应导致的偏差项。

由天线交叉极化导致的 V 极化通道与 H 极化通道目标的单脉冲比偏差分别为

$$\varepsilon_{\mathrm{cpVt}}=\sqrt{r_{\mathrm{cpV}}/2}\cdot|s_{\mathrm{Ht}}(l_{\mathrm{d}})|/|s_{\mathrm{Vt}}(l_{\mathrm{d}})| \tag{5.19a}$$

$$\varepsilon_{\mathrm{cpHt}}=\sqrt{r_{\mathrm{cpH}}/2}\cdot|s_{\mathrm{Vt}}(l_{\mathrm{d}})|/|s_{\mathrm{Ht}}(l_{\mathrm{d}})| \tag{5.19b}$$

由天线交叉极化导致的 V 极化通道与 H 极化通道干扰源的单脉冲比偏差分别为

$$\varepsilon_{\mathrm{cpVj}}=\sqrt{r_{\mathrm{cpV}}/2}\cdot\cot\gamma_{\mathrm{j}} \tag{5.20a}$$

$$\varepsilon_{\mathrm{cpHj}}=\sqrt{r_{\mathrm{cpH}}/2}\cdot\tan\gamma_{\mathrm{j}} \tag{5.20b}$$

5.2.2　极化滤波对单脉冲测角的误差形成机理

极化滤波器实质上是利用雷达天线对不同入射波在极化域中的选择性来抑制干扰信号并提高目标信号的接收质量[21]。这里使用干扰抑制极化滤波器（ISPF）抑制主瓣压制干扰。

ISPF 算法的实质是利用两个正交极化通道中干扰信号的互相关性，自适应调整两通道间加权系数，最终使接收极化与干扰极化相互正交，即利用极化正交投影准则抑制干扰[25]。ISPF 滤波矢量 $\boldsymbol{H}_{\Sigma}$ 的理想表达式为

$$\arg\boldsymbol{H}_{\Sigma}, \text{s. t. } \boldsymbol{H}_{\Sigma}^{\mathrm{T}} \cdot [\boldsymbol{s}_{\mathrm{Vj}}(l) \quad \boldsymbol{s}_{\mathrm{Hj}}(l)]^{\mathrm{T}} = 0 \quad \Rightarrow \quad \boldsymbol{H}_{\Sigma} = [1 \quad -k_{\mathrm{j}}]^{\mathrm{T}} \tag{5.21}$$

由文献[36]可知，决定 ISPF 干扰抑制性能的一个重要参数是干扰信号的极化度（DoP），且 DoP 取值范围为[0,1]。经过推导，ISPF 的干扰抑制比（JRR）与干扰极化度的关系可以表示为[8]

$$\mathrm{JRR} = \frac{2}{1 - \mathrm{DoP}} \tag{5.22}$$

对于 H-V 双极化单脉冲雷达，存在两种极化滤波模式：第一种模式为垂直极化滤波（VPF），即使用 ISPF 抑制 V 极化和、差通道的干扰，并用干扰制后的和、差信号进行单脉冲测角[26]；第二种模式为水平极化滤波（HPF），即使用 ISPF 抑制 H 极化和、差通道的干扰，并用干扰抑制后的和、差信号进行单脉冲测角。

首先对 VPF 模式进行分析，将式（5.21）中的正交投影准则拓展至单脉冲系统差通道，由于差通道干扰信号的强度敏感于干扰源角度，当干扰源角度接近雷达视轴，差通道干扰信号的信噪比会较低，因此如果差通道极化滤波处理使用两个极化的差通道信号，则很可能导致对消后差信号噪声能量过大，因此差通道的极化滤波矢量 $\boldsymbol{H}_{\Delta}$ 满足

$$\arg\boldsymbol{H}_{\Delta}, \text{s. t. } \boldsymbol{H}_{\Delta}^{\mathrm{T}} \cdot [d_{\mathrm{Vj}}(l) \quad s_{\mathrm{Hj}}(l)]^{\mathrm{T}} = 0 \quad \Rightarrow \quad \boldsymbol{H}_{\Delta} = \begin{bmatrix} 1 & \\ & \eta_{\mathrm{Vj}} \end{bmatrix} \cdot \boldsymbol{H}_{\Sigma} \tag{5.23}$$

可以发现，差通道的 ISPF 极化滤波矢量实质上是，干扰源单脉冲比与和通道的 ISPF 极化滤波矢量的乘积。因此，VPF 处理流程分为两步：首先估计和通道干扰极化和干扰源单脉冲比，进而得到极化滤波矢量，如图 5.10 所示。

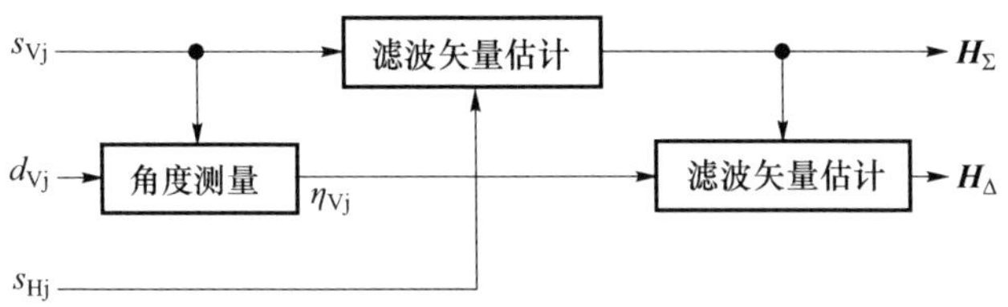

图 5.10　VPF 模式中和、差通道极化滤波矢量计算

其次，在计算极化滤波矢量后，分别在和、差通道进行极化滤波处理，流程如图 5.11 所示。需要注意的是，和、差通道不同的极化滤波矢量导致目标信号具有不同的极化损失。

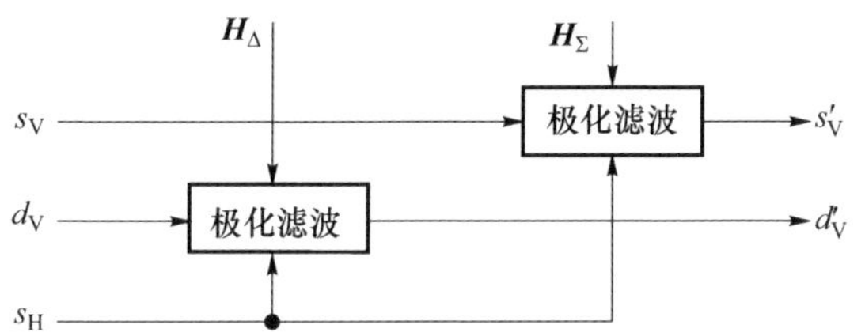

图 5.11　VPF 模式中和、差通道 ISPF 极化滤波处理

由于目标回波只存在于第 l_d 个信号单元，则 VPF 后和、差通道在该单元的输出信号为

$$s'_V(l_d)=\boldsymbol{H}_\Sigma^T\cdot[s_V\quad s_H]^T=s_{Vt}(l_d)-k_j s_{Ht}(l_d)+s'_j(l_d)+\nu_V(l_d)\tag{5.24a}$$

$$d'_V(l_d)=\boldsymbol{H}_\Delta^T\cdot[d_V\quad s_H]^T=\boldsymbol{\eta}_{Vt}\cdot s_{Vt}(l_d)+\boldsymbol{\eta}_{Vj}\cdot[-k_j s_{Ht}(l_d)+s'_j(l_d)]+\nu_{Vaz}(l_d)\tag{5.24b}$$

式中：$s'_j(l_d)$ 为极化滤波后的残留干扰，如图 5.12 所示，其功率 P'_j 可以通过计算纯干扰区的残留干扰能量均值来近似估计；ν_V 为 VPF 后的和通道噪声，ν_{Vaz} 为 VPF 后的方位差通道噪声，二者皆为原始通道噪声的线性组合，为零均值高斯噪声，且有

$$\nu_V(l)=\omega_V(l)-k_j\omega_H(l)\tag{5.25a}$$

$$\nu_{Vaz}(l)=\omega_{Vaz}(l)-\boldsymbol{\eta}_{Vj}\cdot k_j\omega_H(l)\tag{5.25b}$$

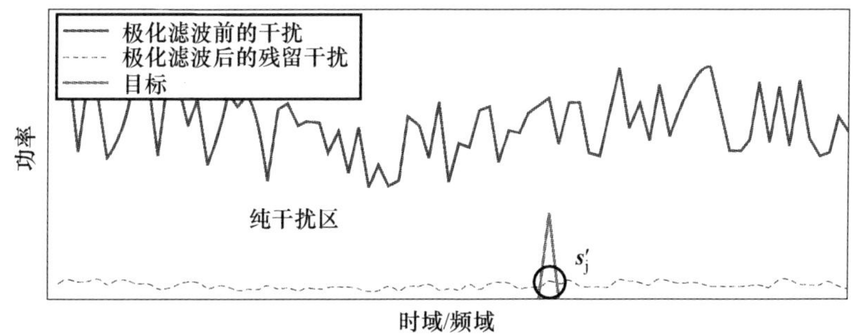

图 5.12　极化滤波前后的信号

在 HPF 模式中，按照图 5.10 与图 5.11 的处理流程，将两种极化通道互换。则 HPF 后和、方位差通道在该单元的输出信号可以等效为

$$s'_H(l_d)=s_{Vt}(l_d)-k_j s_{Ht}(l_d)+s'_j(l_d)+\nu_V(l_d)\tag{5.26a}$$

$$d'_H(l_d)=\boldsymbol{\eta}_{Ht}\cdot[-k_j s_{Ht}(l_d)]+\boldsymbol{\eta}_{Hj}\cdot[s_{Vt}(l_d)+s'_j(l_d)]+\nu_{Haz}(l_d)\tag{5.26b}$$

式中：ν_{Haz}为 HPF 后的方位差通道噪声，是原始通道噪声的线性组合，也为零均值高斯噪声，且有

$$\nu_{\mathrm{Haz}}(l) = \eta_{\mathrm{Hj}} \cdot \omega_{\mathrm{V}}(l) - k_{\mathrm{j}}\omega_{\mathrm{Haz}}(l) \tag{5.27}$$

由式(5.24)～式(5.26)可以发现，VPF 输出结果可以等效为来自目标方向的目标 V 极化回波信号、来自干扰源方向的目标 H 极化回波信号与残留干扰的合成。HPF 输出结果可以等效为来自目标方向的目标 H 极化回波信号、来自干扰源方向的目标 V 极化回波信号与残留干扰的合成，信号混叠程度随着 k_{j} 幅值增大而增大。

综合 VPF 与 HPF 的滤波后输出信号，两者的和通道极化滤波结果是等效的，其不同在于差通道的滤波结果。无论 VPF 还是 HPF，都可以理解为将目标的 V 极化回波分量或 H 极化回波分量调制到干扰源方向，并在合成信号中加入来自干扰源方向的滤波后残留干扰，这种调制效应是导致极化滤波后的单脉冲测角产生偏差的内在原因。

5.2.3　主瓣干扰背景下单快拍目标角度估计方法

根据 5.2.1 节对极化滤波后单脉冲测角偏差生成机理的分析，本节基于混合极化单脉冲体制，通过极化滤波与极化综合（PF－PS）构建一对表征目标与干扰源角度差异的新和、差信号，从而在使用 ISPF 抑制干扰的同时，避免极化滤波过程中目标主极化回波分量与交叉极化回波分量耦合所带来的测角偏差。

5.2.3.1　混合极化单脉冲体制

鉴于目标回波极化与雷达发射极化之间存在一定的对应关系，如果通过采用全极化系统（发射和接收两种正交极化），并调整发射极化使目标回波与干扰信号的极化差异尽量增大，可以减小单脉冲系统极化滤波后的测角偏差。然而，全极化系统需要更多的发射组件，且并不能完全消除这种测角偏差。作为一种替代方案，本节使用接收两种正交极化且只发射一种极化的混合极化体制。需要注意的是，混合极化单脉冲体制在接收上与普通的双极化单脉冲体制是一致的，因此本节将以发射 V 极化、同时接收 V 极化与 H 极化的混合极化单脉冲系统为研究对象。

5.2.3.2　极化滤波与极化综合

完整的 PF－PS 方法信号处理流程如图 5.13 所示，雷达回波采样即式(5.14)中四路通道经过常规雷达信号处理（检波、匹配滤波/脉冲多普勒处理、采样）得到的采样信号。首先，使用 ISPF 对和通道进行极化滤波，对滤波后信号进行检测，得到目标所在信号单元序号，并定义和通道在该单元内的信号为新和

信号;其次,使用该单元极化滤波前的和、差通道数据采样进行极化综合处理,得到新差信号;最后,对新和、差信号进行单脉冲处理与单脉冲比补偿,获得目标角度估计值。

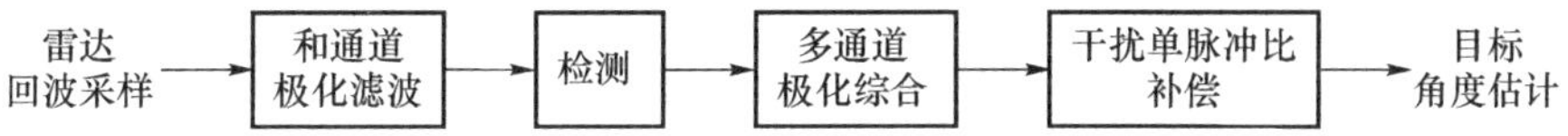

图 5.13　PF - PS 方法信号处理基本流程

首先,使用 ISPF 对混叠有目标回波信号与干扰的和通道进行极化滤波,得到目标所在的距离单元(或频点)l_d,由此得到新的等效的和信号

$$s_{PF} = s'_V(l_d) = s_{Vt}(l_d) - k_j s_{Ht}(l_d) + s'_j(l_d) + \nu_V(l_d) = s_t + s'_j(l_d) + \nu_V(l_d) \tag{5.28}$$

式中:s_t 为目标合成信号。

其次,在得到等效和信号后,同时使用该距离单元(或频点)的滤波前和、差通道采样得到中间变量 A 与 B,分别为

$$A = d_V(l_d) - \boldsymbol{\eta}_{Vj} \cdot s_V(l_d) \tag{5.29a}$$

$$B = d_H(l_d) - \boldsymbol{\eta}_{Hj} \cdot s_H(l_d) \tag{5.29b}$$

进而得到新的差信号

$$d_{PS} = A - k_\eta \cdot k_j \cdot B = (\boldsymbol{\eta}_{Vt} - \boldsymbol{\eta}_{Vj}) \cdot s_t + \nu_{PS}(l_d) \tag{5.30}$$

式中:ν_{PS}为极化综合过程中生成的等效零均值复高斯噪声,为极化综合过程中生成的等效零均值复高斯噪声,且有

$$\nu_{PS}(l) = \boldsymbol{\omega}_{Vaz}(l) - \boldsymbol{\eta}_{Vj} \cdot \boldsymbol{\omega}_V(l) - k_\eta \cdot k_j \cdot [\boldsymbol{\omega}_{Haz}(l) - \boldsymbol{\eta}_{Hj} \cdot \boldsymbol{\omega}_H(l)] \tag{5.31}$$

通过纯干扰单元得到干扰源的单脉冲比信息后,使用新和、差信号进行单脉冲处理,进行干扰单脉冲比补偿后,取实部为

$$\mathrm{Re}\left[\frac{d_{PS}}{s_{PF}}\right] + \mathrm{Re}[\boldsymbol{\eta}_{Vj}] = \mathrm{Re}[\boldsymbol{\eta}_{Vt}] \tag{5.32}$$

则目标角度的估计值为

$$\hat{\theta}_t = \mathrm{Re}\left[\frac{d_{PS}}{s_{PF}}\right] \cdot \frac{\theta_{bw}}{k_m} \tag{5.33}$$

式中:θ_{bw}为和通道方向图的 3dB 宽度(°)。

5.2.3.3　干扰单脉冲比补偿

在 3dB 波束宽度内,由于和通道的天线交叉极化增益远小于其天线主极化增益,天线交叉极化对单脉冲系统的影响主要在差通道。则式(5.14)中差信号

变为

$$d''_{\mathrm{V}}(l)=\eta'_{\mathrm{Vt}}\cdot s_{\mathrm{Vt}}(l)+\eta'_{\mathrm{Vj}}\cdot s_{\mathrm{Vj}}(l)+\omega_{\Delta\mathrm{Vaz}}(l) \tag{5.34a}$$

$$d''_{\mathrm{H}}(l)=\eta'_{\mathrm{Ht}}\cdot s_{\mathrm{Ht}}(l)+\eta'_{\mathrm{Hj}}\cdot s_{\mathrm{Hj}}(l)+\omega_{\Delta\mathrm{Haz}}(l) \tag{5.34b}$$

式中：η'_{Vt}、η'_{Ht}分别为存在天线交叉极化响应时 V 极化通道与 H 极化通道的目标单脉冲比；η'_{Vj}、η'_{Hj}分别为存在天线交叉极化响应时 V 极化通道与 H 极化通道的干扰单脉冲比。

则式(5.29)中的中间变量 A 与 B 修正为

$$A''=d''_{\mathrm{V}}(l_{\mathrm{d}})-\eta'_{\mathrm{Vj}}\cdot s_{\mathrm{V}}(l_{\mathrm{d}}) \tag{5.35a}$$

$$B''=d''_{\mathrm{H}}(l_{\mathrm{d}})-\eta'_{\mathrm{Hj}}\cdot s_{\mathrm{H}}(l_{\mathrm{d}}) \tag{5.35b}$$

极化综合处理后的等效差信号为

$$d_{\mathrm{PS}}=A''-k_{\eta}\cdot k_{\mathrm{j}}\cdot B'' \tag{5.36}$$

在忽略零均值噪声的情况下，等效和、差信号相除运算后与真实目标单脉冲比的差值为

$$\Delta\eta=\eta_{\mathrm{Vt}}-\frac{d_{\mathrm{PS}}}{s_{\mathrm{PF}}}\approx\eta_{\mathrm{Vj}}-\mathrm{sgn}(\eta_{\mathrm{Vj}})\cdot(\varepsilon_{\mathrm{cp1}}+\varepsilon_{\mathrm{cp2}}) \tag{5.37}$$

式中：$\varepsilon_{\mathrm{cp1}}$、$\varepsilon_{\mathrm{cp1}}$为与天线交叉极化相关的误差项，且有

$$\varepsilon_{\mathrm{cp1}}=\frac{s_{\mathrm{Vt}}(l_{\mathrm{d}})}{s_{\mathrm{t}}}(\varepsilon_{\mathrm{cpVj}}-\varepsilon_{\mathrm{cpVt}})=K_1\cdot(\varepsilon_{\mathrm{cpVj}}-\varepsilon_{\mathrm{cpVt}}) \tag{5.38a}$$

$$\varepsilon_{\mathrm{cp2}}=\frac{-k_{\mathrm{j}}s_{\mathrm{Ht}}(l_{\mathrm{d}})}{s_{\mathrm{t}}}(\varepsilon_{\mathrm{cpHj}}-\varepsilon_{\mathrm{cpHt}})=K_2\cdot(\varepsilon_{\mathrm{cpHj}}-\varepsilon_{\mathrm{cpHt}}) \tag{5.38b}$$

根据式(5.32)，在极化理想条件下的 PF – PS 处理中，等效和、差信号经相除运算后，需要将干扰单脉冲比作为补偿项，进而求解目标所在角度。然而由式(5.18)，当天线存在交叉极化分量时，V 极化与 H 极化通道会得到两个不同的干扰单脉冲比。这种情况下，如何选择干扰单脉冲比补偿项，会对 PF – PS 方法的目标角度估计值产生影响。

精确计算干扰单脉冲比补偿项偏差，需要获得目标极化信息，这在主瓣干扰条件下是无法实现的。因此，本节着力于利用已知的干扰极化参数(γ_{j}, δ_{j})得到一个接近于 $\Delta\eta$ 的干扰单脉冲比补偿项，可以发现：

(1) 当 $\gamma_{\mathrm{j}}\to 0°$时，有

$$K_1\to 1,\quad K_2\to 0,\quad \varepsilon_{\mathrm{cpHj}}\to 0 \tag{5.39a}$$

$$\Delta\eta\approx\eta_{\mathrm{Vj}}-\mathrm{sgn}(\eta_{\mathrm{Vj}})\cdot\varepsilon_{\mathrm{cpVj}}=\eta'_{\mathrm{Vj}} \tag{5.39b}$$

(2) 当 $\gamma_{\mathrm{j}}\to 90°$时，有

$$K_1\to 0,\quad K_2\to k_{\eta},\quad \varepsilon_{\mathrm{cpVj}}\to 0 \tag{5.40a}$$

$$\Delta\eta \approx k_\eta \eta_{\mathrm{Hj}} - \mathrm{sgn}(\eta_{\mathrm{Vj}}) \cdot k_\eta \varepsilon_{\mathrm{cpHj}} = k_\eta \eta'_{\mathrm{Hj}} \tag{5.40b}$$

因此,定义补偿变量为

$$\eta_{\mathrm{com}} = \begin{cases} \eta'_{\mathrm{Vj}} & (\gamma_{\mathrm{j}} \leqslant 45^\circ) \\ k_\eta \eta'_{\mathrm{Hj}} & (\gamma_{\mathrm{j}} > 45^\circ) \end{cases} \tag{5.41}$$

使用 η_{com} 来替代式(5.32)中的补偿项 η_{Vj},能够在有天线交叉极化响应的条件下,使目标角度估计偏差相对较小。因为天线交叉极化因子能够通过对天线的预先测量而得到,而干扰极化参数可由和通道极化滤波器矢量求得,则根据式(5.20),能够判别哪个极化通道干扰单脉冲比的交叉极化误差更大,所以式(5.41)可求。此时,目标角度估计值为

$$\hat{\theta}_{\mathrm{t}} = \mathrm{Re}\left[\frac{d_{\mathrm{PS}}}{s_{\mathrm{PF}}} + \eta_{\mathrm{com}}\right] \cdot \frac{\theta_{\mathrm{bw}}}{k_{\mathrm{m}}} \tag{5.42}$$

5.2.3.4　仿真实验

1）仿真环境

为了在验证算法有效性的同时提高仿真真实度,从暗室实验目标等比模型的双极化实测一维距离像(HRRP)中提取仿真所需的各散射中心的极化特性,并以此目标作为算法性能评估仿真中的仿真对象。目标原型图片及其在特定入射角的双极化一维距离像如图 5.14 所示。在双极化 HRRP 的图示中,SC 表示所提取的散射中心。此外,提取出的强散射中心极化特性如表 5.1 所列。

表 5.1　目标散射中心极化参数

目标类型	散射中心数量	散射中心最大间距/m	各散射中心归一化 RCS	各散射中心的极化相位描述子 γ_k/°	各散射中心的极化相位描述子 δ_k/(°)
1	6	30.6	1/0.82/0.37/0.12/0.11/0.1	80.5/76.6/82.5/67.9/78.1/83.6	−85/−109.6/29.6/−29.3/13.8/89.6
2	6	14.7	1/0.7/0.18/0.16/0.15/0.12	78.6/71.1/53.4/53.1/53.2/46.6	−164/−107/44/−118/−58/133
3	4	4.9	1/0.64/0.57/0.5	53.9/58.4/48.9/59.9	93/140/112/9

此外,对仿真场景的仿真参数做出以下设定:

(1) 为了更真实地模拟目标的极化扰动,在目标极化相位描述子 γ_k 与 δ_k 中分别加入零均值高斯分布噪声 $N(0^\circ,(3^\circ)^2)$ 与 $N(0^\circ,(10^\circ)^2)$;

(2) 雷达到目标的距离约为 5km;

(3) 目标各散射中心服从 Swerling II 起伏模型;

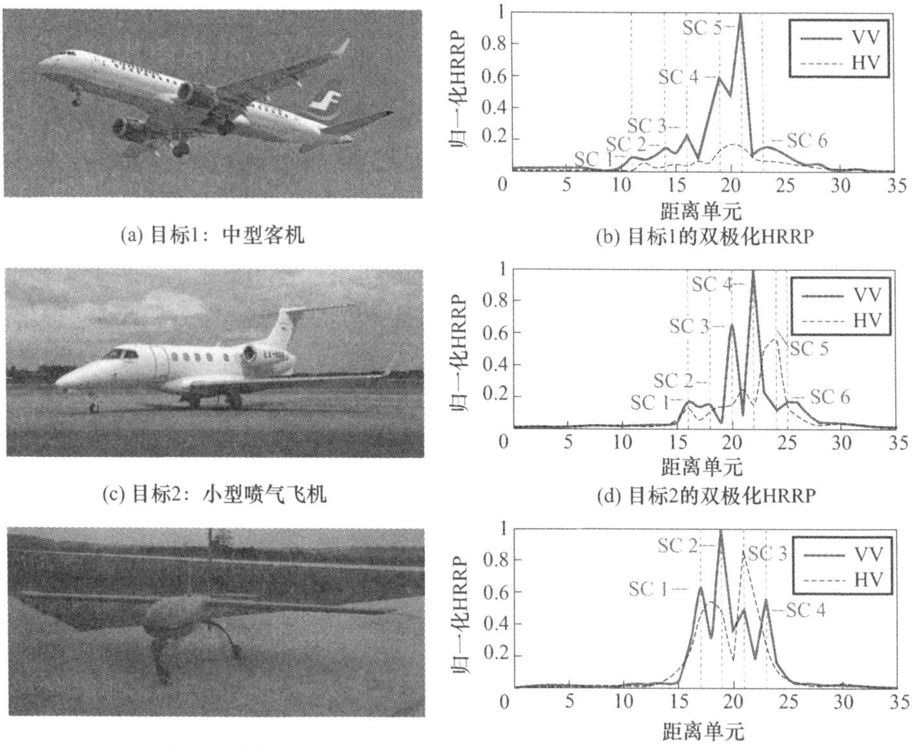

(a) 目标1：中型客机　(b) 目标1的双极化HRRP

(c) 目标2：小型喷气飞机　(d) 目标2的双极化HRRP

(e) 目标3：无人机目标　(f) 目标3的双极化HRRP

图 5.14　三类典型目标的原型图片与双极化 HRRP

(4) 雷达 3dB 波束宽度为 5°；

(5) 天线交叉极化因子 -30dB；

(6) 干信比为 -10dB；

(7) 干扰极化度为 0.99；

(8) 信噪比 25dB；

(9) 设计了 5 种不同的仿真场景，用以比较多场景下的 PF-PS 方法目标角度估计结果，各仿真场景参数如表 5.2 所列。

表 5.2　不同场景的环境参数表

场景序号	目标类型	干扰极化相位描述子 γ_j/(°)	干扰极化相位描述子 δ_j/(°)	目标与干扰源方位向角度差异/(°)
1	1	45	90	2.2
2	1	45	90	0.5
3	1	75	0	2.2
4	2	75	0	2.2
5	3	75	0	2.2

2）仿真结果

图 5.15 给出了场景 1 ~ 场景 5 的仿真结果，图中"percentage of outliers"表示蒙特卡罗仿真中出现明显角度估计错误（角度估计跳出 3dB 波束宽度）的次数占总实验次数的百分比。通过比较场景 1 与场景 2 的仿真结果可以发现，PF－PS方法能够在目标与干扰源间角度差异较小的情况下，有效估计目标角度。

通过比较场景 1 与场景 3 的仿真结果可以发现，当干扰极化接近发射极化 V 时，滤波后的 SINR，使角度估计值的方差有所增大。通过比较场景 3、场景 4、场景 5，对于不同类型的目标，VPF 与 HPF 滤波后的测角结果会有不同的偏差（可能会非常大），使导引头跟踪错误方向，而 PF－PS 方法角度估计值的均值始终指向目标，能够适应多种极化散射特性的目标。

5.2.4　主瓣干扰背景下多快拍目标角度估计方法

由 5.2.2 节的研究内容可知，极化滤波后的和、差信号不再有效表征目标角度信息，目标交叉极化回波分量与干扰残留使极化滤波后的测角结果产生偏差。通过 5.2.3 节所提出的 PF－PS 方法能够在抑制压制式干扰的同时有效估计目标所在角度，但在 PF－PS 方法信号处理后，目标的极化信息损失了，故无法进一步在干扰中对目标的极化进行估计。此外，PF－PS 方法只能针对 3dB 主瓣内存在"一个干扰源＋一个目标"的场景，如果同时存在多个不可分辨目标（如一个电子支援战机＋多个飞机），则 PF－PS 方法失效。

本节基于混合极化单脉冲体制提出一种新的双重极化滤波结构，对滤波后多快拍数据进行处理，得到两个协方差矩阵，并通过对协方差矩阵的去耦合运算，从协方差矩阵中提取出多个不可分辨目标的角度与极化估计值。由于本节内容在方位向与俯仰向的处理具有相似性，为了简化推导计算，后续内容只考虑一维角度域，即只考虑方位向的处理。双重极化滤波（DPF）与极化滤波估计器（PFE）信号处理流程如图 5.16 所示。

5.2.4.1　单目标情况

5.2.2 节对混合极化单脉冲系统中 ISPF 的两种滤波模式进行了分析，指出 VPF 与 HPF 在和通道的滤波结果具有等效性，而在差通道的滤波结果存在差异，且滤波后的信号可以等效为两个分别来自真实目标方向与干扰源方向的部分相关信号。在现有文献关于多目标分辨的研究中，通过对若干独立起伏目标的和、差通道信号进行采样并得到和、差信号的联合协方差矩阵，能够从中解算出多个不可分辨目标的角度信息[34,35]。可以发现，5.2.2 节中的等效信号模型与多目标分辨问题具有相似性，其区别在于 5.2.2 节的等效模型中的两个信号

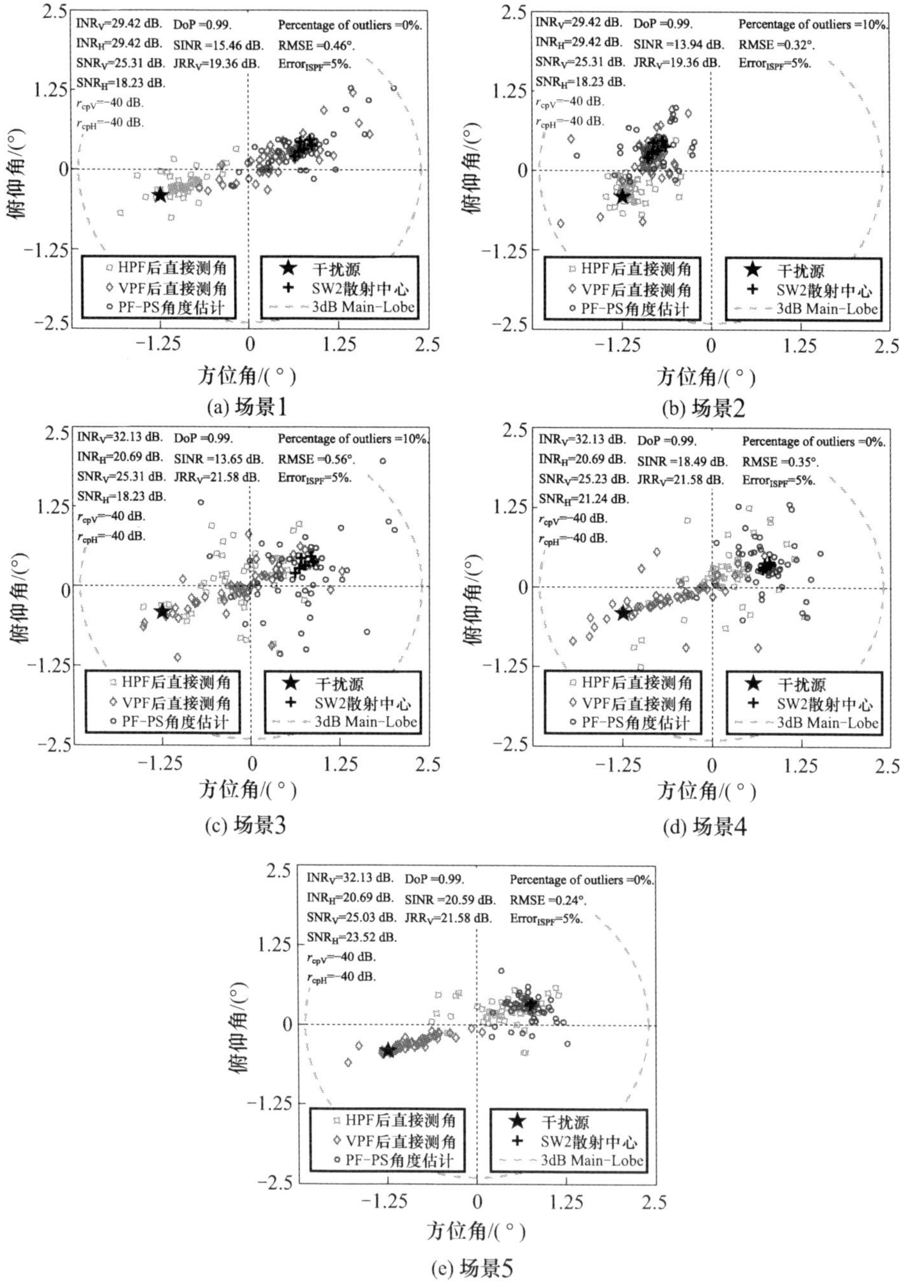

(a) 场景1　(b) 场景2　(c) 场景3　(d) 场景4　(e) 场景5

图 5.15　多场景角度估计仿真结果

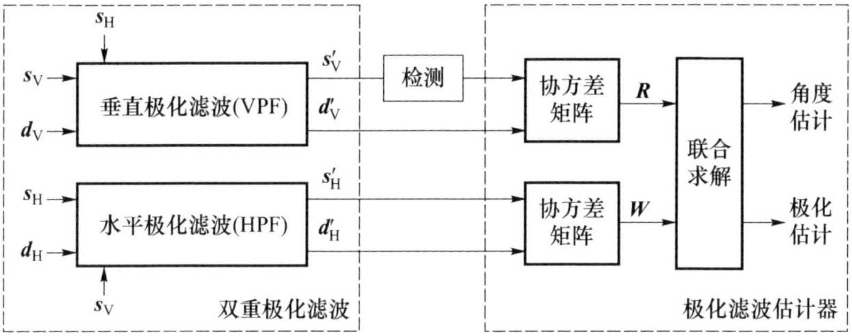

图 5.16　双重极化滤波与极化滤波估计器信号处理流程

是部分相关的。本节通过双重极化滤波处理(在雷达系统中同时进行两种模式的 ISPF 滤波,即同时进行 VPF 与 HPF)与极化滤波估计器消除了等效信号模型中两个信号的相关性,之后借鉴传统基于和、差信号协方差矩阵实现多源分辨的处理思路,对去相关后的协方差矩阵进行信息提取,在噪声压制干扰中得到目标的极化估计与角度估计。

由式(5.24)中的 VPF 滤波结果,基于 N 快拍,定义 VPF 处理后的观测矢量为

$$\boldsymbol{z}=\begin{bmatrix} s'_{\mathrm{VI}}(l_d)_1\cdots s'_{\mathrm{VI}}(l_d)_n \\ d'_{\mathrm{VI}}(l_d)_1\cdots \quad d'_{\mathrm{VI}}(l_d)_n \\ s'_{\mathrm{VQ}}(l_d)_1\cdots s'_{\mathrm{VQ}}(l_d)_n \\ d'_{\mathrm{VQ}}(l_d)_1\cdots d'_{\mathrm{VQ}}(l_d)_n \end{bmatrix}(n=1,2,\cdots,N) \tag{5.43}$$

式中:下标 n 表示第 n 个快拍的数据;下标 I 表示该采样的实部,下标 Q 表示该采样的虚部。

根据 5.2.1.1 节中的目标极化起伏模型,可以通过极化协方差矩阵来描述起伏目标的极化,矩阵中的四个基本元素为 p_{11}、p_{12}、p_{14}与 p_{22},再加上目标单脉冲比 $\boldsymbol{\eta}_{\mathrm{Vt}}$,这里定义需要估计的参数矢量为

$$\boldsymbol{\Phi}=[p_{11}\quad p_{12}\quad p_{14}\quad p_{22}\quad \boldsymbol{\eta}_{\mathrm{Vt}}]^{\mathrm{T}} \tag{5.44}$$

则 VPF 后观测矢量服从复高斯分布

$$p(\boldsymbol{z}\mid\boldsymbol{\Phi})=\frac{1}{\sqrt{|2\pi\boldsymbol{R}|}}\exp\left\{-\frac{1}{2}z^{\mathrm{T}}\boldsymbol{R}^{-1}\boldsymbol{z}\right\} \tag{5.45}$$

协方差矩阵为

$$\boldsymbol{R}=\mathrm{E}[\boldsymbol{zz}^{\mathrm{T}}\mid\boldsymbol{\Phi}]=\begin{bmatrix} r_{11} & r_{12} & & r_{14} \\ r_{12} & r_{22} & -r_{14} & \\ & -r_{14} & r_{11} & r_{12} \\ r_{14} & & r_{12} & r_{22} \end{bmatrix} \tag{5.46}$$

式中:E[·]表示均值运算。

协方差矩阵中各元素为

$$r_{11}=p_{11}+p_{22}\tan^2\gamma_{\mathrm{j}}-2\tan\gamma_{\mathrm{j}}(p_{12}\cos\delta_{\mathrm{j}}-p_{14}\sin\delta_{\mathrm{j}})+(P'_{\mathrm{j}}+P_{\Sigma\mathrm{V}})/2 \tag{5.47a}$$

$$r_{12}=\eta_{\mathrm{Vt}}p_{11}+\eta_{\mathrm{Vj}}(\tan^2\gamma_{\mathrm{j}}\cdot p_{22}+P'/2)-\tan\gamma_{\mathrm{j}}(\eta_{\mathrm{Vt}}+\eta_{\mathrm{Vj}})(p_{12}\cos\delta_{\mathrm{j}}-p_{14}\sin\delta_{\mathrm{j}}) \tag{5.47b}$$

$$r_{14}=\tan\gamma_{\mathrm{j}}(\eta_{\mathrm{Vt}}+\eta_{\mathrm{Vj}})(p_{14}\cos\delta_{\mathrm{j}}+p_{12}\sin\delta_{\mathrm{j}}) \tag{5.47c}$$

$$r_{22}=\eta_{\mathrm{Vt}}^2p_{11}+\eta_{\mathrm{Vj}}^2(\tan^2\gamma_{\mathrm{j}}\cdot p_{22}+P'_{\mathrm{j}}/2)-2\eta_{\mathrm{Vt}}\eta_{\mathrm{Vj}}\tan\gamma_{\mathrm{j}}(p_{12}\cos\delta_{\mathrm{j}}-p_{14}\sin\delta_{\mathrm{j}})+P_{\Delta\mathrm{V}}/2 \tag{5.47d}$$

式中:$P_{\Sigma\mathrm{V}}=(1+\tan^2\gamma_{\mathrm{j}})P$ 为式(5.25)中等效噪声 ν_{V}的功率(W);$P_{\Delta\mathrm{V}}=(1+\eta_{\mathrm{Vj}}^2\tan^2\gamma_{\mathrm{j}})P$ 为式(5.25)中等效噪声 ν_{Vaz}的功率(W)。

在已知观测矢量 z 的条件下,可以通过两种方法求解协方差矩阵 $\boldsymbol{R}$ 与参数矢量 $\boldsymbol{\Phi}$:第一种是使用最大似然估计(MLE),即通过限定待估计参数的范围并进行搜索,在使似然函数取得全局最大值时,得到最佳的参数估计结果。然而,当搜索前的参数初值设定与其真实取值相差较远时,可能导致似然函数局部最大,使估计性能下降[35]。第二种是直接计算法,即通过式(5.46)直接计算协方差矩阵,相比于 MLE,直接计算法的精度略低,但运算量大大减少[37],本节采用直接计算法计算 $\boldsymbol{R}$。

由于目标 V 极化回波分量与 H 极化回波分量之间存在相关关系,导致式(5.47)中的极化耦合量 p_{12}与 p_{14}不等于 0,故在计算得到 N 快拍数据的协方差矩阵估计值后,仍然无法从中提取出目标的角度估计与极化估计。通过后续推导可以发现,在得到 HPF 输出数据的协方差矩阵后,通过双协方差矩阵的联合处理,能够消除极化耦合量 p_{12}与 p_{14},进而正确提取参数矢量的估计值。

由式(5.26)中的 HPF 滤波结果,基于 N 快拍定义 HPF 处理后的观测矢量为

$$\boldsymbol{y}=\begin{bmatrix} s'_{\mathrm{HI}}(l_d)_1\cdots s'_{\mathrm{HI}}(l_d)_n \\ d'_{\mathrm{HI}}(l_d)_1\cdots d'_{\mathrm{HI}}(l_d)_n \\ s'_{\mathrm{H}Q}(l_d)_1\cdots s'_{\mathrm{H}Q}(l_d)_n \\ d'_{\mathrm{H}Q}(l_d)_1\cdots d'_{\mathrm{H}Q}(l_d)_n \end{bmatrix} \tag{5.48}$$

得到协方差矩阵为

$$\boldsymbol{W}=\mathrm{E}[\boldsymbol{y}\boldsymbol{y}^{\mathrm{T}}\mid\boldsymbol{\Phi}]=\begin{bmatrix} w_{11} & w_{12} & & w_{14} \\ w_{12} & w_{22} & -w_{14} & \\ & -w_{14} & w_{11} & w_{12} \\ w_{14} & & w_{12} & w_{22} \end{bmatrix} \tag{5.49}$$

协方差矩阵中各元素为

$$w_{11}=p_{11}+p_{22}\tan^2\gamma_{\mathrm{j}}-2\tan\gamma_{\mathrm{j}}(p_{12}\cos\delta_{\mathrm{j}}-p_{14}\sin\delta_{\mathrm{j}})+(P'_{\mathrm{j}}+P_{\Sigma\mathrm{V}})/2 \tag{5.50a}$$

$$w_{12}=k_\eta\eta_{\mathrm{Vt}}p_{22}\tan^2\gamma_{\mathrm{j}}+k_\eta\eta_{\mathrm{Vj}}(p_{11}+P'/2)-k_\eta\tan\gamma_{\mathrm{j}}(\eta_{\mathrm{Vt}}+\eta_{\mathrm{Vj}})(p_{12}\cos\delta_{\mathrm{j}}-p_{14}\sin\delta_{\mathrm{j}}) \tag{5.50b}$$

$$w_{14}=-k_\eta\tan\gamma_{\mathrm{j}}(\eta_{\mathrm{Vt}}+\eta_{\mathrm{Vj}})(p_{14}\cos\delta_{\mathrm{j}}+p_{12}\sin\delta_{\mathrm{j}}) \tag{5.50c}$$

$$w_{22}=k_\eta^2\eta_{\mathrm{Vt}}^2p_{22}+k_\eta^2\eta_{\mathrm{Vj}}^2(p_{11}+P'_{\mathrm{j}})-2k_\eta^2\eta_{\mathrm{Vt}}\eta_{\mathrm{Vj}}\tan\gamma_{\mathrm{j}}(p_{12}\cos\delta_{\mathrm{j}}-p_{14}\sin\delta_{\mathrm{j}})+P_{\Delta\mathrm{H}}/2 \tag{5.50d}$$

式中：$P_{\Delta\mathrm{H}}=(\eta_{\mathrm{Vj}}^2+\tan^2\gamma_{\mathrm{j}})P$ 为式(5.27)中等效噪声 ν_{Haz} 的功率(W)。

考虑两个极化通道间单脉冲比的比例系数，将协方差矩阵修正为

$$\boldsymbol{W}=\begin{bmatrix} w_{11} & k_\eta^{-1}w_{12} & & k_\eta^{-1}w_{14} \\ k_\eta^{-1}w_{12} & k_\eta^{-2}w_{22} & -k_\eta^{-1}w_{14} & \\ & -k_\eta^{-1}w_{14} & w_{11} & k_\eta^{-1}w_{12} \\ k_\eta^{-1}w_{14} & & k_\eta^{-1}w_{12} & k_\eta^{-2}w_{22} \end{bmatrix} \tag{5.51}$$

对于单独的协方差矩阵 **R** 与 **W**，由于耦合项的存在，无法从中直接解算处目标极化与角度信息。但通过两个协方差矩阵的联合处理能够实现去耦合，进而提取到参数矢量中的参数估计值。

将两个协方差矩阵 **R** 与 **W** 做相减处理，得到新矩阵

$$\boldsymbol{M}=\boldsymbol{R}-\boldsymbol{W}=\begin{bmatrix} & m_{12} & & 2r_{14} \\ m_{12} & m_{22} & -2r_{14} & \\ & -2r_{14} & & m_{12} \\ 2r_{14} & & m_{12} & m_{22} \end{bmatrix} \tag{5.52}$$

矩阵 **M** 中新出现的元素可以表示为

$$m_{12}=(\eta_{\mathrm{Vt}}-\eta_{\mathrm{Vj}})(p_{11}-p_{22}\tan^2\gamma_{\mathrm{j}}) \tag{5.53a}$$

$$m_{22}=(\eta_{\mathrm{Vt}}^2-\eta_{\mathrm{Vj}}^2)(p_{11}-p_{22}\tan^2\gamma_{\mathrm{j}})+(P_{\Delta\mathrm{V}}-k_\eta^{-2}P_{\Delta\mathrm{H}})/2 \tag{5.53b}$$

由于在极化滤波过程中，干扰源单脉冲比与干扰极化都被估计出来，则参数矢量中的待估计参数可以表示为

$$\hat{\eta}_{\mathrm{Vt}} = \frac{m_{22} - (P_{\Delta \mathrm{V}} - k_{\eta}^{-2} P_{\Delta \mathrm{H}})/2}{m_{12}} - \eta_{\mathrm{Vj}} \tag{5.54a}$$

$$\hat{p}_{11} = \frac{r_{22} - \eta_{\mathrm{Vj}} r_{12}}{(\eta_{\mathrm{Vt}} - \eta_{\mathrm{Vj}})^2} \tag{5.54b}$$

$$\hat{p}_{22} = \frac{k_{\eta}^{-2} w_{22} - k_{\eta}^{-1} \eta_{\mathrm{Vj}} w_{12}}{\tan^2 \gamma_{\mathrm{j}} (\eta_{\mathrm{Vt}} - \eta_{\mathrm{Vj}})^2} \tag{5.54c}$$

$$\hat{p}_{12} = (X + Y) \cdot \cos\delta_{\mathrm{j}} \tag{5.54d}$$

上式中的中间变量 X 与 Y 分别为

$$X = \frac{r_{11} - p_{11} - p_{22} \tan^2 \gamma_{\mathrm{j}}}{2\tan\gamma_{\mathrm{j}}} \tag{5.54e}$$

$$Y = \frac{r_{14} \tan\delta_{\mathrm{j}}}{\tan\gamma_{\mathrm{j}} (\eta_{\mathrm{Vt}} - \eta_{\mathrm{Vj}})} \tag{5.54f}$$

5.2.4.2 多目标情况

当雷达导引头 3dB 主瓣存在“压制干扰源 + 多个不可分辨目标”时，多个目标的回波不可能在距离或频率上完全重叠，其回波峰值也不可能被雷达完全采样，在相邻的采样点上仍有目标的回波能量，即总是存在多目标回波在雷达相邻采样单元间的能量泄漏[35]，如图 5.17 所示。利用这种单元间能量泄漏效应，通过对相邻的信号单元进行采样与联合处理，能够在极化滤波抑制主瓣干扰后，对多个不可分辨目标的角度位置与极化状态进行估计。

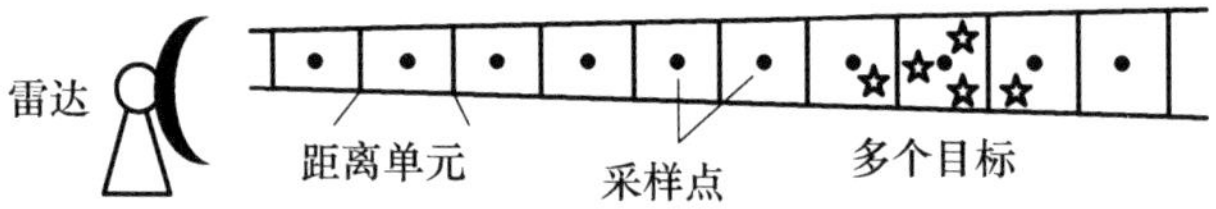

图 5.17　相邻距离单元存在多目标

在和通道极化滤波后，压制式干扰的能量被抑制，雷达能够重新检测到目标，且多个目标的合成回波在相邻的两个距离单元中被采样，如图 5.18 所示（两个目标的情况）。假设雷达波形为矩形包络，则匹配滤波后的目标回波波形为三角波（采用其他距离分辨率更高的波形不影响分析结果[35]）。

设定发射脉冲宽度为 T，匹配滤波输出采样率为 $1/T$，即每个可分辨的距离单元内有一次采样，同样目标的回波只出现在相邻的两个采样点上（当采用具有较高分辨率的波形时，很容易保证该假设成立[35]），并定义第 k（$k = 1, 2, \cdots$,

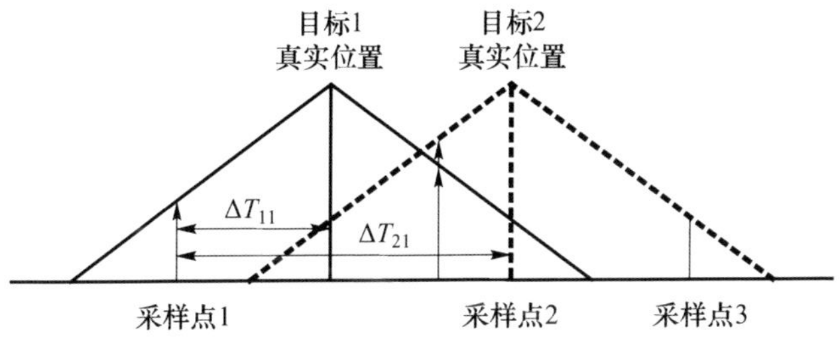

图 5.18　距离单元间能量泄漏现象

N_k)个目标与第 1 个距离单元采样点的时间偏移量为 ΔT_k。

在 VPF 后在 V 极化和、差通道的采样点 1 与采样点 2 分别能够得到两组观测矢量

$$\boldsymbol{z}_{s1} = \sum_{k=1}^{N_k} \alpha_k \boldsymbol{z}_k \tag{5.55a}$$

$$\boldsymbol{z}_{s2} = \sum_{k=1}^{N_k} (1 - \alpha_k) \boldsymbol{z}_k \tag{5.55b}$$

式中:$\boldsymbol{z}_k$为第 k 个目标在 VPF 处理后的峰值处得到的观测矢量,其定义同式(5.43);$\alpha_k = |\Delta T_k / T|$表征了目标回波与雷达采样点之间的差异。

在 HPF 后在 H 极化和、差通道的采样点 1 与采样点 2 分别能够得到两组观测矢量

$$\boldsymbol{y}_{s1} = \sum_{k=1}^{N_k} \alpha_k \boldsymbol{y}_k \tag{5.56a}$$

$$\boldsymbol{y}_{s2} = \sum_{k=1}^{N_k} (1 - \alpha_k) \boldsymbol{y}_k \tag{5.56b}$$

式中:y_k表示第 k 个目标在 HPF 处理后的峰值处得到的观测矢量,其定义同式(5.48)。

基于以上四组观测矢量,分别进行自相关与互相关运算,则有

$$\boldsymbol{R}_{11} = \mathrm{E}[\boldsymbol{z}_{s1}\boldsymbol{z}_{s1}^{\mathrm{T}}] = \sum_{k=1}^{N_k} \alpha_k^2 \boldsymbol{R}_k \tag{5.57a}$$

$$\boldsymbol{R}_{22} = \mathrm{E}[\boldsymbol{z}_{s2}\boldsymbol{z}_{s2}^{\mathrm{T}}] = \sum_{k=1}^{N_k} (1 - \alpha_k)^2 \boldsymbol{R}_k \tag{5.57b}$$

$$\boldsymbol{R}_{12} = \mathrm{E}[\boldsymbol{z}_{s1}\boldsymbol{z}_{s2}^{\mathrm{T}}] = \sum_{k=1}^{N_k} \alpha_k (1 - \alpha_k) \boldsymbol{R}_k \tag{5.57c}$$

$$\boldsymbol{W}_{11} = \mathrm{E}[\boldsymbol{y}_{s1}\boldsymbol{y}_{s1}^{\mathrm{T}}] = \sum_{k=1}^{N_k}\alpha_k^2\boldsymbol{W}_k \tag{5.57d}$$

$$\boldsymbol{W}_{22} = \mathrm{E}[\boldsymbol{y}_{s2}\boldsymbol{y}_{s2}^{\mathrm{T}}] = \sum_{k=1}^{N_k}(1-\alpha_k)^2\boldsymbol{W}_k \tag{5.57e}$$

$$\boldsymbol{W}_{12} = \mathrm{E}[\boldsymbol{y}_{s1}\boldsymbol{y}_{s2}^{\mathrm{T}}] = \sum_{k=1}^{N_k}\alpha_k(1-\alpha_k)\boldsymbol{W}_k \tag{5.57f}$$

式中：$\boldsymbol{R}_k$为 VPF 后第 k 个目标在回波峰值处所得到观测矢量的协方差矩，其定义同式(5.46)；$\boldsymbol{W}_k$为 HPF 后第 k 个目标在回波峰值处所得到观测矢量的协方差矩，其定义同式(5.49)。

基于式(5.51)，对矩阵 $\boldsymbol{W}_k$进行单脉冲比修正运算后，得到新矩阵

$$\boldsymbol{M}_{11} = \boldsymbol{R}_{11} - \boldsymbol{W}_{11} \tag{5.58a}$$

$$\boldsymbol{M}_{22} = \boldsymbol{R}_{22} - \boldsymbol{W}_{22} \tag{5.58b}$$

$$\boldsymbol{M}_{12} = \boldsymbol{R}_{12} - \boldsymbol{W}_{12} \tag{5.58c}$$

对于第 k 个目标，定义

$$S_k = p_{11k} - p_{22k}\tan^2\gamma_{\mathrm{j}} \tag{5.59}$$

式中：p_{11k}与 p_{22k}为第 k 个目标的极化协方差矩阵元素，如式(5.11)中元素 p_{11}与 p_{22}。

由于式(5.52)中矩阵 $\boldsymbol{M}$ 中的可用元素只有 m_{12}与 m_{22}，则对于新矩阵 $\boldsymbol{M}_{11}$、$\boldsymbol{M}_{22}$、$\boldsymbol{M}_{12}$，每个矩阵能得到两个可用方程，3 个矩阵共得到 6 个可用方程。由于以上处理只考虑了方位向，加入俯仰向的处理后，则达到 12 个可用方程。对于第 k 个目标信号，定义待估计的参数矢量为

$$\boldsymbol{\Phi}_k = [S_k \quad \alpha_k \quad \eta_{\mathrm{V}tk} \quad \tilde{\eta}_{\mathrm{V}tk}]^{\mathrm{T}} \tag{5.60}$$

式中：$\eta_{\mathrm{V}tk}$、$\tilde{\eta}_{\mathrm{V}tk}$分别为第 k 个目标的方位向与俯仰向单脉冲比。

每当回波中增加一个目标，待估计的参数新增加 4 个，由于共有 12 个可用方程，则最多可以对 $N_k = 3$ 个不可分辨目标进行参数估计。由 5.2.1.1 节的目标极化起伏模型，VPF 与 HPF 后的多目标合成信号仍服从复高斯分布。因此基于最大似然原理，能够求解以上 12 个方程中的待估计参数$[\boldsymbol{\Phi}_1, \boldsymbol{\Phi}_2, \cdots, \boldsymbol{\Phi}_{N_k}]$，则对数似然函数为

$$\mathrm{LL} = \mathrm{LL}a_{11} + \mathrm{LL}a_{12} + \mathrm{LL}a_{22} + \mathrm{LL}e_{11} + \mathrm{LL}e_{12} + \mathrm{LL}e_{22} \tag{5.61}$$

式中：$\mathrm{LL}a_{11}$、$\mathrm{LL}a_{12}$、$\mathrm{LL}a_{22}$分别为方位向协方差矩阵 $\boldsymbol{M}_{11}$、$\boldsymbol{M}_{22}$、$\boldsymbol{M}_{12}$所对应的似然函数。

根据复高斯分布的最大似然函数公式，方位向对数似然函数为

$$\mathrm{LL}a_{11} = \ln\left(\prod_{n=1}^{N}\left[\frac{1}{|2\pi\boldsymbol{M}_{11}|}\exp\left\{-\frac{1}{2}(\boldsymbol{z}_{s1}-\boldsymbol{y}_{s1})^{\mathrm{T}}\boldsymbol{M}_{11}{}^{-1}(\boldsymbol{z}_{s1}-\boldsymbol{y}_{s1})\right\}\right]\right) \tag{5.62a}$$

$$\mathrm{LL}a_{12} = \ln\left(\prod_{n=1}^{N}\left[\frac{1}{|2\pi\boldsymbol{M}_{12}|}\exp\left\{-\frac{1}{2}(\boldsymbol{z}_{s1}-\boldsymbol{y}_{s1})^{\mathrm{T}}\boldsymbol{M}_{12}{}^{-1}(\boldsymbol{z}_{s2}-\boldsymbol{y}_{s2})\right\}\right]\right) \tag{5.62b}$$

$$\mathrm{LL}a_{22} = \ln\left(\prod_{n=1}^{N}\left[\frac{1}{|2\pi\boldsymbol{M}_{22}|}\exp\left\{-\frac{1}{2}(\boldsymbol{z}_{s2}-\boldsymbol{y}_{s2})^{\mathrm{T}}\boldsymbol{M}_{22}{}^{-1}(\boldsymbol{z}_{s2}-\boldsymbol{y}_{s2})\right\}\right]\right) \tag{5.62c}$$

此外，$\mathrm{LL}e_{11}$、$\mathrm{LL}e_{12}$、$\mathrm{LL}e_{22}$ 分别为俯仰向协方差矩阵的似然函数，它们与 $\mathrm{LL}a_{11}$、$\mathrm{LL}a_{12}$、$\mathrm{LL}a_{22}$，具有相同的形式，不同之处在于观测矢量中采用俯仰差通道的采样。

根据最大似然估计原理可以得到

$$[\hat{\boldsymbol{\Phi}}_1,\hat{\boldsymbol{\Phi}}_2,\cdots,\hat{\boldsymbol{\Phi}}_{N_k}] = \mathrm{argmax}\{\mathrm{LL}(\boldsymbol{\Phi}_1,\boldsymbol{\Phi}_2,\cdots,\boldsymbol{\Phi}_{N_k})\} \tag{5.63}$$

5.2.4.3　仿真实验

基于 5.2.3.4 节的仿真设定，新建一个多目标的仿真场景。该场景中存在一个位于(−0.2°, 0.5°)的圆极化噪声压制干扰源，在 V 极化通道的干噪比为 36dB，干扰信号极化度为 0.995，且同时存在 3 个不同类型的目标(5.2.3.4 节中的三类典型空中目标包括中型客机、小型喷气飞机、小型无人机)。各目标的参数 α_k 如表 5.3 所列。

表 5.3　多目标场景中的参数 α_k

目标类型	参数 α_k
1	0.35
2	0.75
3	0.55

基于多目标多参数最大似然估计方法，并设定快拍数 $N=15$，多目标场景的 100 次蒙特卡罗角度分辨结果如图 5.19 所示。图中各种参数的下标 1、2、3 表示该参数与相应序号的目标所对应。图 5.19 给出了多目标场景中各目标的极化参数估计值。可以发现，对于能量较强的目标，不仅角度估计性能较好，而且对该目标极化参数的估计更准确。

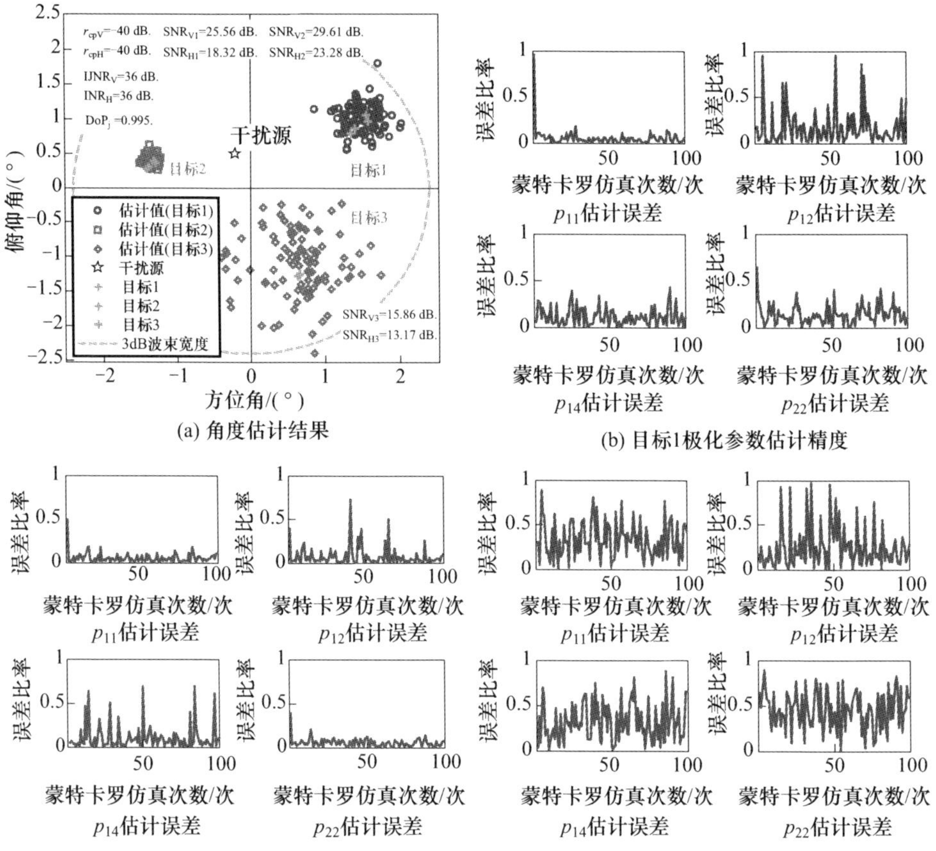

(a) 角度估计结果　(b) 目标1极化参数估计精度

(c) 目标2极化参数估计精度　(d) 目标3极化参数估计精度

图 5.19　多目标场景的角度估计与极化估计结果

5.3　低空角闪烁背景下极化雷达目标测角方法

雷达探测低空目标时，受地面/海面反射信号影响，在接收目标回波信号的同时会有从其他路径进入雷达天线的多径信号，其中最主要的是经镜面反射而形成的“镜像”信号。由于镜像信号到达方向在俯仰上不同于目标直达回波，因此会对雷达仰角测量造成影响[21]。雷达界经常将目标与镜像视为“两点源”，并基于两点源角闪烁模型分析低空镜像对雷达仰角测量的影响[22]。

围绕低空镜像角闪烁问题，学术界在镜反射特性等方面开展研究，并围绕角闪烁抑制提出了大量解决思路与方法，主要包括复角技术、改进单脉冲技术（双零点法、对称波束法和偏轴跟踪）、多维高分辨技术（角度、距离、多普勒高分辨和多极化分辨）、频率分集技术以及极化分集技术[23]。其中，复角技术依赖于地面反射系数的先验信息;改进单脉冲方法通过修正天线方向图来减弱多径的影响;角度高分辨技术需要大天线口径;距离高分辨对信号带宽要求很高;多普勒高分辨技术对相干处理时间有较高要求;频率分集技术应用较为广泛,但保证其分集效果需要有很大的分集带宽,这对雷达系统提出了较高要求。

极化分集也是近年来较受关注的一个重要技术途径[10,22],通过雷达接收极化分集或发射极化分集,都可以改善仰角测量性能,但其改善性能取决于目标极化散射矩阵、镜反射系数以及雷达收发极化等多种因素。本节基于低空目标镜像角闪烁的极化信号模型,分析目标极化、雷达极化、反射面散射特性等极化相关因素对低空镜像角闪烁的影响效应,据此优化设计极化分集方法,在雷达测角过程中实现低空镜像角闪烁抑制。

5.3.1 低空目标镜像角闪烁效应形成机理

低空或超低空飞行是飞机和巡航导弹突防的一种主要手段,也是雷达面临的主要威胁之一。低空目标飞行高度很低,大多数在600m以下,此时电磁波可经地(海)面在雷达与目标之间传播,即多径效应,多径效应不仅可能产生多径衰落威胁到雷达的探测,而且会使角度测量(主要是俯仰角测量)出现较大的偏差,轻则影响跟踪精度,严重则使雷达丢失目标。在多径效应的分析中,根据目标、镜像进入天线方向图的区域,可分为三种[22]:

(1) 近距离区,又称副瓣反射区,在此区域内,天线波束主瓣未直接照射到地面,反射信号只能通过副瓣进入雷达接收机,雷达跟踪精度下降,目标角度为 $1.5\theta_e<\theta_t<6\theta_e$,其中 θ_t 为目标相对于雷达的仰角(平面地球模型),θ_e 为雷达波束3dB宽度。

(2) 中间区,反射信号进入天线波束主瓣,但在3dB宽度以外,雷达跟踪精度下降要比近距离区更严重,目标角度为 $0.3\theta_e<\theta_t<1.5\theta_e$。

(3) 远距离区,又称地平线反射区,在此区域内,目标和镜像在俯仰上非常接近,都进入了天线波束主瓣3dB宽度以内的高接收增益区,同时伴有多径衰落和角闪烁干扰,目标角度为 $\theta_t<0.3\theta_e$。如图5.20所示。

对于近距离区和中间区,仰角测量误差主要是随机误差,通过平滑滤波等措施一般可以较为有效地抑制。对于远距离区,目标和镜像在俯仰角上非常接近,角度误差主要是两反射体(目标及其镜像)之间形成的闪烁误差,即"两点源角闪烁"误差[38,39]。由于目标姿态的变化和地面反射系数的波动,仰角测量误差会出现较大的起伏,使得雷达不能稳定跟踪,或者跟踪误差很大。

如图5.21所示,以镜面反射点处的水平面为基准,天线指向高于该水平面的角度为探测仰角,目标相对于该水平面的高度为 H,目标所在位置为 T,目标—镜像连线与水平面交点为 O',反射点位置为 O,雷达所在位置为 R。

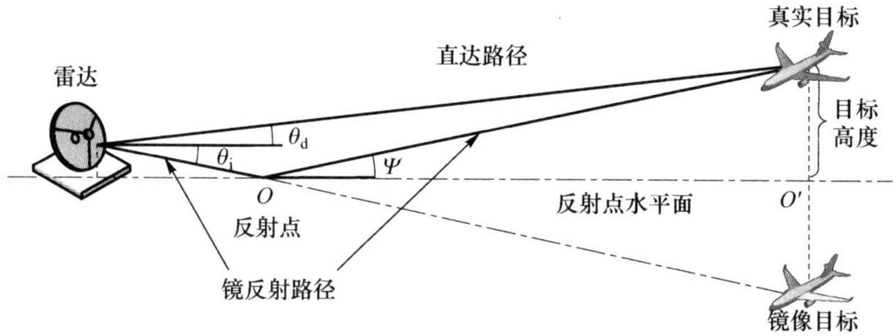

图 5.20　多径场景平面反射几何关系

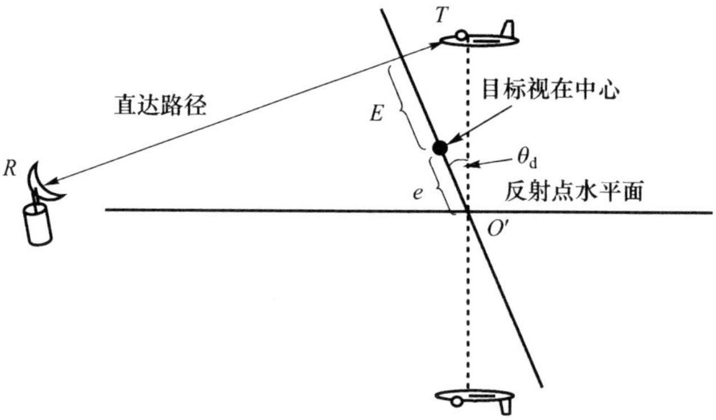

图 5.21　低空镜像角闪烁线偏差

根据两点源目标角闪烁误差公式,可得角闪烁线偏差(扩展目标视在中心与 O' 的距离,且设靠近目标方向为正,靠近镜像方向为负)为

$$e = H\cos\theta_d \frac{1 - |\rho|^2}{1 + |\rho|^2 + 2|\rho|\cos\left(-\dfrac{2\pi}{\lambda}H\sin\theta_d + \varphi_\rho\right)} \tag{5.64}$$

式中:镜像信号与目标回波信号电压的相对系数,$\rho = V_F/V_T$;$|\rho|$、φ_ρ 分别为相对系数的幅度和相位,即 $\rho = |\rho| \cdot \exp\{j\varphi_\rho\}$,记合成相位为 $\varphi_\Sigma = -2\pi H\sin\phi/\lambda + \varphi_\rho$。

为便于分析测角误差,定义归一化线偏差 E 为扩展目标视在中心与目标位置 T 在垂直于直达方向上的投影距离,且靠近镜像一侧为正,以 $H\cos\theta_d$(即目标高度 H 在垂直于直达方向上的长度)进行归一化,则归一化线偏差为

$$E = \frac{H\cos\theta_d - e}{H\cos\theta_d} = 2\frac{|\rho|^2 + |\rho|\cos\varphi_\Sigma}{1 + |\rho|^2 + 2|\rho|\cos\varphi_\Sigma} \tag{5.65}$$

根据式(5.65),可得线偏差 E 随相对系数 ρ 的幅度 $|\rho|$ 和合成相位 φ_Σ(包含相位 φ_ρ)的变化如图 5.22 所示。

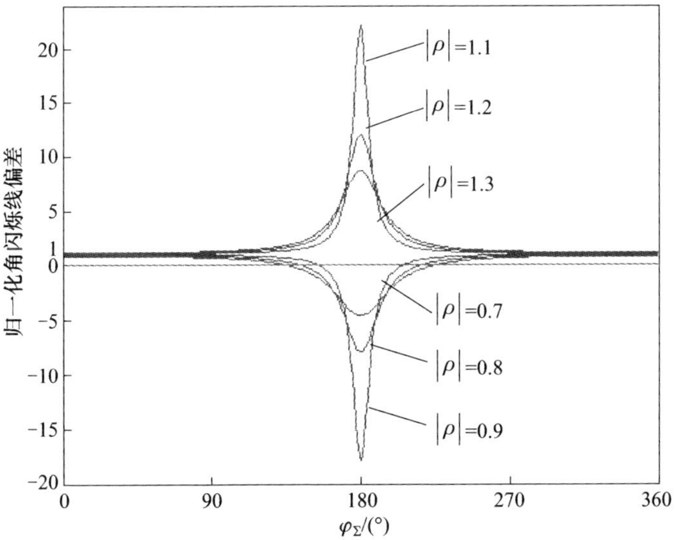

图 5.22　归一化角闪烁线偏差随镜面反射系数 ρ 的变化

由图 5.22 可知：

(1) 当 φ_Σ 为 180°时，归一化线偏差 E 的绝对值最大；当 φ_Σ 接近 0°或 360°时，E 集中于 1 附近。

(2) $|\rho|$越接近于 1，线偏差曲线的振幅越大。

(3) 参数$|\rho|$和 $1/|\rho|$对应的线偏差曲线以 $E=1$ 为轴对称分布，$|\rho|>1$ 时在该轴的上方，$|\rho|<1$ 时在该轴的下方。

需要说明的是，对于线偏差曲线簇以 $E=1$ 为轴对称分布，在应用中一般会对角度跟踪结果进行补偿以减小偏差，因此该偏差并不影响跟踪的稳定性。为分析和表述更为直观，认为曲线簇以 $E=0$ 为轴对称分布。

5.3.2　低空目标镜像角闪烁的极化效应分析

本节通过建立极化低空目标镜像角闪烁线偏差模型，分析角闪烁线偏差与目标极化散射矩阵、雷达天线极化、擦地角、反射面散射特性等极化相关因素的影响效应。

5.3.2.1　镜像两点源测角误差的极化效应模型

如图 5.23 所示建立笛卡儿坐标系，极化天线分布在 Z 轴上，接收天线由一对正交电偶极子构成，这对正交电偶极子沿 X 轴和 Z 轴方向放置。假定目标位于 YOZ 平面并且满足远场条件，直达波可以看作平面波，通常菲涅尔反射区域位于雷达附近，可认为是平面反射，因此反射波也是平面波。

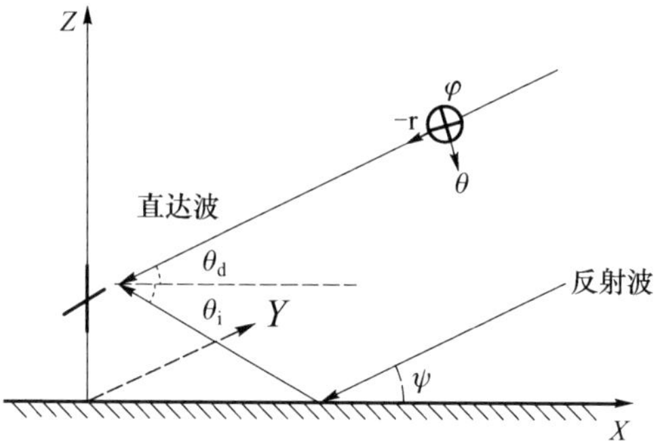

图 5.23　雷达探测低角目标的镜面反射模型

远场条件下，直达波与散射波互相平行，因此可忽略双站散射的影响，目标角度、镜像角度和擦地角之间的关系满足

$$\theta_d = -\theta_i = \psi = \theta \tag{5.66}$$

式中：θ 为目标相对于雷达的仰角(°)。

在$(\boldsymbol{\varphi},\boldsymbol{\theta})$极化基下，直达波和反射波可分别表示为

$$e_d = E_\varphi \cdot \boldsymbol{\varphi} + E_\theta \cdot \boldsymbol{\theta} \tag{5.67a}$$

$$e_i = \rho_{\mathrm{H}}(\theta) E_\varphi \cdot \boldsymbol{\varphi} + \rho_{\mathrm{V}}(\theta) E_\theta \cdot \boldsymbol{\theta} \tag{5.67b}$$

考虑光滑镜面场景，则 H 极化和 V 极化条件下镜面反射系数 ρ_{H} 和 ρ_{V} 可表示为

$$\rho_{\mathrm{H}}(\theta) = \Gamma_{\mathrm{H}}\rho_{\mathrm{D}}\rho_{\mathrm{s}} = \frac{\sin\theta - \sqrt{\varepsilon_{\mathrm{c}} - \cos^2\theta}}{\sin\theta + \sqrt{\varepsilon_{\mathrm{c}} - \cos^2\theta}} \cdot \left(1 + \frac{2r_1 r_2}{R_{\mathrm{e}} r\sin\theta}\right)^{-\frac{1}{2}} \cdot \exp\left\{-\left(\frac{4\pi\sigma_{\mathrm{h}}\sin\theta}{\lambda}\right)^2\right\} \tag{5.68a}$$

$$\rho_{\mathrm{V}}(\theta) = \Gamma_{\mathrm{V}}\rho_{\mathrm{D}}\rho_{\mathrm{s}} = \frac{\varepsilon_{\mathrm{c}}\sin\theta - \sqrt{\varepsilon_{\mathrm{c}} - \cos^2\theta}}{\varepsilon_{\mathrm{c}}\sin\theta + \sqrt{\varepsilon_{\mathrm{c}} - \cos^2\theta}} \cdot \left(1 + \frac{2r_1 r_2}{R_{\mathrm{e}} r\sin\theta}\right)^{-\frac{1}{2}} \cdot \exp\left\{-\left(\frac{4\pi\sigma_{\mathrm{h}}\sin\theta}{\lambda}\right)^2\right\} \tag{5.68b}$$

式中：ε_{c} 为反射面复介电常数；ε_{r} 为反射面的相对介电常数；σ 为电导率(S/m)，λ 为电磁波波长(m)；R_{e} 为地球曲率半径(m)；σ_{h} 为浪高均方根值(m)；其他变量定义如图 5.24 所示。

在$(\boldsymbol{Y},\boldsymbol{Z})$极化基下，假定发射极化 $\boldsymbol{h}_{\mathrm{t}} = [\cos\varepsilon \quad \sin\varepsilon\exp\{\mathrm{j}\tau\}]^{\mathrm{T}}$，则在$(\boldsymbol{\varphi},\boldsymbol{\theta})$极化基下的目标回波信号为

$$\begin{bmatrix} E_\varphi \\ E_\theta \end{bmatrix} = \begin{bmatrix} -1 & 0 \\ 0 & -\dfrac{1}{\cos\theta} \end{bmatrix} \cdot \begin{bmatrix} S_{\varphi\varphi} & S_{\varphi\theta} \\ S_{\theta\varphi} & S_{\theta\theta} \end{bmatrix} \cdot \begin{bmatrix} \cos\varepsilon \\ \sin\varepsilon\exp\{\mathrm{j}\tau\} \end{bmatrix}$$

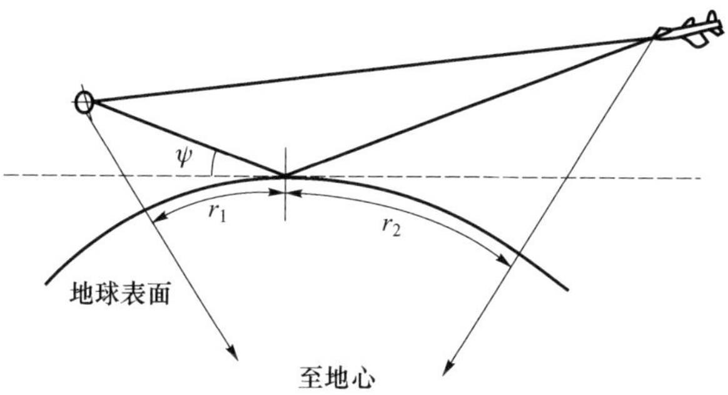

图 5.24　几何参数定义

$$=M\cdot\begin{bmatrix}S_{\varphi\varphi} & S_{\varphi\theta}\\ S_{\theta\varphi} & S_{\theta\theta}\end{bmatrix}\cdot\begin{bmatrix}\cos\varepsilon\\ \sin\varepsilon\exp\{\mathrm{j}\tau\}\end{bmatrix}\tag{5.69}$$

式中:矩阵 $\boldsymbol{M}$ 为极化基($\boldsymbol{Y},\boldsymbol{Z}$)到极化基($\boldsymbol{\varphi},\boldsymbol{\theta}$)的转换因子。

定义目标后向散射回波的极化比 $\rho_{\mathrm{d}}=\tan\gamma\exp\{\mathrm{j}\delta\}$,其中($\gamma,\delta$)为相位描述子,则可得

$$\rho_{\mathrm{d}}=\tan\gamma\exp\{\mathrm{j}\delta\}=\frac{E_\theta}{E_\varphi}=\frac{\cos\theta\cos\varepsilon S_{\theta\varphi}+\sin\varepsilon\exp\{\mathrm{j}\delta\}S_{\varphi\varphi}}{\cos\theta\cos\varepsilon S_{\varphi\varphi}+\sin\varepsilon\exp\{\mathrm{j}\delta\}S_{\varphi\theta}}\tag{5.70}$$

由镜面反射理论,镜像在($\boldsymbol{\theta},\boldsymbol{\varphi}$)极化基下的极化比 $\rho_i=\tan\eta\exp\{\mathrm{j}\varsigma\}=\rho_{\mathrm{V}}/\rho_{\mathrm{H}}\exp\{\mathrm{j}\varsigma\}$,因此在($\boldsymbol{Y},\boldsymbol{Z}$)极化基下,得 Y 轴和 Z 轴方向的电偶极子接收到的目标与镜像回波合成信号矢量为

$$\begin{bmatrix}E_Y\\ E_Z\end{bmatrix}=\begin{bmatrix}-(1+\rho_{\mathrm{V}})E_\varphi\\ -\cos\theta(1+\rho_{\mathrm{H}})E_\theta\end{bmatrix}=\begin{bmatrix}(1+\rho_{\mathrm{V}})(\cos\varepsilon S_{\varphi\theta}+\cos\theta\sin\varepsilon\exp\{j\tau\}S_{\varphi\varphi})\\ \cos\theta(1+\rho_{\mathrm{H}})(\cos\varepsilon S_{\theta\theta}+\cos\theta\sin\varepsilon\exp\{j\tau\}S_{\theta\varphi})\end{bmatrix}\tag{5.71}$$

则目标和镜像在接收天线处的总接收电压为

$$\boldsymbol{V}=\boldsymbol{h}_{\mathrm{r}}^{\mathrm{T}}[E_Y\quad E_Z]^{\mathrm{T}}\tag{5.72}$$

式中:$\boldsymbol{h}_{\mathrm{r}}=[\cos\alpha\quad\sin\alpha\exp\{\mathrm{j}\beta\}]^{\mathrm{T}}$ 为接收天线极化形式。

用极化比的形式表示镜像与目标的复电压之比,能够更清晰地反映出雷达测角误差与收发极化之间的关系。因此,目标回波与镜像回波复电压之比可用复数 $\rho=|\rho|\exp\{\mathrm{j}\varphi_\rho\}$ 表示为

$$\rho=|\rho|\exp\{\mathrm{j}\varphi_\rho\}=\frac{1+\rho_{\mathrm{V}}/\rho_{\mathrm{H}}\cdot\cos\theta\tan\gamma\tan\alpha\exp\{\mathrm{j}(\delta+\beta)\}}{1+\cos\theta\tan\gamma\tan\alpha\exp\{\mathrm{j}(\delta+\beta)\}}=\frac{1+\rho_{\mathrm{r}}\rho_{\mathrm{i}}}{1+\rho_{\mathrm{r}}\rho_{\mathrm{d}}}\tag{5.73a}$$

式中

$$\rho_{\mathrm{r}}=\cos\theta\tan\alpha\exp\{\mathrm{j}\beta\} \tag{5.73b}$$

$$\rho_{\mathrm{i}}=\frac{\rho_{\mathrm{V}}}{\rho_{\mathrm{H}}}\cdot\frac{\cos\theta\cos\varepsilon S_{\theta\varphi}+\sin\varepsilon\exp\{\mathrm{j}\tau\}S_{\varphi\varphi}}{\cos\theta\cos\varepsilon S_{\varphi\varphi}+\sin\varepsilon\exp\{\mathrm{j}\tau\}S_{\varphi\theta}} \tag{5.73c}$$

$$\rho_{\mathrm{d}}=\frac{E_{\theta}}{E_{\varphi}}=\frac{\cos\theta\cos\varepsilon S_{\theta\varphi}+\sin\varepsilon\exp\{\mathrm{j}\delta\}S_{\varphi\varphi}}{\cos\theta\cos\varepsilon S_{\varphi\varphi}+\sin\varepsilon\exp\{\mathrm{j}\delta\}S_{\varphi\theta}} \tag{5.73d}$$

为便于分析测角误差,定义归一化角闪烁线偏差为目标与镜像所构成两点源的视在中心与目标位置在垂直于直达波方向上的投影距离,且靠近镜像一侧为正,则归一化角闪烁线偏差为

$$e=\frac{\theta-\hat{\theta}}{\theta}=2\frac{|\rho|^{2}+|\rho|\cos\varphi_{\rho}}{1+2|\rho|\cos\varphi_{\rho}+|\rho|^{2}} \tag{5.74}$$

由式(5.74)可知归一化线偏差与擦地角、镜反射系数、发射与接收极化和目标散射矩阵有关。当 $e<0$ 时,雷达指向目标上方;当 $0<e<1$ 时,雷达指向目标与地面之间;当 $e=1$ 时,雷达指向地平面;当 $e>1$ 时,雷达指向地下;特别地,当 $e=2$ 时,雷达恰好指向镜像。

5.3.2.2 雷达天线极化对角闪烁线偏差的影响

本节研究典型发射极化状态下,雷达接收极化对低空镜像角闪烁误差的影响。下面以发射45°斜极化为例,分析雷达天线极化与归一化角闪烁线偏差的关系。设目标极化散射矩阵为

$$\boldsymbol{S}=\begin{bmatrix}1 & c_1\exp\{\mathrm{j}\delta_1\}\\ c_1\exp\{\mathrm{j}\delta_1\} & c_2\exp\{\mathrm{j}\delta_2\}\end{bmatrix} \tag{5.75}$$

设置目标散射矩阵参数 c_1 与 c_2 服从(0,1]的均匀分布,参数 δ_1 与 δ_2 服从(0,2π]的均匀分布,设置目标高度为100m,雷达高度为3m,雷达与目标径向距离为3km,根据式(5.73)与式(5.74)进行200次蒙特卡罗仿真实验,得出不同镜像回波极化比情况下归一化平均线偏差随接收极化的变化,如图5.25所示。

图5.25反映出发射极化为45°斜极化情况下镜反射系数、目标散射矩阵(图中用镜像回波极化比幅值 $\tan\eta$ 表示)、接收极化对归一化角闪烁线偏差的影响。其中,箭头所指区域表示归一化线偏差小于±20%($e=\pm0.2$),这一区域的角闪烁线偏差较小。该区域的中心位置即归一化线偏差为零的位置,由式(5.74)可知,当 $\rho=0$ 时,归一化线偏差为0,而当 $\rho_{\mathrm{r}}\rho_{\mathrm{i}}=-1$ 时,有 $\rho=0$,即当接收极化与镜像回波极化(由目标极化散射矩阵、镜反射系数、发射极化决定)互为交叉极化时,镜像干扰被完全抑制,归一化线偏差为0。

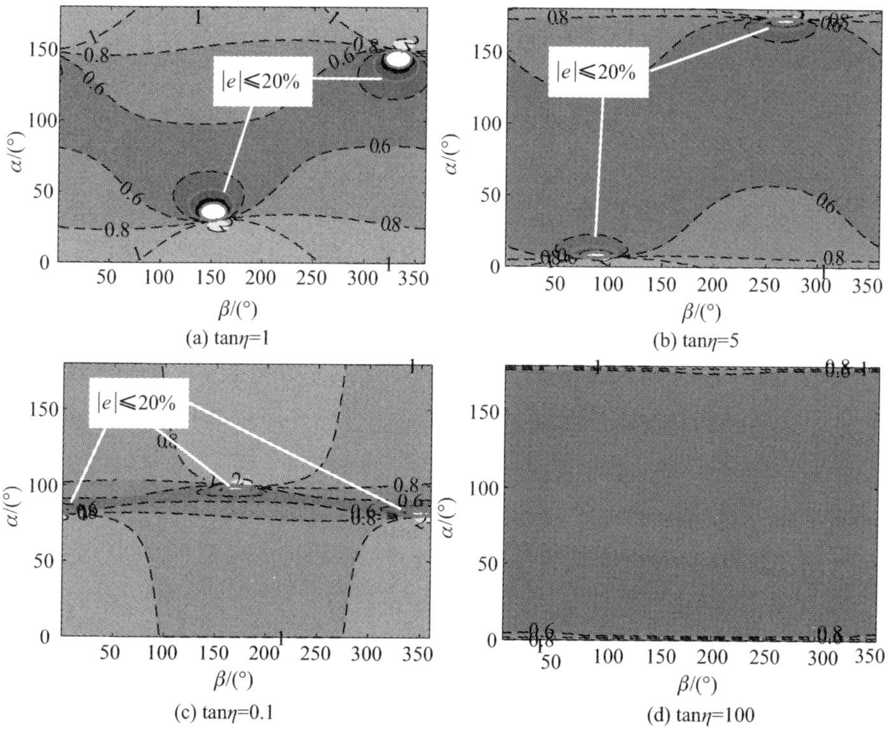

(a) tanη=1　(b) tanη=5　(c) tanη=0.1　(d) tanη=100

图5.25　不同镜像回波极化比情况下归一化平均线偏差随接收极化的变化

由图5.25可以看出：

(1) |e|≤20%区域内 α 值的范围主要取决于 $\tan\eta$ 的大小，α 值的位置由镜像回波极化比幅度 $\tan\eta$ 决定；

(2) |e|≤20%区域内 β 值的范围受 $\tan\eta$ 影响不大，β 值的位置主要由镜像回波极化比相位 ς 决定；

(3) 当 $\tan\eta$ 太小或太大时，归一化线偏差均超过 ±20%。

镜像回波极化比是影响测角误差的重要因素，而镜像回波极化比除与发射极化和目标散射矩阵有关以外，还与擦地角、镜反射系数(由反射面复介电常数和擦地角决定)有着密切关系。图5.26给出了镜像回波极化比幅度与擦地角之间的关系，低角情况下，$\tan\eta$ 随 θ 的增大，先减小后增大。

基于上述分析，分别按照发射极化为V极化、H极化等情况进一步分析后，可得到下述相同的结论：

(1) |e|≤20%区域中心位置由镜像回波极化决定，当接收极化与镜像回波极化互为交叉极化时，归一化线偏差达到极小值；

(2) |e|≤20%区域大小由发射极化、目标散射矩阵、镜反射系数、擦地角共同决定；

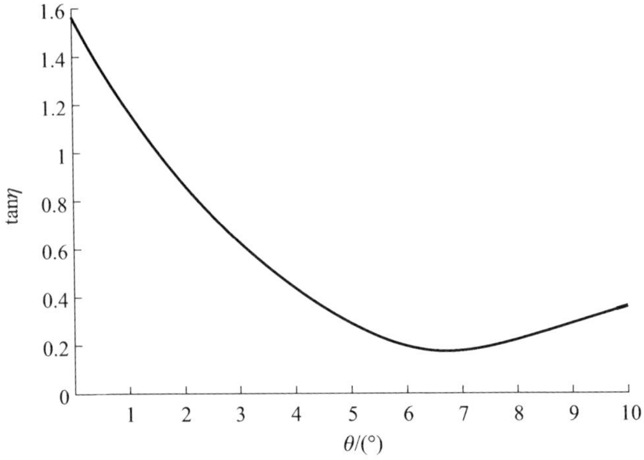

图 5.26　镜像回波极化比幅度与擦地角之间的关系($\varepsilon_c = 65 - j30.7$)

(3) $|e| \leqslant 20\%$ 区域中,α 值范围主要由镜像回波极化比决定,β 值范围与其无关。

为验证理论分析的准确性,针对目标实测数据(暗室某战斗机数据),仿真验证雷达天线极化对角闪烁线偏差影响的理论分析的正确性。仿真设置:目标高度为100m,雷达高度为3m,目标与雷达径向距离为3km,由几何关系可知目标真实角度 $\theta = 2°$,X 波段海水复介电常数 $\varepsilon_c = 65 - j30.7$,天线波束中心指向高于水平面1°,3dB 波束宽度为3°,发射极化分别为45°斜极化、V 极化和 H 极化。

为更加清晰地表示出归一化线偏差较小时对应的接收极化,图 5.27 给出了归一化线偏差的倒数随接收极化的变化关系,峰值点即为误差较小的情况。发射极化为45°斜极化、V 极化和 H 极化时,统计得到镜像回波极化比(由镜反射系数、发射极化和目标散射矩阵共同决定)分别为 0.7334、0.3365 和 0.7703。如图 5.27 所示,当 $\tan\eta$ 越接近最佳镜像极化比幅值时,峰值点数目越多。经计算验证可知,峰值中心位置与镜像回波极化互为交叉极化。综上所述,实测目标数据的仿真结果与理论分析结果一致。

5.3.2.3　擦地角和目标极化散射矩阵对角闪烁线偏差的影响

本节研究擦地角和目标极化散射矩阵对角闪烁线偏差的影响。设雷达发射极化和接收极化均为左旋圆极化,雷达载波频率为10GHz,海面复介电常数 $\varepsilon_c = 65 - j30.7$,目标以简单目标(垂直偶极子、水平偶极子、平板、0°二面角、45°二面角和三面角)为例,研究擦地角对角闪烁线偏差的影响,表 5.4 给出了这几种简单目标的后向极化散射矩阵。

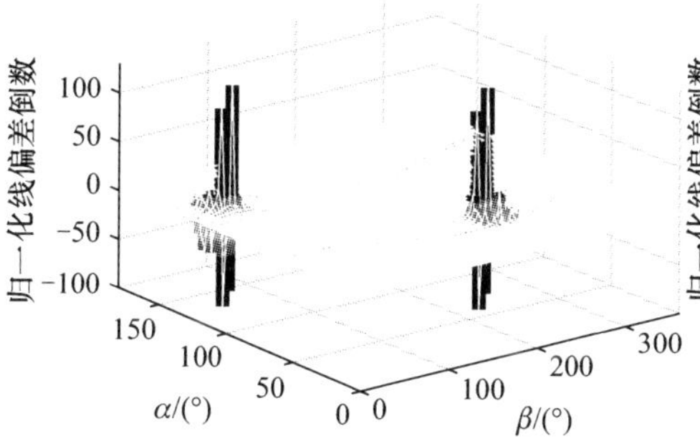

(a) 发射45°斜极化(tanη=0.7334)

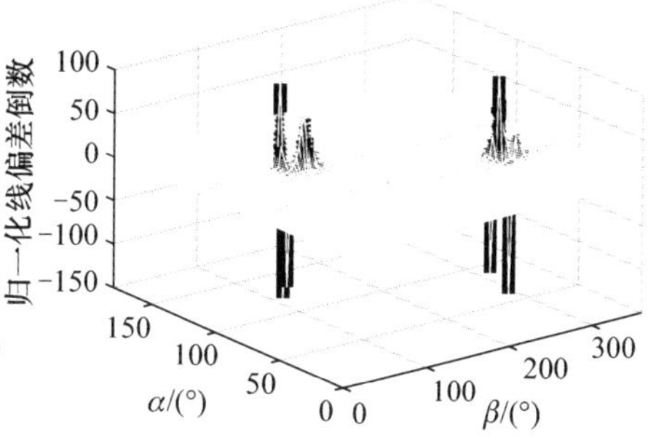

(b) 发射V极化(tanη=0.3365)

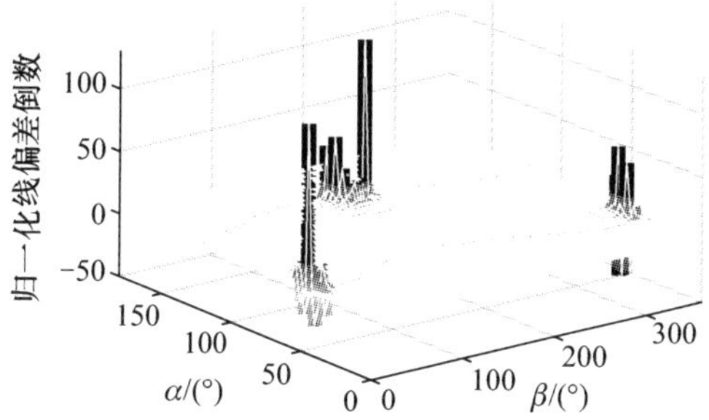

(c) 发射H极化(tanη=0.7703)

图 5.27 接收极化与归一化线偏差倒数的关系

表 5.4 几种简单目标的后向极化散射矩阵

目标	圆极化基下极化散射矩阵
垂直偶极子	$\frac{1}{2}\begin{bmatrix} 1 & -1 \\ -1 & 1 \end{bmatrix}$
水平偶极子	$\frac{1}{2}\begin{bmatrix} -1 & -1 \\ -1 & -1 \end{bmatrix}$
平板、圆盘或球	$\begin{bmatrix} 0 & -1 \\ -1 & 0 \end{bmatrix}$
0°二面角(偶次反射)	$\begin{bmatrix} 1 & 0 \\ 0 & 1 \end{bmatrix}$
45°二面角	$\begin{bmatrix} -j & 0 \\ 0 & j \end{bmatrix}$
三面角(奇次反射)	$\begin{bmatrix} 0 & -1 \\ -1 & 0 \end{bmatrix}$

图 5.28 是不同目标极化散射矩阵情况下擦地角对雷达角闪烁线偏差的影响。当擦地角相同时,不同目标极化散射矩阵对角闪烁线偏差影响不同,平板、45°二面角、三面角的三条曲线重合是由于这三种目标回波极化比相同(如前,

发射极化为左旋圆极化)。由图5.28可以发现,目标回波极化比不同,角闪烁线偏差不同;对于同一目标,其测角误差随着擦地角的增大逐渐减小,擦地角越小,角闪烁线偏差越大。

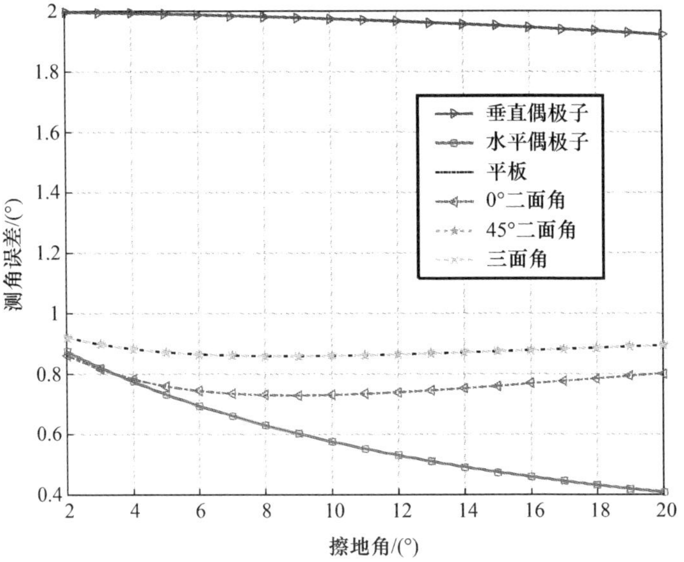

图5.28 不同目标极化散射矩阵情况下擦地角对角闪烁线偏差的影响

5.3.2.4 反射面散射特性对角闪烁线偏差的影响

本节研究反射面散射特性对角闪烁线偏差的影响。设雷达发射极化和接收极化均为左旋圆极化,雷达载频为10GHz,目标以简单目标(垂直偶极子、水平偶极子、平板、0°二面角)为例分别研究不同反射面散射特性对角闪烁线偏差的影响。表5.5给出了不同反射面的电导率和相对介电常数。反射面的散射特性除了与反射面自身性质有关以外,还与擦地角大小有密切的关系。图5.29给出了不同反射面情况下,角闪烁线偏差随擦地角变化的关系曲线。

表5.5 不同反射面的电导率和相对介电常数

反射面	电导率/(S/m)	相对介电常数
混凝土	2×10^{-5}	3
干地	1×10^{-5}	4
半干地	4×10^{-2}	7
湿地	2×10^{-1}	30
淡水	2×10^{-1}	80
海水	4	20

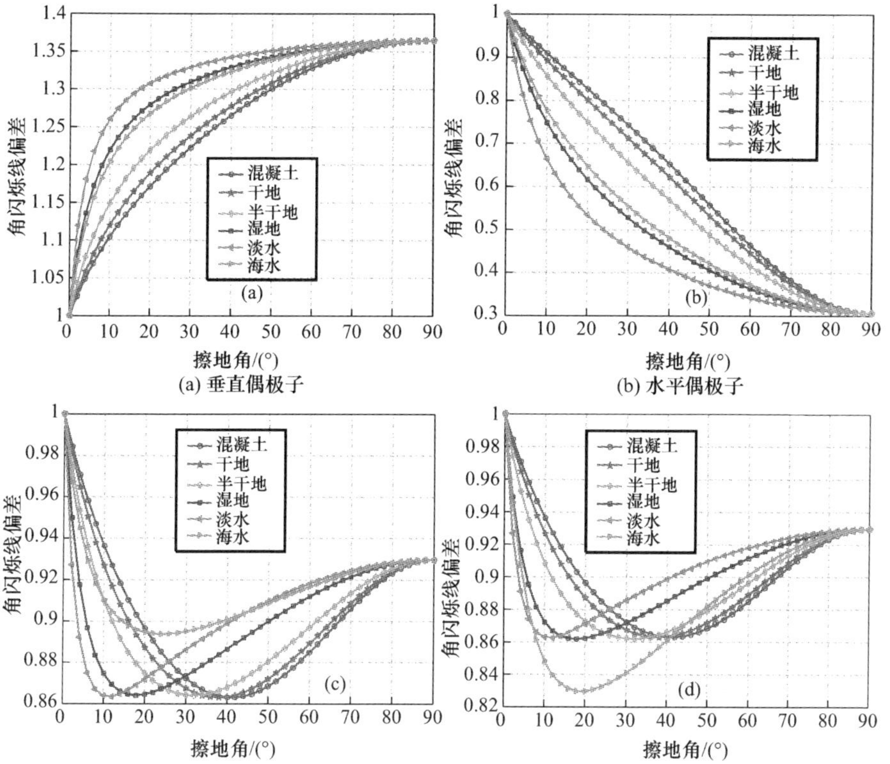

(a) 垂直偶极子　(b) 水平偶极子
(c) 平板　(d) 0°二面角

图 5.29　不同反射面下角闪烁线偏差随擦地角变化的曲线

从图 5.29 可以得出如下结论：

(1) 擦地角相同时，对于不同反射面，角闪烁线偏差各不相同；

(2) 对比图 5.29(a)和图 5.29(b)可知，当目标回波极化比幅度相同、相位相差 π 时(如前，发射极化为左旋圆极化)，对于任意擦地角而言，不同反射面所对应的角闪烁线偏差从大到小的顺序恰好相反；

(3) 对比图 5.29(c)和图 5.29(d)可知，当目标回波极化比幅度相同、相位相差 π/2 时，角闪烁线偏差曲线最低点对应的擦地角从小到大顺序相同；

(4) 对比图 5.29(a)～(d)可知，目标回波极化比不同时，对于不同反射面而言，角闪烁线偏差随擦地角变化的趋势各不相同。

5.3.3　基于极化分集的低空镜像角闪烁抑制方法

5.3.3.1　基于分集技术的低空角闪烁抑制方法概述

基于分集技术的低空目标镜像角闪烁抑制方法主要有频率分集、空间分集、极化分集以及加权平均处理。这四种方法本质上都是希望得到互不相关的多个测角样本，通过数据平均的方法降低角误差的起伏。

频率分集技术应用最为广泛，大多数近程火控系统都采用了频率分集技术[19]。频率分集通过载频（波长）的改变，使目标各散射点之间的相对相位关系得以改变，从而使角度测量值产生变化，达到分集的目的。频率分集的效果取决于多个角度测量值之间的去相关性，去相关性越强，抑制角闪烁的效果就越好，这要求分集的带宽足够宽（频率间隔越大，去相关性越强）。

空间分集用多个相距足够远的接收单元从不同方向接收目标回波，将目标角度测量值经坐标变换后换算到同一基准坐标系后进行平均处理。空间分集本质上是利用了不同姿态角下目标角度测量值的去相关性，达到抑制角闪烁误差的目的[37]。空间分集要求有足够大的接收单元间距和单元数目。

加权平均处理是对多个角闪烁值进行加权平均，以更好地抑制角闪烁误差。加权多采用与 RCS 成正比的系数，这是利用了目标 RCS 与角闪烁存在着负相关性的关系[38]。实际上，这种相关性关系是有争议的，目前比较一致的看法是大 RCS 与小角闪烁存在着较强的相关性，其他范围的相关性并不明显。

5.3.3.2 极化分集原理

极化分集抑制角闪烁是通过对多个角度测量值$\{\psi_n\}$求平均值$\bar{\psi}$，从而减小误差起伏程度：

$$\bar{\psi} = \frac{1}{N}\sum_{n=1}^{N}\psi_n \tag{5.76}$$

图 5.30 给出了极化分集抑制角闪烁系统结构。探测低空目标时，为尽量减小地海杂波的影响，一般采用高重频相干脉冲串和脉冲多普勒处理。雷达系统前端由一对水平和垂直的正交天线构成，在接收端先将两路极化通道数据分别接收，再进行多极化通道角度平均，得到目标角度测量的分集平均值，这种处理对系统的复杂度要求较低。

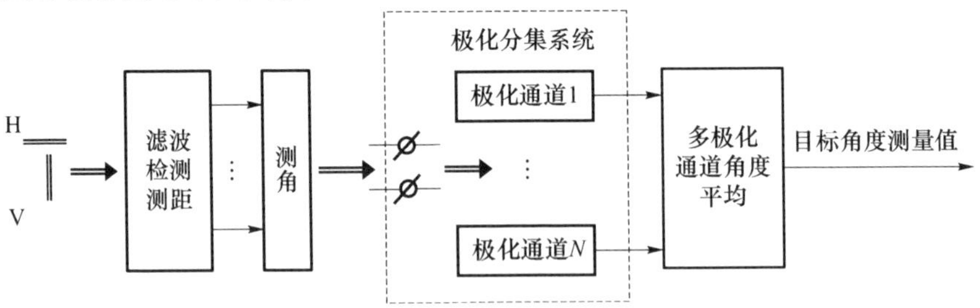

图 5.30 极化分集抑制角闪烁系统结构

极化分集利用两散射源散射矩阵的差异，通过改变收、发极化，使它们之间的相对幅度和相对相位均发生改变，从而线偏差值的变化分布范围更广，去相关性更强，遍历性更好。特别地，在多个角度测量值中，如果$|\rho|$既有大于1也有小于1，则角闪烁线偏差将有正有负，从而在数据平均时产生正、负抵消的有利效果，减小平均后的误差。因此，在极化分集设计中，将力求使各极化通道回波中的$\{|\rho_n|\}$分布在1左右两边，并尽量按倒数对称分布。由于$|\rho|$和$1/|\rho|$的倒数关系可以对应于一对相反数关系$\ln(1/|\rho|) = -\ln|\rho|$，所以等效地，极化分集的设计目的应力求使$\{\ln|\rho_n|\}$按正、负对称分布。

目标回波信号和镜像回波信号的电压系数V_{T}、V_{F}可分别表示为

$$V_{\mathrm{T}} = \boldsymbol{h}_{\mathrm{r}}^{\mathrm{T}}\boldsymbol{S}_{\mathrm{T}}\boldsymbol{h}_{\mathrm{t}} \tag{5.77a}$$

$$V_{\mathrm{F}} = \boldsymbol{h}_{\mathrm{r}}^{\mathrm{T}}\boldsymbol{S}_{\mathrm{F}}\boldsymbol{h}_{\mathrm{t}} \tag{5.77b}$$

式中：$\boldsymbol{h}_{\mathrm{t}}$和$\boldsymbol{h}_{\mathrm{r}}$分别为雷达发射和接收极化；$\boldsymbol{S}_{\mathrm{T}}$和$\boldsymbol{S}_{\mathrm{T}}$分别为真实目标极化散射矩阵与镜像目标极化散射矩阵。

真实目标与镜像目标的极化散射矩阵分别定义为

$$\boldsymbol{S}_{\mathrm{T}} = \begin{bmatrix} S_{\mathrm{T-HH}} & S_{\mathrm{T-HV}} \\ S_{\mathrm{T-VH}} & S_{\mathrm{T-VV}} \end{bmatrix} = \begin{bmatrix} A_{\mathrm{TH}}\exp\{\mathrm{j}\varphi_{\mathrm{TH}}\} & A_{\mathrm{THV}}\exp\{\mathrm{j}\varphi_{\mathrm{THV}}\} \\ A_{\mathrm{TVH}}\exp\{\mathrm{j}\varphi_{\mathrm{TVH}}\} & A_{\mathrm{TV}}\exp\{\mathrm{j}\varphi_{\mathrm{TV}}\} \end{bmatrix} \tag{5.78a}$$

$$\boldsymbol{S}_{\mathrm{F}} = \begin{bmatrix} S_{\mathrm{F-HH}} & S_{\mathrm{F-HV}} \\ S_{\mathrm{F-VH}} & S_{\mathrm{F-VV}} \end{bmatrix} = \begin{bmatrix} A_{\mathrm{FH}}\exp\{\mathrm{j}\varphi_{\mathrm{FH}}\} & A_{\mathrm{FHV}}\exp\{\mathrm{j}\varphi_{\mathrm{FHV}}\} \\ A_{\mathrm{FVH}}\exp\{\mathrm{j}\varphi_{\mathrm{FVH}}\} & A_{\mathrm{FV}}\exp\{\mathrm{j}\varphi_{\mathrm{FV}}\} \end{bmatrix} \tag{5.78b}$$

则两散射源回波的相对系数为

$$\rho = \frac{V_{\mathrm{F}}}{V_{\mathrm{T}}} = \frac{\boldsymbol{h}_{\mathrm{r}}^{\mathrm{T}}\boldsymbol{S}_{\mathrm{F}}\boldsymbol{h}_{\mathrm{t}}}{\boldsymbol{h}_{\mathrm{r}}^{\mathrm{T}}\boldsymbol{S}_{\mathrm{T}}\boldsymbol{h}_{\mathrm{t}}} \tag{5.79}$$

显然，由于$\boldsymbol{S}_{\mathrm{T}}$与$\boldsymbol{S}_{\mathrm{F}}$的差异性，通过极化（包括发射和接收极化）的改变，相对系数ρ的幅度$|\rho|$和相位ϕ_ρ都将随之而改变。设发射极化$\boldsymbol{h}_{\mathrm{t}} = [\cos\theta \quad \sin\theta \cdot \exp\{\mathrm{j}\varphi\}]^{\mathrm{T}}$，接收极化$\boldsymbol{h}_{\mathrm{r}} = [\cos\alpha \quad \sin\alpha \cdot exp\{\mathrm{j}\beta\}]^{\mathrm{T}}$，则目标和镜像回波经天线接收后的电压系为

$$\begin{aligned} V_{\mathrm{T}} = {} & \cos\alpha\cos\theta S_{\mathrm{T-HH}} + \cos\alpha\sin\theta\exp\{\mathrm{j}\varphi\} S_{\mathrm{T-HV}} \\ & + \sin\alpha\cos\theta\exp\{\mathrm{j}\beta\} S_{\mathrm{T-VH}} + \sin\alpha\sin\theta\exp\{\mathrm{j}(\varphi+\beta)\} S_{\mathrm{T-VV}} \end{aligned} \tag{5.80a}$$

$$\begin{aligned} V_{\mathrm{F}} = {} & \cos\alpha\cos\theta S_{\mathrm{F-HH}} + \cos\alpha\sin\theta\exp\{\mathrm{j}\varphi\} S_{\mathrm{F-HV}} \\ & + \sin\alpha\cos\theta\exp\{\mathrm{j}\beta\} S_{\mathrm{F-VH}} + \sin\alpha\sin\theta\exp\{\mathrm{j}(\varphi+\beta)\} S_{\mathrm{F-VV}} \end{aligned} \tag{5.80b}$$

若发射极化和接收极化有如下关系：

$$\theta = -\alpha \tag{5.81a}$$

$$\varphi = \beta \tag{5.81b}$$

即接收极化 $\boldsymbol{h}_r = [\cos\theta \quad -\sin\theta \cdot \exp\{j\varphi\}]^T$，则恰可去除目标、镜像散射矩阵中交叉极化散射分量的影响，使分析和设计大为简化，本节后续内容皆以此作为收、发极化的约束条件。

此时有

$$V_T = (\cos^2\theta) S_{T-HH} - (\sin^2\theta)\exp\{j2\varphi\} S_{T-VV} \tag{5-82a}$$

$$V_F = (\cos^2\theta) S_{F-HH} - (\sin^2\theta)\exp\{j2\varphi\} S_{F-VV} \tag{5-82b}$$

下面分析发射极化参数 θ、φ 对相对系数 ρ 的相位 φ_ρ 和幅度 $|\rho|$ 的调节作用。

1）相对系数相位

由式(5.79)，目标信号和镜像信号的相位分别为

$$\varphi_T = \arctan\left[\frac{\cos^2\theta \cdot \sin\varphi_{TH} A_{TH} - \sin^2\theta \cdot \sin(\varphi_{TV} + 2\varphi) A_{TV}}{\cos^2\theta \cdot \cos\varphi_{TH} A_{TH} - \sin^2\theta \cdot \cos(\varphi_{TV} + 2\varphi) A_{TV}}\right] \tag{5-83a}$$

$$\varphi_F = \arctan\left[\frac{\cos^2\theta \cdot \sin\varphi_{FH} A_{FH} - \sin^2\theta \cdot \sin(\varphi_{FV} + 2\varphi) A_{FV}}{\cos^2\theta \cdot \cos\varphi_{FH} A_{FH} - \sin^2\theta \cdot \cos(\varphi_{FV} + 2\varphi) A_{FV}}\right] \tag{5-83b}$$

其中相对系数的相位 $\varphi_\rho = \varphi_F - \varphi_T$。由 5.3.1 节内容可知，合成信号相位 φ_Σ（包括 φ_ρ）对角闪烁线偏差的大小也起到了决定性的作用（图 5.22），为避免多极化下 $\{\varphi_\Sigma\}$ 都集中于 180°的情况，希望 φ_ρ 随 θ、φ 的变化较快。将 φ_ρ 对 φ 求导并进行仿真发现：当 θ 接近 0 或 $\pi/2$ 时（取值范围为 $[0,2\pi]$），其导数绝对值较小，即 φ_ρ 随 φ 变化较平缓；而当 θ 接近 $\pi/4$ 时，其导数绝对值较大，φ_ρ 随 φ 变化较快。因此，从相对系数的相位 φ_ρ 考虑，要求 θ 接近于 $\pi/4$，而不应接近于 0 或 $\pi/2$。

2）相对系数幅度

由式(5.78)，目标信号和镜像信号的幅度系数平方分别为

$$\begin{gathered} |V_T|^2 = (\cos^4\theta) A_{TH}^2 + (\sin^4\theta) A_{TV}^2 - 2A_{TH}A_{TV}\cos^2\theta\sin^2\theta\cos(2\varphi + \varphi_{TV} - \varphi_{TH}) \\ |V_F|^2 = (\cos^4\theta) A_{FH}^2 + (\sin^4\theta) A_{FV}^2 - 2A_{FH}A_{FV}\cos^2\theta\sin^2\theta\cos(2\varphi + \varphi_{FV} - \varphi_{FV}) \end{gathered} \tag{5-84}$$

可见，$|V_T|^2$ 和 $|V_F|^2$ 均为随 φ 呈正弦变化的曲线，周期均为 π，振幅分别为 $2A_{TH}A_{TV}\cos^2\theta\sin^2\theta$ 和 $2A_{FH}A_{FV}\cos^2\theta\sin^2\theta$。$|V_T|$ 和 $|V_F|$ 随参数 φ 的变化曲线如图 5.31 所示（分别是两曲线相交情况和相切情况），相应的对数幅度比（$\ln(|\rho|)$）曲线如图 5.32 所示。

可见，对于两曲线相交的情况，在每个交点的两侧，相对幅度对数 $\ln(|\rho|)$ 有正、有负，对分集平均是有利；对于两曲线相切的情况，$\ln(|\rho|)$ 全部在 0 轴的上方或下方，不利于分集平均；而若两曲线分离，则更不利于分集平均。

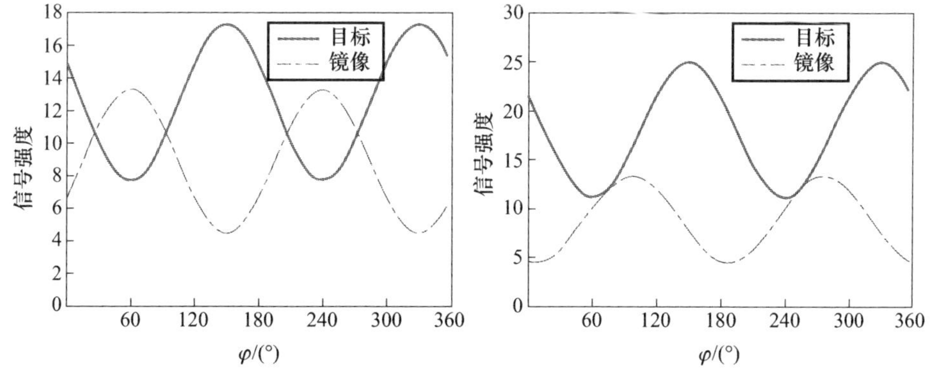

(a) 曲线相交　　(b) 曲线相切

图 5.31　目标和镜像信号强度随参数 φ 的变化曲线

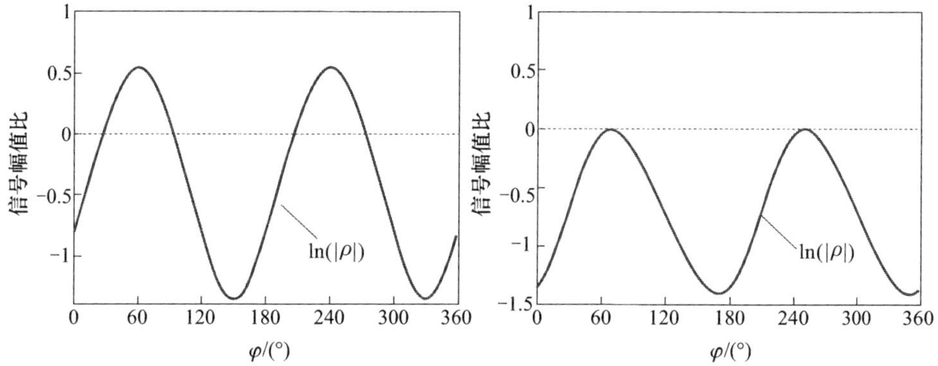

(a) 曲线相交　　(b) 曲线相切

图 5.32　目标和镜像信号对数幅值比随参数 φ 的变化曲线

3）极化参数 φ 对 $|\rho|$ 的调整作用分析

首先固定极化参数 θ，只调整极化参数 φ。若对散射矩阵的 HH 和 VV 分量取相同的权重，则令 $\theta=\pi/4$，式(5.84)重写为

$$|V_{\mathrm{T}}|^2=\frac{1}{4}[A_{\mathrm{TH}}^2+A_{\mathrm{TV}}^2-2A_{\mathrm{TH}}A_{\mathrm{TV}}\cos(2\varphi+\varphi_{\mathrm{TV}}-\varphi_{\mathrm{TH}})] \quad (5-85\mathrm{a})$$

$$|V_{\mathrm{F}}|^2=\frac{1}{4}[A_{\mathrm{FH}}^2+A_{\mathrm{FV}}^2-2A_{\mathrm{FH}}A_{\mathrm{FV}}\cos(2\varphi+\varphi_{\mathrm{FV}}-\varphi_{\mathrm{FH}})] \quad (5-85\mathrm{b})$$

由图 5.32 可以看出，两条曲线如果相交，一般有 4 个交点。求解交点，令 $|V_{\mathrm{T}}|=|V_{\mathrm{F}}|$ 可得

$$\varphi=\frac{1}{2}\arccos\Delta-\frac{1}{2}\varphi_{\mathrm{TF}} \quad (5-86\mathrm{a})$$

式中

$$\Delta=\frac{(A_{\mathrm{TH}}^2+A_{\mathrm{TV}}^2)-(A_{\mathrm{FH}}^2+A_{\mathrm{FV}}^2)}{2\sqrt{A_{\mathrm{TH}}^2A_{\mathrm{TV}}^2+A_{\mathrm{FH}}^2A_{\mathrm{FV}}^2-2A_{\mathrm{TH}}A_{\mathrm{TV}}A_{\mathrm{FH}}A_{\mathrm{FV}}\cos(\varphi_{\mathrm{TV}}-\varphi_{\mathrm{TH}}-\varphi_{\mathrm{FV}}+\varphi_{\mathrm{FH}})}}\tag{5-86b}$$

$$\varphi_{\mathrm{TF}}=\arctan\left[\frac{A_{\mathrm{TH}}A_{\mathrm{TV}}\sin(\varphi_{\mathrm{TV}}-\varphi_{\mathrm{TH}})-A_{\mathrm{FH}}A_{\mathrm{FV}}\sin(\varphi_{\mathrm{FV}}-\varphi_{\mathrm{FH}})}{A_{\mathrm{TH}}A_{\mathrm{TV}}\cos(\varphi_{\mathrm{TV}}-\varphi_{\mathrm{TH}})-A_{\mathrm{FH}}A_{\mathrm{FV}}\cos(\varphi_{\mathrm{FV}}-\varphi_{\mathrm{FH}})}\right]\left(\varphi_{\mathrm{TF}}\in\left[-\frac{\pi}{2},\frac{\pi}{2}\right]\right)\tag{5-86c}$$

由式(5.86),若 Δ 中分子与分母的绝对值之比小于 1,则 φ 有解,两曲线相交或相切。其物理含义:若两散射矩阵的能量值较为接近(相对于两曲线的合成振幅,即 Δ 的分母部分),则两曲线相交或相切。

由 φ 和 φ_{TF}的取值区域可以证明,两曲线一般有 4 个交点$\{\varphi_1,\varphi_2,\varphi_3,\varphi_4\}$,且满足

$$\varphi_3-\varphi_1=\pi\tag{5-87a}$$

$$\varphi_4-\varphi_2=\pi\tag{5-87b}$$

$$\varphi_2-\varphi_1=\arccos\Delta\tag{5-87c}$$

式中:$\arccos\Delta\in[0,\pi]$。

当 $\varphi_{\mathrm{TF}}=\pm\arccos\Delta$ 时,$\varphi_1=0$,此时有 5 个交点:$\{0,\pi-\arccos\Delta,\pi,2\pi-\arccos\Delta,2\pi\}$ 或 $\{0,\arccos\Delta,\pi,\pi+\arccos\Delta,2\pi\}$。但不论是 4 个还是 5 个交点,相邻两交点之间的距离必定是 $\arccos\Delta$ 或 $\pi-\arccos\Delta$。

因此,从极化分集角闪烁抑制效果的角度考虑:

(1) $\arccos\Delta=\frac{\pi}{2}$为最理想情况,因为此时在 $\varphi\in[0,2\pi]$ 的区域内,$\ln(|\rho|)$ 正、负比例完全相同。即当目标、镜像的散射矩阵能量相同时(Δ 中分子部分为零时),分集平均的效果最佳。

(2) 当 $\arccos\Delta$ 接近 0 或 π 时,$\ln(|\rho|)$ 正、负比例相差很大,不利于分集平均。

(3) 极端情况是当 $\arccos\Delta$ 等于 0 或 π 时,在整个 $\varphi\in[0,2\pi]$ 区域内,$\ln(|\rho|)$ 全是正值或全是负值,此时两曲线相切,分集平均效果不佳。

4) 极化参数 θ 对 $|\rho|$ 的调整作用分析

针对两曲线不相交,或者相邻交点距离($\arccos\Delta$ 或 $\pi-\arccos\Delta$)不利于分集平均效果的情况,可以通过调整极化参数 θ 来部分地予以改善。式(5.84)中,A_{TH}、A_{FH}和 A_{TV}、A_{FV}的系数分别是 $\cos^2\theta$ 和 $\sin^2\theta$,改变 θ 可以使两曲线的相交状况和相邻交点距离都得到调整,从而改善极化分集的效果。由于 θ 的取值区间确定为$[0,\pi/2]$。由图 5.31、图 5.32 以及前面的分析,两曲线的振幅都与 $\cos^2$

$\theta\sin^2\theta$ 成正比,因此若 θ 太过接近于 0 或 $\pi/2$,则振幅太小从而两曲线不可能相交或相切。

5.3.3.3　极化分集设计与仿真实验

1）极化分集设计

以上分别讨论了发射极化参数 φ、θ 对相对系数幅度 $|\rho|$ 和相位 φ_ρ 的调节作用,基于上述分析,对雷达极化设计如下(极化分集总数为 MN):

(1) 由图 5.31 与图 5.32 可知,对数幅度比随参数 φ 的变化曲线周期为 π,因此参数 φ 的取值区域确定为 $[0,\pi]$,取值为 $\varphi = n\pi/N$,其中 $n=0,1,\cdots,N-1$,共 N 个。

(2) 参数 θ 的取值区域为 $[0,\pi/2]$,共 M 个:当 M 为奇数时,取值为 $\theta = \pi/4 \pm m \cdot \Delta_\theta, m=0,1,\cdots,(M-1)/2$;当 M 为偶数时,取值为 $\theta = \pi/4 \pm (m+1/2) \cdot \Delta_\theta, m=0,1,\cdots,(M/2)-1$。其中,$\Delta_\theta$ 为 θ 角的取值间隔,且保证 $\theta = \pi/4 \pm (M-1)/2 \cdot \Delta_\theta$($M$ 为奇数)或 $\theta = \pi/4 \pm (M/2-1/2) \cdot \Delta_\theta$($M$ 为偶数)远离 0 和 $\pi/2$。

2）仿真实验

通过对仿真实验结果进行统计,得到采用极化分集后角闪烁线偏差随 $\arccos\Delta$(由目标、镜像散射矩阵决定)的关系曲线如图 5.33 所示。每次蒙特卡罗仿真中,目标、镜像散射矩阵均随机产生,且设两者散射强度相当(角闪烁相对较大的情况),即 $\sigma_{\mathrm{T}} = \sigma_{\mathrm{F}}$。

雷达发射极化参数 θ、φ 的个数分别为 1 个和 8 个,按本节极化分集设计方法进行取值。将各极化通道角度线偏差的绝对值进行平均得到平均线偏差,统计每次实验时的 $\arccos\Delta$ 及其对应的平均线偏差,并经数据拟合得到图 5.33 的曲线(由于仿真次数是有限的,统计的样本数不能保证得到一条光滑曲线,因此用二次多项式拟合来更直观地描述)。由图 5.33 可以发现,当 $\arccos\Delta = \pi/2$ 时,平均线偏差值最小,即分集平均的效果最佳,而当 $\arccos\Delta$ 接近 0 或 π 时,平均线偏差越来越大,分集平均效果越来越差。因此,用 $\arccos\Delta$ 能够较好地描述目标、镜像散射矩阵对极化分集算法性能的影响。

目标、镜像散射矩阵的设置同上,将发射极化参数 θ、φ 的个数分别为 4 个和 4 个。对本节提出的极化分集方式、均匀分集方式、随机分集方式三种类型的极化分集抑制低空目标镜像角闪烁效果进行比较,三种极化分集方式仿真得到的角闪烁线偏差结果如图 5.34 所示。其中,图 5.34(a)采用本节提出的极化分集方式,θ 角的取值间隔 Δ_θ 为 $\pi/40$,φ 在 $[0,\pi]$ 内均匀取值;图 5.34(b)采用均匀极化分集方式,θ 和 φ 分别在 $[0,\pi/2]$、$[0,2\pi]$ 区间内均匀取值;图 5.34(c)采用随机极化分集方式,θ 和 φ 分别在 $[0,\pi/2]$、$[0,2\pi]$ 区间内完全随机、独立地

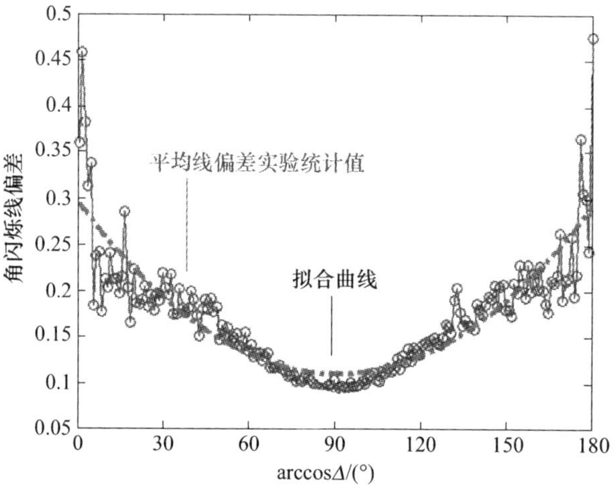

图 5.33　极化分集角闪烁线偏差与 arccosΔ 之间的关系曲线

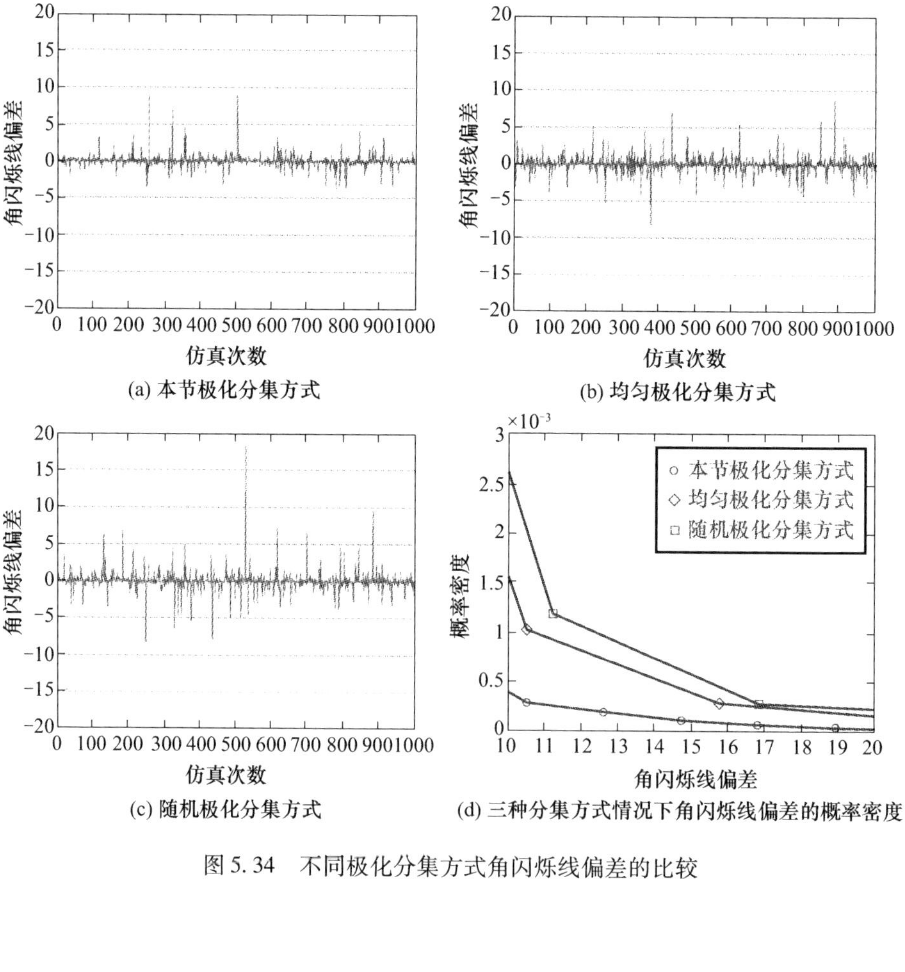

图 5.34　不同极化分集方式角闪烁线偏差的比较

取值。经统计,三种极化分集方式下,角闪烁线偏差起伏方差分别为 0.6755、1.1110 和 1.6811,即采用本节的极化分集方式,其角闪烁线偏差最小。

此外,起伏方差仅是衡量角闪烁线偏差的一个指标,对于雷达搜索和跟踪而言,角闪烁线偏差的大值出现概率是另一个更为重要的指标。图 5.34(d)对角闪烁线偏差值进行了统计分析,得到的三种极化分集方式下的概率密度曲线。由图 5.34(d)可见,采用本节提出的极化分集方式,在线偏差大值区域内(这里只取[10,20]的区域,太大的线偏差可视为野值)的概率密度明显要低于均匀和随机两种极化分集方式。

5.4 小　结

本章围绕极化单脉冲雷达在干扰背景下的目标角度测量问题展开研究,分别以主瓣压制干扰与低空目标镜像角闪烁两种典型的有源和无源角度干扰样式为研究对象,挖掘极化信息处理技术在有源/无源角度诱偏干扰抑制中的应用潜力。

针对主瓣压制式干扰,建立了极化滤波抑制干扰后的单脉冲信号输出等效误差模型,分析了极化滤波后单脉冲测角偏差的内在生成机理;针对"主瓣干扰+单个目标"的抗干扰场景,提出一种基于极化滤波与极化综合的单快拍抗主瓣压制干扰方法,由于只在和通道使用极化滤波,因此能够消除极化滤波器所带来的单脉冲系统测角偏差,所提出的算法具有性能稳健、计算量小的特点;针对"主瓣干扰+多个不可分辨目标"的抗干扰场景,提出一种新的双重极化滤波结构,并利用滤波后的单脉冲系统多快拍和、差信号联合求解协方差矩阵,通过两个极化通道和、差信号协方差矩阵的联合处理,在抑制主瓣压制干扰的同时对多个目标的角度与极化信息进行联合估计。

针对低空目标镜像角闪烁,在经典两点源角闪烁模型基础上,扩展引入雷达天线极化、目标极化散射特性和镜反射系数对镜像角闪烁的影响分析,建立了低空目标镜像角闪烁的雷达极化效应模型;利用两点源相对幅度比对称时角闪烁线偏差互为相反数的特点,通过优化设计雷达发射极化组合使得两点源角闪烁得到抑制,相比于普通极化分集方式,可使角闪烁线偏差的起伏程度显著降低。

参考文献

[1] Sherman S M. Barton D K. Monopulse principles and techniques[M]. 2nd ed. Norwood, MA: Artech House, 2011.

[2] Kirkpatrick G M. Development of a monopulse radar system[J]. IEEE Transactions on Aerospace and Electronic Systems, 2009, 45(2): 807-818.

[3] Nickel U. Overview of generalized monopulse estimation[J]. IEEE Aerospace and Electronic Systems Magazine, 2006, 21(6): 27 - 56.

[4] Sherman S M. Complex indicated angles applied to unresolved radar targets and multipath[J]. IEEE Transactions on Aerospace and Electronic Systems, 1971, 7(1): 160 - 170.

[5] 王永良, 丁前军, 李荣锋. 自适应阵列处理[M]. 北京: 清华大学出版社, 2009.

[6] 胡航. 现代相控阵雷达阵列处理技术[M]. 北京: 国防工业出版社, 2017.

[7] Wu J X, Wang T, Bao Z. Fast realization of maximum likelihood angle estimation in jamming: further results[J]. IEEE Transactions on Aerospace and Electronic Systems, 2014, 50(2): 1556 - 1562.

[8] Ma J Z, Shi L F, Li Y Z, et al. Angle estimation of extended targets in main - lobe interference with polarization filtering[J]. IEEE Transactions on Aerospace and Electronic Systems, 2017, 53(1): 169 - 189.

[9] 王雪松. 雷达极化技术研究现状与展望[J]. 雷达学报, 2016, 5(2): 119 - 131.

[10] 施龙飞, 任博, 马佳智, 等. 雷达极化抗干扰技术进展[J]. 现代雷达, 2016, 38(4): 1 - 7.

[11] Ma J Z, Shi L F, Li Y Z, et al. Angle estimation with polarization filtering: a single snapshot approach[J]. IEEE Transactions on Aerospace and Electronic Systems, 2018, 54(1): 257 - 268.

[12] Zhang Y, Sun H J, Wu X W, et al. Amplitude angle monopulse estimation for the four - channel hybrid polarimetric radar system[J]. IEEE Antennas and Wireless Propagation Letters, 2017, 16: 2889 - 2891.

[13] 李棉全. 全极化相控阵雷达精密测量技术[D]. 长沙: 国防科学技术大学, 2015.

[14] 刘康. 电磁涡旋成像理论与方法研究[D]. 长沙: 国防科学技术大学, 2017.

[15] 何晓晴. "硫磺石"导弹的发展及其作战应用[J]. 现代军事, 2016 (1): 58 - 62.

[16] 庞晨. 相控阵雷达精密极化测量理论与技术研究[D]. 长沙: 国防科学技术大学, 2015.

[17] 高烽. 雷达导引头概论[M]. 北京: 电子工业出版社, 2010.

[18] Van-Brunt L B. Applied ECM[M]. New York: EW Engineering Inc, 1978.

[19] Neri F. Introduction to electronic defense systems[M]. 2nd ed. Boston, MA: Artech House, 2001.

[20] 赵国庆. 雷达对抗原理[M]. 西安: 西安电子科技大学出版社, 2012.

[21] 李永祯, 肖顺平, 王雪松. 雷达极化抗干扰技术[M]. 北京: 国防工业出版社, 2010.

[22] 施龙飞. 雷达极化抗干扰技术研究[D]. 长沙: 国防科学技术大学, 2007.

[23] 徐振海. 极化敏感阵列信号处理的研究[D]. 长沙: 国防科学技术大学, 2004.

[24] 徐友根, 刘志文, 龚晓峰. 极化敏感阵列信号处理[M]. 北京: 北京理工大学出版社, 2013.

[25] 王雪松, 代大海, 徐振海, 等. 极化滤波器的性能评估与选择[J]. 自然科学进展, 2004, 14(4): 442 - 448.

[26] 宋立众，乔晓林，孟宪德. 一种单脉冲雷达中的极化估值与滤波算法[J]. 系统工程与电子技术，2005，27(5)：764－766.

[27] 徐振海，肖顺平，熊子源. 阵列雷达低角跟踪技术[M]. 北京：科学出版社，2014.

[28] 杨勇. 雷达导引头低空目标检测理论与方法研究[D]. 长沙：国防科学技术大学，2015.

[29] Bar-Shalom Y, Kumar A. Tracking low elevation targets in the presence of multipath propagation[J]. IEEE Trans. on Aerospace and Electronic System,1994,30(3):162－173.

[30] 王桂宝，王兰美. 电磁矢量传感器阵列参数估计及应用[M]. 北京：科学出版社，2018.

[31] Chandran S. Advances in direction-of-arrival estimation[M]. Norwood, MA: Artech House, 2006.

[32] 赵春雷，王亚梁，阳云龙，等. 雷达极化信息获取及极化信号处理技术研究综述[J]. 雷达学报，2016，5(2)：119－131.

[33] 殷红成，黄培康，许小剑. 雷达目标特性[M]. 北京：电子工业出版社，2005.

[34] Blair W D, Brandt-Pearce M. Monopulse DOA estimation of two unresolved Rayleigh targets [J]. IEEE Transactions on Aerospace and Electronic Systems, 2001, 37(2): 452－469.

[35] Zhang X, Willett P, Bar-Shalom Y. Detection and localization of multiple unresolved extended targets via monopulse radar signal processing[J]. IEEE Transactions on Aerospace and Electronic Systems, 2009, 45(2): 455－472.

[36] 李永祯，施龙飞，王涛，等. 电磁波极化的统计特性及应用[M]. 北京：科学出版社，2017.

[37] Chen Y L, Wiesel A, Eldar Y C, et al. Shrinkage algorithms for MMSE covariance estimation[J]. IEEE Transactions on Signal Processing, 2010, 58(10): 5016－5029.

[38] Yin H C, Huang P K. Further comparison between two concepts of radar target angular glint [J]. IEEE Transactions on Aerospace and Electronic Systems, 2008, 44 (1): 372－380.

[39] Du Plessis W P, Odendaal J W, Joubert J. Extended analysis of retrodirective cross－eye jamming[J]. IEEE Transactions on Antennas and Propagation, 2009, 57(9): 2803－2806.

第6章 有源干扰极化特征鉴别

对雷达干扰进行鉴别可以判断干扰的存在及其类型，作为启用抗干扰措施的依据[1-2]。有源假目标干扰通过模拟目标特征并发射假目标信号，使雷达出现虚假目标以扰乱情报雷达对空情态势的掌握，或破坏雷达目标跟踪以扰乱跟踪制导雷达对目标的跟踪。先进的有源假目标干扰能够做到与目标回波信号在波形调制、重复周期、多普勒频率、航迹以及雷达散射截面积起伏特性等方面几乎完全一致，雷达难以利用时域、频域、空域、调制域的特征差异来鉴别并剔除有源假目标干扰[3]。

从雷达处理环节上看，对有源干扰的鉴别可以分为信号处理阶段鉴别和数据处理阶段鉴别[3][4]。前者以单次信号处理提取的特征为主进行鉴别，具有时效性强的特点，但可能会要求雷达具有频率分集、极化分集或波形分集[5]、空间分集的能力[6,7]，系统代价相对较大，一般主要依赖的是信号的散射特征[8,9]与辐射特征[10-13]。后者以数据处理提取的特征为主进行鉴别，如目标与有源干扰的运动特征差异[14]，主要缺点是时效性相对较差。

有源假目标与雷达目标在极化域普遍存在着物理差异，基于极化域特征差异鉴别有源假目标干扰已成为一条重要的技术途径[15-16]。近年来，基于极化特征的有源假目标鉴别技术逐步成为研究热点，国防科学技术大学李永祯、王涛、施龙飞、宗志伟等在此方面开展了大量的研究工作[17-20]。

本章围绕有源干扰与雷达目标在极化散射特征上的差异，阐述极化特征鉴别方法，属于信号处理阶段的鉴别。考虑到压制式干扰(如噪声压制干扰或密集转发假目标干扰)在时域和频域进行了连续覆盖，因此干扰存在性的判断较为直观、简单，而干扰抑制方法可参照第3章、第4章的相关内容，故本章主要针对多假目标、波门拖引、有源诱饵等“稀疏”的有源假目标干扰，研究基于极化特征的鉴别技术。

6.1 有源干扰极化特征鉴别技术分类

极化特征鉴别是通过对雷达发射/接收极化、波形、信号处理的设计，获取干扰与目标间的极化特征差异。雷达欺骗干扰与目标之间的极化特征差异主要包括：

（1）目标回波极化与雷达发射极化线性相关，而单极化天线有源欺骗干扰与其无关；

（2）目标极化散射矩阵（PSM）随着频率、姿态而变化，而基于双极化天线的有源欺骗干扰难以完全模拟。

（3）无源欺骗干扰通常具有较为明显或突出的极化散射特征，如角反射器、箔条等，与雷达目标的极化散射特征变化规律存在一定的差异。

极化特征鉴别在雷达抗干扰中非常重要，可以作为干扰存在、干扰类型以及启用何种抗干扰措施的判断依据，也可以在复杂的干扰信号环境中为雷达数据处理提供一种重要的支撑信息。

根据有源假目标的极化特征，可以大致分为四类[3]：第一类是脉冲重复周期（PRI）间恒定极化假目标，即假目标极化状态在 PRI 之间保持恒定；第二类是 PRI 内恒定极化假目标，即脉冲重复周期内多个假目标脉冲信号的极化状态保持恒定，而 PRI 间捷变；第三类是脉间极化调制假目标，这类假目标也是由双极化天线干扰机生成的，其两个极化通道干扰信号的相对调制系数在脉间随机捷变；第四类是脉内极化调制假目标，即假目标信号在脉冲内的极化状态是起伏变化的。

对于这四类假目标，需要提取不同的极化特征进行鉴别，因此对雷达极化体制提出了不同的要求。

对于第一类、第二类假目标，主要利用假目标信号的极化比特征，即利用干扰机天线极化在一定持续时间内保持稳定，而目标极化变化较为复杂的特点，实现干扰信号的鉴别。比较典型的是采用聚类分析的处理思路，即利用假目标之间极化状态相近的特点，对所有检测出的“目标”极化状态进行聚类分析，依据偏离聚类中心的“距离”判断“目标”的真假。这种鉴别方法一般只需要雷达具有双极化接收能力，但考虑目标回波与假目标信号极化存在非常接近的情况，因此，如果雷达具有简单的发射变极化能力（如两种极化切换），则会有更好的鉴别效果。

第三类假目标又可分为随机极化捷变假目标和全极化假目标。对于随机极化捷变假目标，需雷达具有同时发射多极化能力（同一个发射脉冲内包含多种发射极化），利用一个脉冲内目标回波极化多样性与干扰信号极化单一性的差别进行鉴别。而对于全极化假目标，则还需雷达具有同时多频的发射能力或采用雷达组网方式，利用目标 PSM 随频率变化、随姿态变化，而干扰机难以完全模拟这种极化特征的特点进行鉴别。

第四类假目标一般是由双极化天线干扰机生成的，其两个极化通道干扰信号的相对调制系数随机变化,使假目标的极化状态随机起伏。鉴别这类干扰需要采用同时发射多极化体制,利用目标回波极化随雷达发射极化线性变化而干扰极化随机变化的差异进行鉴别,例如在雷达接收处理中采用极化矢量的张量积接收方式,提取四维复矢量“测量矩阵”作为极化特征矢量,利用该矢量的空间聚集性差异(散度)来判断真实目标与假目标,在源假目标干扰极化鉴别技术分类见表 6.1。

表 6.1　有源假目标干扰极化鉴别技术分类

具体分类	天线与射频通道	发射波形与体制	信号处理
单极化天线干扰机 (PRI 间/脉间恒定极化)	单极化发射; 双极化同时接收	常规	极化特征提取与 鉴别(聚类特征)
双极化天线干扰机 (随机极化捷变)	多极化发射; 双极化同时接收	同时/准同时极化体制	极化特征提取与鉴别 (二维特征)
双极化天线干扰机 (全极化假目标)	多频多极化发射或 多站双极化同时接收	同时/准同时极化体制	极化特征提取与鉴别 (多维特征)
双极化天线干扰机 (脉内极化调制假目标)	多极化发射; 双极化同时接收	同时/准同时极化体制	极化特征提取与鉴别 (四维特征)

6.2　基于双极化接收雷达体制的有源干扰极化鉴别方法

如前所述,双极化接收雷达是指单极化发射、正交双极化同时接收的极化雷达体制。显然,这种体制能够提取的极化特征是有限的,即仅能够提取来波信号的辐射极化特征,而无法提取其全部的散射极化特征。但双极化接收雷达体制所具有的低成本、低系统复杂度的特点,仍然使之在多种极化测量体制中保有自身优势,因此本节围绕双极化接收雷达体制条件下的有源干扰极化鉴别技术展开研究。

6.2.1　固定极化窄带有源多假目标鉴别

在干扰机发射天线极化特性保持稳定的条件下,多假目标等有源干扰通常以大量的假目标形式存在,其产生的假目标信号极化状态高度相似(即使有意采用幅度调制以模拟目标的 RCS 起伏),且很可能与目标回波极化不一致,利用这一信号差异实现真假目标鉴别。

6.2.1.1　鉴别原理

1）特征鉴别量

设极化雷达分别采用水平极化天线和垂直极化天线，其极化矢量分别为 $\boldsymbol{h}_{\mathrm{H}}=[1,0]^{\mathrm{T}}$ 与 $\boldsymbol{h}_{\mathrm{V}}=[0,1]^{\mathrm{T}}$。考虑到有源多假目标的极化比由干扰机发射天线极化特性决定，干扰机发射天线极化特性在第 n 个 PRI 中固定不变，因此，同一干扰机所产生的多个有源假目标具有相同的极化比。而实际中雷达目标多是非平稳目标，不同实体目标之间、不同脉冲重复周期之间，其 PSM 随着目标姿态角不断发生变化。假目标干扰信号的极化比可以表示为

$$R=\frac{V_2}{V_1}=\frac{x+\mathrm{j}\cdot y}{u+\mathrm{j}\cdot v} \tag{6.1}$$

式中：V_1、V_2分别为雷达两路极化通道接收到的复信号；x、y 为 V_2的实部与虚部；u 与 v 为 V_1的实部与虚部。

鉴别方法设计在实数域进行，定义随机变量 R_{I} 和 R_{Q}分别表示 R 的实部和虚部，则有

$$R=R_{\mathrm{I}}+\mathrm{j}\cdot R_{\mathrm{Q}}=\frac{xu+yv}{u^2+v^2}+\mathrm{j}\cdot\frac{yu-xv}{u^2+v^2} \tag{6.2}$$

如前所述，实体目标的极化比通常不相等，且随机分布在由$(X_{\mathrm{I}},X_{\mathrm{Q}})$描述的二维空间内，而由同一干扰机系统所产生的有源多假目标具有相同的极化比，如图 6.1 所示。从图可以看出，对于不同的实体目标，其极化比的实部和虚部将会随机分布，而有源多假目标的极化比将会聚集在一起。

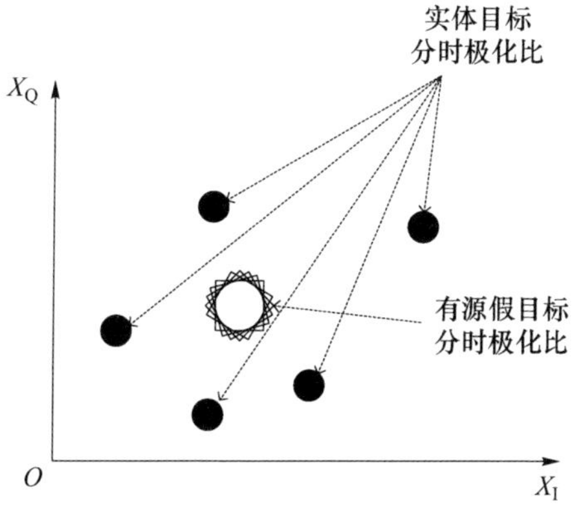

图 6.1　信号极化比分布

注：“●”表示实体目标极化比在二维空间内的位置；
“□”表示有源假目标的极化比在$(X_{\mathrm{I}},X_{\mathrm{Q}})$二维空间内的位置。

2）极化比概率分布

如式(6.2)所示，当存在随机噪声时，极化比的方差并不容易取得。为了表述简洁，本部分直接用 $\hat{R}$ 表示极化比的量测值，即

$$\hat{R}=\frac{V_2+n_2}{V_1+n_1} \tag{6.3}$$

式中：n_1、n_2为表示噪声的复高斯随机变量。

令 $V_1=A\exp\{\mathrm{j}\theta\}V_2$，那么

$$V_{2\mathrm{I}}=x+n_{2\mathrm{I}} \tag{6.4a}$$

$$V_{2\mathrm{Q}}=y+n_{2\mathrm{Q}} \tag{6.4b}$$

$$V_{1\mathrm{I}}=xA\cos\theta-yA\sin\theta+n_{1\mathrm{I}} \tag{6.4c}$$

$$V_{1\mathrm{Q}}=yA\cos\theta+xA\sin\theta+n_{1\mathrm{Q}} \tag{6.4d}$$

式中：下标 I 表示实部；下标 Q 表示虚部。

设噪声 n_1和 n_2的实部与虚部分别服从 $n_{1\mathrm{I}}\sim N(0,\sigma_1^2)$，$n_{2\mathrm{I}}\sim N(0,\sigma_2^2)$，$n_{1\mathrm{Q}}\sim N(0,\sigma_1^2)$，$n_{2\mathrm{Q}}\sim N(0,\sigma_2^2)$，$N(m,\sigma^2)$即表示均值为 m、方差为 σ^2的高斯分布。

量测值 $\hat{R}$ 的实部和虚部分别可以表示为

$$\hat{R}_{\mathrm{I}}=\mathrm{Re}\left(\frac{V_2+n_2}{V_1+n_1}\right)=\frac{V_{1\mathrm{I}}V_{2\mathrm{I}}+V_{1\mathrm{Q}}V_{2\mathrm{Q}}}{V_{1\mathrm{I}}^2+V_{1\mathrm{Q}}^2} \tag{6.5a}$$

$$\hat{R}_{\mathrm{Q}}=\mathrm{Im}\left(\frac{V_2+n_2}{V_1+n_1}\right)=\frac{V_{2\mathrm{Q}}V_{1\mathrm{I}}-V_{2\mathrm{I}}V_{1\mathrm{Q}}}{V_{1\mathrm{I}}^2+V_{1\mathrm{Q}}^2} \tag{6.5b}$$

令 α 和 β 分别表示通道 1 的极化回波实部 $V_{1\mathrm{I}}$测量值和虚部量测值 $V_{1\mathrm{Q}}$，从定义可以看出 α 和 β 是相互独立的，而且服从高斯分布，即

$$f(\alpha)=\exp\{-(\alpha-x)^2/\sigma_1^2\}/\sqrt{2\pi\sigma_1^2} \tag{6.6a}$$

$$f(\beta)=\exp\{-(\beta-y)^2/\sigma_1^2\}/\sqrt{2\pi\sigma_1^2} \tag{6.6b}$$

将式(6.4)~式(6.6)所示的随机变量变换代入 $f(V_{1\mathrm{I}},V_{1\mathrm{Q}},V_{2\mathrm{I}},V_{2\mathrm{Q}}\mid\boldsymbol{\Omega})$，其中 $\boldsymbol{\Omega}$ 表示参数组合$[A,\sigma_1,\sigma_2]$，即可以求解 $\hat{R}_{\mathrm{I}}$ 和 $\hat{R}_{\mathrm{Q}}$ 的分布特性。由于两个极化通道的噪声服从零均值复高斯分布，则可得

$$f(V_{1\mathrm{I}},V_{1\mathrm{Q}},V_{2\mathrm{I}},V_{2\mathrm{Q}}\mid\boldsymbol{\Omega})=\frac{1}{4\pi^2\sigma_1^2\sigma_2^2}\cdot\exp\left\{-\frac{(V_{1\mathrm{I}}-x)^2+(V_{1\mathrm{Q}}-y)^2}{2\sigma_1^2}\right\}\cdot\exp\left\{-\frac{(V_{2\mathrm{I}}-xd+yc)^2+(V_{2\mathrm{Q}}-yd-xc)^2}{2\sigma_2^2}\right\} \tag{6.7}$$

式中：$c = A\sin\theta, d = A\cos\theta$。

经推导可知，$\hat{R}_{\mathrm{I}}$ 和 $\hat{R}_{\mathrm{Q}}$ 的联合条件概率密度为

$$f(\hat{R}_{\mathrm{I}},\hat{R}_{\mathrm{Q}} \mid \boldsymbol{\Omega},\alpha,\beta) = \frac{\alpha^2+\beta^2}{2\pi\sigma_2^2}\exp\left\{-\frac{(\hat{R}_{\mathrm{I}}-E/(\alpha^2+\beta^2))^2+(\hat{R}_{\mathrm{Q}}-F/(\alpha^2+\beta^2))^2}{2\sigma_2^2/(\alpha^2+\beta^2)}\right\} \tag{6.8a}$$

式中

$$E = d(\alpha x+\beta y)+c(\beta x-\alpha y) \tag{6.8b}$$

$$F = c(\alpha x+\beta y)+d(\beta x-\alpha y) \tag{6.8c}$$

当信号能量远大于噪声能量时，$\hat{R}_{\mathrm{I}}$ 和 $\hat{R}_{\mathrm{Q}}$ 的条件概率密度分别为

$$f(\hat{R}_{\mathrm{I}} \mid \boldsymbol{\Omega},\alpha,\beta) = N\left(A\cos\theta,\frac{1}{2\chi}\right) \tag{6.9a}$$

$$f(\hat{R}_{\mathrm{Q}} \mid \boldsymbol{\Omega},\alpha,\beta) = N\left(A\sin\theta,\frac{1}{2\chi}\right) \tag{6.9b}$$

式中：χ 为观测信噪比，$\chi = (\alpha^2+\beta^2)/2\sigma_1^2$。

当信噪比一定时，由于噪声的影响，不同时刻的观测信噪比 χ 将会随机变化。当 SNR 为 25dB、35dB 和 45dB 三种情况时，下面将分别研究 $\hat{R}_{\mathrm{I}}$ 和 $\hat{R}_{\mathrm{Q}}$ 的理论和仿真概率分布函数通过蒙特卡罗仿真，取满足观测信噪比条件的 5000 次测量值，分析其概率密度函数特性，仿真和理论分布对比结果图 6.2 所示。从图可以看出，通过实验仿真得到的概率密度分布函数与理论分布能够较好地吻合，说明上述理论推导是正确的，即式(6.9)能够精确地描述极化比量测值实部 $\hat{R}_{\mathrm{I}}$ 与虚部 $\hat{R}_{\mathrm{Q}}$ 的分布特性。

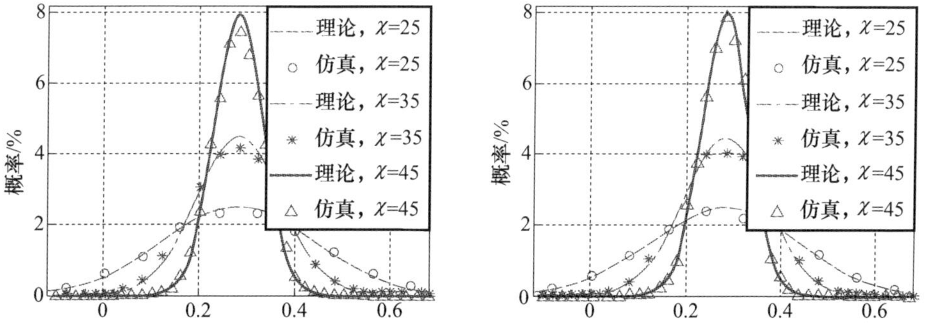

(a) $\hat{R}_{\mathrm{I}}$的概率密度函数　　(b) $\hat{R}_{\mathrm{Q}}$的概率密度函数

图 6.2　$\hat{R}_{\mathrm{I}}$ 和 $\hat{R}_{\mathrm{Q}}$ 的理论和仿真概率密度函数($A=0.4,\theta=\pi/4$)

3）鉴别方法

按照上述理论分析，雷达所探测到的所有信号极化比的实部和虚部将会落入一个由$(X_{\mathrm{I}},X_{\mathrm{Q}})$描述的二维空间中，在二维空间里检测和识别有源欺骗多假目标将是一个典型的聚类问题。本节采用概率网格的方法检测和识别有源多假目标。根据极化比的概率分布，概率网格能够直观展现信号极化比的聚类特性。首先，$(X_{\mathrm{I}},X_{\mathrm{Q}})$二维空间将会被分割成众多长和宽相同的小网格；然后，计算每一个网格内$\hat{R}_{\mathrm{I}}$和$\hat{R}_{\mathrm{Q}}$的累积概率；最后，根据各网格的累积概率和，即能够得到分时极化比直观的聚类特性图。实际中，概率网格能够将具有不同 SNR 的测量数据进行有效的聚类融合。

本部分将利用具有一定长和宽的长方形网格对二维空间进行分割，其长度Δl和宽度Δw分别由方差σ_1^2与σ_2^2决定，取最小方差作为长方形网格的长和宽。整个二维空间总共包含$K_l\times K_w$个网格，其中$K_l=2/\Delta l$，$K_w=2/\Delta w$。对于一个特定的观测值，其在每一个网格内的累积概率为

$$P\{i\times\Delta l,k\times\Delta w\mid(\hat{R}_{\mathrm{I}},\hat{R}_{\mathrm{Q}})\}=\frac{P(i\times\Delta l\mid\hat{R}_{\mathrm{I}})+P(k\times\Delta w\mid\hat{R}_{\mathrm{Q}})}{\sum_{i=1}^{K_l}\sum_{k=1}^{K_w}P\{i\times\Delta l,k\times\Delta w\mid(\hat{R}_{\mathrm{I}},\hat{R}_{\mathrm{Q}})\}}$$

$$(i=1,2,\cdots,K_l;k=1,2,\cdots,K_w)\tag{6.10}$$

式中：$P(i\times\Delta l\mid\hat{R}_{\mathrm{I}})$为量测值$\hat{R}_{\mathrm{I}}$在第$i$个长度为$\Delta l$的区间内的累积概率；$P(k\times\Delta w\mid\hat{R}_{\mathrm{Q}})$为量测值$\hat{R}_{\mathrm{Q}}$在第$k$个长度为$\Delta w$的区间内的累积概率；$P\{i\times\Delta l,k\times\Delta w\mid(\hat{R}_{\mathrm{I}},\hat{R}_{\mathrm{Q}})\}$为量测样本$\hat{R}_{\mathrm{I}}$和$\hat{R}_{\mathrm{Q}}$在$(i,k)$网格内的累积概率。

根据高斯概率分布函数，量测值$\hat{R}_{\mathrm{I}}$和$\hat{R}_{\mathrm{Q}}$落入$3-\sigma$置信区间的概率为

$$P(\hat{R}_{\mathrm{I}}-3\sigma_{\mathrm{I}}\leqslant\hat{R}_{\mathrm{I}}\leqslant\hat{R}_{\mathrm{I}}+3\sigma_{\mathrm{I}})\approx99.7\%\tag{6.11a}$$

$$P(\hat{R}_{\mathrm{Q}}-3\sigma_{\mathrm{Q}}\leqslant\hat{R}_{\mathrm{Q}}\leqslant\hat{R}_{\mathrm{Q}}+3\sigma_{\mathrm{Q}})\approx99.7\%\tag{6.11b}$$

式中：σ_{I}^2、σ_{Q}^2分别为$\hat{R}_{\mathrm{I}}$和$\hat{R}_{\mathrm{Q}}$的方差。

式(6.11)表明，当量测值$\hat{R}_{\mathrm{I}}$和$\hat{R}_{\mathrm{Q}}$服从高斯分布时，其理论真值将会以99.7%的置信概率落入$3-\sigma$置信区间内。因此，在计算每一个网格内的累积概率时，仅计入包含于$3-\sigma$区间内的网格，其他网格内的累积概率将置为零。为了方便表征各网格内的累积概率，在该检测—识别算法中定义概率密度矩阵$\boldsymbol{M}$，矩阵的每一个元素$M_{ik}(i=1,2,\cdots,K_l;k=1,2,\cdots,K_w)$对应所有量测值在$(i,k)$网格内的累积概率和（所有分时极化比在网格$(i,k)$内的累积概率之和）。在每一个脉冲重复周期内，概率密度矩阵$\boldsymbol{M}$的元素可以通过比较检测阈值D（该阈值由典型雷达目标暗室散射特性数据设定，工程中可根据不同情况适当

调整)，以检测有源欺骗多假目标的存在。

$$\begin{cases}\max\{M_{ik}\}\geqslant D(\text{有源假目标存在})\\ \max\{M_{ik}\}<D(\text{有源假目标不存在})\end{cases} \tag{6.12}$$

基于极化聚类的有源多假目标鉴别流程如图 6.3 所示。

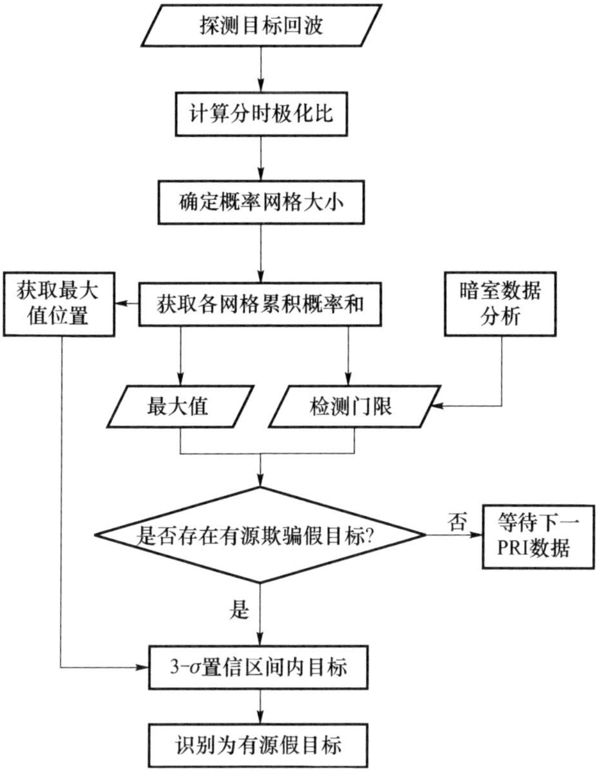

图 6.3　有源多假目标鉴别流程

6.2.1.2　仿真实验

仿真场景设置：雷达信号脉宽为 50us，带宽为 5MHz，载频为 10GHz，选取某等比目标模型的暗室测量数据作为实体目标 PSM，以此验证检测—识别方法的有效性。干扰机发射天线琼斯矢量为[1,0.6j]，通过截获、转发雷达信号，产生 20 个有源多假目标。另外，仿真场景中还包含了 10 个实体目标和 10 个由杂波产生的虚假目标。

在一个脉冲重复周期内，雷达检测到 40 个目标，脉压后 SNR 设定为 25dB，所有的测量值分布以及对应的概率网格中累积概率如图 6.4 所示。该方法的检测识别结果如图 6.5 所示，从图可以看出本次仿真中设定的有源多假目标已全部被成功检测、识别。

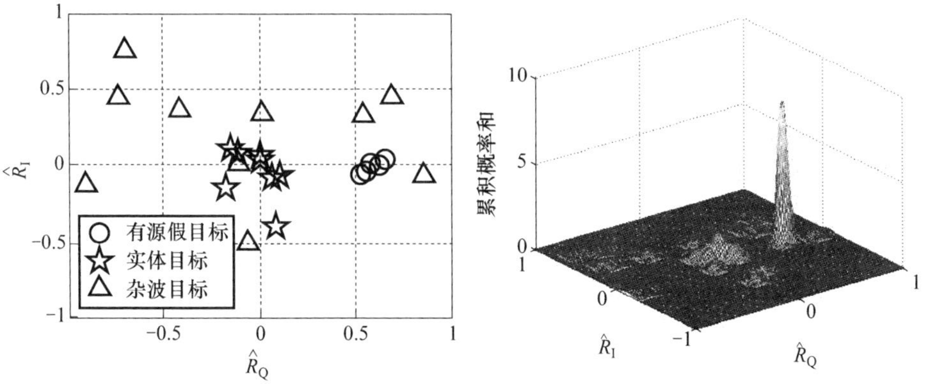

(a) 测量值分布　　(b) 累计概率

图 6.4　极化比测量值分布及其对应的概率网格中累积概率

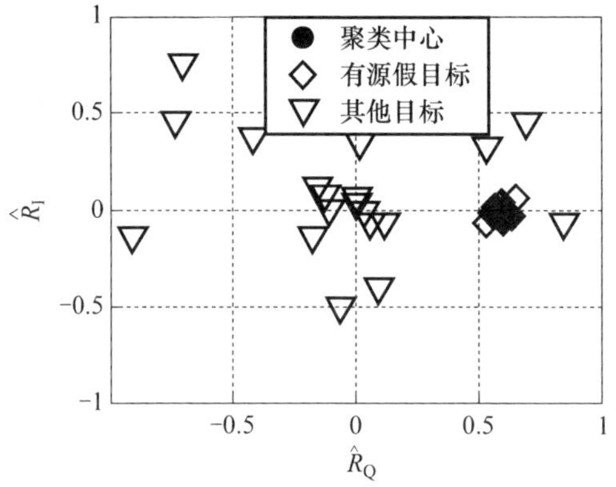

图 6.5　目标分类结果

6.2.2　宽带有源假目标鉴别

在宽带高分辨条件下,由于雷达距离分辨单元小于目标径向尺寸,因此目标连续占据了多个分辨单元,每个分辨单元由不同散射机理的散射元构成,且各散射元散射回波的极化特性也可能是各不相同的;对于有源假目标而言,其极化特性可能是一致的。因而联合使用高分辨信息与极化信息,为解决宽带有源假目标的鉴别问题提供了新的途径。

6.2.2.1　鉴别原理

1）瞬态极化矢量定义

对于极化时变的电磁波而言,经典极化表征方法已不再适用。王雪松首次提出了瞬态极化的概念,建立了基于拓展斯托克斯矢量及其投影的时域和频域瞬态极化描述子集合,为刻画时变电磁波的动态极化信息提供了有力的工具[21]。

设一个空间传播的平面电磁波在水平垂直极化基下可表示为

$$\boldsymbol{e}_{\mathrm{HV}}(t)=\begin{bmatrix} a_{\mathrm{H}}(t)\cdot\exp\{j\varphi_{\mathrm{H}}(t)\} \\ a_{\mathrm{V}}(t)\cdot\exp\{\mathrm{j}\varphi_{\mathrm{V}}(t)\} \end{bmatrix} \tag{6.13}$$

式中:$a_{\mathrm{H}}(t)$、$a_{\mathrm{V}}(t)$为电磁波随时间变化的水平、垂直极化分量的幅度;$\varphi_{\mathrm{H}}(t)$、$\varphi_{\mathrm{V}}(t)$为其水平、垂直极化分量的相位;t 为时间。

时域瞬态斯托克斯矢量和时域瞬态极化投影矢量(IPPV)的定义为

$$\boldsymbol{j}_{\mathrm{HV}}(t)=\begin{bmatrix} g_{\mathrm{HV0}}(t) \\ \boldsymbol{g}_{\mathrm{HV}}(t) \end{bmatrix}=\boldsymbol{R}\boldsymbol{e}_{\mathrm{HV}}(t)\otimes\boldsymbol{e}_{\mathrm{HV}}^{*}(t) \tag{6.14a}$$

和

$$\tilde{\boldsymbol{g}}_{\mathrm{HV}}(t)=[\tilde{g}_{\mathrm{HV1}}(t),\tilde{g}_{\mathrm{HV2}}(t),\tilde{g}_{\mathrm{HV3}}(t)]^{\mathrm{T}}=\frac{\boldsymbol{g}_{\mathrm{HV}}(t)}{g_{\mathrm{HV0}}(t)} \tag{6.14b}$$

式中:“$\otimes$”和“$*$”分别表示克罗内克积和共轭;上标 T 表示矢量转置;$\boldsymbol{g}_{\mathrm{HV}}(t)$为瞬态斯托克斯子矢量;并且

$$R=\begin{bmatrix} 1 & 0 & 0 & 1 \\ 1 & 0 & 0 & -1 \\ 0 & 1 & 1 & 0 \\ 0 & \mathrm{j} & -\mathrm{j} & 0 \end{bmatrix} \tag{6.14c}$$

2）特征鉴别量

对于高分辨率雷达体制而言,当水平极化电磁波激励目标时,其散射回波的瞬态极化投影矢量(IPPV)的起伏程度可用下式来描述(简称 IPPV 的水平起伏度):

$$C_{\mathrm{Hp}}=\frac{1}{M_{\mathrm{T}}}\sum_{n=1}^{M_{\mathrm{T}}}\|\tilde{\boldsymbol{g}}_{\mathrm{H}}(n)-\bar{\boldsymbol{g}}_{\mathrm{H}}\|_{p} \tag{6.15}$$

式中:M_{T} 为目标散射中心数量;$\bar{\boldsymbol{g}}_{\mathrm{H}}=\frac{1}{M_{\mathrm{T}}}\sum_{i=1}^{M_{\mathrm{T}}}\tilde{\boldsymbol{g}}_{\mathrm{H}}(i)$;$p$ 为范数的阶数。

当垂直极化电磁波激励目标时,其散射回波瞬态极化矢量 IPPV 的起伏程度,可用下式来描述(简称 IPPV 的垂直起伏度):

$$C_{\mathrm{Vp}}=\frac{1}{M_{\mathrm{T}}}\sum_{n=1}^{M_{\mathrm{T}}}\|\tilde{\boldsymbol{g}}_{\mathrm{V}}(n)-\bar{\boldsymbol{g}}_{\mathrm{V}}\|_{p} \tag{6.16}$$

式中：$\bar{\boldsymbol{g}}_{\mathrm{V}} = \frac{1}{M_{\mathrm{T}}}\sum_{i=1}^{M_{\mathrm{T}}} \tilde{g}_{\mathrm{V}}(i)$。

由于雷达目标和有源假目标回波信号在不同脉冲之间 IPPV 起伏程度存在差异，这种起伏差异可由其斯托克斯矢量 $\tilde{g}_3$ 分量予以描述（简称 IPPV 局部起伏度）：

$$C_{\mathrm{Ip}} = \frac{1}{S_{\mathrm{d}}}\sum_{i=1}^{S_{\mathrm{d}}} \| \bar{g}_{3\mathrm{H}}(2i) - \bar{g}_{3\mathrm{V}}(2i-1) \|_p \tag{6.17a}$$

式中：$2S_{\mathrm{d}}$ 为雷达波位驻留脉冲数；$\bar{g}_{3\mathrm{H}}(2i)$、$\bar{g}_{3\mathrm{V}}(2i-1)$ 为分时极化测量雷达第 i 对脉冲回波信号 IPPV 的 $\tilde{g}_3$ 分量的均值；并且

$$\bar{g}_{3\mathrm{H}} = \frac{1}{M_{\mathrm{T}}}\sum_{n=1}^{M_{\mathrm{T}}} \tilde{g}_{3\mathrm{H}}(n) \tag{6.17b}$$

$$\bar{g}_{3\mathrm{V}} = \frac{1}{M_{\mathrm{T}}}\sum_{n=1}^{M_{\mathrm{T}}} \tilde{g}_{3\mathrm{V}}(n) \tag{6.17c}$$

特别地，对于雷达系统交替发射水平、垂直极化电磁波的时间间隔较短（毫秒量级）的情况，因目标姿态在此时间间隔内的变化不会很大，即干扰天线的极化相对于雷达天线水平极化的偏角起伏很小，此时有源假目标干扰信号的 IPPV 在此时间间隔内近似不变。

3）鉴别方法

由前可知，IPPV 水平起伏度、IPPV 垂直起伏度和 IPPV 局部起伏度可以很好地刻画雷达目标和有源假目标宽带高分辨极化特性之间的差异，当 C_{Hp}、C_{Vp} 和 C_{Ip} 的值越逼近于零时，雷达回波就越有可能为假目标；反之亦然。由于 IPPV 水平起伏度、IPPV 垂直起伏度和 IPPV 局部起伏度是从不同侧面描述了雷达目标和有源假目标高分辨极化特性之间的差异，故可先以 C_{Hp}、C_{Vp} 和 C_{Ip} 为鉴别参量给出判决结果，而后采用“与”的方式进行融合处理，即有

$$K_m = K_1K_2K_3 = \begin{cases} 1 & (\text{雷达目标}) \\ 0 & (\text{假目标}) \end{cases} \tag{6.18a}$$

且有

$$K_1 = \begin{cases} 1 & (C_{\mathrm{Hp}} \geqslant T_{\mathrm{Hp}}) \\ 0 & (C_{\mathrm{Hp}} < T_{\mathrm{Hp}}) \end{cases} \tag{6.18b}$$

$$K_2 = \begin{cases} 1 & (C_{\mathrm{Vp}} \geqslant T_{\mathrm{Vp}}) \\ 0 & (C_{\mathrm{Vp}} < T_{\mathrm{Vp}}) \end{cases} \tag{6.18c}$$

$$K_3 = \begin{cases} 1 & (C_{\mathrm{Ip}} \geqslant T_{\mathrm{Ip}}) \\ 0 & (C_{\mathrm{Ip}} < T_{\mathrm{Ip}}) \end{cases} \tag{6.18d}$$

式中：T_{Hp}、T_{Vp}和 T_{Ip}为根据测量噪声和雷达目标高分辨极化散射特性事先确定的鉴别阈值。

因而估计目标径向长度和鉴别阈值 T_{Hp}、T_{Vp}和 T_{Ip}成为真假目标鉴别的关键。下面给出目标径向长度与 T_{Hp}、T_{Vp}和 T_{Ip}的估算方法。虽然原则上可将在一个分辨单元内雷达目标和假目标干扰信号视为确定性信号，将测量噪声视为服从零均值正态分布的随机变量，通过繁琐的概率密度函数变换可以求得目标和干扰 IPPV 的统计分布，进而可以求出目标和干扰 IPPV 水平起伏度、IPPV 垂直起伏度和 IPPV 局部起伏度的统计分布，而后根据设定的虚警率和鉴别概率要求可给出相应的鉴别阈值。但由于上述过程烦琐、难以得到解析表达式，下面通过计算机模拟的方法给出鉴别阈值的估算方法与步骤：

（1）确定测量噪声的统计参数；

（2）根据假目标和噪声特性画出有源假目标干扰信号的 IPPV 水平起伏度、IPPV 垂直起伏度和 IPPV 局部起伏度与 SNR 的关系曲线；

（3）根据仿真曲线给出的有源假目标和雷达目标在不同信噪比下 IPPV 水平、垂直和局部起伏度，设定相应的鉴别阈值。

（4）在实际应用中，可以通过事先测量与计算机模拟相结合，生成针对不同情况下的鉴别阈值表，实时调用即可。

对于高分辨测量雷达体制而言，估计雷达目标的径向长度可采用以最大信噪比准则来估算目标的径向长度，即首先在雷达观测区间上设置一个位置和宽度均可变的搜索窗口 θ，记为

$$\theta=\begin{cases}[n,n+D-1] & ,n+D<N \\ [0,n+D-N]\cup[n,N] & ,n+D>N\end{cases}(n=0,1,\cdots,N-1)\tag{6.19}$$

式中：N 为观测数据长度。

窗口宽度 $D(\theta)$ 与目标的径向长度相匹配，即满足

$$D_{\min}=d_{\min}/\Delta R\leqslant D(\theta)\leqslant d_{\max}/\Delta R=D_{\max}\tag{6.20}$$

式中：$d_{\min}$和 $d_{\max}$分别为姿态角在某一观测区域内变化时目标可能的最小和最大径向长度（m）；ΔR 为雷达的径向分辨率（m）。

平均信噪比为

$$\overline{\mathrm{SNR}}_i(\theta)=\frac{1}{DA}\sum_{n\in\theta}|x_i(n)|^2(i=\mathrm{H},\mathrm{V})\tag{6.21a}$$

式中

$$A=\frac{1}{N-D}\sum_{n\notin\theta}|x_i(n)|^2(i=\mathrm{H},\mathrm{V})\tag{6.21b}$$

估计的准则就是使$\overline{\mathrm{SNR}}_i(\theta)$达到最大，即

$$\overline{\mathrm{SNR}}_i(\theta_{\mathrm{opt}})=\max\{\overline{\mathrm{SNR}}_i(\theta)\mid n=0,1,\cdots,N-1,D_{\min}\leqslant D\leqslant D_{\max}\}\quad(6.22)$$

这样可得每一接收通道的最优解 $D_{i\mathrm{opt}}$,取其最大值认为是目标在这一固定姿态下的径向分辨单元区间长度,即有

$$D_{\mathrm{opt}}=\max(D_{i\mathrm{opt}}\mid i=\mathrm{H},\mathrm{V})\quad(6.23)$$

注意到搜索窗口 θ 由起始位置 n 和宽度 D 唯一确定,式(6.22)的优化过程实际上是对二元函数$\overline{\mathrm{SNR}}_i(\theta)$求其全局最优解。在实际工作中,为了减少计算量,可事先估计给定目标的径向长度。具体鉴别流程如图 6.6 所示。

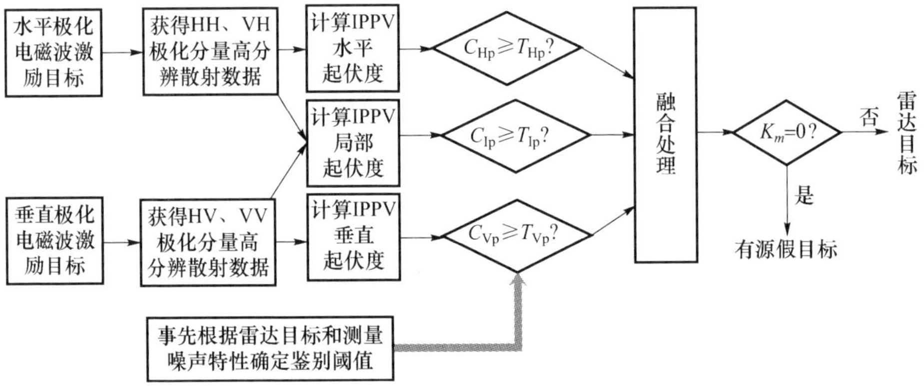

图 6.6　有源假目标的高分辨极化鉴别流程

6.2.2.2　仿真实验

以如图 6.7 所示四类目标的暗室等比模型全极化散射矩阵测量数据为仿真对象,分析本节鉴别方法对暗室目标与有源假目标的鉴别概率。

本节中模拟的有源假目标有两种,幅度形式分别为

$$A_{\mathrm{J}}=\sqrt{\frac{1}{4M}\sum_{n=1}^{M}[\,|S_{\mathrm{HH}}(n)|^2+|S_{\mathrm{HV}}(n)|^2+|S_{\mathrm{VH}}(n)|^2+|S_{\mathrm{VV}}(n)|^2]}\quad(6.24)$$

$$A_{\mathrm{J}}=\frac{1}{4}(\,|S_{\mathrm{HH}}(n)|+|S_{\mathrm{HV}}(n)|+|S_{\mathrm{VH}}(n)|+|S_{\mathrm{VV}}(n)|\,)\quad(6.25)$$

式中:S 为极化散射矩阵(PSM),各元素相位均为服从$(0,2\pi]$的均匀分布的随机数。

定义式(6.24)中的假目标为普通型有源假目标,式(6.25)中的假目标为极化调制型有源假目标。

表 6.2 给出了普通型有源假目标在不同信噪比条件下误判为雷达目标的概率以及飞机类目标正确判决的概率,蒙特卡罗仿真次数为 10^4 次,并设置 JSR 等

(a) 目标F (b) 目标H

(c) 目标J (d) 目标Y

图6.7 飞机目标缩比模型的原型

于SNR。表6.3给出了极化调制型有源假目标在不同信噪比条件下误判为雷达目标的概率以及飞机类目标正确判决的概率,参数与表6.2相同。

对于普通型假目标干扰,利用本节方法可以相当高的概率对有源假目标进行鉴别,将飞机类目标误判为假目标的概率很小;对于极化调制型假目标干扰,本节方法也可以实现对目标和有源假目标的有效鉴别。在实际使用过程中,可以结合雷达目标和有源假目标的频域瞬态极化特性的差异进一步改善鉴别性能。

表6.2 普通型有源假目标误判为雷达目标的概率以及飞机类目标正确判决的概率

判决率/%	SNR/dB						
	5	10	15	20	25	30	35
假目标	0.01	0	0	0	0	0	0
目标F	91.05	91.5	91.92	92.3	92.7	93.38	94.18
目标H	94.75	94.84	95.08	95.43	95.77	96.07	96.33
目标J	96.24	96.06	95.98	95.99	96.08	96.17	96.26
目标Y	96.29	96.24	96.26	96.33	96.43	96.55	96.66
注:JNR = SNR							

表 6.3　极化调制型有源假目标误判为雷达目标的概率以及飞机类目标正确判决的概率

判决率/%	SNR/dB						
	5	10	15	20	25	30	35
假目标	27.24	13.62	9.08	6.81	5.45	4.54	3.2
目标 F	93.89	95.63	96.65	97.39	97.91	98.26	98.51
目标 H	98.39	98.44	98.55	98.67	98.78	98.86	98.94
目标 J	98.75	98.71	98.74	98.81	98.86	98.91	98.96
目标 Y	98.88	98.89	98.92	98.96	98.99	99.03	99.06
JNR = SNR							

6.3　基于发射极化分集体制的有源干扰极化鉴别方法

6.2 节基于双极化接收体制，只能提取目标与干扰的辐射极化特征差异，无法完全提取目标与干扰的散射极化特征差异，因此，其应用潜力是有局限性的。

本节立足于发射极化分集体制，利用飞机、导弹等雷达目标 PSM 对雷达发射极化的变换作用，以及有源假目标等效 PSM“奇异性”等特点，充分提取目标与干扰的散射特征差异，能够提高雷达对有源干扰的鉴别能力。

6.3.1　随机极化假目标鉴别

随机极化假目标在 PRI 间进行极化随机变化，因而能够部分地模拟雷达目标极化状态的动态特性，但由于多个假目标在脉冲持续时间内极化状态保持恒定，在发射极化分集体制下，随机极化假目标仍然与真实雷达目标存在差别。

本节基于相位分集发射变极化体制对随机极化假目标进行鉴别处理，并对其识别性能进行了仿真分析。

6.3.1.1　相位分集变极化体制

发射变极化的实现方式主要分为两种：

一种是在射频前端进行发射变极化。其优势在于，由于直接在射频端产生所需极化，不存在其他部件的影响，其产生极化精度较高。其不足之处主要是极化捷变方式不够灵活、捷变速度受限。例如，对于机械控制的变极化器通常极化转换速度只能达到秒级，而对于电控实现的变极化器一般能达到毫秒量级。

另一种是在数字部分完成发射变极化。其本质是通过产生两路幅度相位可调的信号，再进行上变频至射频信号，由于信号要经过 2、3 级混频，放大和滤波才能搬移到射频频段，经过的有源器件较多，两路信号的相对幅度、相对相位控制及其补偿要更为困难。

考虑技术发展水平和系统实现复杂度，目前主要还是第一种方式居多，即在射频部分实现发射变极化。早期的射频发射变极化是在天线馈源加装变极化器，用以控制两路射频信号的幅度和相位，得到预设方式的极化波。1996 年某学院在厘米波雷达上加装铁氧体变极化器，实现圆极化变换，1998 年某研究所立项进行雷达变极化改造，实现 21 种极化变换，用以对抗有源干扰[19]。

根据变极化器极化变换的原理可分为基于移相的变极化器和基于法拉第旋转效应的变极化器等[20]。其中，基于移相的变极化器包括介质片极化器、平行金属片极化器、反射型极化器、栅丝网极化器、螺钉极化器和铁氧体极化器等；而基于法拉第旋转效应机理的磁致旋转极化器，主要通过大功率铁氧体变极化器，可以改变极化雷达两路极化通道的相对幅度和相对相位，如图 6.8 所示。

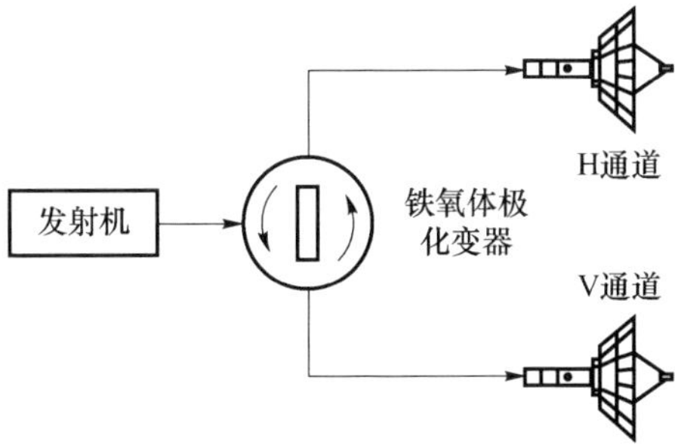

图 6.8　基于铁氧体变极化器的分时变极化发射系统

另一种更为简单的射频发射变极化方式是开关切换方式，即利用功放与 H、V 天线通路的开关切换实现发射极化的捷变，目前，这种切换捷变时间可以做到 10μs 量级[21]。在目标检测等方面仍然可以发挥一定的作用，但是在抗干扰方面的潜力十分有限。

总的来看，目前发射变极化还是以射频部分发射变极化为主流。而从具体实现方式上看，通过大功率铁氧体变极化器方式实现发射变极化，仍然有其不足之处：一方面，极化切换时间较长（至少是毫秒量级）[22][23]，难以满足假目标识别等抗干扰等应用对体制的需求；另一方面，其成本较大，尤其是对于有源相控阵雷达来说，由于需要对每个阵元或子阵配备这种铁氧体变极化器，使得其成本控制相对较为困难。

对于极化阵列天线雷达来说，每个双极化阵元（或子阵）均可对应一个功放、移相器、通路开关，因此，实现发射变极化的方式非常灵活：通过通路开关的设置，改变 H、V 发射单元数比例实现发射极化极化比幅度的变化；通过移相器设置实现发射极化极化比相位的变化。然而，由于雷达目标极化散射特性差异较大且动态起伏变化较快,因此通过改变 H、V 发射单元规模比例的方式实现发射极化极化比幅度的变化,在实际中较难应用,而通过功率衰减方式实现极化比幅度的变化,则必然降低雷达探测威力。

提出一种以发射极化极化比相位捷变为目的"功分器—移相器"发射变极化雷达体制,其主要特点是两个发射极化通道均以饱和功率发射,仅调节极化通道间的初始相位实现雷达发射变极化。雷达信号通过一分二功分器后,将等幅、同相的射频信号馈向 H 和 V 极化天线,在 V 极化通道添加移相器,改变 H 和 V 通道信号的相对相位,可以实现有限的变极化发射能力,其发射极化琼斯矢量可以表示为

$$\boldsymbol{h}_{\mathrm{t}} = \frac{[1, \exp\{-\mathrm{j}\theta\}]^{\mathrm{T}}}{\|[1, \exp\{-\mathrm{j}\theta\}]^{\mathrm{T}}\|} \tag{6.26}$$

式中:θ 为 H 和 V 通道信号的相对相位差。

"功分器—移相器"极化雷达发射系统结构如图 6.9 所示,通过 H 和 V 通道同时接收,能够获得目标的回波极化矢量。

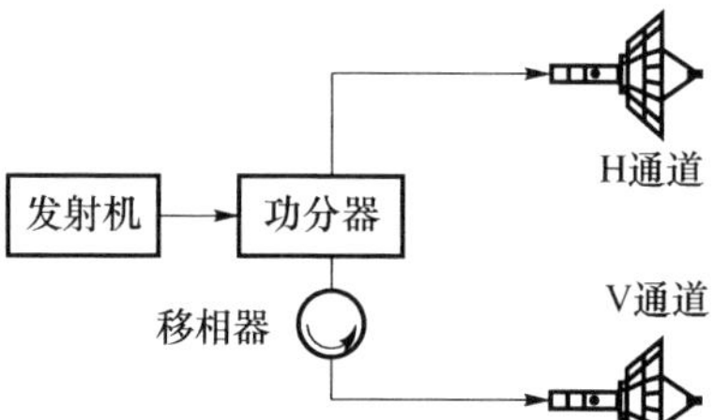

图 6.9 "功分器—移相器"极化雷达发射系统结构

6.3.1.2 鉴别原理

实体目标的回波极化矢量并不仅仅由目标的 PSM 决定,同时与雷达的发射极化有关;而对于有源假目标而言,其回波极化是由干扰机发射天线的琼斯矢量决定的,与雷达的发射极化无关。基于"功分器—移相器"变极化发射体制,通过在单位处理时间内发射/接收多个窄脉冲,并调节 V 通道的相对相位,实现发射变极化,工作原理如图 6.10 所示。图中 θ_k 为第 k 个窄脉冲中 V 通道对应的相对相位。在 $M(M \geqslant 2)$ 个窄脉冲周期中,干扰机发射天线极化矢量可以认为是固定不变的。因此在单位处理时间中 M 个窄脉冲周期中,有源假目标分时极化比不随时间发生变化,而实体目标多数为非平稳目标,其极化散射特性会随着雷达极化、目标姿态的变化而改变。本节中,为了分析由于极化通道初始相位差异引起的雷达发射极化变化对实体目标回波极化特性的影响,假定单位处理时间中实体目标的 PSM 不变。由于相位差异,雷达在 M 个窄脉冲周期中发射 M 个极

化，因此实体目标在不同极化信号的激励下，其极化度大幅下降，难以形成稳定的极化聚类中心。

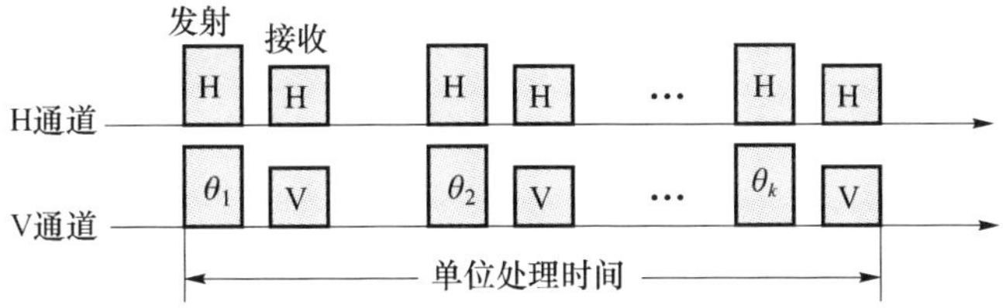

图 6.10　发射相位分集变极化雷达工作原理

依据上述分析，本部分提出具体识别方法，并通过理论推导确定识别阈值。

假定 $\boldsymbol{h}_{\mathrm{H}}=[1,0]^{\mathrm{T}}$ 和 $\boldsymbol{h}_{\mathrm{V}}=[0,1]^{\mathrm{T}}$ 是雷达两个天线的琼斯矢量，在第 n 个窄脉冲周期内，雷达发射信号为

$$E_n=(\boldsymbol{h}_{\mathrm{H}}+\boldsymbol{h}_{\mathrm{V}}\cdot\exp\{\mathrm{j}\theta_n\})\cdot s(t) \tag{6.27}$$

式中：$s(t)$ 为调制或者编码波形；θ_n 为雷达 $\boldsymbol{h}_{\mathrm{H}}$ 和 $\boldsymbol{h}_{\mathrm{V}}$ 极化通道之间的相位差。

令 $\boldsymbol{h}_n$ 表示第 n 个脉冲的发射极化，即

$$\boldsymbol{h}_n=\frac{\boldsymbol{h}_{\mathrm{H}}+\boldsymbol{h}_{\mathrm{V}}\cdot\exp\{\mathrm{j}\theta_n\}}{|\boldsymbol{h}_{\mathrm{H}}+\boldsymbol{h}_{\mathrm{V}}\cdot\exp\{\mathrm{j}\theta_n\}|} \tag{6.28}$$

假定实体目标在第 n 个窄脉冲周期内的极化散射矩阵为

$$\boldsymbol{S}_n=\begin{bmatrix} s_{\mathrm{HH}}^{(n)} & s_{\mathrm{HV}}^{(n)} \\ s_{\mathrm{VH}}^{(n)} & s_{\mathrm{VV}}^{(n)} \end{bmatrix} \tag{6.29}$$

则实体目标全极化雷达回波极化矢量可以表示为（为方便表述，均不考虑时间延迟的影响）

$$\begin{aligned}\boldsymbol{E}_{\mathrm{T}}^{(n)}&=A_{\mathrm{T}}^{(n)}\boldsymbol{S}_n\boldsymbol{h}_n s(t)\cdot\exp\{-\mathrm{j}f_{\mathrm{d}}t\}\\&=A_{\mathrm{T}n}s(t)\cdot\begin{bmatrix} s_{\mathrm{HH}}^{(n)}+s_{\mathrm{HV}}^{(n)}\exp\{\mathrm{j}\theta_n\} \\ s_{\mathrm{VH}}^{(n)}+s_{\mathrm{VV}}^{(n)}\exp\{\mathrm{j}\theta_n\} \end{bmatrix}\cdot\exp\{-\mathrm{j}f_{\mathrm{d}}t\}\end{aligned} \tag{6.30}$$

式中：f_{d} 为由于目标运动引起的多普勒频率；A_{T}^{n} 为实体目标不包含极化影响的回波幅度。

对于有源假目标而言，假设干扰机发射天线的琼斯矢量为 $\boldsymbol{h}_{\mathrm{J}}$，则有源假目标的全极化雷达回波极化矢量为

$$E_{\mathrm{J}}^{(n)}=A_{\mathrm{J}}^{(n)}s(t)\boldsymbol{h}_{\mathrm{Jt}}\cdot\exp\{-\mathrm{j}f_{\mathrm{Jd}}t\} \tag{6.31}$$

式中：f_{Jd} 为由于目标运动和干扰机调制引入的多普勒频率；A_{J} 为假目标信号的幅度。

定义实体目标和有源假目标雷达两个极化通道的分时极化比分别为 $\rho_{\mathrm{T}}^{(n)}$ 和 $\rho_{\mathrm{J}}^{(n)}$，则

$$\rho_{\mathrm{T}}^{(n)} = E_{\mathrm{T}}^{(n)}(2)/E_{\mathrm{T}}^{(n)}(1) \tag{6.32a}$$

$$\rho_{\mathrm{T}}^{(n)} = E_{\mathrm{J}}^{(n)}(2)/E_{\mathrm{J}}^{(n)}(1) \tag{6.32b}$$

实体目标全极化雷达分时极化比为

$$\rho_{\mathrm{T}}^{(n)} = \frac{s_{\mathrm{VH}}^{(n)} + s_{\mathrm{VV}}^{(n)} \exp\{\mathrm{j}\theta_n\}}{s_{\mathrm{HH}}^{(n)} + s_{\mathrm{HV}}^{(n)} \exp\{\mathrm{j}\theta_n\}} \tag{6.33}$$

对于实体目标而言，有 $s_{\mathrm{HV}}^{(n)} = s_{\mathrm{VH}}^{(n)}$。则实体目标全极化雷达分时极化比可变换为

$$\rho_{\mathrm{T}}^{(n)} = \frac{s_{\mathrm{HV}}^{(n)}}{s_{\mathrm{HH}}^{(n)}} + \frac{(s_{\mathrm{VV}}^{(n)} - (s_{\mathrm{HV}}^{(n)})^2/s_{\mathrm{HH}}^{(n)}) \cdot \exp\{\mathrm{j}\theta_n\}}{s_{\mathrm{HH}}^{(n)} + s_{\mathrm{HV}}^{(n)} \cdot \exp\{\mathrm{j}\theta_n\}} \tag{6.34}$$

下面将根据交叉极化分量与共极化分量的相对大小讨论 $\rho_{\mathrm{T}}^{(n)}$ 的取值。

(1) 当交叉极化分量远小于共极化分量时，即 $s_{\mathrm{HV}}^{(n)} \ll s_{\mathrm{HH}}^{(n)}$，可知

$$\rho_{\mathrm{T}}^{(n)} = \frac{s_{\mathrm{VV}}^{(n)} \cdot \exp\{\mathrm{j}\theta_n\}}{s_{\mathrm{HH}}^{(n)}} \tag{6.35}$$

此时，实体目标分时极化比可以简化为垂直共极化分量和水平共极化分量的比值。由于在 M 个窄脉冲周期中实体目标的 PSM 保持不变，假定

$$\frac{s_{\mathrm{VV}}^{(n)}}{s_{\mathrm{HH}}^{(n)}} = a + \mathrm{j}b \tag{6.36}$$

那么对于第 m 和第 n 个窄脉冲周期（$0 < m, n < M, n \neq m$），为了增加实体目标不同窄脉冲周期内分时极化比的差异，根据 $\exp\{\mathrm{j}\theta_n\}$ 在复平面的分布特性，当 $M = 4$ 时，θ_n 取值可分别为 0、$\pi/2$、π 和 $3\pi/2$。此时，第一个脉冲和第三个脉冲（或者第二个脉冲和第四个脉冲）实部或虚部差异最大。

(2) 当交叉极化分量和共极化分量处于同一数量级时，可知

$$\rho_{\mathrm{T}}^{(n)} = \frac{s_{\mathrm{VH}}^{(n)}}{s_{\mathrm{HH}}^{(n)}} + \frac{s_{\mathrm{VV}}^{(n)} - (s_{\mathrm{HV}}^{(n)})^2/s_{\mathrm{HH}}^{(n)}}{s_{\mathrm{HV}}^{(n)} + s_{\mathrm{HH}}^{(n)} \cdot \exp\{-\mathrm{j}\theta_n\}} \tag{6.37}$$

当 θ_n 分别取 0、$\pi/2$、π 和 $3\pi/2$ 时，在不同窄脉冲周期中，同样可使（$s_{\mathrm{HV}}^{(n)} + s_{\mathrm{HH}}^{(n)} \exp\{-\mathrm{j}\theta_n\}$）差异最大。

在下面的分析中，$\rho_{\mathrm{T}}^{(n)}$ 和 $\rho_{\mathrm{J}}^{(n)}$ 统一用 $\rho^{(n)}$ 表示（$n = 1, 2, \cdots, M$），$\rho_{\mathrm{I}}^{(n)}$ 和 $\rho_{\mathrm{Q}}^{(n)}$ 分别表示 ρ^n 的实部和虚部。根据之前的分析可知，在不同的窄脉冲周期中，对实体目标而言，ρ_{I}^n 和 $\rho_{\mathrm{Q}}^{(n)}$ 互不相等，对有源假目标而言，$\rho_{\mathrm{I}}^{(n)} = \rho_{\mathrm{Q}}^{(n)}$。

选用不同窄脉冲周期中 $\rho_{\mathrm{I}}^{(n)}$ 和 $\rho_{\mathrm{Q}}^{(n)}$ 的差异作为识别统计量，即

$$D_{\mathrm{I}}^{13} = |\rho_{\mathrm{I}}^{(1)} - \rho_{\mathrm{I}}^{(3)}| \tag{6.38a}$$

$$D_{\mathrm{Q}}^{13} = |\rho_{\mathrm{Q}}^{(1)} - \rho_{\mathrm{Q}}^{(3)}| \tag{6.38b}$$

$$D_{\mathrm{I}}^{24} = |\rho_{\mathrm{I}}^{(2)} - \rho_{\mathrm{I}}^{(4)}| \tag{6.38c}$$

$$D_{\mathrm{Q}}^{24} = |\rho_{\mathrm{Q}}^{(2)} - \rho_{\mathrm{Q}}^{(4)}| \tag{6.38d}$$

令 D_{Φ}统一表示上述识别统计量,根据 $3-\sigma$ 置信区间确定其对应的识别阈值 d_{Φ}。当目标识别量均小于识别阈值时,即可判定目标在不同窄脉冲周期内的极化比相同,此时识别该目标为有源假目标;如果至少有一个识别量大于识别阈值,则识别为实体目标。基于相位分集的有源假目标识别准则如下式所示

$$D = \begin{cases} \text{有源假目标} & (D_{\Phi} < d_{\Phi}) \\ \text{实体目标} & (\text{其他}) \end{cases} \tag{6.39}$$

基于相位分集变极化发射体制的有源假目标的识别流程如图 6.11 所示。全极化雷达利用相位分集的方法在 M 个窄脉冲周期中实现变极化发射,计算每一个窄脉冲周期中目标分时极化比,当分时极化比达到识别阈值时,根据目标的 M 个分时极化比值的相对大小,即可实现对有源假目标的识别。

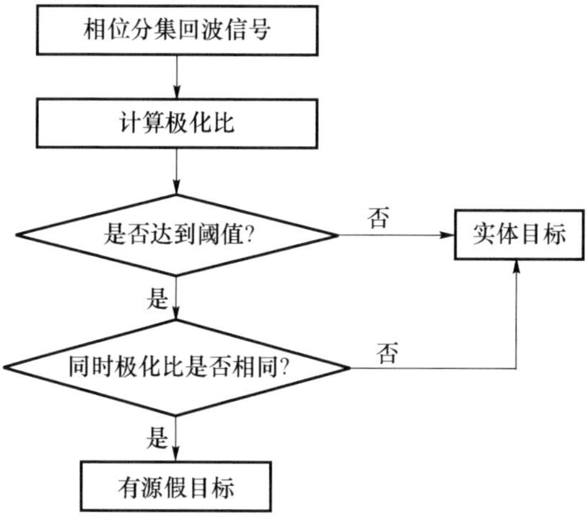

图 6.11　基于相位分集变极化发射体制的有源假目标的识别流程

6.3.1.3　仿真实验

本部分基于典型场景仿真分析识别方法的效果和性能,并根据仿真结果确定关键参数取值。在仿真中,全极化雷达水平和垂直极化通道发射信号脉冲宽度为 100μs,带宽为 1MHz,载频为 10GHz,脉压增益为 20dB,干扰机发射天线的

琼斯矢量为$[1,0.7j]^T$。实体目标某个姿态角下的暗室量测 PSM 为$[-1+0.6j,0;0,0.1+0.5j]$。

当θ_n的取值范围为$[0,7\pi/4]$，步进间隔为$\pi/4$时，在雷达不同的窄脉冲周期中，有源假目标和实体目标的分时极化比实部和虚部理论取值如图 6.12 所示。由图可以看出，实体目标每个脉冲测得的分时极化比互不相同，而有源假目标分时极化比相同。令$\theta_1=0$，此时目标分时极化比的实部和虚部理论值分别为 0.15 和 -0.41。对于实体目标而言，当雷达两个极化通道相位差异分别为$\pi/2$、π和$3\pi/2$时，对应的脉冲编号为 3、5 和 7，从图可以看出，第 1 个和第 5 个(或者第 3 和第 7 个)PRI 分时极化比实部或者虚部能够取得最大差异 0.82。

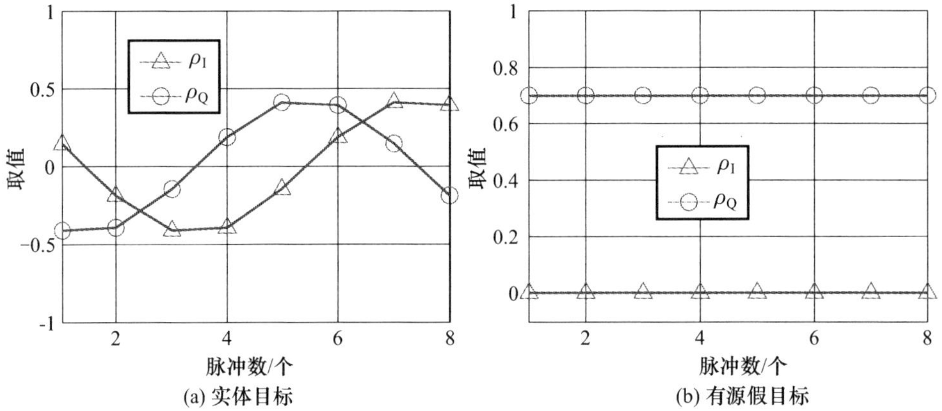

图 6.12　目标分时极化比实部和虚部理论取值

在相邻的 4 个窄脉冲周期中，雷达两个极化通道的初始相位差分别为 0、$\pi/2$、π和$3\pi/2$。有源假目标回波 SNR(脉压输出 SNR)在 10 ~ 40dB 之间以 5dB 为间隔变化时，蒙特卡罗仿真 1000 次，干扰机所产生的有源假目标的理论和仿真识别概率如图 6.13 所示，其中理论识别概率是基于高斯分布的$3-\sigma$分布计算得出。从图可以看出，当 SNR 不同时，有源假目标能够以近似相同的概率被识别出来，其识别概率均优于 97%。

6.3.2　脉内极化调制假目标鉴别

针对脉内极化状态起伏变化的情况(称为脉内极化调制假目标)，6.3.1 节中的随机极化假目标鉴别方法无法有效应对，因为干扰和目标之间的极化差异已经被大为缩小，不足以有效鉴别。本节针对这一类假目标干扰，立足于同时极化测量体制，研究了一种基于极化矢量“张量积”接收的鉴别方法。

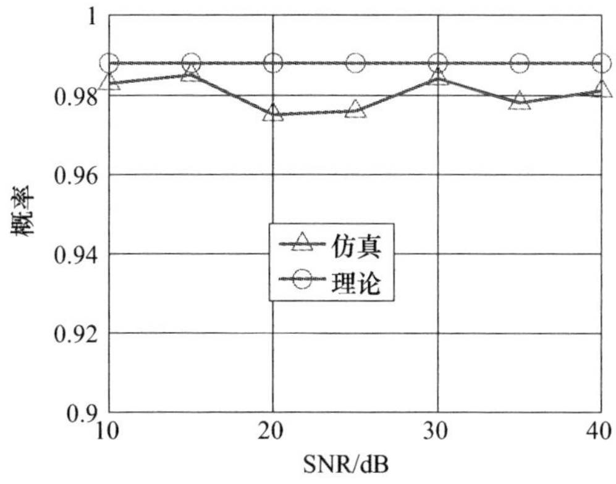

图 6.13　有源假目标鉴别率

6.3.2.1　鉴别原理

雷达发射波形表示如下(为表述方便,设信号幅度为 1):

$$E_{\mathrm{t}}(t)=\sum_{m=1}^{M}\boldsymbol{h}_{\mathrm{t}m}s_m(t) \tag{6.40}$$

式中:$\boldsymbol{h}_{\mathrm{t}m}$ 为发射极化,$\boldsymbol{h}_{\mathrm{t}m}=[\cos\theta_m,\sin\theta_m\cdot\exp\{\mathrm{j}\varphi_m\}]^{\mathrm{T}}$;$s_m(t)$ 为对应的极化编码波形。

则发射波形可进一步展开为

$$E_{\mathrm{t}}(t)=\begin{bmatrix}\sum\limits_{m=1}^{M}\cos\theta_m s_m(t)\\ \sum\limits_{m=1}^{M}\sin\theta_m e^{\mathrm{j}\varphi_m}s_m(t)\end{bmatrix} \tag{6.41}$$

干扰机利用数字射频存储器(DRFM)等器件将雷达信号采集后,对两正交极化通道信号进行波形调制后再转发。设极化调制假目标干扰的接收极化调制函数为

$$\boldsymbol{h}_{\mathrm{Jr}}(t)=[H_{\mathrm{Jr}}(t)\quad V_{\mathrm{Jr}}(t)]^{\mathrm{T}}$$

发射极化调制函数为

$$\boldsymbol{h}_{\mathrm{Jt}}(t)=[H_{\mathrm{Jt}}(t)\quad V_{\mathrm{Jt}}(t)]^{\mathrm{T}}$$

那么,$\boldsymbol{h}_{\mathrm{Jr}}(t)$ 和 $\boldsymbol{h}_{\mathrm{Jt}}(t)$ 中至少有一个是时变随机函数。极化调制假目标干扰的转发信号可表示为

$$\boldsymbol{J}(t)=\boldsymbol{h}_{\mathrm{Jr}}(t)^{\mathrm{T}}\boldsymbol{E}_{\mathrm{t}}(t)\cdot\boldsymbol{h}_{\mathrm{Jt}}(t)=\boldsymbol{S}_{\mathrm{J}}(t)\boldsymbol{E}_{\mathrm{t}}(t) \tag{6.42}$$

式中:$\boldsymbol{S}_{\mathrm{J}}(t)=\boldsymbol{h}_{\mathrm{Jt}}(t)\boldsymbol{h}_{\mathrm{Jr}}(t)^{\mathrm{T}}$ 可看作干扰的时变极化散射矩阵。

同时极化体制在接收时，首先要对 H 通道、V 通道的来波信号进行匹配滤波，提取峰值后测量回波极化，则对极化调制干扰信号的匹配接收过程可表示为

$$\int_{-\infty}^{\infty} \boldsymbol{S}_{\mathrm{J}}(\lambda)\boldsymbol{E}_{\mathrm{t}}(\lambda)\cdot s^{*}(\tau_{\mathrm{p}}-t+\lambda)\mathrm{d}\lambda \tag{6.43}$$

式中：s 为匹配滤波的参考信号。

式(6.42)的积分中 $E_{\mathrm{t}}(t)$ 与 $s(t)$ 匹配，但由于干扰散射矩阵 $S_{\mathrm{J}}(t)$ 是时变的，因此极化调制干扰信号不能被充分地匹配接收，影响了对干扰极化的测量，但这一特性可以作为假目标鉴别的基础依据。此外，由于各通道测量得到的干扰极化矢量是随机的，其对鉴别的影响可以分为两种情况：

(1) 假设干扰机天线极化状态变化非常快，即调制程度较大，则由于干扰信号波形与匹配滤波参考信号 $s(t)$ 匹配度较差，故匹配接收后能量比较分散，不能形成假目标。

(2) 假设干扰机天线极化状态变化较慢，即调制程度较小，则干扰信号经匹配接收后，能量比较集中，仍然能够形成假目标。但由于被随机调制，经极化测量后，干扰极化矢量将无规律地散布在二维复空间中。

本节针对情况(2)，提出基于极化矢量的“张量积”接收方式与相应鉴别方法。

对于单极化天线，其极化接收过程在数学上表示为一种内积处理，即$\langle \boldsymbol{h}_{\mathrm{r}}^{*},\boldsymbol{h}_{\mathrm{s}}\rangle=\boldsymbol{h}_{\mathrm{r}}^{\mathrm{T}}h_{\mathrm{s}}$，$\boldsymbol{h}_{\mathrm{r}}$ 和 $\boldsymbol{h}_{\mathrm{s}}$分别是接收极化和回波极化，极化接收后得到的是一维回波信号。对于全极化接收，H 通道和 V 通道同时进行接收，其过程实质上是分别取出回波极化的两个分量，即$[[1,0]\boldsymbol{h}_{\mathrm{s}}\quad[0,1]\boldsymbol{h}_{\mathrm{s}}]^{\mathrm{T}}$。

提出一种对来波极化矢量进行“张量积”接收的方式：回波信号经同时极化体制测量后，得到各发射极化对应的回波极化 $\boldsymbol{h}_{\mathrm{s}}$，将 $\boldsymbol{h}_{\mathrm{s}}$与对应的接收极化 $\boldsymbol{h}_{\mathrm{r}}$ 进行张量积(也称克罗内克积，或矢量的外积)处理，数学过程表述如下：

$$\boldsymbol{R}=\boldsymbol{h}_{\mathrm{s}}\otimes\boldsymbol{h}_{\mathrm{r}}^{\mathrm{T}}=\boldsymbol{h}_{\mathrm{s}}\boldsymbol{h}_{\mathrm{r}}^{\mathrm{T}} \tag{6.44}$$

式中：“$\otimes$”即表示张量积；2×2 维矩阵 $\boldsymbol{R}$ 称为极化矢量张量积矩阵，处理流程如图 6.14 所示。

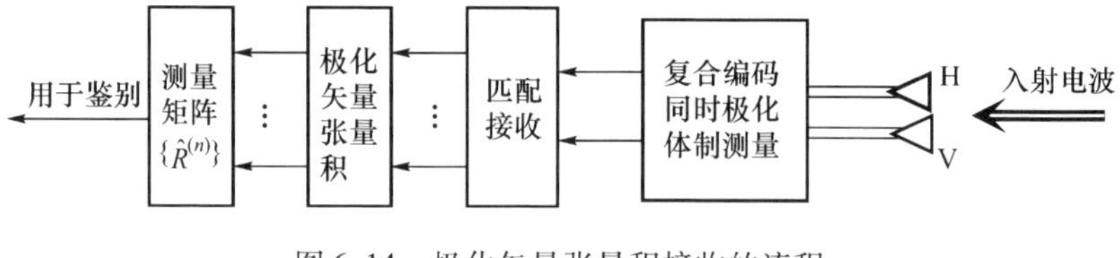

图 6.14　极化矢量张量积接收的流程

设目标散射矩阵为 $\boldsymbol{S}$，雷达共发射 $2M$ 个不同极化

$$\boldsymbol{h}_{\mathrm{t}m} = [\cos\theta_m, \sin\theta_m \cdot \exp\{\mathrm{j}\varphi_m\}]^{\mathrm{T}}(m = 1, 2, \cdots, 2M)$$

其对应的接收极化矢量为

$$\boldsymbol{h}_{\mathrm{r}m} = [\cos\gamma_m, \sin\gamma_m \cdot \exp\{\mathrm{j}\phi_m\}]^{\mathrm{T}}$$

对目标回波极化矢量采用张量积接收方式，则按照式(6.43)，每个发射极化回波经测量得到的张量积矩阵为

$$\hat{\boldsymbol{R}}_m = \left(\boldsymbol{E}_{\mathrm{S}m} + \begin{bmatrix} n\mathrm{H}_m \\ n\mathrm{V}_m \end{bmatrix}\right) \cdot \boldsymbol{h}_{\mathrm{r}m}^{\mathrm{T}} = \left(A\boldsymbol{S}\boldsymbol{h}_{\mathrm{t}m} + \begin{bmatrix} n\mathrm{H}_m \\ n\mathrm{V}_m \end{bmatrix}\right) \cdot \boldsymbol{h}_{\mathrm{r}m}^{\mathrm{T}}$$
$$= A\boldsymbol{S}\begin{bmatrix} \cos\theta_m\cos\gamma_m & \cos\theta_m\sin\gamma_m \cdot \exp\{\mathrm{j}\phi_m\} \\ \sin\theta_m\cos\gamma_m \cdot \exp\{\mathrm{j}\varphi_m\} & \sin\theta_m\sin\gamma_m \cdot \exp\{\mathrm{j}(\varphi_m + \phi_m)\} \end{bmatrix} + \begin{bmatrix} n\mathrm{H}_m \\ n\mathrm{V}_m \end{bmatrix}\boldsymbol{h}_{\mathrm{r}m}^{\mathrm{T}} \tag{6.45}$$

式中：$E_{\mathrm{S}m}$为目标回波矢量，$E_{\mathrm{S}m} = A\boldsymbol{S}\boldsymbol{h}_{\mathrm{t}m}$；$A$ 为信号幅度；$[n\mathrm{H}_m \quad n\mathrm{V}_m]^{\mathrm{T}}$ 为各极化矢量对应的观测噪声矢量，矢量之间相互独立，且均服从 $N(0, \sigma^2[1 \quad 0; \quad 0 \quad 1])$的二维复高斯分布，$\sigma^2$为噪声方差。

若接收极化矢量 $\boldsymbol{h}_{\mathrm{r}m}$与发射极化矢量 $\boldsymbol{h}_{\mathrm{t}m}$匹配 $\boldsymbol{h}_{\mathrm{r}m} = \boldsymbol{h}_{\mathrm{t}m}^*$，即 $\gamma_m = \theta_m, \varphi_m = -\phi_m$，则式(6.44)可变为

$$\hat{\boldsymbol{R}}_m = A\boldsymbol{S}\boldsymbol{h}_{\mathrm{t}m}\boldsymbol{h}_{\mathrm{t}m}^{\mathrm{H}} + \begin{bmatrix} n\mathrm{H}_m \\ n\mathrm{V}_m \end{bmatrix}\boldsymbol{h}_{\mathrm{t}m}^{\mathrm{H}}$$
$$= A\boldsymbol{S} \cdot \begin{bmatrix} \cos^2\theta_m & \cos\theta_m\sin\theta_m \cdot \exp\{-\mathrm{j}\varphi_m\} \\ \sin\theta_m\cos\theta_m \cdot \exp\{\mathrm{j}\varphi_m\} & \sin^2\theta_m \end{bmatrix} + \begin{bmatrix} n\mathrm{H}_m \\ n\mathrm{V}_m \end{bmatrix}\boldsymbol{h}_{\mathrm{t}m}^{\mathrm{H}} \tag{6.46}$$

进一步地，令 $2M$ 个发射极化 $\boldsymbol{h}_{\mathrm{t}m}(m = 1, 2, \cdots, 2M)$由 M 对正交极化 $\boldsymbol{h}_{\mathrm{tA}}^{(n)}$ 和 $\boldsymbol{h}_{\mathrm{tB}}^{(n)}(n = 1, 2, \cdots, M)$组成，脚标“A”和“B”表示一对正交发射极化关系，即$(\boldsymbol{h}_{\mathrm{tA}}^{(n)})^{\mathrm{H}}\boldsymbol{h}_{\mathrm{tB}}^{(n)} = 0$，显然有

$$\theta_{\mathrm{B}}^{(n)} = \frac{\pi}{2} - \theta_{\mathrm{A}}^{(n)} \tag{6.47a}$$

$$\varphi_{\mathrm{B}}^{(n)} = \pi + \varphi_{\mathrm{A}}^{(n)} \tag{6.47b}$$

则有

$$\cos^2\theta_{\mathrm{A}}^{(n)} + \cos^2\theta_{\mathrm{B}}^{(n)} = 1 \tag{6.48a}$$

$$\sin\theta_{\mathrm{A}}^{(n)}\cos\theta_{\mathrm{A}}^{(n)} \cdot \exp\{\mathrm{j}\varphi_{\mathrm{A}}^{(n)}\} + \sin\theta_{\mathrm{B}}^{(n)}\cos\theta_{\mathrm{B}}^{(n)} \cdot \exp\{\mathrm{j}\varphi_{\mathrm{B}}^{(n)}\} = 0 \tag{6.48b}$$

由上式得

$$\boldsymbol{h}_{\mathrm{tA}}^{(n)}(\boldsymbol{h}_{\mathrm{tA}}^{(n)})^{\mathrm{H}}+\boldsymbol{h}_{\mathrm{tB}}^{(n)}(\boldsymbol{h}_{\mathrm{tB}}^{(n)})^{\mathrm{H}}=\boldsymbol{I}_{2\times 2} \tag{6.49}$$

式中：$I_{2\times 2}$为二阶单位矩阵。

将正交发射极化回波提取的张量积矩阵相加，可得

$$\hat{\boldsymbol{R}}_{\mathrm{S}}^{(n)}=\hat{\boldsymbol{R}}_n+\hat{\boldsymbol{R}}_{n+M}=\boldsymbol{AS}+\begin{bmatrix} n\mathrm{H}_{\mathrm{A}n} \\ n\mathrm{V}_{\mathrm{A}n} \end{bmatrix}(\boldsymbol{h}_{\mathrm{tA}}^{(n)})^{\mathrm{H}}+\begin{bmatrix} n\mathrm{H}_{\mathrm{B}n} \\ n\mathrm{V}_{\mathrm{B}n} \end{bmatrix}(\boldsymbol{h}_{\mathrm{tB}}^{(n)}) \tag{6.49}$$

式中：下标“S”表示目标。

由于$[n\mathrm{H}_{\mathrm{A}n}\quad n\mathrm{V}_{\mathrm{A}n}]^{\mathrm{T}}$和$[n\mathrm{H}_{\mathrm{B}n}\quad n\mathrm{V}_{\mathrm{B}n}]^{\mathrm{T}}$相互独立，均服从$N(0,\sigma^2[1\quad 0;0\quad 1])$的二维复高斯分布。式(6.49)表明，目标测量矩阵$\{\hat{\boldsymbol{R}}_{\mathrm{S}}^{(n)}\}$都是对目标散射矩阵$\boldsymbol{AS}$的无偏测量。

将干扰极化矢量$\{\boldsymbol{J}_m\}$替换式(6.45)中的$\boldsymbol{E}_{\mathrm{S}m}$，可得

$$\hat{\boldsymbol{R}}_m=\boldsymbol{J}_m\cdot\boldsymbol{h}_{\mathrm{r}m}^{\mathrm{T}}+\begin{bmatrix} n\mathrm{H}_m \\ n\mathrm{V}_m \end{bmatrix}\cdot\boldsymbol{h}_{\mathrm{r}m}^{\mathrm{T}} \tag{6.51}$$

同前，将正交发射极化对应的张量积矩阵两两相加，可得

$$\hat{\boldsymbol{R}}_{\mathrm{J}}^{(n)}=\boldsymbol{J}_n\cdot(\boldsymbol{h}_{\mathrm{tA}}^{(n)})^{\mathrm{H}}+\boldsymbol{J}_{n+M}\cdot(\boldsymbol{h}_{\mathrm{tB}}^{(n)})^{\mathrm{H}}+\begin{bmatrix} n\mathrm{H}_{\mathrm{A}n} \\ n\mathrm{V}_{\mathrm{A}n} \end{bmatrix}(\boldsymbol{h}_{\mathrm{tA}}^{(n)})^{\mathrm{H}}+\begin{bmatrix} n\mathrm{H}_{\mathrm{B}n} \\ n\mathrm{V}_{\mathrm{B}n} \end{bmatrix}(\boldsymbol{h}_{\mathrm{tB}}^{(n)}) \tag{6.52}$$

式中：下标“J”表示干扰。

由前可知，对于情况(2)，干扰极化矢量$\{\boldsymbol{J}_m\}$无规律地散布在二维复空间中，则由式(6.51)，干扰测量矩阵$\{\hat{\boldsymbol{R}}_{\mathrm{J}}^{(n)}\}$将无规律地散布在四维复空间中。

如图6.15所示，针对$\{\hat{\boldsymbol{R}}^{(n)}\}$构造一个四维复空间，经过极化矢量张量积接收后，目标测量矩阵$\{\hat{\boldsymbol{R}}_{\mathrm{S}}^{(n)}\}$集中于空间中的一点——$\boldsymbol{AS}$，而干扰测量矩阵$\{\hat{\boldsymbol{R}}_{\mathrm{J}}^{(n)}\}$则散布在该四维复空间中（图中为显示直观，用三维空间代表了四维复空间）。

针对这种差别，本节采用如下鉴别方法：设计反映测量矩阵$\{\hat{\boldsymbol{R}}^{(n)}\}$分散程度的统计量，该统计量小于预定阈值判定为目标，大于该阈值判定为假目标。

下面以目标情况为例，推导鉴别阈值。根据前述干扰和目标测量矩阵分布特点的差异，设计反映测量矩阵$\{\hat{\boldsymbol{R}}^{(n)}\}$分散程度的统计量：

$$\Sigma=\sum_{n=1}^{M}\|\hat{\boldsymbol{R}}^{(n)}-\overline{\boldsymbol{R}}\|_{\mathrm{F}}^{2} \tag{6.53}$$

式中：$\overline{\boldsymbol{R}}$为测量矩阵的平均，即$\overline{\boldsymbol{R}}=\dfrac{1}{M}\sum_{n=1}^{M}\hat{\boldsymbol{R}}^{(n)}$。

研究目标情况下的鉴别统计量。由式(6.49)可知，目标测量矩阵$\{\hat{\boldsymbol{R}}^{(n)}\}$中

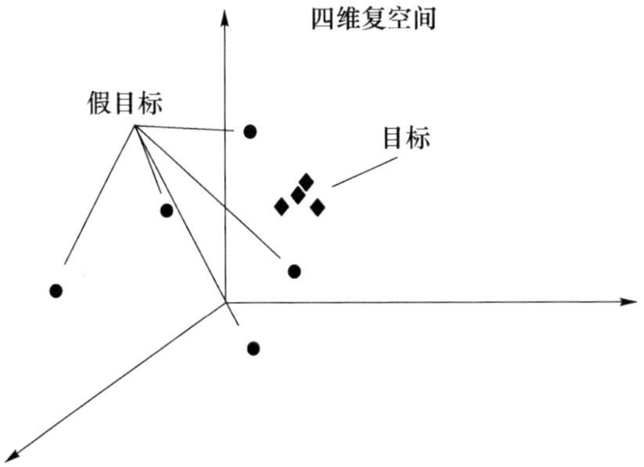

图 6.15　测量矩阵空间分布

每个矩阵都是对目标散射矩阵的无偏测量，因此，若将该式中的噪声部分记为观测噪声矩阵 $\tilde{\boldsymbol{R}}^{(n)}$：

$$\tilde{\boldsymbol{R}}^{(n)} = \begin{bmatrix} n\mathrm{H}_{\mathrm{A}n} \\ n\mathrm{V}_{\mathrm{A}n} \end{bmatrix} (\boldsymbol{h}_{\mathrm{tA}}^{(n)})^{\mathrm{H}} + \begin{bmatrix} n\mathrm{H}_{\mathrm{B}n} \\ n\mathrm{V}_{\mathrm{B}n} \end{bmatrix} (\boldsymbol{h}_{\mathrm{tB}}^{(n)}) \tag{6.54}$$

则目标鉴别统计量为

$$\Sigma_{\mathrm{S}} = \sum_{n=1}^{M} \| \tilde{\boldsymbol{R}}^{(n)} - \overline{\tilde{\boldsymbol{R}}} \|_{\mathrm{F}}^{2} \tag{6.55}$$

式中：$\overline{\tilde{\boldsymbol{R}}}$ 为观测噪声矩阵的平均，$\overline{\tilde{\boldsymbol{R}}} = \frac{1}{M}\sum_{n=1}^{M} \tilde{\boldsymbol{R}}^{(n)}$；$F$ 为范数的阶数。

式(6.54)表明，目标统计量 Σ_{S} 与目标散射矩阵 $\boldsymbol{AS}$ 无关。下面首先分析观测噪声矩阵 $\tilde{\boldsymbol{R}}^{(n)}$ 的分布特性，将其按行拉伸为四维复矢量 $\mathrm{vec}\tilde{\boldsymbol{R}}^{(n)}$，由式(6.53)可证明，$\mathrm{vec}\tilde{\boldsymbol{R}}^{(n)}$ 的协方差矩阵 $\boldsymbol{V}$ 恰为

$$\boldsymbol{V} = \mathrm{cov}[\mathrm{vec}\tilde{\boldsymbol{R}}^{(n)}] = \frac{\sigma^2}{M}\boldsymbol{I}_4 \tag{6.56}$$

式中：$\boldsymbol{I}_4$ 为 4 阶单位矩阵。

由式(6.55)，观测噪声矩阵 $\tilde{\boldsymbol{R}}^{(n)}$ 中 4 个元素互不相关，且均服从 $N(0,\sigma^2/M)$ 的复高斯分布。故目标统计量满足[24]

$$\Sigma_{\mathrm{S}} \sim \frac{\sigma^2}{M} \cdot \chi^2(8M-8) \tag{6.57}$$

若规定目标误判为干扰的概率不大于 $100\alpha\%$，则阈值应确定为

$$\eta = \frac{\sigma^2}{M} \cdot \chi^2_{1-\alpha}(8M-8) \tag{6.58}$$

低于此阈值判定为目标,否则判定为干扰。式(6.57)中,方差 σ^2 由噪声数据估计得到,只要估计数据的数目足够大,其估计误差可忽略不计。

如前所述,干扰极化调制有两种情况:一种是调制程度太高,则干扰信号经匹配接收后干噪比 INR 太低,不能形成假目标,这种情况无需考虑鉴别的问题;另一种是干扰调制程度较低,虽能形成假目标,但可用本节方法进行鉴别。

因此,以输入干噪比(INR_{in})以及调制波形相对带宽(RB)来共同作为决定干扰鉴别性能的影响因素。INR_{in}为匹配接收前的干扰噪声功率比,之所以不像目标那样采用匹配接收后的信噪比,是因为干扰情况下匹配接收后的输出干噪比与干扰波形调制程度密切相关。RB 是指调制波形带宽同雷达信号带宽的比值,$RB = \Delta B/B_{radar}$(ΔB 为调制带宽,B_{radar}为雷达信号带宽)。本节假设干扰调制波形是一个乘性的平稳随机过程,则 RB 基本可以反映调制程度的高低,RB 越大,表示调制程度越高,RB 越小,表示调制程度越低,特别地,当比值为 0 时,表示未进行调制。

下面讨论发射极化的选择问题。

由式(6.56)可知,只要雷达发射极化满足式(6.46),即两两正交的条件,则目标的鉴别统计量与雷达发射极化的具体取值无关(由式(6.49))。因此,发射极化的选择应以干扰鉴别统计量最大为准则。

若 M 对正交发射极化($\boldsymbol{h}_{tA}^{(n)}, \boldsymbol{h}_{tB}^{(n)}$)($n=1,2,\cdots,M$)非常接近,则由式(6.40)、式(6.42)可知,干扰极化矢量$\{\boldsymbol{J}_m\}$也将非常接近,特别是调制程度较低时,干扰鉴别统计量也将与目标情况类似,干扰鉴别错误率将大大提高。为此,应使 M 对正交极化 $\boldsymbol{h}_{tA}^{(n)}$ 和 $\boldsymbol{h}_{tB}^{(n)}$($n=1,2,\cdots,M$)之间区别足够大,本节以下式和式(6.46)共同作为雷达发射极化的形式:

$$\theta_A^{(n)} = \theta_A^{(1)} + \frac{2\pi}{M}(n-1) \tag{6.59a}$$

$$\varphi_A^{(n)} = \varphi_A^{(1)} + \frac{2\pi}{M}(n-1) \tag{6.59b}$$

即$\{\theta_A^{(n)}\}$、$\{\varphi_A^{(n)}\}$($n=1,\cdots,M$)均在$[0,2\pi]$间均匀取值,$\theta_A^{(1)}$、$\varphi_A^{(1)}$ 均为$[0,2\pi]$区间任意值。

6.3.2.2 仿真实验

设目标散射矩阵 $\boldsymbol{S}=[1\quad 0;\quad 0\quad 1]$,雷达采用第 2 章中的复合编码同时极化测量体制,地址码采用四组 walsh 码,分别为{1　1　1　1}、{1　-1　1　-1}、{1　1　-1　-1}、{1　-1　-1　1　},内层为线性调频脉冲,带宽为

2MHz，线性调频脉冲宽度为 125μs，接收时采用切比雪夫窗（Chebyshev window）进行加权，并设定输出峰值旁瓣比为 40dB。发射极化数目为 4 个，为 2 对正交极化，采用本节所述张量积处理方式，鉴别统计量构造如式(6.52)。多普勒估计误差 $\tilde{f}_d = 30\text{Hz}$。规定目标误判为干扰的概率不大于 0.5%，即 $\alpha = 0.005$。蒙特卡罗仿真次数为 1000 次。

图 6.16 为目标鉴别量的统计特性。由式(6.56)，目标鉴别量经功率归一化后，应服从 $\chi^2(8)$，图中所示的理论分布曲线即为 $\chi^2(8)$ 分布，对比结果表明，目标鉴别统计量的分布特性服从 Chi – Squared 分布。

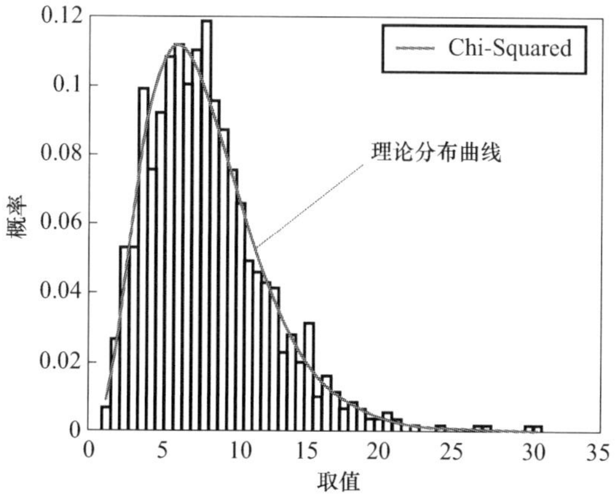

图 6.16　目标鉴别量统计特性

图 6.17 为在不同信噪比下的目标鉴别率。由图 6.17 可见，在无多普勒估计误差的情况下，鉴别率与理论值很接近，而当多普勒估计误差 $\tilde{f}_d = 30\text{Hz}$ 时，目标鉴别率随着信噪比增大而逐渐下降，但仍然较高。

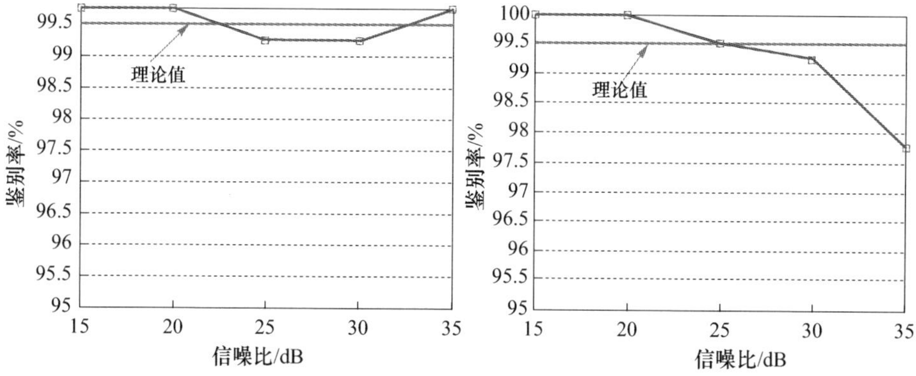

(a) 无多普勒估计误差的情况　(b) 多普勒估计误差为30Hz的情况

图 6.17　理想情况下目标鉴别率

针对假目标干扰的情况。雷达参数设置同上，多普勒估计误差依然 $\tilde{f}_d=30\text{Hz}$，干扰机的接收极化固定（每个蒙特卡罗实验随机产生得到），只对发射极化进行调制。图 6.18 为干扰机水平、垂直极化通道采用相同的调制波形（相当于只对发射极化的绝对幅度进行调制，而极化样式并未改变，这实际上针对的是单极化干扰机的情况）条件下的假目标鉴别率。图中横坐标为调制波形相对带宽，图 6.18(a)是未考虑检测的情况，即无论匹配接收后干噪比多大，都认为干扰可以被检测出来并进行鉴别，而图 6.18(b)是考虑了检测的情况，即只有匹配接收后的干噪比大于最低可检测阈值（仿真中设为 15dB），才认为干扰可检测并进行鉴别（需指出的是，这里的检测以无“污染”的噪声数据为恒虚警检测的参考数据）。因此，只有图 6.18(b)才反映了实际情况。下面以图 6.18(b)来分析干扰的鉴别性能。

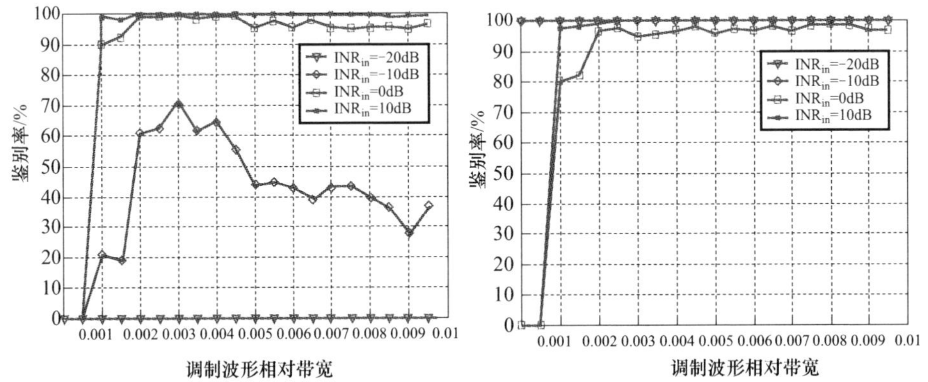

(a) 未考虑检测的情况　　(b) 考虑检测的情况

图 6.18　理想情况下假目标的鉴别率（水平、垂直通道相同调制）

由图 6.18(b)可看出，在 RB≥0.002 时，干扰鉴别率已相当高，且干扰调制程度（RB）越大，干扰鉴别率越高；而在 RB<0.002 时，鉴别率迅速降低，当干扰波形接近于目标回波波形（RB 接近于 0）时，鉴别率已接近于零，此时只有与本章中固定极化假目标的鉴别方法配合使用才能够正确鉴别。另外，由图 6.18(b)还可看出，INR_{in}较小或较大时（如实验中 INR_{in}等于 −20dB、10dB 的情况）的鉴别率要高于“中间”情况的鉴别率（如实验中 INR_{in}等于 0dB 的情况）。其原因：如果输入干噪比 INR_{in}足够大，则干扰的鉴别统计量也会足够大，则鉴别率肯定高；如果输入干噪比足够小，则干扰将不会被检测到，因此鉴别率也高；“中间”情况不满足这两个条件，因而鉴别率较低。

图 6.19 为干扰机的水平、垂直极化通道采用相互独立调制波形的情况下假目标干扰的鉴别率，即干扰信号的极化样式也被调制（适用于全极化干扰机的情况）。与图 6.18(b)相比，图 6.19(b)的鉴别率要略高一些，尤其是在“中间”

情况下（如 $INR_{in}=0dB$）。

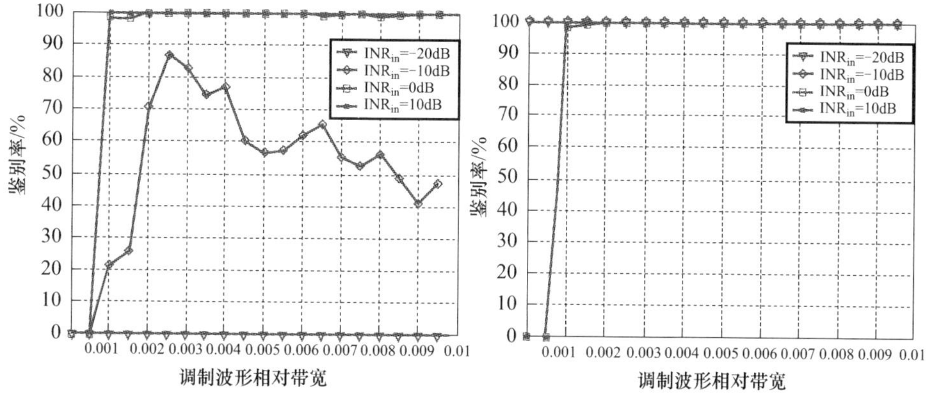

(a) 未考虑检测的情况　　(b) 考虑检测的情况

图6.19　理想情况下假目标的鉴别率（水平、垂直通道分别调制）

对假目标的鉴别率除了与输入干噪比、调制波形相对带宽有关之外，也与发射极化数目有关。图6.20为发射极化数目分别为4个和8个的情况下，算法对假目标干扰的鉴别率。由图可见，发射极化数目增加可明显地改善鉴别率，尤其是在相对带宽较小的情况下（调制程度较低），改善程度更为明显。由式（6.52）可知，干扰鉴别统计量 Σ_J 的数值随着发射极化数目（$2M$）的增大而增加。图6.20的仿真结果说明，Σ_J 超过了鉴别阈值（由式（6.57）确定）的增长程度，从而随着发射极化数目的增加，干扰鉴别率得到了提高。

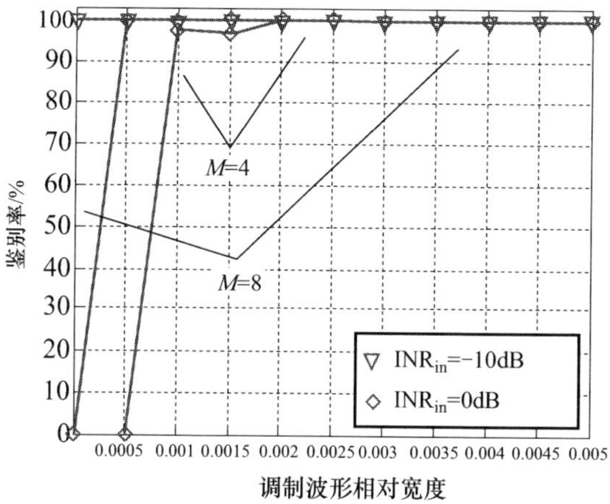

图6.20　假目标鉴别率与发射极化数目的关系

6.3.3　全极化假目标鉴别

全极化有源假目标干扰机具有正交双极化接收和发射天线，具有较好的雷达目标极化散射特性模拟能力，进一步压缩了雷达目标与有源假目标干扰的极化域差异。本节针对全极化有源假目标干扰研究极化鉴别方法。

全极化有源假目标干扰虽然可以模拟雷达目标的极化散射特性，但作为一种有源手段，仍然与真实雷达目标存在一些差异，包括频域和空域的极化散射特性，即受干扰机硬件限制，较难模拟真实雷达目标极化散射特性随频率和视角的变化。因此，基于空域的极化散射特性差异，通过雷达组网可以较好地识别假目标（本书暂不讨论）。本节基于频域的极化散射特性差异，研究针对全极化有源假目标干扰的极化鉴别方法。

6.3.3.1 鉴别原理

1）基本原理

首先简要介绍全极化有源假目标干扰及其信号模型。

全极化有源假目标干扰生成流程如图6.21所示。当 $\boldsymbol{h}_{\mathrm{H}}$ 和 $\boldsymbol{h}_{\mathrm{V}}$ 分别为水平和垂直极化时，假定需要模拟的 PSM 为 $[s_{\mathrm{HH}} \quad s_{\mathrm{HV}};\quad s_{\mathrm{VH}} \quad s_{\mathrm{VV}}]$，将 $\boldsymbol{h}_{\mathrm{H}}$ 极化通道接收信号经接收通道系数补偿后，乘以 s_{HH} 和 s_{VH} 后分别加入到 $\boldsymbol{h}_{\mathrm{H}}$、$\boldsymbol{h}_{\mathrm{V}}$ 极化发射通道中，$\boldsymbol{h}_{\mathrm{V}}$ 极化通道接收信号乘以 s_{HV} 和 s_{VV} 后分别加入到 $\boldsymbol{h}_{\mathrm{H}}$、$\boldsymbol{h}_{\mathrm{V}}$ 极化发射通道中，即可以实现特定 PSM 调制。

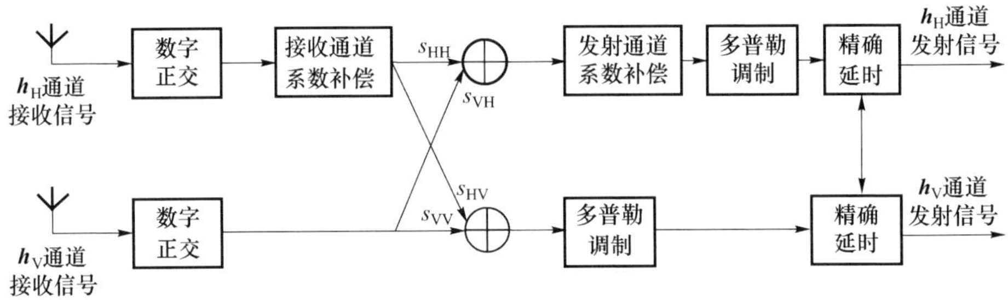

图6.21　全极化有源假目标干扰生成流程

全极化有源假目标的等效散射矩阵可以表示为

$$\boldsymbol{S}_{\mathrm{J}k}=\begin{bmatrix} s_{\mathrm{HH}}^{\mathrm{J}} & s_{\mathrm{HV}}^{\mathrm{J}} \\ s_{\mathrm{VH}}^{\mathrm{J}} & s_{\mathrm{VV}}^{\mathrm{J}} \end{bmatrix}(k=1,2) \tag{6.60}$$

显然，通过对 $[s_{\mathrm{HH}} \quad s_{\mathrm{HV}};s_{\mathrm{VH}} \quad s_{\mathrm{VV}}]$ 中四个参数的设置，可以模拟任意的散射矩阵。

为了鉴别全极化有源假目标，本节提出基于频域（发射）极化分集体制的鉴别方法。

在第 n 个脉冲重复周期内，极化雷达的发射信号为

$$\boldsymbol{E}_n = \boldsymbol{h}_{\mathrm{H}} \cdot [s_1(f_1) + s_2(f_2)] \tag{6.61}$$

式中：s_1、s_2为相互正交的调制或编码波形；f_1、f_2为脉冲中心频率。

雷达接收到实体目标（有源假目标）回波信号进行匹配滤波后，可以得到两个频率发射脉冲所对应的目标回波极化矢量，在第 n 个 PRI 中，回波极化矢量可以表示为

$$\boldsymbol{E}_k = A_k \boldsymbol{S}_k \boldsymbol{h}_{\mathrm{H}} \quad (k = 1,2) \tag{6.62}$$

式中：$\boldsymbol{S}_k$为对应于脉 s_1和 s_2的极化散射矩阵；A_k为回波幅度。

实体目标多数为非平稳目标，即实体目标极化特性会随着姿态角、形状和信号频率等发生变化。令 $\boldsymbol{S}_{\mathrm{f1}}$和 $\boldsymbol{S}_{\mathrm{f2}}$分别表示实体目标对应于频率 f_1和f_2的 PSM：

$$\boldsymbol{S}_{\mathrm{f1}} = \begin{bmatrix} s_{\mathrm{HH}}^{f_1} & s_{\mathrm{HV}}^{f_1} \\ s_{\mathrm{VH}}^{f_1} & s_{\mathrm{VV}}^{f_1} \end{bmatrix} \tag{6.63a}$$

$$\boldsymbol{S}_{\mathrm{f2}} = \begin{bmatrix} s_{\mathrm{HH}}^{f_2} & s_{\mathrm{HV}}^{f_2} \\ s_{\mathrm{VH}}^{f_2} & s_{\mathrm{VV}}^{f_2} \end{bmatrix} \tag{6.63b}$$

从上两式可以看出，由于 PSM 的频率响应差异，$\boldsymbol{S}_{\mathrm{f1}}$和 $\boldsymbol{S}_{\mathrm{f2}}$并不相等，因此，实体目标的接收极化矢量会随着雷达频率的不同发生变化。而全极化有源假目标干扰机如果要模拟目标随频率变化的散射特性，将大大增加其干扰决策、信号分析、信号调制以及信号转发环节的难度和复杂度，因此，鉴于现有发展水平，一般可认为短期内还不具备这一能力。

因此，将两个不同频率发射信号对应回波的极化比作为识别统计量，以消除多普勒失配对该方法性能的影响，即

$$R_k = \frac{\boldsymbol{E}_k(1)}{\boldsymbol{E}_k(2)} \quad (|\boldsymbol{E}_k(2)| > |\boldsymbol{E}_k(1)|; k = 1,2) \tag{6.64}$$

从上式可以看出，对于有源假目标，两个不同频率发射信号对应的回波极化比 R_1和 R_2是相等的，而对于实体目标，两极化比 R_1和 R_2具有不同值。

基于上述分析，定义用于检测有源假目标存在的二维假设检验方法，$\mathbf{H}_0$表示当前目标是有源假目标，$\mathbf{H}_1$表示当前目标是实体目标，即

$$\begin{aligned} &\mathbf{H}_0: \hat{R}_1 - \hat{R}_2 = 0 \\ &\mathbf{H}_1: \hat{R}_1 - \hat{R}_2 \neq 0 \end{aligned} \tag{6.65}$$

式中：$\hat{R}_1$、$\hat{R}_2$为极化比 R_1和 R_2的测量值。

式(6.64)中两种假设 $\mathbf{H}_0$和 $\mathbf{H}_1$的等效形式可以表示为

$$\mathbf{H}_0: \hat{r}_1 = \mathrm{Re}(\hat{R}_1 - \hat{R}_2) = 0 \quad 和 \quad \hat{r}_{\mathrm{Q}} = \mathrm{Im}(\hat{R}_1 - \hat{R}_2) = 0$$

$$\mathbf{H}_1:\hat{r}_{\mathrm{I}}=\mathrm{Re}(\hat{R}_1-\hat{R}_2)\neq 0 \quad 或 \quad \hat{r}_{\mathrm{Q}}=\mathrm{Im}(\hat{R}_1-\hat{R}_2)\neq 0 \tag{6.66}$$

由于信号 s_1 和 s_2 载频不同，对应的信号噪声可以假定是不相关的。根据6.2节中的理论推导可知，极化比测量值实部和虚部服从零均值高斯分布，同时其实部和虚部互不相关。由此，在 $\mathbf{H}_0$ 假设之下，$\hat{r}_{\mathrm{I}}$ 和 $\hat{r}_{\mathrm{Q}}$ 均服从高斯分布，即 $\hat{r}_{\mathrm{I}}\sim N(0,\sigma_{\mathrm{I}}^2)$，$\hat{r}_{\mathrm{Q}}\sim N(0,\sigma_{\mathrm{Q}}^2)$，则在每一个 PRI 内，可通过量测信噪比计算 σ_{I}^2 和 σ_{Q}^2。需要注意的是，信号 s_1 和 s_2 的信噪比是不同的，且 s_1 和 s_2 是相互正交，因此 $\hat{R}_1$ 和 $\hat{R}_2$ 不相关，$\hat{r}_{\mathrm{I}}$ 和 $\hat{r}_{\mathrm{Q}}$ 不相关，其相对大小由实体目标的频率响应特性差异决定的。

根据高斯概率密度函数特性，在 $\mathbf{H}_0$ 假设条件下，量测值 $\hat{r}_{\mathrm{I}}$ 和 $\hat{r}_{\mathrm{Q}}$ 会以高于99.7%的概率落入 $3-\sigma$ 区间，即在每一个脉冲重复周期内

$$P(-3\sigma_{\mathrm{I}}\leqslant\hat{r}_{\mathrm{I}}\leqslant 3\sigma_{\mathrm{I}})\geqslant 99.7\% \tag{6.67a}$$

$$P(-3\sigma_{\mathrm{Q}}\leqslant\hat{r}_{\mathrm{Q}}\leqslant 3\sigma_{\mathrm{Q}})\geqslant 99.7\% \tag{6.67b}$$

如果某个目标的量测值 $\hat{r}_{\mathrm{I}}$ 和 $\hat{r}_{\mathrm{Q}}$ 并未同时未落入区间 $[-3\sigma_{\mathrm{I}},3\sigma_{\mathrm{I}}]$ 和 $[-3\sigma_{\mathrm{Q}},3\sigma_{\mathrm{Q}}]$，则认为该目标为实体目标，不再做进一步处理。以上是利用高斯概率密度分布特性对目标进行的初步检测分类（称为单次测量检测），由于实体目标 PSM 的非平稳性，在单次测量检测中确认的非实体目标群，还需做进一步处理，以检测出有源假目标。

多次量测结果能够有效减小检测统计量的方差，随着方差的减小，检测性能随之提高。

根据经典估计理论，r_{I} 的最大似然估计（MLE）为

$$\hat{r}'_{\mathrm{I}}=\sum_{n=1}^{M}\frac{\hat{r}_{\mathrm{I}n}}{\sigma_{\mathrm{I}n}^2}\Big/\sum_{n=1}^{M}\frac{1}{\sigma_{\mathrm{I}n}^2} \tag{6.68}$$

式中：M 为脉冲个数；$\hat{r}_{\mathrm{I}n}$ 为 $\hat{r}_{\mathrm{I}}$ 在第 n 个脉冲中的取值，方差为 $\sigma_{\mathrm{I}n}^2$。

$\hat{r}'_{\mathrm{I}}$ 在 $\mathbf{H}_0$ 和 $\mathbf{H}_1$ 假设下的条件概率密度函数为

$$f(\hat{r}'_{\mathrm{I}}\mid\mathbf{H}_0,\Omega_0,\Lambda_1,\Lambda_2)=\mathrm{N}(0,\sigma_{\mathrm{I}M}^2) \tag{6.69a}$$

$$f(\hat{r}'_{\mathrm{I}}\mid\mathbf{H}_1,\Omega_0,\Lambda_1,\Lambda_2)=\mathrm{N}(r_{\mathrm{I}},\sigma_{\mathrm{I}M}^2) \tag{6.69b}$$

式中

$$\sigma_{\mathrm{I}M}^2=1\Big/\sum_{n=1}^{M}\frac{1}{\sigma_{\mathrm{I}n}^2} \tag{6.69c}$$

以相同的方式，可以得到 $\hat{r}'_{\mathrm{Q}}$ 的条件概率密度函数，即

$$f(\hat{r}'_{\mathrm{Q}}\mid\mathbf{H}_0,\Omega_0,\Lambda_1,\Lambda_2)=\mathrm{N}(0,\sigma_{\mathrm{Q}M}^2) \tag{6.70a}$$

$$f(\hat{r}'_{\mathrm{Q}}\mid\mathbf{H}_1,\Omega_0,\Lambda_1,\Lambda_2)=\mathrm{N}(r_{\mathrm{Q}},\sigma_{\mathrm{Q}M}^2) \tag{6.70b}$$

式中

$$\sigma_{QM}^2 = 1 \Big/ \sum_{n=1}^{M} \frac{1}{\sigma_{Qn}^2} \tag{6.70c}$$

式中：$\hat{r}_Q$ 在第 n 个脉冲中的取值为 $\hat{r}_{Qn}$，方差为 σ_{Qn}^2。

实际中所感兴趣的目标大都是非平稳的（如飞机类目标、弹头类目标等），而此类目标的 PSM 是时变的。在不同的时刻进行照射时，目标 PSM 将会随机发生变化，也就是说，实体目标的 $\hat{r}'_I$ 和 $\hat{r}'_Q$ 并非恒定值。因此，经典的广义似然比检测方法不再适用。根据式(6.69)和式(6.70)可以看出，对于有源假目标，$\hat{r}'_I$ 和 $\hat{r}'_Q$ 的均值相等且同时为零。基于此，对单次测量检测中的非实体目标群将做下述处理，进而有效检测出有源假目标。

首先，基于估计值的高斯分布特性，$3-\sigma$ 置信区间将用于检测目标，即

$$D_T = \begin{cases} \text{未知目标群}(|\hat{r}'_I| < 3\sigma_{IM}, |\hat{r}'_Q| < 3\sigma_{QM}) \\ \text{非有源假目标(其他)} \end{cases} \tag{6.71}$$

然后，定义 P_I 和 P_Q 分别为在 $\hat{r}'_I$ 和 $\hat{r}'_Q$ 最大似然估计值处的累积概率，即

$$P_I = \sum_{n=1}^{M} f_n(\hat{r}'_I) \tag{6.72a}$$

$$P_Q = \sum_{n=1}^{M} f_n(\hat{r}'_Q) \tag{6.72b}$$

在第 n 个 PRI 中，结合 $f_n(\hat{r}'_I)$ 和 $f_n(\hat{r}'_Q)$ 的定义表达式，利用检测准则式(6.73)，累积概率密度 P_I 和 P_Q 可以用于识别有源假目标。

$$D_T = \begin{cases} \text{全极化有源假目标}(P_I \geqslant d_I, P_Q \geqslant d_Q) \\ \text{其他} \end{cases} \tag{6.73}$$

式中：d_I、d_Q 为检测阈值。

式(6.73)的检测准则说明，当某个目标检测统计量的实部和虚部同时大于相应的检测阈值时，该目标将被检测为有源假目标。下面将基于暗室测量数据分析检测阈值的取值。

2）检测阈值分析

为有效描述目标的聚集效应，首先定义目标密度为

$$\kappa = M \cdot \min\{\sigma_{In}\} \cdot \min\{\sigma_{Qn}\}/4 \tag{6.74}$$

在一个 PRI 中，雷达所有的检测目标数为 M，令 μM 表示落入宽度为 $\min\{\sigma_{In}\}$、长度为 $\min\{\sigma_{Qn}\}$ 单元格的目标数目，μM 表示该单元格周围八个单元格中的目标数目，根据上述分析可知，检测阈值 d_I 和 d_Q 可以表示为

$$d_I = d_Q = M(\mu P_{cen} + \eta P_{\sigma}) \tag{6.75}$$

式中：P_{cen}为中心单元格的累积概率；P_{σ}为周围8个单元格累积概率的和；μ与η为阈值调节比例系数。

在对三类典型实体目标的暗室测量过程中，雷达的频率步进间隔为20MHz。分时极化比落入区间$[|R_1|-\varepsilon, |R_1|+\varepsilon]$（$\varepsilon=0.05$）时，$\hat{r}_I'$和$\hat{r}_Q'$的最大值大于$r_0$的概率，即$P\{\max(|r_I'|,|r_Q'|)>r_0\}$，如图6.22所示。可以发现，当实体目标极化比$R_1$的取值比较小（几乎为零）的时候，由频率响应差异特性引起的目标PSM变化难以被检测出来。因此，基于三类典型目标的暗室测量数据，下面将结合给定的概率密度和极化比R_1分析式（6.75）中阈值调节比例系数μ和η的取值。

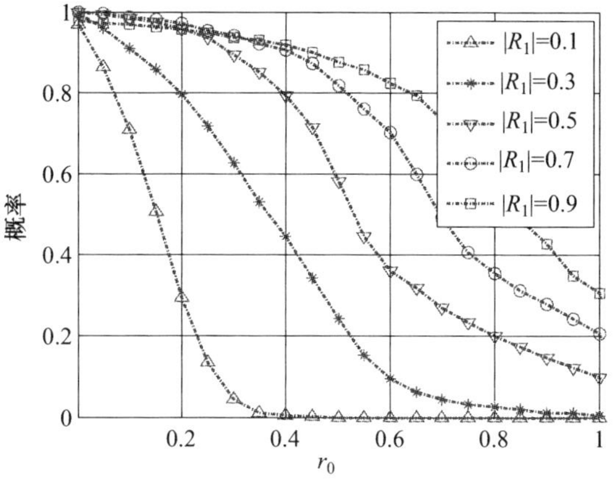

图6.22　不同$|R_1|$条件下$\max(|r_I'|,|r_Q'|)$的分布情况（$\varepsilon=0.05$）

当目标密度κ分别为0.5、0.1和0.01时，对于给定的$[|R_1|-\varepsilon, |R_1|+\varepsilon]$（$\varepsilon=0.05$），根据暗室测量数据，通过1000次蒙特卡罗仿真，μ和η的分布情况如图6.23所示。

当目标密度$\kappa<0.5$时，所有的μ都将小于0.14，所有的η都将小于0.3。从图6.23可以看出，对于给定的$|R_1|$，μ和η的取值将会随着目标密度减小而减小；当目标密度一定时，μ和η的取值将会随着$|R_1|$增加而减小。实际中，通过暗室缩比模型或实际环境全尺寸测量，获取所感兴趣的实体目标（如各类飞机）的PSM，利用以上方法即能够确定所需检测阈值。

基于频率响应差异的全极化有源假目标识别流程如图6.24所示。为了有效识别出全极化有源假目标并减小实体目标错误识别概率，本部分基于单次测量和多次测量结果（多个单次测量结果的统计平均），对所有目标进行三次独立的检测和识别。

对于每一个探测到的目标，首先基于单个PRI中的目标分时极化比对目标进行分类，确定当前目标是否实体目标，实现目标第一次识别，并对“非实体目

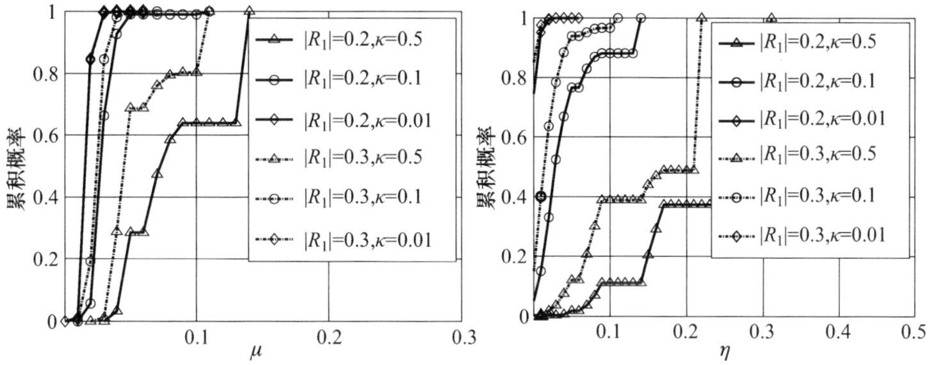

(a) 参数 μ 的分布　　(b) 参数 η 的分布

图 6.23　当目标密度和 $|R_1|$ 不同时，μ 和 η 的分布特性（$\varepsilon=0.05$）

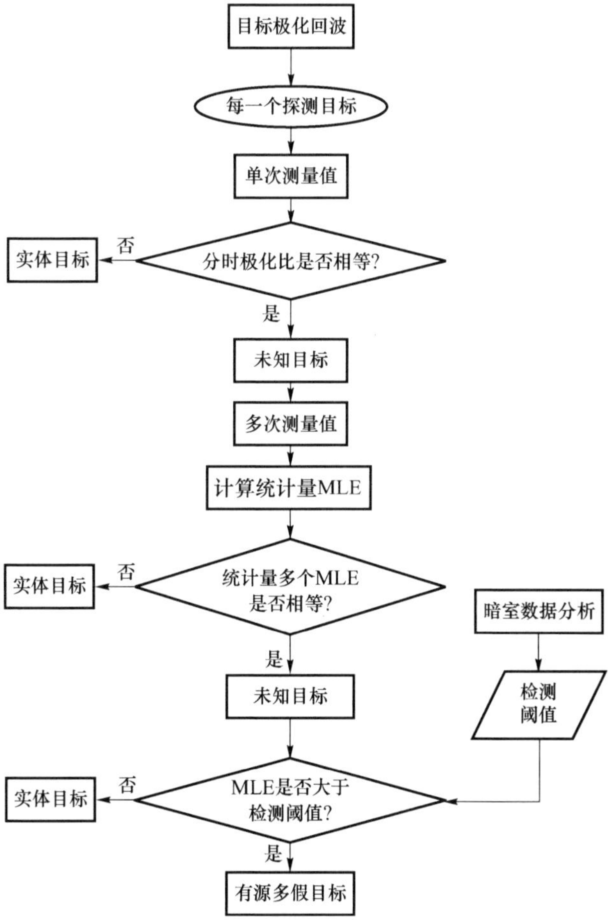

图 6.24　基于频率响应差异的全极化有源假目标识别流程

标”做进一步处理;然后基于多个 PRI 测量数据计算分时极化比的估计,计算估计值均方差,根据估计值和单次测量分时极化比的相对关系,判定当前目标是否实体目标,实现目标第二次识别,并对“非实体目标”做进一步处理;最后利用当前目标多次分时极化比测量值和通道脉压输出噪声均方差,计算统计量在估计值处的累积概率,并结合基于暗室数据分析得出的检测阈值,识别出全极化有源假目标,实现对目标的第三次识别。

6.3.3.2 仿真实验

6.3.3.1 节介绍了检测方法的基本原理,本部分基于暗室测量数据,仿真分析检测方法的有效性和健壮性。在仿真中,两个极化通道的信号分别是正、负调频脉冲,脉冲宽度为 100μs,带宽为 1MHz,载频为 10GHz,同一个 PRI 内,两个脉冲信号的频差为 20MHz。

在每一个脉冲重复周期内,当 $\hat{r}'_{\mathrm{I}}$的理论值不同时,测量值 $\hat{r}_{\mathrm{I}}$ 在 $3-\sigma$ 置信区间之外的概率,即根据单个脉冲回波即可识别出实体目标的概率随 SNR 变化的曲线,如图 6.25 所示。可以发现,随着 $\hat{r}'_{\mathrm{I}}$和 SNR 增大,基于单个脉冲正确识别实体目标的概率不断增大。当 $\hat{r}'_{\mathrm{I}}>0.8$,SNR > 35dB 时,该方法能够以 100% 的概率识别出实体目标。在该单步检测过程中识别出的实体目标,将不再进行后续处理,这样就能够大大减少后续错误检测的概率。

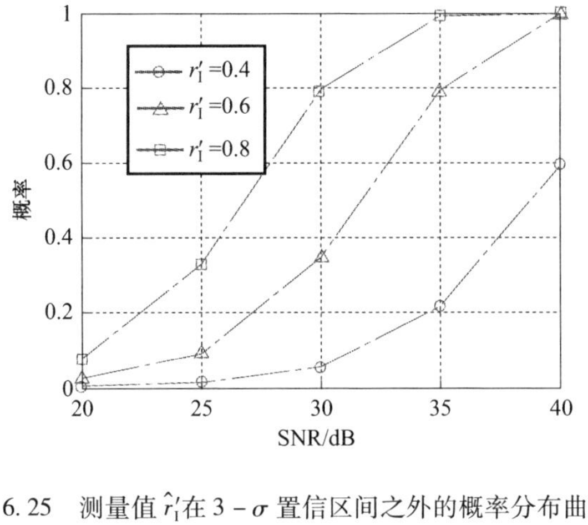

图 6.25　测量值 $\hat{r}'_{\mathrm{I}}$在 $3-\sigma$ 置信区间之外的概率分布曲线

根据式(6.69)与式(6.70),基于多个脉冲的估计值 $\hat{r}_{\mathrm{I}}$(或者 $\hat{r}_{\mathrm{Q}}$)将服从高斯分布,当 SNR 分别为 20dB、30dB 和 40dB 时,蒙特卡罗仿真 1000 次,$\hat{r}_{\mathrm{I}}$ 落入区间 $[-N\sigma_{\mathrm{I}},N\sigma_{\mathrm{I}}]$(其中 σ_{I} 为标准差,N 为 2、3、4)的概率如图 6.26 所示,当 SNR > 20dB 时,$\hat{r}_{\mathrm{I}}$ 以大于 99.3% 的概率落入区间 $[-3\sigma_{\mathrm{I}},3\sigma_{\mathrm{I}}]$。通过对比分析仿真与

理论概率曲线可以看出，$\hat{r}_1$（或者 $\hat{r}_Q$）可以用标准高斯概率分布函数进行良好地近似。

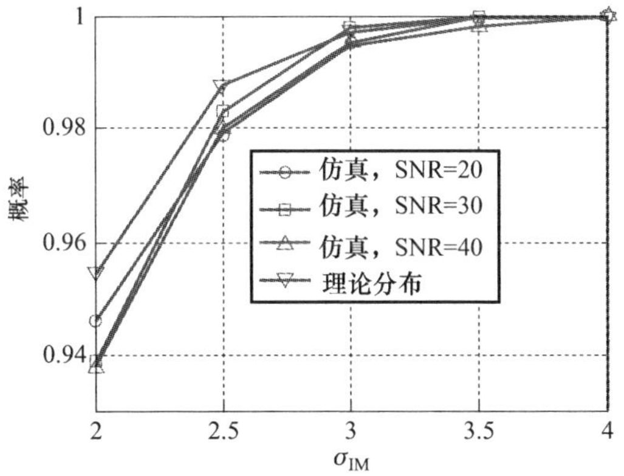

图 6.26　$\hat{r}_1$ 理论概率和仿真概率分布特性（$M=10$）

为了确定该方法第三步检测准则式(6.73)中的阈值，首先根据暗室数据分析结果，确定在不同目标密度的情况下 μ 和 η 的取值，如表 6.4 所列；然后基于式(6.75)得出相应的检测阈值。通过 1000 次蒙特卡罗仿真，SNR 以 5dB 为间隔，从 20dB 变化至 40dB，基于检测准则式(6.73)的有源假目标和实体目标的检测识别结果如图 6.27 所示。从图中可以看出，当 SNR > 20dB 时，实体目标的检测概率将大于 99.2%，即该方法仅基于检测准则式(6.73)的错误检测概率不大于 0.8%。

表 6.4　不同目标密度下 μ 和 η 的取值

κ	$0.5>\kappa>0.1$	$0.1>\kappa>0.01$	$0.01>\kappa$
μ	0.14	0.12	0.06
η	0.3	0.15	0.05

6.3.4　压制干扰背景下有源假目标的组合鉴别方法

压制干扰一般是通过施放大功率噪声（或类噪声）信号形成强干扰，以淹没对方雷达接收机中的目标回波信号，实现对雷达目标检测环节的扰乱和破坏。主瓣压制干扰是从雷达主瓣进入的压制干扰，这类干扰与雷达目标方向相同或相近，在雷达探测目标时从雷达天线主瓣进入雷达接收机，因而接收增益相对更大（比旁瓣干扰平均大 30～40dB），威胁更为严重。对于主瓣压制干扰，目前主要采用极化域处理来进行抑制，如自适应极化对消技术等。

有源假目标干扰是一种重要的雷达欺骗干扰，通过模拟目标特征的虚假目标信号，使雷达出现虚假航迹、虚假空情等现象，扰乱对空情报雷达对空情态势

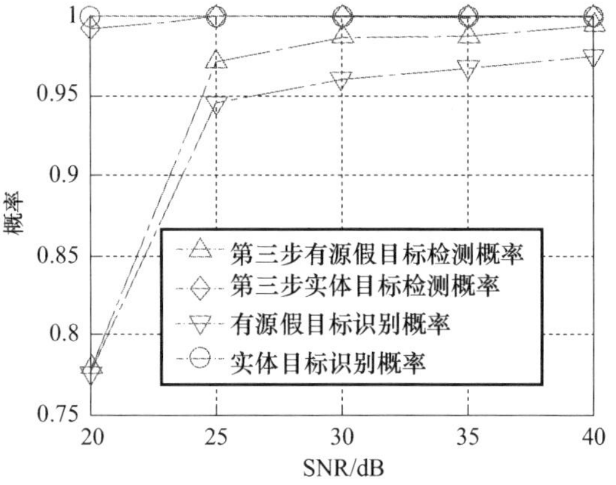

图 6.27　实体目标和有源假目标检测概率($M=10$)

的掌握,或扰乱跟踪制导雷达对目标的跟踪,是现代军用雷达面临的重要挑战。在实际中,雷达面临的干扰环境往往以更为复杂的组合干扰形式出现,一种重要的形式是主瓣压制干扰与有源假目标干扰的组合,其实质是使雷达在低信干噪比条件下难以准确鉴别假目标,进而难以关联、跟踪真实目标。

6.3.4.1　鉴别原理

噪声压制干扰机通过发射大功率噪声信号,实现对实体目标和有源假目标回波的覆盖。随着工艺的不断进步,压制干扰机逐步具备瞬时测频能力,能够对雷达进行窄带频率瞄准式干扰,从而提高干扰机功率的利用效率,使得雷达不能有效检测出各种目标回波。当噪声压制干扰的极化特性恒定不变或者缓变时,极化对消是抑制噪声压制干扰的有效方法之一(参见第 3 章)。本节利用极化对消后的合成信号极化特征进行有源假目标识别。

设定雷达采用正交双极化通道同时接收信号,并通过通道间数字加权合成(极化对消)实现主瓣干扰抑制,对于压制式干扰抑制后仍然存在的假目标信号,雷达通过采用发射变极化方式,并提取信号幅度变化特征进行有源假目标鉴别。

雷达发射信号按照图 6.28 所示方式构造。H 极化通道、V 极化通道同时发射;发射脉冲由 $M(M>2)$ 个无缝连接的子脉冲构成,子脉冲信号为 $s(t)$,子脉冲宽度为 Δt;H 通道、V 通道在每个子脉冲上的相对相位为 ϕ_m,$\{\phi_m\}$ 采用均匀分集方式设定,即 $\phi_m=(m-1)/M\cdot 2\pi$,m 为子脉冲序号($m=1,2,\cdots,M$)。

定义雷达 H 极化通道和 V 极化通道发射矢量分别为 $\boldsymbol{h}_{\mathrm{H}}=[1\quad 0]^{\mathrm{T}}$,$\boldsymbol{h}_{\mathrm{V}}=[0\quad 1]^{\mathrm{T}}$,则雷达发射信号 $\boldsymbol{s}_{\mathrm{T}}(t)$ 的矢量表达式为

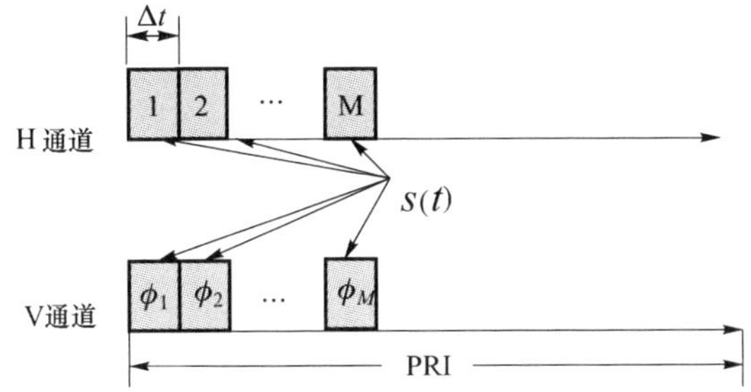

图 6.28　基于相位分集变极化体制的发射信号

$$\boldsymbol{s}_{\mathrm{T}}(t) = \sum_{m=0}^{M-1} s(t - m \cdot \Delta t) \cdot \boldsymbol{h}_{\mathrm{H}} + \sum_{m=0}^{M-1} s(t - m \cdot \Delta t) \cdot \exp\{\mathrm{j}\phi_m\} \cdot \boldsymbol{h}_{\mathrm{V}} \tag{6.76}$$

压制干扰背景下假目标鉴别信号处理流程如图 6.29 所示。

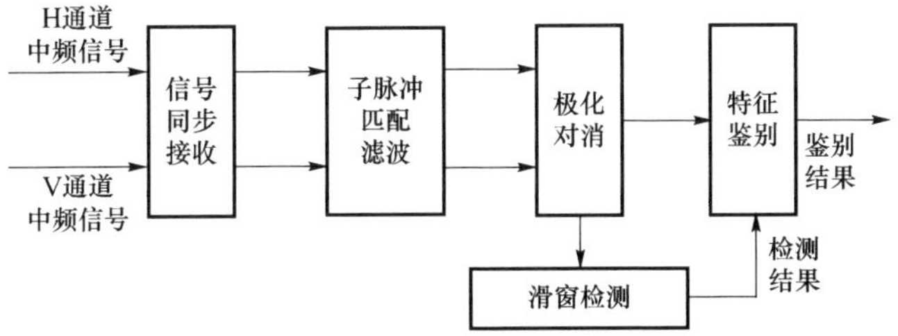

图 6.29　压制干扰背景下假目标鉴别信号处理流程

如图 6.29 所示，H 极化通道、V 极化通道接收信号经过同步接收后，首先按照子脉冲波形进行匹配滤波，对其输出两路信号进行干扰极化估计与极化对消，对输出的一路信号采用 M 点滑窗方法实现非相参积累，进而进行恒虚警检测（CFAR），对检测出的采样位置提取目标特征，并利用该特征进行真、假目标属性的鉴别。

处理步骤如下：

（1）信号同步接收。雷达接收的中频信号经过同步采样，得到两个极化通道的复信号数据序列 $x_{\mathrm{H}}(n)$、$x_{\mathrm{V}}(n)$（$n=1,\cdots,N$，N 为一个脉冲重复周期内的采样点数）。

（2）子脉冲匹配滤波。计算 H 极化通道、V 极化通道匹配滤波输出信号 $y_{\mathrm{H}}(n)$、$y_{\mathrm{V}}(n)$：

$$y_{\mathrm{H}}(n) = \mathrm{IFFT}[\mathrm{FFT}[x_{\mathrm{H}}(n)] \cdot U(n)] \tag{6.77a}$$

$$y_{\mathrm{V}}(n) = \mathrm{IFFT}[\mathrm{FFT}[x_{\mathrm{V}}(n)] \cdot U(n)] \tag{6.77b}$$

式中：$U(n)$ 为对子脉冲信号 $s(t)$ 进行 N 点傅里叶变换得到的频谱。

（3）极化对消：

① 截取辅助数据。分别截取 $y_{\mathrm{H}}(n)$、$y_{\mathrm{V}}(n)$后段 K 个点作为 H 极化和 V 极化通道的辅助数据。其中，K 是根据雷达面临的杂波环境事先确定的，确定原则是要求两个极化通道辅助数据中的平均杂噪比，即杂波噪声的功率比（CNR）均小于 10dB。

② 干扰极化对消。首先要分别计算 H 极化通道、V 极化通道辅助数据的方差，如果 H 极化通道辅助数据方差更大，则按下式计算极化对消输出信号：

$$y(n) = y_{\mathrm{V}}(n) - \frac{1}{K} \cdot \sum_{k=1}^{K} \frac{y_{\mathrm{V}}(N-k+1)}{y_{\mathrm{H}}(N-k+1)} \cdot y_{\mathrm{H}}(n) \tag{6.78}$$

如果 V 极化通道辅助数据方差更大，则按下式计算极化对消输出信号：

$$y(n) = y_{\mathrm{H}}(n) - \frac{1}{K} \cdot \sum_{k=1}^{K} \frac{y_{\mathrm{H}}(N-k+1)}{y_{\mathrm{V}}(N-k+1)} \cdot y_{\mathrm{V}}(n) \tag{6.79}$$

（4）滑窗检测。对 $y(n)$进行滑窗积累，得到信号如下：

$$z(n) = \sum_{m=0}^{M-1} \{ |y(n + m \cdot \Delta N)| \} (n = 1,2,\cdots,N - \Delta N \cdot (M-1)) \tag{6.80}$$

式中：ΔN 为子脉冲宽度 Δt 对应的采样点数。

利用 CFAR 对 $z(n)$进行目标检测，设共得到 K 个目标，设第 $k(k=1,\cdots,K)$ 个目标在 $z(n)$中对应的位置为 T_k。

（5）特征鉴别：

① 提取每个目标的实部 $T_{\mathrm{I}k}$和虚部 $T_{\mathrm{Q}k}$分别为

$$T_{\mathrm{I}k}(m) = \mathrm{real}[y(T_k + (m-1) * \Delta N)] (m=1,2,\cdots,M) \tag{6.81a}$$

$$T_{\mathrm{Q}k}(m) = \mathrm{imag}[y(T_k + (m-1) * \Delta N)] (m=1,2,\cdots,M) \tag{6.81b}$$

$(T_{\mathrm{I}k})$、$(T_{\mathrm{Q}k})$的均值 $\overline{T}_{\mathrm{I}k}$、$\overline{T}_{\mathrm{Q}k}$分别为

$$\overline{T}_{\mathrm{I}k} = \frac{1}{M}\sum_{m=1}^{M} T_{\mathrm{I}k}(m) \tag{6.82a}$$

$$\overline{T}_{\mathrm{Q}k} = \frac{1}{M}\sum_{m=1}^{M} T_{\mathrm{Q}k}(m) \tag{6.82b}$$

② 能够得到每一个 $T_{\mathrm{I}k}$ 和 $T_{\mathrm{Q}k}$ 对应的鉴别特征量集合 $\{d_{\mathrm{I}k}(m)\}$ 和 $\{d_{\mathrm{Q}k}(m)\}$ 为

$$d_{\mathrm{I}k}(m) = |T_{\mathrm{I}k}(m) - \overline{T}_{\mathrm{I}k}| \tag{6.83a}$$

$$d_{\mathrm{Q}k}(m) = |T_{\mathrm{Q}k}(m) - \overline{T}_{\mathrm{Q}k}| \tag{6.83b}$$

上述公式表明，每个目标的鉴别特征量有 $2 \times M$ 个；鉴别特征量代表 $T_{Ik}(m)$ 与均值 $\overline{T}_{Ik}$ 的距离，或者 $T_{Qk}(m)$ 与 $\overline{T}_{Qk}$ 的距离。

进而得到鉴别阈值为

$$D = \eta \cdot \sqrt{\frac{|1-\omega|^2 \hat{\sigma}^2}{M}} \tag{6.84}$$

式中：ω 为极化对消的对消系数；$\hat{\sigma}^2$ 为 H 极化通道、V 极化通道接收噪声功率的估计，通过对子脉冲匹配滤波后纯噪声数据的方差统计得到；η 根据实际情况确定，一般取 $\eta = 3$。

根据鉴别阈值对第 $k(k=1,2,\cdots,K)$ 个目标进行鉴别：

(1) 如果所有鉴别特征量 $d_{Ik}(m)$ 和 $d_{Qk}(m)(m=1,2,\cdots,M)$ 均小于阈值 D，则判定第 k 个目标为有源假目标。

(2) 如果鉴别特征量 $d_{Ik}(m)$ 或 $d_{Qk}(m)(m=1,2,\cdots,M)$ 中存在大于阈值 D 的情况，则判定第 k 个目标为真实雷达目标。

6.3.4.2　仿真实验

本部分以噪声压制背景下基于相位分集的固定极化有源假目标识别方法为研究对象，验证本节鉴别方法有效性。

设置雷达采用相位分集准同时变极化体制，相位分集数、子脉冲个数都为 8，相对相位分别取值为 0、π/4、π/2、3π/4、π、5π/4、3π/2、7π/4；雷达发射信号脉冲宽度为 100μs，带宽为 1MHz，载频为 10GHz；有源假目标干扰机发射天线极化状态的琼斯矢量为 $[1 \quad \mathrm{j}]^{\mathrm{T}}$；噪声压制干扰机发射天线极化状态的琼斯矢量为 $[1 \quad 0.7\mathrm{j}]^{\mathrm{T}}$；雷达目标的极化散射矩阵设置为

$$\boldsymbol{S} = \begin{bmatrix} -1+0.6\mathrm{j} & 0.15-0.1\mathrm{j} \\ 0.15-0.1\mathrm{j} & 0.1+0.5\mathrm{j} \end{bmatrix} \tag{6.85}$$

图 6.30 为采用本节处理方法后，实体雷达目标和有源假目标的特征鉴别量随发射极化的变化曲线。图 6.30 中，横轴有 8 个点，表示 8 种发射极化对应的 8 个峰值（子脉冲匹配滤波后），纵轴为实部和虚部的取值，其中图 6.30(a) 为鉴别特征量 $d_{Ik}(m)(m=1,2,\cdots,M)$，图 6.30(b) 为鉴别特征量 $d_{Qk}(m)(m=1,2,\cdots,M)$。如图 6.30 所示，实体目标对应的鉴别特征量 $d_{Ik}(m)$ 和 $d_{Qk}(m)$ 随着发射极化变化而起伏，而有源假目标对应的鉴别特征量 $d_{Ik}(m)$ 和 $d_{Qk}(m)$ 保持恒定，这种差异为鉴别提供了基础。

图 6.31 为采用本节方法后，在压制噪声干扰背景下对实体雷达目标和有源假目标进行鉴别处理的效果，其仿真参数设置同图 6.30。图 6.31(a) 为对有源假目标的正确鉴别率，图中横轴为 INR（子脉冲匹配滤波及滑窗积累后，假目标

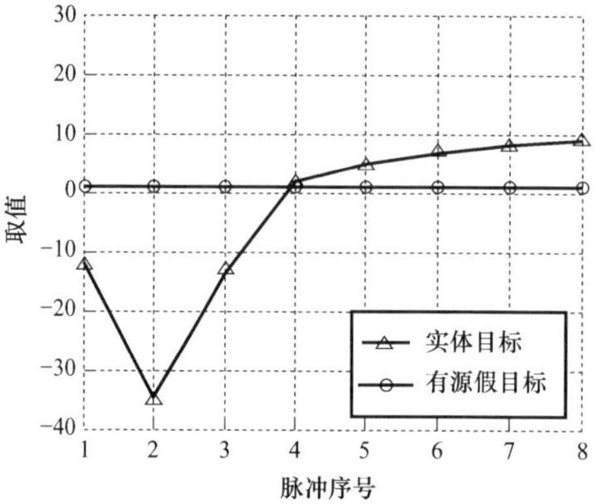

(a) 鉴别量$d_{Ik}(m)$

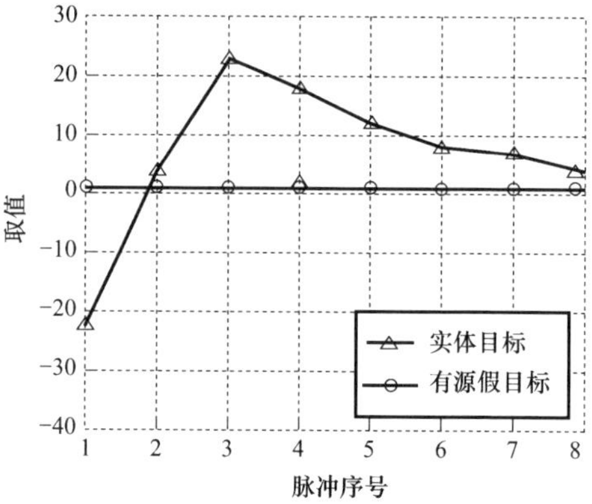

(b) 鉴别量$d_{Qk}(m)$

图 6.30　特征鉴别量随发射极化的变化曲线

干扰功率与噪声功率的比值),纵轴为被正确判定为“假目标”的概率。由图可见,对有源假目标的正确鉴别率较高,为 98% 以上,且与干噪比无关。图 6.31(b)为对实体雷达目标的正确鉴别率,横轴为 SNR(子脉冲匹配滤波及滑窗积累后,目标信号功率与噪声功率的比值),纵轴为被正确判定为“目标”的概率,可以发现对实体雷达目标的正确鉴别率随信噪比的增大而迅速增高,当信噪比超过 7dB 时,鉴别率超过 90% ,而当信噪比超过 10dB 时,鉴别率超过 100% 。

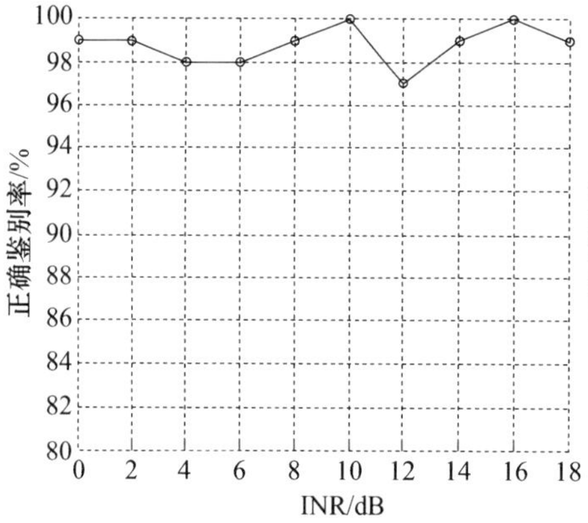

(a) 有源假目标的正确鉴别率

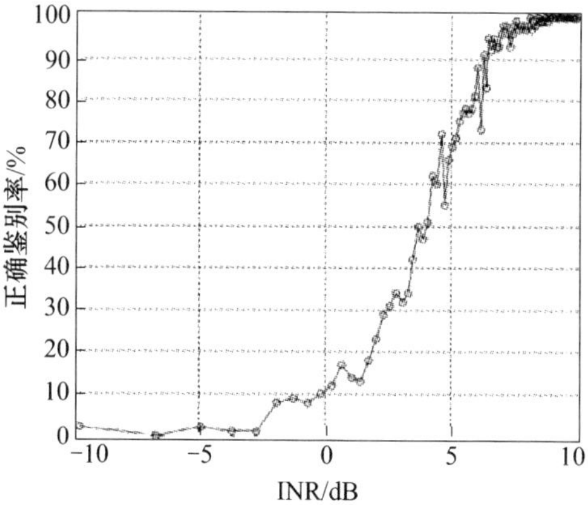

(b) 实体雷达目标的正确鉴别率

图 6.31　极化对消抑制噪声压制干扰后的假目标鉴别率

6.4　小　结

本章分别基于双极化接收雷达体制与发射极化分集体制,较为系统地分析介绍了有源假目标干扰的极化鉴别技术。

首先,基于双极化接收雷达体制,针对窄带条件下的固定极化假目标干扰,提出了基于极化聚类的多假目标鉴别方法,相关算法具有运算复杂度低、鉴别率高、性能稳健的优点;针对宽带一维距离像假目标干扰,提出一种基于瞬态极化矢量起伏量判据的多通道假目标鉴别方法,实现距离高分辨信息和极化信息的联合鉴别,进一步完善有源干扰极化鉴别方法在宽带信号条件下的应用。

其次,基于发射极化分集体制,利用真实目标和有源干扰机对雷达发射极化响应程度不一致的特性,对多种类型有源假目标干扰进行鉴别。针对脉间随机变极化假目标,通过多窄脉冲联合极化处理,利用 PRI 内干扰极化状态稳定,目标回波极化随发射变极化而改变的特点,在 PRI 内实现有源假目标鉴别;针对脉内极化调制假目标,通过极化矢量的张量积接收,利用目标测量矩阵汇聚于多维空间中同一点,而极化调制假目标测量矩阵在多维空间中散布的差别,实现对脉内极化调制假目标的有效鉴别;针对能够几乎完全模拟目标极化特性的全极化假目标,利用有源假目标和实体目标对不同频率雷达信号的极化响应差异,提出一种基于频率响应特性的全极化有源假目标极化检测识别方法;针对压制干扰与欺骗假目标的组合干扰样式,联合使用极化对消方法与极化特征识别方法,同时实现主瓣压制干扰抑制与假目标干扰鉴别。

参考文献

[1] 施龙飞,王雪松,肖顺平. 转发式假目标干扰的极化鉴别[J]. 中国科学(F 辑:信息科学);2004,4(39):468 -475.

[2] 施龙飞,帅鹏,王雪松,等. 极化调制假目标干扰的鉴别[J]. 信号处理,2008,24(6):894 -900.

[3] 施龙飞, 任博, 马佳智, 等. 雷达极化抗干扰技术进展[J]. 现代雷达, 2016, 38(4):1 -7.

[4] Shi L F, Wang X S, Xiao S P. Polarization discrimination between repeater false - target and radar target[J]. Science in China Series F: Information Sciences, 2009, 52(2): 149 -158.

[5] Zhang J D, Zhu D Y, Zhang G. New antivelocity deception jamming technique using pulses with adaptive initial phases[J]. IEEE Transactions on Aerospace and Electronic Systems, 2013, 49(2): 1290 -1300.

[6] Zhao S S, Zhang L R, Zhou Y, et al. Signal fusion - based algorithms to discriminate between radar targets and deception jamming in distributed multiple - radar architectures[J]. IEEE Sensors Journal, 2015(11): 6697 -6706.

[7] Zhao S S, Liu N, Zhang L R, et al. Discrimination of deception targets in multistatic radar based on clustering analysis[J]. IEEE Sensors Journal, 2016, 16(8): 2500 -2508.

[8] 刘勇, 梁伟, 王同权, 等. 基于空域极化捷变的有源假目标鉴别[J]. 电波科学学报, 2014, 29(2): 288 -294.

[9] 李永祯，王雪松，肖顺平，等．基于 IPPV 的真假目标极化鉴别算法[J]．现代雷达，2004，26(9)：38－42.
[10] Greco M，Gini F，Farina A. Radar detection and classification of jamming signals belonging to a cone class[J]．IEEE Transactions on Signal Processing，2008，56(5)：1984－1993.
[11] Zong Z W，Shi L F，Wang X S. Detection－discrimination method for multiple repeater false targets based on radar polarization echoes[J]．Radioengineering，2014，23(1)：104－111.
[12] Zong Z W，Shi L F，Wang X S. A commonality used to discriminate active repetition false targets based on polarization characteristics of antenna[J]．IET Radar，Sonar & Navigation，2016，10(7)：1178－1185.
[13] 王涛，王雪松，肖顺平．随机调制单极化有源假目标的极化鉴别研究[J]．自然科学进展，2006，16(5)：611－617.
[14] Rao B，Xiao S P，Wang X S，et al. Maximum likelihood approach to the estimation and discrimination of exoatmospheric active phantom tracks using motion features[J]．IEEE Transactions on Aerospace and Electronic Systems，2012，48(1)：794－818.
[15] 庄钊文，王雪松，付强，等．雷达目标识别[M]．北京：高等教育出版社，2015.
[16] 王雪松．雷达极化技术研究现状与展望[J]．雷达学报，2016，5(2)：119－131.
[17] 李永祯．瞬态极化统计特性及处理的研究[D]．长沙：国防科学技术大学，2004.
[18] 王涛．弹道中段目标极化域特征提取与识别[D]．长沙：国防科学技术大学，2006.
[19] 宗志伟．弹道中段目标极化雷达识别方法[D]．长沙：国防科学技术大学，2016.
[20] 施龙飞．雷达极化抗干扰技术研究[D]．长沙：国防科学技术大学，2007.
[21] 周雁翎，王小陆，彭海兵，等．组合式快速变极化器设计[J]．雷达科学与技术，2011，(1)：88－92.
[22] Lin W，Wong H. Polarization reconfigurable aperture－fed patch antenna and array [J]．IEEE Access. 2016，(4)：1510－1517.
[23] 李棉全．全极化相控阵雷达精密测量技术[D]．长沙：国防科学技术大学，2013.
[24] Hsu S H，Ren Y J，Chang K. A dual－polarized planar－array antenna for S－band and X－band airborne applications[J]．IEEE Antennas and Propagation Magazine，2009，51(4)：70－78.
[25] 盛骤，谢式千，潘承毅．概率论与数理统计[M]．北京：高等教育出版社，1989.

内 容 简 介

雷达目标与干扰之间存在着极化差异，深入挖掘并利用极化差异，可以有效提高雷达在干扰背景下的目标检测、测量、识别能力。

本书较为系统地讲述了极化雷达信号处理与抗干扰问题，共分6章。第1章为绪论，主要介绍了相关领域研究现状及面临的问题；第2章介绍了极化雷达体制、极化测量方法；第3章介绍了有源压制干扰的极化域及联合域抑制方法；第4章介绍了干扰背景下极化雷达目标检测技术；第5章介绍了干扰背景下极化雷达目标测角技术；第6章介绍了有源假目标干扰的极化鉴别技术。

本书适合从事雷达系统、雷达信号处理、电子对抗等领域科技人员阅读参考，也可作为高等院校相关专业的教学和研究资料。

There are polarization differences between radar targets and interferences. Using these differences, the ability of radar target detection, measurement and recognition can be improved effectively in interference background.

This book systematically describes the polarimetric radar signal processing and anti – jamming problems, which is divided into 6 chapters. Chapter 1 is an introduction, which mainly introduces the research status and problems in related fields; Chapter 2 introduces polarimetric radar system and polarization measurement methods; Chapter 3 introduces polarization domain and joint domain suppression methods of active barrage jamming; Chapter 4 introduces polarimetric radar target detection technology in interference background; Chapter 5 introduces polarimetric radar target angle measurement technology in interference background. Chapter 6 introduces polarimetric identification technology of active false target jamming.

This book is suitable for science and technology researchers in radar system, radar signal processing, electronic countermeasure. It can also be used as teaching and research materials for related specialties in colleges and universities.